本书是2019年国家社科基金后期资助项目“面向人工智能的命题动态逻辑及其扩展研究”（批准号：19FZXB102）的研究成果。

国家社科基金
GUOJIA SHEKE JIJIN HOUQI ZIZHU XIANGMU
后期资助项目

面向人工智能的命题动态逻辑及其扩展研究

Research on Propositional Dynamic Logic and Its Extensions for Artificial Intelligence

张晓君　周　正　王琪瑶　著

ZHEJIANG UNIVERSITY PRESS
浙江大学出版社

谨以此书献给我的恩师

——中国社会科学院博士生导师邹崇理教授

国家社科基金后期资助项目
出版说明

后期资助项目是国家社科基金设立的一类重要项目，旨在鼓励广大社科研究者潜心治学，支持基础研究多出优秀成果。它是经过严格评审，从接近完成的科研成果中遴选立项的。为扩大后期资助项目的影响，更好地推动学术发展，促进成果转化，全国哲学社会科学工作办公室按照“统一设计、统一标识、统一版式、形成系列”的总体要求，组织出版国家社科基金后期资助项目成果。

全国哲学社会科学工作办公室

前　言

计算机科学和人工智能科学中的一个程序(program)就是从给定的输入数据出发,计算出所期望的输出数据的一个形式语言。动态逻辑(dynamic logic)就是能够对程序的输入/输出行为进行形式化推理的多个逻辑系统的总称。动态逻辑的两个核心系统是命题动态逻辑(propositional dynamic logic)与量化动态逻辑(quantificational dynamic logic,也叫做一阶动态逻辑)。命题动态逻辑是量化动态逻辑的子系统,量化动态逻辑是命题动态逻辑的一阶版本。动态逻辑的一些变种包括算法逻辑、非正规动态逻辑和动态代数等。与动态逻辑关系密切的系统有霍尔逻辑、时态逻辑、过程逻辑、μ-演算和正则代数。

命题动态逻辑是使用程序对命题逻辑的一个扩张,是动态逻辑的基础系统,可以表征程序和独立于计算论域的命题之间的相互作用。从句法上看,命题动态逻辑是命题逻辑、模态逻辑和正则表达式代数这三个经典成分的融合。命题动态逻辑有多个版本,这取决于程序算子的选择。命题动态逻辑的语义来源于模态逻辑的语义,用于解释的命题动态逻辑的程序和命题的结构是克里普克结构。

当我们把存储变化当作命题动态逻辑中的基本行为时,就得到了量化动态逻辑。该逻辑起源于"基于带前置条件和后置条件的注释程序"的正确性推理,其原子程序可以进一步分析成"给程序变元所赋的值或者关系测试",而状态则是从程序变元到适当的值之间的映射。动态谓词逻辑是量化动态逻辑的子系统,它是"公式即程序"语言的最基本层级。该逻辑在自然语言的动态语义理论的发展方面扮演着重要的作用。

动态逻辑主要用于程序分析、树描述、交流行为及自然语言的动态语义,尤其适合对动态情景的推理,也就是那些语句的真值并不固定的情景，即随着时间的变化而变化的情景。该逻辑还可用于分析诸如行为、知识、信仰的变化以及计算机程序等，是理解程序结构的相对表达力与复杂性的有力工具。

动态逻辑并不仅仅局限于用每个程序的一个给定模态词对经典逻辑加以扩展，也不仅仅是一个多模态逻辑。动态逻辑是由多个系统组成的丰富家族，它不仅使用了各种程序演算，而且还能够分析程序与公式的相互作用。其复合公式是由原子公式组成，与此类似，程序演算也允许复合程序由原子程序构成。动态逻辑不仅具有经典命题逻辑和谓词逻辑的规则，而且还有根据子程序来分析程序行为的规则，以及能够分析程序与公式的相互作用的规则。

总之，动态逻辑又称为关于程序的模态逻辑，是进行程序逻辑性质研究、程序正确性验证强而有力的数学工具。动态逻辑是一种与自然语言的语义分析和人工智能都有密切联系的新思想，为现代逻辑理论的发展提供了新题材和新思路。首先，在逻辑系统方面，动态逻辑为逻辑研究的很多方面提供了崭新的研究视角，它不但改革了经典逻辑的静态语义模型，而且打开了动态算子及其推理的广阔空间。其次，在语言科学方面，动态逻辑的特点符合人类运用自然语言的认知过程，可以看成是对基于自然语言的思维过程的理论描述，它比经典逻辑更加适合作为理论语言学的逻辑基础与描述工具。再次，在人工智能方面，动态逻辑与计算机程序语言的关系非常密切，这种逻辑的句法语言直接添加了表现“程序”概念的表达式，可据此编制计算机处理自然语言的程序指令，甚至能够直接提供便于计算机处理的算法，动态逻辑还能够为计算机理解自然语言提供理论依据。

本书以国内外新近相关文献为基础，从人工智能的视角，主要围绕命题动态逻辑及其扩展系统进行了研究。具体内容如下：第1章是导论；第2章是数学准备；第3章是可计算性与复杂性；第4章是逻辑准备：等式逻辑与无穷逻辑；第5章是程序推理；前5章内容是本书研究的基础；第6~8章阐释了正则命题动态逻辑形式系统、可判定性、完全性和计算复杂性；第9章探讨了非正则命题动态逻辑；第10章介绍了动态逻辑的一些变种；第11~17章是命题动态逻辑的扩展系统，其中第11章是带有程序量词的命题动态逻辑，第12章是带有互模拟和逻辑等值程序的命题动态逻辑，第13章是关于Petri网的命题动态逻辑，第14章是带有无缩并无切割规则的矢列演算的命题动态逻辑，第15章是带有多类型显示演算的命题动态逻辑，第16章是带有有穷多个变元的命题动态逻辑，第17章是带有存储、恢复和并行合成算子的命题动态逻；第18章研究了从交流更新逻辑到命题动态逻辑的程序转换器。

总的说来，国外有关动态逻辑的研究成果丰硕，但我国在这方面的研究相对薄弱。究其原因，这与我国逻辑学、数学、计算机科学和人工智能的研究总体滞后，以及进行动态逻辑研究需要广博的相关知识和深厚的数学功底有关。幸运的是：①笔者本科和硕士阶段都是学数学的，博士阶段是学逻辑的，博士后阶段主要是在智能科学与技术系学习，从而使得本课题负责人具有逻辑学、数学、计算机科学和人工智能等交叉学科的知识，这为本研究奠定了坚实的基础；②本书不是笔者单独完成的，而是本课题组全体成员精诚合作、加班加点、共同奋斗的结果。

阅读本书所需要的数学基础和逻辑基础的英文文献可参见Harel et al.(2000)前四章，中文文献可以参见杜国平(2006)的专著《经典逻辑与非经典逻辑基础》、耿素云等(2013)的专著《离散数学(第五版)》、张立昂(1996)的专著《可计算性与计算复杂性导引》，等等。考虑到国内大部分逻辑学学者(尤其是初次接触逻辑学的学者和研究生)的知识背景，为了方便读者，本书第一章至第五章主要是做些必要的知识准备工作，熟悉这部分内容的读者可以直接阅读第5章之后的内容。第6~18章才是本书研究的主题内容——命题动态逻辑及其扩展研究。

由于本书里的公式符号太多，上标中标下标交错使用，即使在定稿时，进行了多次认真仔细的校对检查；加之本书在国内相关研究极为薄弱的情况下，试图努力追赶国外学者的研究步伐，很多研究很难一蹴而就。因此，本书很可能仍然存在疏漏，敬请读者批评指正。

本书适合现代逻辑、计算机科学、人工智能和系统工程等领域以及对命题动态逻辑及其扩展系统感兴趣的教师、研究生和科研人员阅读。

张晓君

2021年8月8日于合肥

目　录

第1章　导　论 ……………………………………………………1

1.1　本书的学术依据和提出背景 ……………………………………1

1.2　国内外研究状况及选题价值 ……………………………………4

1.3　动态逻辑:人工智能的基石……………………………………6

第2章　数学准备 …………………………………………………12

2.1　记法约定……………………………………………………12

2.2　集　合……………………………………………………13

2.3　关　系……………………………………………………15

2.4　图和达格……………………………………………………22

2.5　格……………………………………………………………22

2.6　超穷序数……………………………………………………23

2.7　集合算子……………………………………………………25

第3章　可计算性和复杂性 ………………………………………31

3.1　机器模型……………………………………………………32

3.2　不同种类的复杂性…………………………………………44

3.3　可归约性和完全性…………………………………………59

第4章　逻辑准备:等式逻辑与无穷逻辑 …………………………70

4.1　等式逻辑……………………………………………………71

4.2　无穷逻辑……………………………………………………86

第5章　程序推理 …………………………………………………93

5.1　什么是程序? ………………………………………………93

5.2　状态和执行…………………………………………………94

5.3 程序结构 ……96
5.4 程序验证 ……101
5.5 外生逻辑和内生逻辑 ……105

第6章 正则命题动态逻辑 ……107

6.1 正则命题动态逻辑的句法 ……109
6.2 正则命题动态逻辑的语义 ……111
6.3 正则命题动态逻辑的计算序列 ……114
6.4 正则命题动态逻辑的可满足性和有效性 ……115
6.5 正则命题动态逻辑的演绎系统 ……116
6.6 正则命题动态逻辑的基本性质 ……117
6.7 编码霍尔逻辑 ……127

第7章 滤过和可判定性 ……129

7.1 Fischer-Ladner闭包 ……129
7.2 滤过和小模型定理 ……133
7.3 非标准模型上的滤过 ……137

第8章 正则命题动态逻辑的演绎完全性及其复杂性 ……140

8.1 演绎完全性 ……141
8.2 逻辑后承 ……145
8.3 复杂性 ……146
8.4 紧致性和逻辑后承 ……155

第9章 非正则命题动态逻辑 ……160

9.1 上下文无关程序 ……161
9.2 非正则命题动态逻辑的基本结论 ……162
9.3 不可判定的扩张 ……165
9.4 命题动态逻辑的可判定性扩张 ……170
9.5 关于单字母程序的进一步研究 ……183

第10章 命题动态逻辑的一些变种 ……189

10.1 确定性命题动态逻辑和while程序 ……191

10.2 受限测试……195
10.3 自动机表示……198
10.4 补运算和交运算……200
10.5 逆运算……202
10.6 良基和完全正确性……203
10.7 并发性和通信……208

第11章 带有程序量词的命题动态逻辑 ……210

11.1 引 言……210
11.2 带有递归程序的命题动态逻辑……211
11.3 程序量化……214
11.4 超过分析层级的QPDL复杂性……216
11.5 猜想与未来的工作……220

第12章 命题动态逻辑中互模拟程序和逻辑等值程序 ……221

12.1 研究动机……221
12.2 命题动态逻辑的相关基础……223
12.3 过程演算……224
12.4 命题动态逻辑 PDL^+ ……228
12.5 结论与未来的工作……234
附 录 ……235

第13章 关于Petri网的命题动态逻辑扩展 ……239

13.1 引 言……239
13.2 理论背景……240
13.3 研究背景……242
13.4 DS_3逻辑 ……246
13.5 DS_3逻辑可满足性的计算复杂性……252
13.6 DS_3逻辑的应用实例 ……256
13.7 结论与未来的工作……258

第14章 命题动态逻辑的无缩并无切割规则的矢列演算…259

14.1 引 言……259

14.2 命题动态逻辑的无切割的矢列演算——CSPDL演算 ……261
14.3 结构规则的可容许性 ……265
14.4 充足性定理 ……270
14.5 切割一消去定理 ……278
14.6 结论与未来的工作 ……281

第15章 命题动态逻辑的多类型显示演算 ……283

15.1 引 言 ……283
15.2 相关知识准备 ……286
15.3 语言和规则 ……292
15.4 可靠性 ……311
15.5 完全性 ……315
15.6 切割一消去规则 ……322
15.7 关于保守性的开问题 ……325
15.8 结论与未来的工作 ……327

第16章 带有有穷多个变元的命题动态逻辑的复杂性和表达力 ……329

16.1 引 言 ……329
16.2 句法和语义 ……331
16.3 带有有穷多个变元的命题动态逻辑的片段 ……333
16.4 结论与未来的工作 ……338

第17章 带有存储、恢复和并行合成算子的命题动态逻辑 …339

17.1 引言和研究动机 ……339
17.2 句法和语义 ……341
17.3 实例解读 ……345
17.4 受限片段$RSPDL^0$的公理系统 ……347
17.5 受限片段$RSPDL^0$的完全性 ……350
17.6 结论与未来的工作 ……353

第18章 从交流更新逻辑到命题动态逻辑的程序转换器 …354

18.1 引 言 ……354

18.2 交流更新逻辑……356
18.3 经由Brzozowski等式的程序转换……365
18.4 程序转换的矩阵演算……369
18.5 新转换器的复杂性……378
18.6 结论与未来工作……379

参考文献……381

后 记……407

第1章 导 论

1.1 本书的学术依据和提出背景

近代科学为何产生于欧洲而不是中国？其主要原因之一是中国传统思维中逻辑意识不发达。伟大思想家严复就认为：西方文明、民主、富强的根本原因就在于逻辑的发达，中国人要学习西方文明，首先就要从逻辑开始！爱因斯坦认为，近代西方科学的发展是建立在两大基础上的：一是亚里士多德创立的演绎逻辑体系，二是近代实验科学家创立的探求因果联系的方法（即以培根为代表的归纳逻辑）。怀特海说，没有逻辑就没有科学。列宁说："所有科学都是应用逻辑。"（郝一江和刘信鹏，2018）[①]

事实上，逻辑学是所有科学的基础，它在人类整个知识结构中占据着重要的基础地位，它与科技的发展和社会理性的形成紧密相关。1974年，联合国教科文组织把逻辑学列于七大基础学科的第二位，即数学、逻辑学、天文学和天体物理学、地球科学和空间科学、物理学、化学、生命科学。作为基础学科，在当今时代，逻辑学对计算机科学和人工智能科学的影响无疑是巨大的。

人工智能是当今世界的科学技术前沿与重点研究领域，各国都在相关的领域中进行战略布局，纷纷开展技术攻关，并不断取得突破。2016年10月，美国政府发布《国家人工智能研究和发展战略计划》（National Artificial Intelligence Research and Development Strategic Plan），将人工智能上升为国家战略；2016年12月，英国政府发布《人工智能：未来决策制定的机遇与影响》（Artificial Intelligence: Opportunities and Implications for the Future of Decision Making）的报告，阐述了人工智能的未来发展对英国社会和政府的重大意义。2017年7月，我国国务院印发了

①本章部分内容已经被《重庆理工大学学报（人文社科版）》录用。作者为张晓君。

《新一代人工智能发展规划》，将人工智能提升到国家战略的高度，提出了面向2030年我国新一代人工智能发展的指导思想、战略目标、重点任务和保障措施，部署构筑我国人工智能发展的先发优势，加快建设创新型国家和世界科技强国。

计算机科学和人工智能科学中的一个程序（program）就是从给定的输入数据出发，计算出所期望的输出数据的一个形式语言。动态逻辑（dynamic logic）就是能够对程序的输入/输出行为进行形式化推理的多个逻辑系统的总称。动态逻辑的两个核心系统是命题动态逻辑（propositional dynamic logic）与量化动态逻辑（quantificational dynamic logic，也叫做一阶动态逻辑）。命题动态逻辑是使用程序对命题逻辑的一个扩张，是动态逻辑的基础系统；量化动态逻辑是命题动态逻辑的一阶版本；动态谓词逻辑是量化动态逻辑的子系统，它是“公式即程序”语言的最基本层级。动态逻辑的一些变种包括算法逻辑、非正规动态逻辑和动态代数等。与动态逻辑关系密切的系统有霍尔逻辑、时态逻辑、过程逻辑、μ-演算和正则代数（郝一江和张晓君，2009）。

命题动态逻辑可以表征程序和独立于计算论域的命题之间的相互作用。命题动态逻辑是量化动态逻辑的子系统，因此命题动态逻辑的所有性质在量化动态逻辑中也是有效的。在命题动态逻辑中，初始程序被解释为状态集合K上的任意二元关系。从句法上看，命题动态逻辑是命题逻辑、模态逻辑和正则表达式代数这三个经典成分的融合。命题动态逻辑有多个版本，这取决于程序算子的选择。命题动态逻辑的语义来源于模态逻辑的语义，用于解释的命题动态逻辑的程序和命题的结构是克里普克结构。

当我们把存储变化当作命题动态逻辑中的基本行为时，就得到了量化动态逻辑，该逻辑起源于“基于带前置条件和后置条件的注释程序”的正确性推理，其原子程序可以进一步分析成“给程序变元所赋的值或者关系测试”，而状态则是从程序变元到适当的值之间的映射。动态谓词逻辑是量化动态逻辑的子系统，该逻辑在自然语言的动态语义理论的发展方面发挥着重要的作用。

动态逻辑主要用于程序分析、树描述、交流行为以及自然语言的动态语义，尤其适合对动态情景的推理，也就是那些语句的真值并不固定的情景，即随着时间的变化而变化的情景。该逻辑还可用于分析诸如行为、知识、信念的变化以及计算机程序等，是理解程序结构的相对表达力与复杂性的有力工具。

在经典谓词逻辑中，真值是静态的，一个公式的真值是由该公式中的自由变元在某种结构上的赋值决定的；这一赋值和该公式的真值是不变的。在动态逻辑中，具有被称为程序的显式句法结构，而程序的主要作用就是改变公式中变元的真值，进而改变了公式的真值。例如，程序“$x:=x+1$”（其中 x 是自然数）可以改变“x 是偶数”的真值。

在动态逻辑中，复合程序可以通过程序算子由初始程序归纳得到。在最简单版本的动态逻辑中，这些程序算子包括：不确定性选择算子“∪”、序列合成算子“;”、迭代算子“*”和测试算子“?”。使用这些算子足以产生所有的while程序。

从句法上讲，每个程序都可能产生出多模态逻辑的一个模态词。如果把程序 α 放进模态符号[]和< >里面，可以得到 $[\alpha]$ 和 $<\alpha>$，那么程序就成了该模态语言的一个显式部分。表达式 $[\alpha]\varphi$ 的意思是，执行程序 α 并在满足状态 φ 时停机是必然的；表达式 $<\alpha>\varphi$ 的意思是，执行程序 α 并在满足状态 φ 时停机是可能的。动态逻辑就是这样的多模态逻辑：因为其公式的归纳定义允许对模态算子加上任意的前缀，所以动态逻辑的句法比部分霍尔逻辑更灵活且具有更强的表达力。

动态逻辑并不仅仅局限于用每个程序的一个给定模态词对经典逻辑加以扩展，也不仅仅是一个多模态逻辑。动态逻辑是由多个系统组成的丰富家族，它不仅使用了各种程序演算，而且还能够分析程序与公式的相互作用。其复合公式由原子公式组成。与此类似，程序演算也允许复合程序由原子程序构成。动态逻辑不仅具有经典命题逻辑和谓词逻辑的规则，而且还有根据子程序来分析程序行为的规则，以及能够分析程序与公式的相互作用的规则。

总之，动态逻辑又称为关于程序的模态逻辑，是进行程序逻辑性质研究、程序正确性验证强而有力的数学工具。动态逻辑是一种与自然语言的语义分析和人工智能都有密切联系的新思想，为现代逻辑理论的发展提供了新题材和新思路。首先，在逻辑系统方面，动态逻辑为逻辑研究的很多方面提供了崭新的研究视角，它不但改革了经典逻辑的静态语义模型，而且打开了动态算子及其推理的广阔空间。其次，在语言科学方面，动态逻辑的特点符合人类运用自然语言的认知过程，可以看成是对基于自然语言的思维过程的理论描述，它比经典逻辑更加适合作为理论语言学的逻辑基础与描述工具。再次，在人工智能方面，动态逻辑与计算机程序语言的关系非常密切，这种逻辑的句法语言直接添加了表现“程序”概念的表达式，可据此编制计算机处理自然语言的程序指令，甚至能够直接提供便于计算机处理的算法，动态逻辑还能够为计算机理解自然语言提供理论依据。

1.2 国内外研究状况及选题价值

动态逻辑的前身是 Hoare（1969）引进的霍尔逻辑（Hoare logic）。霍尔逻辑是最早的一批形式验证系统，它可以用于程序设计的分析，比如，可以用于序列转换程序的分析。动态逻辑是 Pratt（1976）提出来的，他提出这一理论的基本出发点是：他认为把模态逻辑与程序进行很好地融合是可能的。

随着信息化、智能化时代的到来，动态逻辑获得了蓬勃发展，研究成果不断涌现。例如，作为动态逻辑基础系统的命题动态逻辑方面的成果就有：Fischer 和 Ladner（1979）研究了正则命题动态逻辑。Ben-Ari 等（1982）研究了确定性命题动态逻辑的有穷模型、复杂性和完全性。Halpern 和 Reif（1983）研究了“关于确定的良结构程序”的命题动态逻辑。Feldman（1984）探讨了带有显式概率的命题动态逻辑的可判定性。Peleg（1987）研究了并发动态逻辑。Harel 等（2000）则研究了命题动态逻辑和一阶动态逻辑的基础系统、可判定性、计算复杂性和完全性等。Lange 和 Lutz（2005）讨论了带有交算子的命题动态逻辑的 2-EXPTIME 下界。Göller 和 Lohrey（2006）探究了命题动态逻辑无穷状态的模型检测。Löding和Serre(2006)研究了带有递归程序的命题动态逻辑。Leivant(2008)则探究了带有程序量词的命题动态逻辑。Platzer(2008)研究了关于混合系统的微分动态逻辑。Benevides和Schechter(2010)为并发程序定制了基于π-演算的命题动态逻辑。Hill和Poggiolesi(2010)则研究了无缩并无切割规则的命题动态逻辑的矢列演算。Benevides(2011)探讨了带有存储、恢复和并行合成的命题动态逻辑。Mill和Mcburney(2011)研究了关于Agent 交互协议推理的命题动态逻辑。Riemsdijk(2011)探讨了Agent程序设计中的计划修订的动态逻辑。Wolter和Wooldridge(2011)研究了时态逻辑与动态逻辑。Baltag和Smets(2011)研究了作为动态逻辑的量子逻辑。Hartonas(2012)探究了关于行动类型和Agent能力的推理。Benevides(2014)则探讨了命题动态逻辑中的互模拟程序和逻辑等值程序。Lopes等(2014)研究了关于Petri网的命题动态逻辑的扩展。Hartonas(2014)研究了关于Agency和行动的动态逻辑。Frittella等(2016)探讨了命题动态逻辑的多类型显示演算。Rybakov和Shkatov(2018)研究了带有有穷变元的命题动态逻辑的复杂性和表达力。Pardo等(2018)则探讨了从交流更新逻辑到命题动态逻辑的程序转换器,等等。国外有关动态逻辑的研究成果主要来自于计算机学界或人工智能界等理工科领域。

目前从知网等网站能够搜索到的文献来看,我国关于动态逻辑研究严重滞后于国外相关研究。我国涉及动态逻辑研究的文献主要有:邹崇理(2002)、唐晓嘉和郭美云(2010)、董英东(2018)、郝一江和张晓君(2009)、张晓君和郝一江(2010)、Zhang等(2012a;2012b;2012c;2013a;2013b;2013c;2016)、张晓君和周昌乐(2013)、张晓君和郝一江(2014)、Zhang和Wu(2016)、Zhang和Li(2016)、张晓君(2017),等等。

动态逻辑是对程序的输入/输出行为进行推理的形式系统,它是程序逻辑的总称。在关于程序的形式推理的各种方法中,动态逻辑以模态逻辑为基础,而且它与经典逻辑有着密切的联系。动态逻辑可以看作是对一阶谓词逻辑、模态逻辑和正则事件代数

(algebra of regular events)这三个相互补充的经典系统的融合。

动态逻辑具有如下功能:①可以对正确表述的内容进行形式化;②可以给出满足具体程序的相关表述的严格证明;③可以判断两个程序是否等价;④可以对不同程序结构的表达力进行比较;⑤可以从具体表述中综合出程序;等等。因此,动态逻辑是国外逻辑学界、数学界、计算机科学界和人工智能界等前沿交叉领域研究的热点问题之一。

总的说来,国外有关动态逻辑的研究成果丰硕,但我国在这方面的研究成果可谓寥寥无几。究其原因,这与我国逻辑学研究总体滞后,以及进行动态逻辑研究需要广博的相关知识和深厚的数学功底有关。研究者要想在动态逻辑方面具备很深的造诣并取得较大的突破,就必须具备数理逻辑、无穷逻辑、算法逻辑、单值程序逻辑、递归论、形式语言、自动机、可计算性与复杂性、程序检验等方面的知识。因此,有必要通过不同学科领域的学者之间的合作,建立起强而有力的学术共同体,对动态逻辑进行研究。

1.3 动态逻辑:人工智能的基石

一个程序(program)就是从给定的输入数据出发,计算出所期望的输出数据的一个形式语言。动态逻辑就是对程序进行推理的形式逻辑系统。动态逻辑是能够对程序进行形式化推理的多个逻辑系统的总称。

在经典谓词逻辑中,真值是静态的,一个公式的真值是由该公式中的自由变元在某种结构上的赋值决定的;这一赋值和该公式的真值是不变的。在动态逻辑中,具有被称为程序的显式句法结构,而程序的主要作用就是改变公式中变元的真值,进而改变公式的真值。例如,程序"x:=3x"(其中x是自然数)可以改变"x是3的倍数"的真值。

1.3.1 模态逻辑与程序

模态逻辑特别适合于对动态情景进行推理。动态情景是指命题的真值并非是固定,而是随着时间而变化的情境。经典一阶逻辑就是静态的，其命题的真值是不变的。经典一阶逻辑可以在一个单一的结构或世界中加以解释。在模态逻辑中，不同解释可以组成多个可能世界或状态的集合K；如果这些状态能够改变，那么其对应的命题的真值就能够改变（Harel et al., 2000, p.133）。

对模态逻辑进行动态解释的一个成功实例就是时态逻辑。在时态逻辑中，如果状态t是状态s的一个未来，那么t与s就是可及的；这一可及关系可以是状态集合K的线性序（线性时态逻辑）或一个树（分支时间时态逻辑）（Harel et al., 2000, p.133）。

时态逻辑的这些观念也适合于程序执行框架。状态集合K可以看作是一个程序的所有可能执行状态的论域。对于任意程序α而言，在K上的二元可及关系(s,t)是α的一个可能执行状态，当且仅当，t是具有初始状态s的程序α的一个“可能”最终状态；即存在在状态s时开始并在状态t时终止的程序α的一个计算。这里的“可能”二字是指，希望考察的是不确定性程序，即对于一个给定的初始状态，可以不止一个单一的最终状态与之可及（Harel et al., 2000, p.133）。

从句法上讲，每个程序都可能产生出多模态逻辑的一个模态词。如果把程序α放进模态符号[]和⟨⟩里面，可以得到$[\alpha]$和$\langle\alpha\rangle$，那么程序就成了该模态语言的一个显式部分。表达式$[\alpha]\varphi$的意思是，执行程序α并在满足状态φ时停机是必然的；$\langle\alpha\rangle\varphi$的意思是，执行程序$\alpha$并在满足状态$\varphi$时停机是可能的。动态逻辑就是这样的多模态逻辑，因为其公式的归纳定义允许对模态算子加上任意的前缀，所以动态逻辑的句法比部分正确断定的霍尔逻辑更灵活，且具有更强的表达力。例如：如果$\langle\alpha\rangle\varphi$和$\langle\beta\rangle\varphi$是逻辑等值的，那么，对每个初始状态$s$而言，程序$\alpha$能够在满足公式$\varphi$的状态时停机，当且仅当，对每个初始状态$t$而言，程序$\beta$也能够在满足公式$\varphi$的状态时停机（Harel et al., 2000, p.133）。

动态逻辑并不仅仅局限于用每个程序的一个给定模态词对经典逻辑加以扩展，也不仅仅是一个多模态逻辑。动态逻辑是由多个系统组成的丰富家族，它不仅使用了各种程序演算，而且还能够分析程序与公式的相互作用。其复合公式由原子公式组成。与此类似，程序演算也允许复合程序由原子程序构成。典型的原子程序就是赋值命题和基本的测试程序，用于构成复合程序的算子就是熟悉的诸如if-then-else和while-do这样的程序结构。动态逻辑不仅具有经典命题逻辑和谓词逻辑的规则，而且还有根据子程序来分析程序行为的规则，以及能够分析程序与公式的相互作用的规则（Harel et al., 2000, pp.133-134）。

1.3.2 动态逻辑的基础系统——命题动态逻辑

命题动态逻辑（propostional dynamic logic，PDL），在动态逻辑中所扮演的角色，类似于经典命题逻辑在经典谓词逻辑中所扮演的角色。命题动态逻辑可以表征程序和独立于计算论域的命题之间的相互作用。正如经典命题逻辑是研究和学习经典谓词逻辑合适的突破口一样，命题动态逻辑是研究和学习动态逻辑合适的突破口。因为命题动态逻辑是一阶动态逻辑的子系统，所以命题动态逻辑的所有性质在一阶动态逻辑中也是有效的（Harel et al., 2000, p.163）。

在命题动态逻辑中，不存在计算的论域，因此就不存在为变元赋值的概念。初始程序被解释为状态集合K上的任意二元关系。初始断定只有原子命题，被解释为状态集合K上的任意子集。除此之外，没有特别的结构。至此，可以在命题动态逻辑中，考察程序和命题之间的很多基本关系（Harel et al., 2000, p.163）。举例如下。

(1) $[\alpha](\varphi\wedge\psi) \leftrightarrow [\alpha]\varphi\wedge[\alpha]\psi$，其左边的意思是，执行程序$\alpha$后，公式$\varphi\wedge\psi$必然成立；其右边的意思是，执行程序$\alpha$后，$\varphi$必然成立，而且$\psi$也必然成立。公式(1)说明等式左右两边的论断是等价的；而且不论计算的论域如何，也不论具体的α，φ和ψ具有怎样的性质，公式(1)的断定都是普遍成立的。

(2) $[\alpha;\beta]\varphi \leftrightarrow [\alpha][\beta]\varphi$，其左边的意思是，在执行复合程序$\alpha;\beta$后，公式φ必然成立；其右边的意思是，执行程序$\alpha$后，$[\beta]\varphi$

必然成立，进而有：在执行程序β后，φ必然成立。公式(2)表明等式左右两边的论断是等价的；而且不论具体的α，β和φ具有怎样的性质，公式(2)的断定都是成立的。公式(1)与公式(2)可以用于简化复杂程序的验证。

(3)$[\alpha]p \leftrightarrow [\beta]p$，其中$p$是原子命题符号，$\alpha$和$\beta$是程序。如果公式(3)在任意解释下为真，那么$\alpha$和$\beta$是等价的，这一"等价"的意思相对于命题动态逻辑的任意可表达的性质而言，或者相对于包含了命题动态逻辑作为子系统的任意形式系统而言，程序α和β具有等价的行为。这是因为公式(3)对于其任意替换实例而言都是成立的。例如，如下两个程序在公式(3)的意义下是等价的：α = if φ then γ else δ，β = if $\neg\varphi$ then δ else γ(Harel et al., 2000, p.163-164)。

1.正则命题动态逻辑

从句法上看，命题动态逻辑是命题逻辑、模态逻辑和正则表达式代数这三个经典成分的融合。命题动态逻辑有多个版本，这取决于程序算子的选择(Harel et al., 2000, p.164)。首先考察其基础版本——正则命题动态逻辑。

正则命题动态逻辑的句法具有命题φ，ψ和程序α，β这两种表达式。命题和程序是通过如下算子由原子命题和原子程序递归得到的：$\rightarrow$(命题蕴涵算子)、$\mathbf{0}$(命题否定算子)、$\cup$(程序复合算子)、;(程序选择算子)、*(程序迭代算子)、[](必然混合算子)、?(测试混合算子)。程序和命题的定义可以相互归纳定义。如果φ和ψ是命题，α和β是程序，那么$\varphi\rightarrow\psi$、$\mathbf{0}$(假命题)和$[\alpha]\varphi$是命题，而$\alpha;\beta$、$\alpha\cup\beta$、$\alpha*$、$\varphi?$ 都是程序。

命题动态逻辑的语义来源于模态逻辑的语义。用于解释命题动态逻辑的程序和命题的结构是克里普克结构。一个克里普克框架是一个F=(K, F_M)，其中的K是$u, v, w, \cdots$这些表示状态的元素组成的集合；F_M是一个意义函数，它把K的一个子集指派给每个原子命题，并把K上的一个二元关系指派给每个原子程序。即：$F_M(p) \subseteq K$，$p \in \Phi_0$(其中Φ_0是所有原子命题组成的集合)；F_M

$(a)\subseteq K\times K$，$a\in\Pi_0$（其中Π_0是所有原子程序组成的集合）（Harel et al.，2000，p.168）。

意义函数的定义可以通过给出Φ和Π中所有元素的意义，由如下方式递归得到$F_M(\varphi)\subseteq K$，$\varphi\in\Phi$（其中Φ是所有命题组成的集合）；$F_M(\alpha)\subseteq K\times K$，$\alpha\in\Pi$（其中$\Pi$是所有程序组成的集合）。从直观上看，状态集$F_M(\varphi)$可以看作是在模型$M$中满足命题$\varphi$的所有状态组成的集合。二元关系$F_M(\alpha)$表示在程序$\alpha$状态下，所有输入/输出序对组成的集合。$F_M(\varphi)$和$F_M(\alpha)$的意义则可以在结构$\varphi$和$\alpha$上通过相互归纳得到（Harel et al.，2000，p.168）。

在正则命题动态逻辑中，;（程序复合算子）、∪（程序选择算子）和*（程序迭代算子）这些初始算子都是正则表达式（regular expressions），程序可以看作是在原子程序和测试上的正则表达式。事实上，如果p是一个原子命题符号，任意两个无测试的程序α和β是等价的正则表达式（即它们表示了系统的正则集），当且仅当，公式$<\alpha>p \leftrightarrow <\beta>p$是有效的（Harel et al.，2000，pp.169-170）。

在给出了正则命题动态逻辑的句法、语义、计算序列、可满足性、有效性和演绎系统的基础上，可以给出其基本性质，而且①因为命题模态逻辑是命题动态逻辑的子系统，所以前者的性质在后者中也是有效的（Harel et al.，2000，p.174）；②命题动态逻辑的演绎系统具有完全性，即所有有效的公式都是定理（Harel et al.，2000，pp.203-208）；③命题动态逻辑的可满足性问题是指数时间完全的（Harel et al.，2000，pp.216-219）；④虽然命题模态逻辑是命题动态逻辑的子系统，但是前者具有紧致性，而后者不具有紧致性（Harel et al.，2000，pp.220-222）。

对正则命题动态逻辑加以扩张或限制，就可以得到多个命题动态逻辑的有趣变种。比如，要求程序是确定性的，或要求测试不出现或是简单的，或要求程序能够被有穷自动机表示，或在正则程序中添加逆算子、交算子或补算子，或要求程序不能具有永远执行的能力等。

2.非正则命题动态逻辑

使用“其控制结构不止需要一个有穷自动机的”程序，对命题动态逻辑中的正则程序进行扩张，就可以得到非正则命题动态逻辑。例如，无语境程序类需要一个下推自动机(pushdown automaton)，从正则程序提升为无语境程序实则是迭代程序向无参数的递归程序转换。增加命题动态逻辑的程序类得到相应的扩张逻辑时，经常会出现的问题是：扩张逻辑的表达力是否增强？如果增强，那么该逻辑是否仍然可以判定？Harel等(2000)的研究表明：①通过向命题动态逻辑中添加任意非正则程序，得到的扩张逻辑的表达力将会增强，而且带有无语境程序的命题动态逻辑的有效性问题是不可判定的；②如果L是任意的非正则无测试语言，那么PDL+L的表达力严格大于命题动态逻辑的表达力(Harel et al., 2000, pp.227-229)。

1.3.3 动态逻辑的核心系统——量化动态逻辑

量化动态逻辑(QDL)与命题动态逻辑的主要区别是：前者允许一阶量化结构出现，因此也叫一阶动态逻辑。在量化动态逻辑中，状态不再是抽象的点，而是对一阶结构中的承载子(carrier)上的变元集合进行赋值，原子程序不再是抽象的二元关系，而是在计算过程中对变元进行赋值的各种形式的赋值语句(Harel et al., 2000, p.283)。本书重点研究命题动态逻辑，量化动态逻辑请参见郝一江即将于2022年或2023年由科学出版社出版的专著《一阶动态逻辑与Agent行为推理及其哲学反思》。

第2章 数学准备

2.1 记法约定

整数、有理数、实数分别记为ℤ、ℚ和ℝ，自然数记为ℕ或ω。如果把自然数看作是一个带有“+”和“•”算术运算的代数结构，就采用前者的记法；如果把自然数看作是有穷序数集，就采用后者的记法。符号i,j,k,m,n表示自然数。

使用符号⇒、→表示蕴含关系（即如果……那么……）；使用⇔、↔表示双向蕴含关系（即等值关系，当且仅当）。在所研究的系统中，单横线表示逻辑符号，双横线是元符号，在口头证明中表示蕴含和当且仅当。一些作者使用⊃和≡表示逻辑符号和元符号，本书前10章仍使用这些符号，只不过要用于其他目的。符号→也用于说明一种形如(f:A→B)的函数类型，它表示：f的定义域是A，值域是B。

“iff”是if and only if的缩写，表示“当且仅当”。使用$=_{def}$或$\Leftrightarrow_{def}$表示：左边的对象被右边的对象定义。

约定：对于同时带有左右等词（identity）ι的二元结合运算“×”，其空积（empty product）是ι。例如，在实数ℝ中的加法运算，其空和（empty sum）$\sum_{\alpha\in\varnothing}\alpha$是0；其空并（empty union）$\bigcup_{A\in\varnothing}A$是$\varnothing$。

对象的有穷序列的长度σ记为$|\sigma|$。A中元素的所有有穷序列的集合记为A^*。A^*中的元素也称为字符串（strings）。A^*中长度为0的特殊元素称为空串或空序列，记为ε。集合A^*称为A星。集算子*称为星号算子。字符串w的逆（记为w^R）就是反写（witten backward）w[①]。本章的论述是主要以Harel等（Harel et al., 2000，pp.3-22）的工作为基础加以展开的。

---

①本章大部分结论都可在离散结构的基础文献中找到，例如Gries和Schneider（1994）、Rosen（1995）、Graham（1989），等等。代数集合理论的相关介绍可以参考Halmos（1960）。

2.2 集 合

集合(set)记为A,B,C…,也可能带有下标。符号$\in$表示元素与集合之间的属于关系,例如$x\in A$表示x是A中的元素。符号$\subseteq$表示集合与集合之间的包含关系,例如$A\subseteq B$表示A是B的子集。$x\notin B$表示x不是B中的元素,$A\not\subseteq B$表示A不是B的子集。真包含记为$\subset$。集合A的基数(cardinally)记为$\#A$。

集合A的幂集(powerset)是A的所有子集的集合,记为2^A。空集记为$\varnothing$。集合A与集合B的并集和交集,分别记为$A\cup B$和$A\cap B$。如果$\tilde{A}$是集合的集合,那么其并集和交集$\cup\tilde{A}$和$\cap\tilde{A}$分别表示$\tilde{A}$中所有集合的并集和交集(对于其交集而言,要求$\tilde{A}\neq\varnothing$),即

$$\cup\tilde{A}=_{\text{def}}\{x|\exists B\in\tilde{A},x\in B\}$$

$$\cap\tilde{A}=_{\text{def}}\{x|\forall B\in\tilde{A},x\in B\}$$

A在B中的补集是B中所有不在A中的元素组成的集合。记为$B-A$。在B明了时,有时把$B-A$写为$\sim A$。在标准的集合论记法$\{x|\varphi(x)\}$和$\{x\in A|\varphi(x)\}$中,分别表示所有满足性质φ的x的类和所有满足φ的$x\in A$的集合。集合A和集合B的笛卡尔积(Cartesian product)是一个有序对集合。即

$$A\times B=_{\text{def}}\{(a,b)|a\in A\text{ 且 }b\in B\}。$$

一般地说,如果A_α是一组加标集且$\alpha\in I$,那么集合A_α的笛卡尔积是所有的I-元素组(I-tuples)构成的集合$\prod_{\alpha\in I}A_\alpha$,对于所有$\alpha\in I$而言,它的第$\alpha$个成员在$A_\alpha$中。特别地,如果所有$A_\alpha=A$,那么把$\prod_{\alpha\in I}A_\alpha$写为$A^I$;此外,如果$I$是有穷集$\{0,1,\cdots,n-1\}$,则有

$$\begin{aligned}A_n &=_{\text{def}}\prod_{i-0}^{n-1}A_i\\ &=\underbrace{A\times\cdots\times A}_{n}\\ &=\left\{(a_0,\cdots,a_{n-1})|a_i\in A,0\leqslant i\leqslant n-1\right\}\end{aligned}$$

集合A_n表示A的第n个笛卡尔幂(Cartesian power)。

笛卡尔积$\prod_{\alpha\in I}A_\alpha$的射影函数是$\pi_\beta:\prod_{\alpha\in I}A_\alpha\to A_\beta$。把函数$\pi_\beta$应用到$x\in\prod_{\alpha\in I}A_\alpha$就可给出$x$的第$\beta$个成员。例如,根据射影函数$\pi_0$:

$\mathbb{N}^3 \to \mathbb{N}$可知：$\pi_0(3,5,7)=3$。

注记：

本书采用Zermelo-Fraenkel集合论作为基础系统。Zermelo-Fraenkel集合论中的公理是Zermelo-Fraenkel选择公理ZFC。在纯ZFC中，一切都是由集合构成，集合是能够作为其他集合中的元素的唯一对象。

ZFC系统的公理有并集、有序对、幂集和笛卡尔积这些结构，无穷集也是允许的。在其上的所有通用数据类型（common datatypes）和运算，诸如字符串、自然数、实数、树、图（graph）、表（list）等都能够由这些基础的集合运算加以定义。其重要特征是序数结构和超穷（transfinite）归纳法原则（2.6节将会有更详细的阐述。）

在ZFC系统中，在集合和类（class）之间存在区别。对于集合的任意性质φ而言，满足性质φ的所有集合可以形成如下类：

$$\{X \mid \varphi(X)\} \tag{2.2.1}$$

对于任意集合A而言，此类所对应的演绎规则是

$$A \in \{X \mid \varphi(X)\} \Leftrightarrow \varphi(A) \tag{2.2.2}$$

任意集合B是类$\{X \mid X \in B\}$，但类不必是一个集合。

早期的集合论假定形式为式（2.2.1）的类是集合，该假设称为内涵假设。不幸的是这种假设导致了诸如罗素悖论（Russell's paradox）这样的不一致。罗素悖论的意思是：所有组成类的集合不包含集合自身，即

$$\{X \mid X \notin X\} \tag{2.2.3}$$

如果存在这样的集合，比如集合B，根据式（2.2.2）可知，$B \in B$当且仅当$B \notin B$，这就产生了矛盾。

通过弱化康托（Cantor）早期的集合论观点，就可以消解罗素悖论和其他类似悖论。内涵假设可以被如下公理替代：如果A是一个集合，那么$\{X \in A \mid \varphi(X)\}$，而且$A$中所有元素形成的类满足性质$\varphi$。而那些不是集合的类（诸如式（2.2.3））叫做真类（proper classes）。

2.3 关 系

关系是笛卡尔积的子集。例如，关系"is a daughter of"是笛卡尔积{female humans}×{humans}的子集。关系用(可能带有下标的)$P,Q,R\cdots$表示。对于某个自然数n而言，如果A是一个集合，那么在A上的一个关系就是A^n中的关系R的子集。自然数n称为关系R的元数(arity)。如果它的元数分别对应0,1,2,3或n，那么在A上的关系R称为零元(nullary)关系、一元(unary/monadic)关系、二元(binary/dyadic)关系、三元(ternary)关系或n元关系。在A上的一个一元关系就是A的一个子集。空关系(empty relation)$\varnothing$指不包含元数组的关系，它可以被看作是一个任意被要求的元数关系，所有其他的关系都具有唯一的元数。

如果R是一个n元关系，有时用$R(a_1,a_2,\ldots,a_n)$表示在R中的元数组$(a_1,a_2,\ldots a_n)$。本章约定：用aRb替换$R(a,b)$来表示二元关系。例如，常见的二元关系$a\leq b$、$A\subseteq B$和$a=b$。因此，形式$R(a_1,a_2,\ldots,a_n)$的任意表达式其实暗含了"R的元数是n"这一假设，故省略了"其中R是n-元关系"这一说明。

一个关系R是另一个关系S的细化(refine)或加细(refinement)的意思是：$R\subseteq S$，且S是元数组的集合。

一、二元关系

令R是U上的一个二元关系R，那么

(1)对于所有的$a\in U$，若$(a,a)\in R$，则称R是自返(reflexive)关系；

(2)对于所有的$a\in U$，若$(a,a)\notin R$，则称R是反自返(irreflexive)关系；

(3)如果"只要$(a,b)\in R$，就有$(b,a)\in R$"，那么就称R是对称(symmetric)关系；

(4)如果"只要$(a,b)\in R$且$(b,a)\in R$，就有$a=b$"，那么就称R是反对称(antisymmetric)关系；

(5)如果"只要$(a,b)\in R$且$(b,c)\in R$，就有$(a,c)\in R$"，那么就

称 R 是传递关系（transitive）关系；

（6）如果每个非空子集 $X \subseteq U$ 都有一个 R-最小元，那么就称 R 具有良基（well-founded）关系。具体地说，如果元素 $b \in X$ 是 R-最小元，那么不存在元素 $a \in X$，满足关系 aRb。

（7）如果 R 满足自返关系和传递关系，那么就称 R 是一个前序（preorder）或半序（quasiorder）关系。

（8）如果 R 满足自返关系、反对称关系和传递关系，那么就称 R 是一个偏序（partial order）关系。

（9）如果 R 满足反自返关系和传递关系，那么就称 R 是一个强偏序（strict partial order）关系。

（10）如果 R 是一个偏序且对任意 $a, b \in U$，或是 aRb 或是 bRa，那么就称 R 是一个全序（total order）或线性序（linear order）关系。

（11）如果 R 是一个良基的全序关系，即如果 R 是一个偏序且每个 U 的子集都有一个唯一的 R-最小元，那么就称 R 是一个良序（well order）关系。

（12）如果 R 满足自返关系、对称关系和传递关系，那么就称 R 是一个等值关系。

如果在偏序的任意完全不同的元素之间，严格存在一个元素，那么就说此偏序是稠密的（dense），即如果 aRc 且 $a \neq c$，那么存在一个元素 b 使得 $b \neq a$，$b \neq c$、aRb 且 bRc。例如，实数就是稠密的偏序。

在一个集合 U 上的恒等关系 i 是一个二元关系：$\iota =_{def} \{(s, s | s \in U)\}$。

注意：一个关系是自返的，当且仅当，它被 ι 加细。

在元数是 n 的 U 上的全域关系（universal relation）是 U^n，即 U 中所有 n-元组元素组成的集合。

在二元关系上的一个重要运算是关系合成“$\circ$”，如果 P 和 Q 是一个 U 上的二元关系，它们的合成是一个二元关系：$P \circ Q =_{def} \{(u, w) | \exists v \in U, (u, v) \in P$ 且 $(v, w) \in Q)\}$。

恒等关系 ι 指运算“$\circ$”的左右两边相等。换句话说，对任意 R，$\iota \circ R = R \circ \iota = R$。一个二元关系 R 是传递的，当且仅当，$R \circ R \subseteq R$。

把运算“∘”进行推广的实例：P是U上的一个m-元关系，Q是在U上一个n-元关系，可以将$P\circ Q$定义为$(m+n-2)$-元关系：$P\circ Q =_{\mathrm{def}}\{(\overline{u},\overline{w})|\exists \upsilon\in U,(\overline{u},\upsilon)\in P$且$(\upsilon,\overline{w})\in Q)\}$。

在动态逻辑中，我们可以在上述实例里发现一个对关系合成而言重要并且有效的扩张概念。在该实例中，左边的表达式是二元关系，右边的表达式是一元关系，即

$$P\circ Q=\{s|\exists t\in U,(S,T)\}\in P\text{ 且 } t\in Q\}$$

把二元关系R的n次合成缩写为R^n，形式化地表示为：$R^0=_{\mathrm{def}}\iota$，$R^{n+1}=_{\mathrm{def}}R\circ R^n$。此概念与2.2节中笛卡尔幂的概念一样，但这两个概念都是标准概念，需要借助上下文区分。归纳可知：对于所有$m,n\geqslant 0$而言，$R^{m+n}=R^m\circ R^n$。

在二元关系R上的逆运算“$^-$”就是对关系进行了逆转：$R^-=_{\mathrm{def}}\{(t,s)|(s,t)\in R\}$。注意：双重逆运算就是该运算自身，即$R^{--}=R$。一个二元关系$R$是对称的，当且仅当，$R^-\subseteq R$，等价地说，即$R^-=R$。

两个在二元关系上的重要运算如下：

$$R^*=_{\mathrm{def}}\bigcup_{n\geqslant 0}R^n;\ R^+=_{\mathrm{def}}\bigcup_{n\geqslant 1}R^n$$

关系R^+称为R的传递闭包(transitive closure)，关系R^*称为R的自返传递闭包(reflexive transitive closure)。从集合包含关系$\subseteq$的角度看，R^+是包含R的最小传递关系，R^*是包含R的最小自返关系和最小传递关系。

下面将探讨这些结构的一些基本性质。引理2.1是一个有用的引理，它可以简化一些包含*运算的讨论。

引理2.1：关系合成运算可以对任意并(union)运算进行分配。即，对于任意二元关系P和任意的一组加标二元系Q_α而言：

$$P_0(\bigcup_\alpha Q_\alpha)=\bigcup_\alpha(P\circ Q_\alpha);(\bigcup_\alpha Q_\alpha)\circ P=\bigcup_\alpha(Q_\alpha\circ P)。$$

证明：第一个等式的证明如下，

$$(u,\upsilon)\in P\circ(\bigcup_\alpha Q_\alpha)\Leftrightarrow\exists w(u,w)\in P\text{ 且 }(w,\upsilon)\in\bigcup_\alpha Q_\alpha$$

$$\Leftrightarrow\exists w\exists\alpha(u,w)\in P\text{ 且 }(w,\upsilon)\in Q_\alpha$$

$$\Leftrightarrow\exists\alpha\exists w(u,w)\in P\text{ 且 }(w,\upsilon)\in Q_\alpha$$

$$\Leftrightarrow \exists \alpha (u, \upsilon) \in P \circ Q_{\alpha}$$
$$\Leftrightarrow (u, \upsilon) \in \bigcup_{\alpha} (P \circ Q_{\alpha})$$

同理可证第二个等式。

证毕。

2.3.2 等值关系

回顾2.3.1节：若在集合U上的一个二元关系是自返的、对称的和传递的，则该关系是一个等值关系。给定在U上的一个等值关系≡，则$a \in U$的≡-等价类是集合：$\{b \in U \mid b \equiv a\}$，并特别地把该集合记为$[a]$。根据自返关系可知，$a \in [a]$；如果$a, b \in U$，那么$a \equiv b \Leftrightarrow [a]=[b]$。

集合U的一个划分（partition）是一个U中两两不相交的子集的聚合（collection），这些子集的并（union）就是U。即，它是一个加标聚合$A_a \subseteq U$，使得对所有$a \neq b$而言，$\bigcup_{\alpha} A_{\alpha} = U$且$A_{\alpha} \cap A_{\beta} = \varnothing$。

在等值关系和划分关系之间存在自然的一一对应关系。在U上的一个等值关系的等价类形成一个U的划分；相反地，U的任意划分会产生一个等值关系，等值关系意味着如果两个元素是划分中的相同集合，那么它们就是等值的。

在U上二元关系$\equiv_1$被称为是另一个在U上的二元关系$\equiv_2$的加细。其意思是：对任意$a, b \in U$，如果$a \equiv_1 b$，那么$a \equiv_2 b$。同样的，对于等值关系而言，每个$\equiv_1$类的等式都包含在$\equiv_2$的等式中，即每个$\equiv_2$-类都是$\equiv_1$-类的并。任意一组ε等值关系都有一个最粗的普通加细（coarsest common refinement），它是加细了ε中所有这类关系的$\subseteq$-最大关系，这就是$\bigcap \varepsilon$，ε的元素可视为有序对组成的集合。最粗的普通加细的每个等值类就是ε中关系的等值类的一个交集。

2.3.3 函数

函数记为$f, g, h, \cdots$（可能带有下标）。与关系一样，函数是形式化的有序对组成的集合。更准确地说，一个函数f是使得两个无关的元素具有相同的第一成分的一个二元关系，即对任意a，最多存在一个b使得$(a,b)\in f$，写作$f(a)=b$，其中a称为变元(argument)，b称为值(value)。

f的定义域(domain)是集合$\{a \mid \exists b(a,b)\in f\}$，记为domf。如果$a\in$domf，则函数$f$在$a$上定义。$f$的值域(range)是包含$\{b \mid \exists b(a,b)\in f\}=\{f(a) \mid a\in \mathrm{domf}\}$的任意集合，简称"值域"，值域不是唯一的。用$f:A\to B$表示$f$是一个定义域为$A$和值域为$B$的函数。所有函数$f:A\to B$组成的集合记为$A\to B$或$B^A$。

一个函数可以简单地用符号$\mapsto$表示。比如，在整数上的函数$x\mapsto 2x$就是对变元进行翻倍的函数$\mathbb{Z}\to\mathbb{Z}$。形式化地讲，该函数是一个有序对集合$\{(x,2x) \mid x\in\mathbb{Z}\}$。符号$\upharpoonright$用来表示将函数限制在较小的定义域上。比如，如果$f:\mathbb{R}\to\mathbb{R}$，那么$f\upharpoonright\mathbb{Z}:\mathbb{Z}\to\mathbb{R}$表示：在没有特别说明的情况下，$f$的定义域限制在整数范围内。

如果$C\subseteq A$且$f:A\to B$，那么$f(C)$表示集合$f(C)=_{\mathrm{def}}\{f(a)|a\in C\}\subseteq B$，$f(C)$被称为$C$在$f$下的像(image)。$f$的像就是集合$f(A)$。

函数f和g的复合就是2.3.1节所定义的$f\circ g$这样的关系复合。如果$f: A\to B$且$g: B\to C$，那么$f\circ g: A\to C$且$(f\circ g)(a)=g(f(a))$①。

如果对任意$a,b\in A$且$a\neq b$，都有$f(a)\neq f(b)$，那么函数$f:A\to B$就是一一对应函数或是单射(injective)函数；如果任意$b\in B$都存在$a\in A$，使得$f(a)=b$，那么函数$f:A\to B$就是满射(surjective)函数；如果一个函数既是单射又是满射，那么该函数是双射(bijective)函数。一个双射函数$f:A\to B$的逆函数是$f^{-1}:B\to A$，这意味着：$f\circ f^{-1}$是在A上的恒等函数，$f^{-1}\circ f$是在B上的恒等函数。如果将f看作一个二元关系，f^{-1}就是2.3.1节定义的逆函数f^{-}。如果在两个集合中存在一个双射，那么这两个集合就是一一对应的。

接下来，将定义一个有用的函数补片算子(function-patching operator)。如果$f:A\to B$是任意函数且$a\in A$，$b\in B$，则如下定义的函数记为$f[a/b]:A\to B$。即

①虽然$(f\circ g)(a)=g(f(a))$是标准定义，但是这一定义与其他用法有冲突，即与"二元关系'$\circ$'的定义和'作为(论元，值)序对集合'的函数的定义"有冲突。

$$f[a/b](x) =_{\text{def}} \begin{cases} b, 当x = a时 \\ f(x), 当x \neq a时 \end{cases}$$

换句话说，$f[a/b]$除了可能在a处的取值是b外，其他取值与f完全一样。

2.3.4 偏　序

回顾2.3.1可知，如果在集合A上的一个二元关系$\leq$，它是自返的且传递的，那么它是一个前序（或半序）关系。如果它是自返的、传递的且反对称的，那么它就是一个偏序关系。任意前序$\leq$都有一个自然结合的等值关系：$a\equiv b \Leftrightarrow a\leq b$且$b\leq a$。序关系$\leq$是$\equiv$-等价类的唯一定义，即如果$a\leq b$，$a\equiv a'$且$b\equiv b'$，则$a'\leq b'$。因此，如果$a\leq b$，则可以定义为$[a]\leq[b]$。最终，在$\equiv$-类上的序关系就是一个偏序关系。

一个严格偏序关系是一个反自返的且传递的二元关系$<$。任意严格偏序$<$都有一个与之相关的偏序$\leq$，即，如果$a<b$或$a=b$，则$a\leq b$。任意前序$\leq$都有一个与之相关的严格偏序$a<b$，即，如果$a\leq b$且$b\not\leq a$，则$a<b$。对偏序$\leq$而言，这两个运算是可逆的。例如，与集合包含关系$\subseteq$有关的严格偏序是一个真包含关系$\subset$。

函数f:$(A,\leq)\to(A',\leq)$在两个偏序集中是单调的，即要求：如果$a\leq b$，则$f(a)\leq f(b)$。

令$\leq$是在A上的一个偏序并令$B\subseteq A$。即要求：如果对于所有$y\in B$，都有$y\leq x$，就称元素$x\in A$是B的上界（upper bound），其中元素x本身不必是B中的元素。除此之外，对B的每个上确界z而言，如果$x\leq z$，那么x就是B的最小上界。上确界（supremum）或并（join），记为$\sup_{y\in B}y$或$\sup B$。一个集合的上确界不一定存在，但如果存在，则是唯一的。

函数f:$(A,\leq)\to(A',\leq)$在两个偏序集中是连续的，其意思是：如果该函数保持了所有存在的上确界，即只要$B\subseteq A$且$\sup B$存在，那么运算$\sup_{x\in B}f(x)$存在，而且$\sup_{x\in B}f(x)$与$f(\sup B)$是等值的。

事实上，任意偏序都可扩展为一个全序，而且任意偏序都是它所有的扩展全序的交集。

如果一个偏序的任一子集都有≤-最小元素，那么就称该前序≤是良基的(well-founded)。一个反链(antichain)就是两两的≤-不可比的成对元素组成的集合。

命题2.2：令≤是集合A上的前序，那么如下四个条件是等价的。

(1)关系≤是良基且不存在无穷反链。

(2)对任意无穷序列$x_0, x_1, x_2, \cdots$，存在i, j使得$i<j$且$x_i \leq x_j$。

(3)任意无穷序列都有一个无穷非递减子序列，即对任意无穷序列$x_0, x_1, x_2, \cdots$，存在$i_0<i_1<i_2<\cdots$使得$x_{i_0} \leqslant x_{i_1} \leqslant x_{i_2} \leqslant \cdots$。

(4)任意集合$X \subseteq A$都有一个有穷基(finite base)$X_0 \subseteq X$，即一个有穷子集X_0，使得：对所有$y \in X$而言，存在$x \in X_0$使$x \leq y$。

此外，如果≤是一个偏序，那么上述四种条件与如下第五个条件等价。

(5)≤的任意全扩展(total extension)是一个良序(well order)。

如果一个前序或偏序满足命题2.2中的四个条件中的任一条件，那么称它为一个良半序(well quasiorder)或一个良偏序(well partial order)。

2.3.5 良基和归纳法

众所周知，有穷序数集$w=\{0, 1, 2, \cdots\}$被称作自然数。在自然数上的归纳原则是一个基本的数学工具，该规则规定：如果一个性质对于0及其后继运算而言，都为真，那么该性质对于ω中所有元素而言，也是真的。

现在给出几个有用的关于归纳法的更为一般的概念。超穷归纳(transfinite induction)就是把在自然数ω上的归纳拓展到高阶序数(higher ordinals)上，2.6节将对此加以讨论。结构归纳就是把对性质的归纳定义在诸如列表(list)、树或逻辑公式这些对象上。所有的这些归纳类型都是良基关系上的归纳法或良基归纳法这一更为一般的概念的实例。从某种意义上说，存在具有普遍形式的归纳法。如果集合X的每个子集都有一个R-最小元素，那么就说在集合X上的二元关系R是良基的。对于这种关系而言，如下的归纳原则成立。

（WFI）如果性质φ对于x的所有R-前趋（predecessor）都是成立的，那么φ对于x也是成立的。即如果φ对于使得yRx的所有y而言为真，则φ对于x也为真，那么φ对所有x为真。

这个归纳的基础是R-最小元素时的情况，即无R-前趋的元素时的情况。此时，前提“φ对x的所有R-前趋为真”是显然成立的。

引理2.3（良基归纳原则）：如果R是集合X上的一个良基关系，那么良基归纳原则（WFI）是可靠的。

证明：假设φ是满足如下条件的一个性质，当φ对于所有使得yRx成立的y而言为真，则φ对所有x为真。令S是所有满足性质φ的X的元素组成的集合，则$X–S$是所有不具有性质φ的X的元素组成的集合。因为R是良基的，且如果$X–S$非空，那么R有一个最小元素x。那么j对“除了x之外的x的所有R-前趋”为真，这与假设矛盾。因此，$X–S$必须为空，$S=X$。证毕。

事实上，该命题的逆命题也成立，即如果R不是良基的，那么在X元素上就存在违反良基归纳原则的一个性质。

2.4 图和达格

在本书中，将有向图（directed graph）定义为一个序对$D=(D, \rightarrow_D)$，其中D是一个集合，$\rightarrow_D$是在D上的一个二元关系。D中的元素称为顶点（vertex），$\rightarrow_D$中的元素称为边。一个有向图是非循环的（acyclic），即，不存在$d\in D$满足$d\overset{+}{\rightarrow}_D d$的情况，其中$\overset{+}{}_D$是$\rightarrow D$的传递闭包。一个直接的非循环的有向图（directed acyclic graph）叫做一个达格（dag）。

2.5 格

一个上半格（upper semilattice）是一个偏序集，其中每个有穷子集都有一个上确界（supremum）（并）。每个半格都有一个唯一的最小元素，即空集的并（join）。一个格是一个偏序集，其中每个有穷子集都同时有一个上确界和一个下确界(infimum)或最大下界(lower bound)。一个集合的下确界通常称为该集合的交(meet)。每个格都有一个唯一的最大元素,即空集的交。

一个完全格是包含所有并和所有交的格。每个交与并是可以相互转换的,即,一个集合B的并是B的上界(upper bound)集合的交,集合B的交是B的下界集合的并。任一集合B至少存在一个上界和一个下界。即分别对应格的开头的元素和结尾的元素。

比如,一个集合A的幂集2^A在集合包含关系$\subseteq$下是一个完全格。在该完全格中,对任意$B\subseteq 2^A$而言,B的上确界是$\bigcup B$,B的下确界是$\bigcap B$。

2.6　超穷序数

在自然数$\omega=\{0,1,2,\cdots\}$上的归纳规则表明:如果一个性质在零处为真,且该性质在后续的运算中仍然为真,那么它对ω中的所有元素都是真的。

在本书程序逻辑的研究中,经常会遇到高阶序数(higher ordinals)。在这种情况下,使用超穷归纳原则是很有用的。康托(Cantor)意识到了这一原则在其无穷集理论中的价值。序数和超穷归纳的内容可以参见常见的现代数学基础方面的著作。

2.6.1　序数的集合论定义

序数(ordinals)可以定义为集合的某种集合。简单来说,关于序数,关键的几点在于:它们有后继(successor)和极限这两种类型;它们是良序;存在很多序数;可在序数上进行归纳。下面将对此做出详细的解释。

如果$C\subseteq 2^C$,就说集合的一个集合C是传递的,即C中的每个元素都是C的一个子集。换句话说,如果$A\in B$且$B\in C$,那么$A\in C$。从形式上讲,一个序数可定义为满足如下条件的一个集合A:A是传递的,且A中的所有元素都是传递的。换言之,一个序数的任意元素都是一个序数。使用$\alpha,\beta,\gamma\cdots$表示序数。所有序数的类记作Ord。Ord不是一个集合，而是一个真类（proper class）。

这是一个相当简洁但可能晦涩的序数定义。该定义产生了一些并不明显却影响深远的后果。对于序数α，β，如果$\alpha \in \beta$，则定义$\alpha < \beta$。就$<$的意义而言，每个序数等于所有较小序数的集合。$<$关系是2.3节定义上的一个严格偏序。

如果α是一个序数，那么$\alpha \cup \{\alpha\}$也是序数。后者称为α的后继，记为$\alpha+1$。另外，如果A是序数的任意集合，那么$\bigcup A$是序数，且是在$\le$关系下的A中的序数的上确界。

最小的几个序数是：$0 =_{def} \varnothing$；$1 =_{def} \{0\} = \{\varnothing\}$；$2 =_{def} \{0, 1\} = \{\varnothing, \{\varnothing\}\}$；$3 =_{def} \{0, 1, 2\} = \{\varnothing, \{\varnothing\}, \{\varnothing, \{\varnothing\}\}\}$；…。第一个无穷序数是：$\omega =_{def} \{0, 1, 2, 3, \cdots\}$。

对某个序数α而言，如果α具有$\alpha+1$的形式，那么该序数称为后继序数，否则称为限制序数（limit ordinal）。最小限制序数是0，下一个最小限制序数是ω。当然，$\omega+1=\omega \cup \{\omega\}$也是一个序数。

由ZFC系统中的公理可知，序数上的关系$<$是一个线性序。即，如果α和β是任意两个序数，那么或$\alpha<\beta$或$\alpha=\beta$或$\beta<\alpha$。这可以在$(\alpha, \beta) \le (\alpha', \beta') \Leftrightarrow_{def} \alpha \le \alpha'$且$\beta \le \beta'$这一良基关系上进行归纳证明。就“任意非空序数集都有一个最小元素”这一意义而言，序数的类是良基的。

因为这些序数形成的一个真类，不是$\mathrm{Ord} \to A$到集合A的一一对应函数，即存在很多个序数。事实上，通过归纳，在构造从Ord到集合A的函数$f: \mathrm{Ord} \to A$时，就会发现这样的情况。被看作是有序对的聚合（collection）的这样一个f，必然是一个类，而不是一个集合。因此，存在使得$f(\alpha)=f(\beta)$的不同序数α和β。

2.6.2 超穷归纳

超穷归纳原则可以用于构造对所有序数都成立的某种特定性质。为了证明这个性质对所有序数都成立，就需要证明：只要所有序数$\beta<\alpha$都具有该性质成立，那么任意序数α也具有该性质。使用超穷归纳原则的证明过程包括两种情况，一个是后继序

数，一个是限制序数。对限制序数而言，归纳的基础通常是实例中的特殊情况。因为$0=\varnothing$是一个限制序数，该性质对所有$\beta<\alpha$的序数都是显然成立的。超穷归纳原则的有效性根本上源于集合属于关系$\in$的良基。ZFC系统的这一公理称为正则公理。下面将给出与超穷归纳有关的一些定义和证明。

2.6.3 Zorn引理和选择公理

与序数和超穷归纳相关的是选择公理和Zorn引理。选择公理是ZFC系统中的一个公理。选择公理的意思是：对非空集合中的任一集合A而言，存在一个函数f，其定义域是A（从A的每个集合中，选取一个元素构成函数f的定义域A）。即，对任一$B\in A$而言，$f(B)\in B$。换言之，任意非空集合的笛卡尔积是非空的。

Zorn引理的意思是：在链（chain）的并（union）之下封闭的集合的每个集合，都包含了一个$\subseteq$-极大元。这里的链是由包含关系$\subseteq$的线性序组成的一组集合。集合的一个集合C在链的并下封闭的意思是：如果$B\subseteq C$且B是一个链，那么$\bigcup B\in C$。如果元素$B\in C$不是真包含在任何$B'\in C$中，那么元素$B\in C$是$\subseteq$-极大元。

良序原则也称为Zermelo定理，其意思是：每一集合都与某个序数是一一对应的关系。如果一个集合与自然数集合ω是一一对应的，那么该集合就是可数无穷的。如果一个集合是有穷的或可数无穷的，那么它就是可数的。

选择公理、Zorn引理和良序原则是彼此等价的；而且它们都独立于ZF集合论（即不包含选择公理的ZFC系统），这点是针对如下意义而言的：如果ZF系统是一致的（consistent），那么选择公理、Zorn引理和良序原则以及它们的否定都无法被ZF系统中的公理证明。

在随后的章节中，将自由地使用选择公理、Zorn引理和超穷归纳原则。

2.7 集合算子

一个集合算子（set operator）就是一个将集合映射到集合的函数。在数学中，集合算子随处可见，在随后的章节中，将看到其诸多应用。所以，这里将介绍一些集合算子的单调性和闭包等特殊性质，并讨论这些性质的推论。最后，在Knaster和Tarski所提出归纳定义的基础上，给出一个关于归纳定义的一般定理。

令U是一个固定集(fixed set)，从前文可知2^U表示U的幂集或U的子集的集合：$2^U =_{\text{def}} \{A|A\subseteq U\}$。$U$上的集合算子是函数$\tau$: $2^U\to 2^U$。

2.7.1 单调性、连续性和有穷算子

如果集合算子τ保持了集合之间的包含关系，那么该集合算子τ就是单调的，即：$A\subseteq B\Rightarrow \tau(A)\subseteq\tau(B)$。

U中的集合链(chain of sets)是根据包含关系$\subseteq$全部进行排序后，得到的U的一组子集；即，对于集合链中的任意集合A和B，要么$A\subseteq B$，要么$B\subseteq A$。一个集合算子τ是链-连续的，其意思是：对于每个集合链ϱ而言，都有：

$$\tau(\bigcup\varrho)=\bigcup_{A\in\varrho}\tau(A)$$

一个集合算子τ具有有穷性(finitary)，其意思是：该集合算子τ对集合A的作用仅仅在如下意义上依靠A的有穷子集：

$$\tau(A)=\bigcup_{\substack{B\subseteq A\\ B\text{有穷}}}\tau(B)$$

每个有穷算子都是连续的，而且每个连续的算子都是单调的。然而，一般而言，其逆命题不成立。在许多应用中，合适的算子都是有穷的。

例子2.4：对集合V上的二元关系R而言，令$\tau(R)=\{(a,c)|\exists b(a,b),(b,c)\in R\}=R\circ R$，函数$\tau$是$V^2$上的一个集合算子；即$\tau: 2^{V^2}\to 2^{V^2}$。算子$\tau$是有穷的，因为$\tau(R)$是由$\tau$在$R$的二元子集上的行为决定的。

2.7.2 前缀点和不动点

集合算子τ的前缀点(prefix point)是一个使得$\tau(A)\subseteq A$的集合A。集合算子τ的不动点(fix point)是一个使得$\tau(A)=A$的集合A。集合A在算子τ下是封闭的，其意思是：A是τ的一个前缀点。

U上的每个集合算子都至少有一个前缀点，即U。单调集合算子具有不动点。

例子2.5：根据定义可知，在集合V上的二元关系R是传递的，其意思是：只要$(a,b)\in R$且$(b,c)\in R$，就有$(a,c)\in R$。换句话说，R是传递的，当且仅当，R在例子2.4中定义的有穷集合算子τ下是封闭的。

引理2.6：一个单调集合算子τ的前缀点的任意集合的交集，是τ的一个前缀点。

证明：令ϱ是τ的前缀点的任意集合，需要说明$\bigcap\varrho$是τ的一个前缀点。因此，对任意$A\in\varrho$和$\bigcap\varrho\subseteq A$而言，$\tau(\bigcap\varrho)\subseteq\tau(A)$（根据$\tau$的单调性）$\subseteq A$（因为$A$是一个前缀点）。又因为$A\in\varrho$是任意的，所以$\tau(\bigcap\varrho)\subseteq\bigcap\varrho$。证毕。

根据引理2.6和2.5节完全格的特点，用包含关系$\subseteq$进行排序，单调集合算子τ的前缀点的集合可以形成一个完全格。在该完全格中，前缀点ϱ的任意集合的交(meet)是集合$\bigcap\varrho$，且前缀点ξ的任意集合的并(join)是如下集合：

$$\bigcap\{A\subseteq U|\bigcup\varrho\subseteq A, A\text{是}\tau\text{的前缀点}\}$$

注意：一般来说，ϱ的并(join)不是$\bigcup\varrho$，而且它不必是前缀点。

根据引理2.6可知，对任意集合A而言，所有包含A的前缀点的交(meet)都是包含A的τ的一个前缀点，而且必然是包含A的τ的最小前缀点。即，如果定义：

$$\varrho(A)=_{\text{def}}\{B\subseteq U|A\subseteq B\text{和}\tau(B)\subseteq B|\}\quad(2.7.1)$$

$$\tau^{\dagger}(A)=_{\text{def}}\bigcap\varrho(A)\quad(2.7.2)$$

那么，相对于包含关系$\subseteq$而言，$\tau^{\dagger}(A)$就是包含A的τ的最小前缀点。注意：集合$\varrho(A)$是非空的，因为$\varrho(A)$至少包含U。

引理2.7：任意单调集合算子τ都有一个$\subseteq$-最小不动点。

证明：只需要证明$\tau^{\dagger}(\varnothing)$是$\tau$的最小不动点即可。根据引理2.6可知，$\tau^{\dagger}(\varnothing)$是$\tau$的最小前缀点。如果$\tau^{\dagger}(\varnothing)$是一个不动点，那么它就是最小不动点，因为任一不动点都是一个前缀点。但是如果$\tau^{\dagger}(\varnothing)$不是一个不动点，那么根据单调性，$\tau(\tau^{\dagger}(\varnothing))$是一个较小

的前缀点，这与$\tau^{\dagger}(\varnothing)$是最小前缀点相矛盾。证毕。

2.7.3 闭包算子

在U上的集合算子σ称为闭包算子，其意思是σ满足如下三种性质：①σ是单调的；②$A\subseteq\sigma(A)$；③$\sigma(\sigma(A))=\sigma(A)$。

因为根据条款②，对闭包算子而言，不动点就是前缀点。因此，一个集合相对于闭包算子σ是封闭的，当且仅当，该集合是σ的一个不动点。根据引理2.6可知，一个闭包算子的封闭集组成的集合就形成了一个完全格。

引理2.8：对任意单调集合算子τ而言，式(2.7.2)所定义的算子$\tau^{\dagger}$是一个闭包算子。

证明：算子$\tau^{\dagger}$是单调的，因为$A\subseteq B\Rightarrow\varrho(B)\subseteq\varrho(A)\Rightarrow\bigcap\varrho(A)\subseteq\bigcap\varrho(B)$，其中$\varrho(A)$是式(2.7.1)所定义的集合。闭包算子的性质②可以直接从$\tau^{\dagger}$的定义得到。现在证明性质③。因为$\tau^{\dagger}(A)$是τ的一个前缀点，所以τ的任意前缀点是$\tau^{\dagger}$的一个不动点。但是：$\tau(B)\subseteq B\Leftrightarrow B\in\varrho(B)\Leftrightarrow B=\bigcap\varrho(B)=\tau^{\dagger}(B)$。证毕。

例2.9：集合V上的二元关系R的传递闭包是包含R的最小传递关系，即该传递闭包是包含R的最小关系，而且在例2.4中的有穷传递算子τ下是封闭的，这就是关系$\tau^{\dagger}(R)$。因此，闭包算子$\tau^{\dagger}$将一个任意的二元关系R映射在它的传递闭包上。

例2.10：集合V上的二元关系R的自返传递闭包是包含R的最小自返传递关系；即它是包含R的最小关系、且在传递性下封闭、而且还包含恒等关系$\iota=\{(a,a)|a\in V\}$。注意"包含恒等关系"仅仅意味着，在常值(constant-valued)单调集算子$R\mapsto\iota$下封闭。因此R的自返传递闭包是$\sigma^{\dagger}(R)$，其中σ表示有穷算子$R\mapsto\tau(R)\cup\iota$。

2.7.4 Knaster-Tarski定理

Knaster-Tarski定理是一个有用的定理，它描述了如何像引理2.7那样，从"上面"得到单调集合算子的最小不动点；或者像"由超穷归纳定义的限制集合链"那样，从"下面"得到单调集合算子的最小不动点。一般而言，Knaster-Tarski定理对于在一个任意完全格上的单调算子而言都成立，但是Knaster-Tarski定理对集合U的子集的格用处最大。因此，这里仅对此加以证明。

令U是一个集合，令τ是U上的一个单调算子，并令$\tau^{\dagger}$是式(2.7.2)所定义的相关闭包算子。现在说明如何从A出发得到$\tau^{\dagger}(A)$及其后续结论即可。其思路是：从A开始，然后反复使用τ增添新元素，直到得到闭包。在大多数运用中，算子τ是连续的，在这种情况下，只需要经过可数多次迭代；但是一般来说，对单调算子而言，它可以应用更多次。

形式地讲，通过超穷归纳，可以构造被序数α加标的一个集合链$\tau^{\alpha}(A)$：

$$\tau^{\alpha+1}(A)=_{\mathrm{def}}A\cup\tau(\tau^{\alpha}(A));$$

$$\tau^{\lambda}(A)=_{\mathrm{def}}\bigcup_{\alpha<\lambda}\tau^{\alpha}(A)\text{，}\lambda\text{是一个限制序数；}$$

$$\tau^{*}(A)=_{\mathrm{def}}\bigcup_{\alpha\in\mathrm{Ord}}\tau^{\alpha}(A)\text{。}$$

基始情况包括在限制序数(limit ordinal)的情况中：$\tau^{0}(A)=\varnothing$。从直观上讲，$\tau^{\alpha}(A)$是通过将τ应用到A上α次，再通过后续步骤重新包含A后所得到的集合。

引理2.11：如果$\alpha\leqslant\beta$，那么$\tau^{\alpha}(A)\subseteq\tau^{\beta}(A)$。

证明：根据超穷归纳原则加以证明。对两个后继序数$\alpha+1$和$\beta+1$而言（其中$\alpha+1\leqslant\beta+1$），$\tau^{\alpha+1}(A)=A\cup\tau(\tau^{\alpha}(A))\subseteq A\cup\tau(\tau^{\beta}(A))$（根据归纳假设和单调性）$=\tau^{\beta+1}(A)$。如果$\alpha\leqslant\beta$且$\alpha$是一个限制序数，则$\tau^{\alpha}(A)=\bigcup_{\gamma<\alpha}\tau^{\gamma}(A)\subseteq\tau^{\beta}(A)$（根据归纳假设）。最后，如果$\alpha\leqslant\beta$且$\beta$是一个限制序数，根据$\tau^{\beta}(A)$的定义，可直接得到$\tau^{\alpha}(A)\subseteq\tau^{\beta}(\mathrm{A})$。证毕。

引理2.11的意思是：由$\tau^{\alpha}(A)$可以形成一个集合链，集合$\tau^{*}(A)$是在所有序数α上的这种链的并(join)。

因为不存在从序数的类到U幂集的一一对应的函数，所以一定存在满足$\tau^{\kappa+1}(\mathrm{A})=\tau^{\kappa}(A)$的一个序数$\kappa$。这种最小的序数$\kappa$称为$\tau$的闭包序数(closure ordinal)。如果κ是τ的闭包序数，那么对所有$\beta>\kappa$而言，$\tau^{\beta}(A)=\tau^{\kappa}(A)$，因此$\tau^{*}(A)=\tau^{\kappa}(A)$。

如果τ是连续的，那么它的闭包序数最多是自然数集ω，但是一般情况下，这点对于单调算子并不成立。

定理2.12(Knaster–Tarski定理)：$\tau^{\dagger}(A)=\tau^{*}(A)$。

证明：首先证明前面的包含关系。令κ是τ的闭包序数。因为$\tau^{\dagger}(A)$是包含A的τ的最小前缀点，因此$\tau^{*}(A)=\tau^{\kappa}(A)$是$\tau$的前缀点。但是$\tau(\tau^{\kappa}(A))\subseteq A\cup\tau(\tau^{\kappa}(A))=\tau^{\kappa+1}(A)=\tau^{\kappa}(A)$。相反地，通过超穷归纳可知，对所有序数$\alpha$而言，$\tau^{\alpha}(A)\subseteq\tau^{\dagger}(A)$，因此，$\tau^{*}(A)\subseteq\tau^{\dagger}(A)$。对后继序数$\alpha+1$而言，$\tau^{\alpha+1}(A)=A\cup\tau(\tau^{\alpha}(A))\subseteq A\cup\tau(\tau^{\dagger}(A))$（根据归纳假设和单调性）$\subseteq\tau^{\dagger}(A)$（根据$\tau^{\dagger}$的定义）。对限制序数$\lambda$和所有$a<\lambda$而言，根据归纳假设可知$\tau^{\alpha}(A)\subseteq\tau^{\dagger}(A)$。因此，$\tau^{\lambda}(A)=\bigcup_{\alpha<\lambda}\tau^{\alpha}(A)\subseteq\tau^{\dagger}(A)$。证毕。

第3章　可计算性和复杂性

本章将概述机器模型、可计算性理论和复杂性理论的基本定义和研究结果，这些内容在后续章节中将会用到。

图灵机是由Turing(1936)引进的。最初它们是以枚举机器(enumeration machine)的形式呈现的，因为Turing对枚举可计算实数的十进制展开(decimal expansion)和实值函数的值感兴趣，并在Turing(1936)著作中引入了不确定性的概念，尽管他没有发展这个概念。Chandra等(1981)引入了交替图灵机。

Kleene(1943)和Post(1943，1944)给出了递归可枚举集合的基本性质。Turing(1936)利用通用型图灵机和Cantor对角化技术，证明了停机问题(halt problem)的不可判定性；Post(1944)对可归约性关系进行了讨论，其基本思想导致了递归函数理论的发展；详情可参见Rogers(1967)、Soare(1987)和Kleene(1952)。

Fischer(1966)、Fischer等(1968)和Minsky(1961)研究了计数器自动机(counter automata)。目前已经对递归函数理论进行了向上和向下扩展。递归函数理论的向上扩展可以处理算术和分析层级的问题，如，所谓的广义或α-递归理论、描述集合论和归纳可定义性，相关文献有：Rogers(1967)、Soare(1987)、Barwise(1975)、Moschovakis(1974，1980)。Kleene(1955)证明了关于归纳可定义性与Π_1^1之间关系的Kleene定理。Harel和Kozen(1984)中引入了程序设计语言。

递归函数理论的向下扩展是计算复杂性理论，该理论始于20世纪60年代末70年代初，一些具有开创性意义的论文有：Hartmanis和Stearns(1965)、Karp(1972)和Cook(1971)。Garey和Johnson(1979)给出了NP-完全性理论以及其他复杂度类的完全性理论。Harel(1985)研究了3.3节中介绍的盖瓦问题。本章的论述是以Harel等(2000，pp.27-65)为基础加以展开的。

3.1 机器模型

3.1.1 确定型图灵机

计算的基本模型是以Alan Turing的名字命名的图灵机。图灵机是Turing在1936年发明的。图灵机可以计算通常情况下认为是可计算的任何函数,事实上,一般将“可计算”定义为“图灵机可计算”。

形式化地讲,图灵机可以处理有穷字母表上的字符串。而$\{0,1\}^*$中的字符串和自然数$\mathbb{N}=\{0,1,2,\cdots\}$之间存在着自然的一一对应关系,这种对应关系可以定义为:$x \mapsto N(1x)-1$,其中$N(y)$是用二进制字符串y表示的自然数。将其他合理形式的数据(更大字母表上的字符串、树、图、达格(dag)等)编码,就像为$\{0,1\}^*$中的字符串进行编码一样容易。

接下来描述基础模型。存在能够用这种基本模型进行模拟而且具有更强表达力的多个变种模型,例如,多带(multitape)、不确定性双向无穷带、双向二维带,等等。也存在能够用这种基本模型进行模拟但表达力更弱的多个变种模型,例如,两栈机(two-stack machine)、双计数器(two counter machine)。从“这些模型都计算所有相同的函数”这一意义上讲,这些模型都是等价的,尽管它们计算效率不同,因此基础模型可以包括现代编程语言的适当抽象的多个版本。

非形式地讲,一个图灵机是由状态(state)、一个输入带(input tape)、一个半无穷工作带(semi-infinite worktape)和读写头(head)组成的有穷集Q,其中,输入带是由结束符(endmarker)$\vdash$和$\dashv$左右分隔开来的有穷单元格(cell)组成,半无穷工作带由一个结束符$\vdash$分为左边和无穷的右边两部分;而读写头则可以在输入带和工作带上左右移动。输入的字符串是来自于一个有穷输入字母表Σ的有穷字符串,输入的字符串被写在左右结束符之间的输入磁带上,一个符号占用一个单元格。输入读写头只读不写,并且必须位于左右结束符之间。工作带最初是空白的,工作带的读写头是可读的并且可以写入来自一个有穷的工作带字母表Γ中的符号，而且此读写头必须位于左结束符⊢的右边，并可以自由地向右移动（见图3.1）。

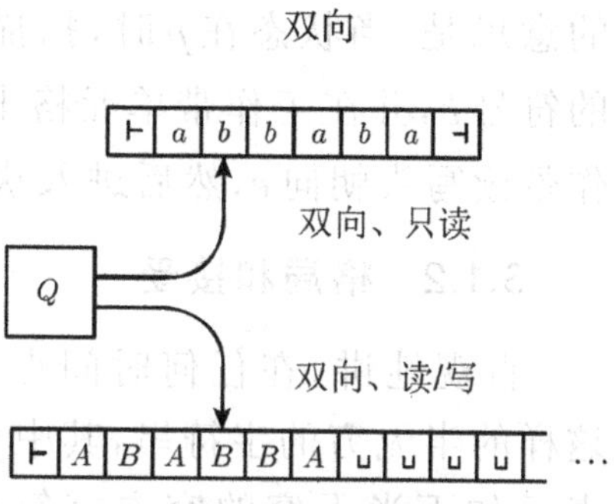

图3.1 图灵机

图灵机在它的初始状态是s时启动，而且它的读写头可以扫描输入带和工作带上的左结束符⊢。工作带最初是空白的，在每个步骤中，工作带可以通过其读写头读出在输入带和工作带上的符号，根据这些符号和图灵机目前的状态，在工作带的单元格上写出一个新的符号，然后把读写头移向这个单元格的左边或右边，或者让读写头保持静止，这样就可以进入一个新的状态。图灵机在每种情况下采取的行为是由一个有穷转换函数（transition function）δ决定。当进入一个特定的接受状态t时，图灵机就会接受其输入；当进入一个特定的拒绝状态r时，图灵机会拒绝其输入。在某些状态下，图灵机无限运行，既不接受也不拒绝。

通常情况下，一个确定型图灵机是一个10元组：$M=(Q,\Sigma,\Gamma,\sqcup,\vdash,\dashv,\delta,s,t,r)$，其中：

- Q是一个有穷状态集；
- Σ是一个有穷输入字母表；
- Γ是一个有穷工作带字母表；
- $\sqcup\in\Gamma$是空白符号；
- $\vdash\in\Gamma-\Sigma$是左结束符；
- $\dashv\notin\Sigma$是右结束符；
- $\delta: Q\times(\Sigma\cup\{\vdash,\dashv\})\times\Gamma\rightarrow Q\times\Gamma\times\{-1,0,1\}^2$是转换函数；
- $s\in Q$是初始状态；
- $t\in Q$是接受状态；
- $r\in Q$是拒绝状态，$r\neq t$。

δ定义中的-1,0,1分别代表“向左移动一个单元格”“保持不动”和“向右移动一个单元格”。直观地讲，$\delta(p,a,b)=(q,c,d,e)$

的意思是：当状态在p时，扫描输入带上的符号a，扫描工作带上的符号b，并在工作带单元格上写入符号c，输入读写头朝向d，工作带读写头朝向e，然后进入状态q。

3.1.2 格局和接受

直观地讲，在任何时间点，机器的工作带包括一个形如$\vdash y\sqcup^{\omega}$这样的半无穷的字符串，其中$y\in\Gamma^*$（y是一个有穷长的字符串），$\sqcup^{\omega}$表示如下半无穷的空白字符串：$\sqcup\sqcup\sqcup\sqcup\sqcup\sqcup\sqcup\sqcup\cdots$（$\omega$表示最小无穷序数）。虽然字符串$\vdash y\sqcup^{\omega}$是无穷的，但是该字符串却有一个有穷的表示，因为除了有穷多个字符串之外，其他都是空白符号$\sqcup$。

令$x\in\Sigma^*$，$|x|=n$。输入x上的一个图灵机格局（configuration）就是$Q\times\{y\sqcup^{\omega}|y\in\Gamma^*\}\times\{0,1,2,\cdots,n+1\}\times\omega$中的一个元素。直观地讲，一个格局是一个全局状态（global state），它在某个时刻提供有关图灵机计算的所有相关信息的快照（snap shot）。格局(p,z,i,j)分别表示：在有穷控制下的当前状态为p和工作带的当前内容为z时，输入读写头和工作带读写头的当前位置分别是i和j。用$\alpha,\beta,\gamma\cdots$表示格局，在$x\in\Sigma^*$上的初始格局就是格局$(s,\vdash\sqcup^{\omega},0,0)$，其中的最后两个部分“0,0”表示：图灵机对输入带和工作带上的左结束符的初始扫描。

格局上的一个二元关系$\xrightarrow[M,x]{1}$称为后续格局关系（next configuration relation），其意思是：对一个字符串$z\in\Gamma^{\omega}$而言，令z_j是z的第j个符号（z_0是其最左边符号），并令$z[j/b]$表示在z中用b替换z_j后得到的字符串。例如：⊢b a a a c a b c a⋯[4/b]=⊢b a a b c a b c a⋯。

令$x_0=\vdash$，$x_{n+1}=\dashv$，则关系$\xrightarrow[M,x]{1}$定义为：$(p,z,i,j)\xrightarrow[M,x]{1}(q,z[j/b],i+d,j+e)\Leftrightarrow_{\text{def}}\delta(p,x_i,z_j)=(q,b,d,e)$。直观地讲，该定义的意思是：若工作带包含$z$，若$M$是在状态$p$时对输入带的第$i$个单元格和工作带的第$j$个单元格的扫描，$\delta$表示在这种情况下，确定型图灵机$M$应在工作带上打印$b$，而且把输入头移向$d$（要么是-1，0，或1），工作带的读写头移向$e$，随即进入状态$q$，紧接着这一步骤之后，工作带将会包含$z[j/b]$，输入带的读写头将会对输入带上的第$i+d$个单元格进行扫描，工作带的读写头将会对工作带上的第$j+e$个单元格进行扫描，并进入新的状态q。

可以将关系$\xrightarrow[M,x]{*}$定义为$\xrightarrow[M,x]{1}$的自返传递闭包，换句话说，

- $\alpha \xrightarrow[M,x]{0} \alpha$；
- 对某个γ，如果$\alpha \xrightarrow[M,x]{n} \gamma \xrightarrow[M,x]{1} \beta$，那么$\alpha \xrightarrow[M,x]{n+1} \beta$；
- 对某个$n \geq 0$，如果$\alpha \xrightarrow[M,x]{n} \beta$，那么$\alpha \xrightarrow[M,x]{*} \beta$。

对某个y，i，和j而言，如果$(s, \vdash\sqcup^{\omega}, 0, 0) \xrightarrow[M,x]{*} (t, y, i, j)$，那么就说确定型图灵机$M$会接受(accept)输入$x \in \Sigma^*$；如果$(s, \vdash\sqcup^{\omega}, 0, 0) \xrightarrow[M,x]{*} (r, y, i, j)$，那么就说确定型图灵机$M$会拒绝(reject)输入$x$。如果图灵机$M$要么接受$x$，要么拒绝$x$，则称它对输入$x$停机(halt)。

需要注意的是，图灵机可能既不接受x也不拒绝x，而是在输入x上进行无穷运行，此时就称为图灵机在输入x上循环(loop)。如果一个图灵机对所有输入都会停机，则称它是完全的(total)。集合$L(M)$表示被图灵机M接受的字符串组成的集合。

一个字符串集合被称为递归可枚举的(recursively enumerable)，其意思是：该字符串集合是由可以被某个确定型图灵机M的接受的字符串组成的集合$L(M)$，而且该字符串集合是某个完全型图灵机M的$L(M)$，因而是递归的。

例3.1：假设有一个接受集合$\{a^n b^n c^n | n \geq 1\}$的完全图灵机。非形式地讲，图灵机在初始状态$s$时启动，对输入字符串的右边进行扫描，当扫描到输入带上每个a时，就会在工作带上写入一个A。当图灵机在输入带上扫描到的第一个符号不是a时，它将其工作带的读写头向左移动，覆盖它已写入的A，并继续将其输入带的读写头向右移动，并检查在工作带上写入的A的个数是否等于在a之后出现的b的个数。图灵机在检查其扫描工作带上的左结束符$\vdash$的同时，会在输入带上扫描第一个“非-b”字符串。然后图灵机在继续扫描输入带的同时，会把工作带的读写头再次移向右边，以检查输入带上的c的个数是否与工作带上的A的个数相

等。如果图灵机在输入带上扫描到右结束符⊣的同时，在工作带上扫描到第一个空白符⊔，图灵机就接受。

形式化地讲，图灵机有：

$Q=\{s,q_1,q_2,q_3,t,r\}$

$\Sigma=\{a,b,c\}$

$\Gamma=\{A,\vdash,\sqcup\}$

s,t,r分别表示初始状态、接受状态、拒绝状态；⊔，⊢，⊣分别表示空白符、左结束符、右结束符；转换函数（transition fuction）δ定义如下：

$\delta(s,\vdash,\vdash)=(q_1,\vdash,1,1)$； $\delta(q_2,c,A)=(r,-,-,-)$

$\delta(q_1,a,\sqcup)=(q_1,A,1,1)$； $\delta(q_2,c,\vdash)=(q_3,\vdash,0,1)$；

$\delta(q_1,b,\sqcup)=(q_2,\sqcup,0,-1)$； $\delta(q_3,a,-)=(r,-,-,-)$；

$\delta(q_1,c,\sqcup)=(r,-,-,-)$； $\delta(q_3,b,-)=(r,-,-,-)$；

$\delta(q_1,\dashv,\sqcup)=(r,-,-,-)$； $\delta(q_3,b,A)=(q_3,A,1,1)$；

$\delta(q_2,a,-)=(r,-,-,-)$； $\delta(q_3,c,\sqcup)=(r,-,-,-)$；

$\delta(q_2,b,A)=(q_2,A,1,-1)$； $\delta(q_3,\dashv,A)=(r,-,-,-)$；

$\delta(q_2,b,\vdash)=(r,-,-,-)$； $\delta(q_3,\dashv,\sqcup)=(t,-,-,-)$。

符号“-”表示“置之不理”，“-”可以替代任一合法值而不影响图灵机的行为；并且，形如$\delta(q_1,a,A)$这样不可能出现的转换将会被省略。

3.1.3 双堆栈

一个带有只读输入读写头和双堆栈（two stacks）机器，其功能与图灵机一样强大。直观地讲，图灵机的工作带可以用双堆栈来模拟，即把工作带的内容存储在一个堆栈的读写头的左侧，并且将工作带的内容存储在另一个堆栈的读写头的右侧。读写头的运动是通过从一个堆栈上弹出一个符号并将其推到另一个堆栈上来模拟。例如：

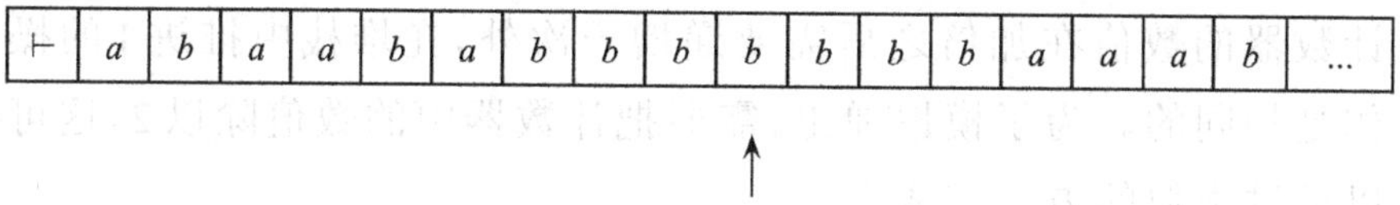

可以被模拟成：

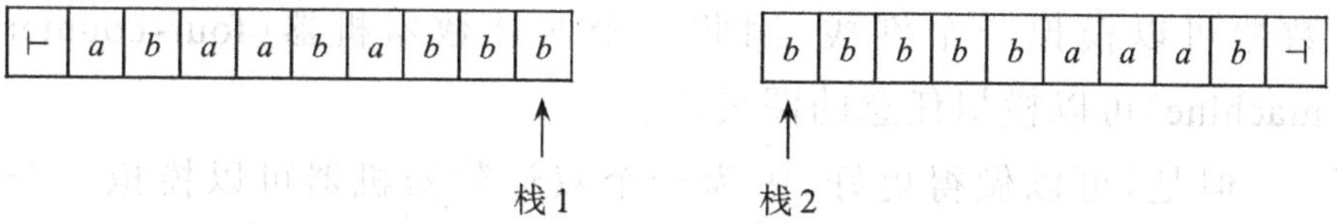

3.1.4 计数器

一个k-计数器(counter machine)就是一个带有双向只读输入读写头和k-整数计数器的机器，每个k-整数计数器能储存一个任意的非负整数。在每个步骤中，机器可以为0测试每个计数，根据这个信息，输入当前扫描的符号，而且在当前状态下，可以增加或者减少计数器，并把输入读写头向左或向右移动一个单元格，并且进入一个新的状态。

一个堆栈可以用两个计数器模拟如下：不失一般性地假设要模拟的堆栈的堆栈字母表只有两个符号，例如0和1。这是因为可以将每个堆栈符号编码为某个固定长度k的二进制数，大约是以2为底的堆栈字母表大小的对数；然后通过推进或者弹出k个二进制数字来模拟一个符号的推进(pushing)或弹出(popping)。因此，堆栈的内容可以被看作一个二进制数，这个二进制数的最低有效位(least significant bit)在堆栈的顶部。在两个计数器中，我们用第一个计数器来保持这个二进制数，并用第二个计数器来实现堆栈操作。为了在堆栈中模拟推进一个0，需要把第一个计数器中的数值加倍。这种加倍是通过输入一个循环完成的，该循环重复地从第一个计数器中减去一个数并在第二个计数器加上两个数，直到第一个计数器为0为止。这样第二个计数器中的数值是第一个计数器初始数值的两倍，然后再把这个数值传回第一个计数器(或者只是交换两个计数器之间的角色)。除了第二个计数器的数值在加倍之后需要递增一次外,在堆栈中推进1的操作是相同的。为了模拟弹出,需要把计数器中的数值除以2,这可以通过类似的方式完成。

因为一个双堆栈机器可以模拟任意一个图灵机,又因为双计数器可以模拟一个堆栈,因此一个四计数器机器(four-counter machine)可以模拟任意的图灵机。

但是,可以做得更好,因为一个双计数器机器可以模拟一个四计数器机器。当一个四计数器机器的计数器中有数值i,j,k,ℓ时,双计数器机器的第一个计数器中有数值$2^i3^j5^k7^\ell$。双计数器用它的第二个计数器来完成四计数器的计数器操作。例如,四计数器机器想要增加第三个计数器中的数值k,那么双计数器机器必须把它的第一个计数器中的数值乘以5。这与上面的方法一样,对每个在第一个计数器中减去的1,都在第二个计数器当中加上5。为了模拟0的测试,双计数器机器必须确定它的第一个计数器当中的数值能否被2,3,5,7整除,而能否被整除取决于四计数器机器中正在进行测试的那个计数器。

综合这些模拟可知,双计数器机器与任意图灵机一样强大,当然单计数器的能力要严格弱得多。可以想象,要模拟图灵机的一个步骤,需要双计数器中的大量的步骤才能完成。

3.1.5 非确定型图灵机

非确定型图灵机和确定型图灵机之间的区别仅仅是:转换关系δ不一定是单值的,即不是唯一确定的。形式化地讲,现在δ的类型是一个关系:$\delta \subseteq (Q \times (\Sigma \cup \{\vdash, \dashv\}) \times \Gamma) \times (Q \times \Gamma \times \{-1, 0, 1\}^2)$。直观上看,$((p,a,b),(q,c,d,e)) \in \delta$意味着:在状态$p$时,扫描输入带上的符号$a$和工作带上的符号$b$,一个可能的移动是在工作带单元格上写入$c$,把输入带的读写头移向$d$,并把工作带的读写头移向$e$,然后进入状态$q$。由于在$\delta$的左侧可能存在几对相同的序对$(p,a,b)$。因此,后续转换不是唯一确定的。

在输入x上的下一个格局关系$\xrightarrow[M,x]{1}$及其自返传递闭包$\xrightarrow[M,x]{*}$都可以用确定型图灵机来恰当定义。一个非确定型图灵机M接受它的输入x，其意思是：对于某个y，i和j而言，$(s, \vdash\sqcup^{\omega}, 0, 0) \xrightarrow[M,x]{*} (t, y, i, j)$；也即，存在一个从初始格局到接受格局的计算路径。这里的主要区别在于，后续格局不一定是唯一确定的。

非确定型算法通常用“猜测和验证”的范式来描述，这是非形式化地考量非确定型计算的较好方法。每当需要选择时，机器就猜测要进行哪种转换，并在最后检查自己的猜测序列是否正确。如果不正确，则拒绝；如果正确，则接受。

例如，为了接受一组在Σ^*上编码的可满足命题公式集，一个非确定性机器可能猜测公式变元的真值赋值，然后通过评估该公式的赋值来验证其猜测，若所猜测的赋值满足公式，就接受；如果不满足，则拒绝。每个猜测都是把一个真值的二元选择，指派给其中一个变元。这可形式化地表示为带有两个后续格局的格局。

虽然后续格局不是唯一确定的，但是可能的后续格局的集合则是唯一确定的；因此，在任意输入的x上都有唯一确定的可能格局序列树。树的节点是格局，树的根是输入x时的初始格局，树的边是后续格局关系$\xrightarrow[M,x]{1}$。这个序列树包括一个接受格局，当且仅当，图灵机接受x。这种树也可能包括一个拒绝格局和循环格局，也即，可能包括既不接受也不拒绝的无穷路径。然而，只要存在至少一条接受路径，就称图灵机接受x。

3.1.6 交替型图灵机

另一个考量非确定型图灵机的有用办法是：把它看成“一个潜在的没有限制过程(process)个数的”并行机(parallel machine)，这些过程在计算树的分支点上会产生新的子过程。直观地看，可以把计算树中的一个过程与一个格局关联起来。只要后续格局是唯一确定的，那么这个过程计算就与一个普通的确定型图灵机一样。当遇到分支点时，这表明一个格局有两种可能的后续格局。这样，该过程就有两个子过程，并把每个子过程分配给每个后续格局；然后该过程暂停(suspend)，并等待它的子过程传来的报告：如果一个过程进入接受状态，它将向它的父程序报告成功并且终止(terminate)；如果一个过程进入拒绝状态，它向它的父过程报告失败并且终止。一个暂停过程在接收到至少一个子过程报告成功之后,向它的父过程报告成功并终止。如果一个暂停过程在接收到它所有的子过程报告失败之后,就向它的父过程报告失败并终止。当然,也可能所有的这一切都没有发生。如果一个根过程(root process)接收到一个成功的报告,那么图灵机就会接受其输入。还没有一个明确的形式化的机制来报告成功、失败、暂停和终止。

现在对这一思路进行拓展:允许图灵机测试是否所有子过程都会成功,并测试是否有某些子过程会成功。直观地讲,在计算树的每个分支点要么是一个"或-分支(or-branch)",要么是一个"与-分支(and-branch)",这取决于当时的状态。前面已经对"或-分支"进行了分析。"与-分支"和"或-分支"几乎一样,不同的是:在"与-分支"上停机的子过程向其父过程报告成功,当且仅当,它的所有子过程都报告成功;子过程向其父过程报告失败,当且仅当,至少有一个子程序报告失败。具备这个功能的图灵机被称作交替型图灵机(alternating turing machine),这里的"交替"是指"与-分支"和"或-分支"交替,这种图灵机在分析带有自然可选的与/或(and/or)结构问题的复杂性时是很有用的,例如,这种图灵机可以分析游戏或逻辑理论的复杂性。

形式化地讲,除了包括一个"把$\wedge$(and)和$\vee$(or)与每个状态相关联的"附加函数:$g: Q\to\{\wedge,\vee\}$外,一个交替型图灵机和一个非确定型图灵机一样。当$g(q)=\wedge$时,一个格局(q,y,m,n)被称作"与-格局";当$g(q)=\vee$时,该格局被称作"或-格局"。如果在输入x上的计算树具有一个有穷接受子树,那么图灵机就会接受输入x。这个子树是包含每个节点c的这类根的有穷子树T,这个子树是以下三种情况之一:

- 一个接受格局(也即,其状态是接受状态的格局);
- 至少带有T的一个后继子树的"或-格局";
- 带有T中所有后继子树的"与-格局"。

事实上,可以把接受格局定义为没有后继(successor)的"与-格局",并把拒绝格局定义为没有后继的"或-格局",从而完全不管接受状态和拒绝状态。因为这样定义后，对于接受格局而言，“T中的所有后继”的这一条件就是无条件满足。

交替型图灵机的能力不如普通的确定型图灵机，因为普通的图灵机不仅可以构造宽度优先的(breadth-first)交替型图灵机的计算树，而且还可以检查是否存在有穷的接受子树。

3.1.7　带否定的交替型图灵机

交替型图灵机可以拓展为：一种允许“非(not)-状态”“与-状态”和“或-状态”的图灵机。与预期相反，就其所接受的集合而言，这些机器并不比普通图灵机更强大。

给出带否定的交替型图灵机的形式化定义之前，需要做一些额外的准备工作。函数g是$Q\to\{\wedge,\vee,\neg\}$类型，并且把$\wedge$(and)、$\vee$(or)、或$\neg$(not)和每个状态相关联。如果$g(q)=\wedge$(或$\vee$,$\neg$)，状态q分别被称作“与-状态”(“或-状态”和“非-状态”)；其对应的格局(q,y,m,n)分别被称作“与-格局”(“或-格局”“非-格局”)，一个“非-格局”要求只有一个后继。如果把接受格局定义为没有后继的“与-格局”，并把拒绝格局定义为没有后继的“或-格局”，就可以完全不管接受状态和拒绝状态。

利用带有$\mathbf{1}$(真)，$\mathbf{0}$(假)，$\perp$(未定义)的格局的特定标签$\ell*$，就可以形式化地定义“接受(acceptance)”这一概念。这个标签$\ell*$被定义成如下等式的$\sqsubseteq$-最小解ℓ：

$$\ell(c)=_{\text{def}}\begin{cases}\bigwedge\{\ell(d)\mid c\xrightarrow[M,x]{1}d\}，当g(c)=\bigwedge时；\\ \bigvee\{\ell(d)\mid c\xrightarrow[M,x]{1}d\}，当g(c)=\bigvee时；\\ \neg\ell(d)，当g(c)=\neg并且c\xrightarrow[M,x]{1}d时。\end{cases}$$

其中$\sqsubseteq$是由  定义的顺序。

例如：$\perp\sqsubseteq\perp\sqsubseteq\mathbf{0}\sqsubseteq\mathbf{0}$，$\perp\sqsubseteq\mathbf{1}\sqsubseteq\mathbf{1}$，$\ell\sqsubseteq\ell'\Leftrightarrow_{\text{def}}\forall c\,\ell(c)\sqsubseteq\ell'(c)$，而且$\wedge$、$\vee$和$\neg$按照下表的规则在$\{0,\perp,1\}$上计算。

∧:	0	⊥	1
0	0	0	0
⊥	0	⊥	⊥
1	0	⊥	1

∨:	0	⊥	1
0	0	⊥	1
⊥	⊥	⊥	1
1	1	1	1

¬:	
0	1
⊥	⊥
1	0

换句话说，按$0 \leqslant \bot \leqslant 1$的顺序，"∧"给出了最大下界，"∨"给出了最小上界，"¬"使得原顺序颠倒。

标签$\ell*$可以看作是单调映射τ:{标签}→{标签}的上的⊑-最小不动点，其中，

$$\tau(\ell)(c) =_{\text{def}} \begin{cases} \bigwedge\{\ell(d) \mid c \xrightarrow[M,x]{1} d\}, \text{当} g(c) = \bigwedge \text{时}; \\ \bigvee\{\ell(d) \mid c \xrightarrow[M,x]{1} d\}, \text{当} g(c) = \bigvee \text{时}; \\ \neg \ell(d), \text{当} g(c) = \neg \text{并且} c \xrightarrow[M,x]{1} d \text{时}。 \end{cases}$$

3.1.8 通用型图灵机和不可判定性

图灵机的一个重要特征就是它们能够被统一地模拟，这意味着存在一个特定的图灵机U和一个编码方案，该方案将每个图灵机M的完整描述以如下的方式编码成一个有穷字符串x_M：给定任意此类编码x_M和字符串y，图灵机U可以在输入y上模拟图灵机M，图灵机U接受输入y，当且仅当，图灵机M接受输入y。这样的图灵机U叫作通用型图灵机（universal Turing machine）。现在看来通用型图灵机或许并不令人惊讶，因为可以很容易地想象在Scheme中编写一个Scheme解释器（interpreter）或在C语言中编写一个C-编译程序（compiler），但是当图灵首次在20世纪30年代发明通用型图灵机时，确实是一个相当大的进步；它不仅导致了存储程序计算机概念的产生，而且还是当今所有现代通用计算机设计的基本结构范式。

3.1.9 停机问题的不可判定性

前面讲过，"一个集合是递归可枚举的"是指：该集合是由某个图灵机M可接受的字符串组成的集合$L(M)$。"一个集合是递归的"是指：该集合是某个完全图灵机可接受的字符串组成的集合$L(M)$。完全图灵机对所有输入都会停机（halt），要么接受，要么拒绝。"一个性质φ是可判定的（或递归的）"的意思是：集合$\{x|\varphi$

$(x)\}$是递归的，否则，φ就是不可判定的。

不可判定性问题的两个典型例子是图灵机的停机问题和成员问题。定义如下：

$HP=_{\text{def}}\{(x_M,y)|$图灵机$M$在输入$y$上停机$\}$；

$MP=_{\text{def}}\{(x_M,y)|$图灵机$M$接受输入$y\}$。

这些集合是递归可枚举的，但不是递归的；换句话说，对一个给定的图灵机M和输入y而言，M是在y上停机，还是接受y，这一问题是不可判定的。

命题3.2：集合HP是递归可枚举的，但不是递归的。

证明：集合MP是递归可枚举的，因为MP是被通用型图灵机U接受的集合。同样的，集合HP是递归可枚举的，因为图灵机M可以被构造成：在输入(x_M,y)时的通用型图灵机U可以模拟在输入y时的图灵机M，如果图灵机M接受或者拒绝y，那么通用型图灵机U就接受输入(x_M,y)。

现在利用矛盾证明HP不是递归的，这种论证方法叫做对角化论证（diagonalization argument）。这种论证方法第一次被Cantor（康托）用来证明：一个集合A的幂集与A之间不是一一对应的。这与2.2节的Russel（罗素）悖论相似。

为了得到矛盾，假设HP是递归的，那么就存在一个满足如下条件的完全型图灵机K：K能够判断对于给定的(x_M,y)，图灵机M是否会在y停机。构造一个在输入x上把x解释为x_M的图灵机N，通过在(x_M,x_M)运行K，就可以判断M是否在输入x_M上停机。由于图灵机K是完全的，所以，如果M在输入x_M上停机，则K接受并停机；如果M在输入x_M上不停机，则K拒绝并停机。如果K拒绝，将使得N立即拒绝；如果K接受，那么N将进入一个无穷循环。因此，N在输入x上停机，当且仅当，K拒绝(x_M,x_M)，当且仅当，M不在输入x_M上停机。现在考虑的问题是：当N在它自己的描述x_N上运行时，会发生什么？通过构造，N在x_N上停机，当且仅当，N不在x_N上停机。这就产生了矛盾。证毕。

可以用不同的方法证明如下命题成立：集合MP是递归可枚举的，但不是递归的。

关于图灵机最有趣的问题是不可判定性问题。例如，给定的图灵机M是否接受任意字符串？M是否接受一个有穷集合？M是否接受一个递归集合(recursive set)？这些问题都是图灵机不可判定的问题。事实上，递归可枚举集合的每个足道性质都是不可判定的。

3.2 不同种类的复杂性

通过限制一个图灵机能够使用的时间总量和空间总量，可以得到不同种类的复杂性。这些定义大多数具有良好的鲁棒性(robust)，因为它们不受模型中微小变化的影响，但是低层次的复杂性值得格外注意。

3.2.1 时间复杂性和空间复杂性

令$f:\mathbb{N}\rightarrow\mathbb{N}$是函数，对于所有足够大的$n$而言，“一个(确定型，不确定型，或交替型)图灵机$M$在接受$f(n)$的时间内运行”的意思是：从初始格局开始，$M$在长度为$n$的任一输入上的所有计算路径的长度最多为$f(n)$；“图灵机$M$在$f(n)$的空间内运行”的意思是：从初始格局开始，$M$在长度为$n$的任一输入上可以得到的所有格局最多使用$f(n)$个工作带单元格。

对于某个独立于n的常数c而言，如果图灵机M在$cf(n)$的时间内运行，则称M在$Of(n)$时间内运行；如果图灵机M在$cf(n)$的空间内运行，则称M在$Of(n)$空间内运行。

如果图灵机M在以2为底的对数$\log n$的空间内运行，则称机器M是在对数空间(logarithmic space)内运行。如果图灵机M在$n^{O(1)}$的时间内运行，也即，M在(独立于n的某个常数k的)n^k的时间内运行，则称M在多项式时间(polynomial time)内运行。如果图灵机M在$2^{n^{0(1)}}$时间内运行，也即，在(独立于n的某个常数k的)2^{n^k}时间内运行，则称图灵机M在指数时间(exponential time)内运行。如果图灵机M在$2^{2^{n^{0(1)}}}$时间内运行，则称M在双倍指数时间内运行。如果图灵机M在$2\uparrow_k n^{O(1)}$时间内运行，则称M在k-倍指数时间内运行。其中：$2\uparrow_0 n =_{\text{def}} n$；$2\uparrow_{k+1} n =_{\text{def}} 2^{2\uparrow_k n}$。对应的空间复杂度的界限也可以类似定义。

一些文献对指数时间的含义存在分歧。指数时间通常是指$2^{O(n)}$的时间而不是$2^{n^{O(1)}}$的时间。这里将采用后者的定义,因为后者能够更好地适应与确定型图灵机和交替型图灵机的复杂度有关的结果。然而,在能够得出更强的上确界$2^{O(n)}$的情况下,指数时间就是指$2^{O(n)}$的时间,并且将明确这一上界。

对在时间$f(n)$内运行的确定型图灵机、不确定型图灵机和交替型图灵机而言,所有集合$L(M)$形成的种类有:DTIME($f(n)$)、NTIME($f(n)$)和ATIME($f(n)$)。空间复杂度的种类有:DSPACE($f(n)$)、NSAPCE($f(n)$)和ASPACE($f(n)$),其定义可类似定义。$\bigcup_{k\geqslant 0}$DTIME(n^k)记为DTIME($n^{O(1)}$),等。

一些复杂度种类的特殊记法如下:

LOGSPACE$=_{\text{def}}$DSPACE($\log n$)表示确定型对数空间;

NLOGSPACE$=_{\text{def}}$NSPACE($\log n$)表示不确定型对数空间;

ALOGSPACE$=_{\text{def}}$ASPACE($\log n$)表示交替型(alternating)对数空间;

PTIME$=_{\text{def}}$DTIME($n^{O(1)}$)表示确定型多项式时间;

NPTIME$=_{\text{def}}$NTIME($n^{O(1)}$)表示不确定型多项式时间;

APTIME$=_{\text{def}}$ATIME($n^{O(1)}$)表示交替型多项式时间;

PSPACE$=_{\text{def}}$DSPACE($n^{O(1)}$)表示确定型多项式空间;

MPSPACE$=_{\text{def}}$NSPACE($n^{O(1)}$)表示不确定型多项式空间;

APSPACE$=_{\text{def}}$ASPACE($n^{O(1)}$)表示交替型多项式空间;

EXPTIME$=_{\text{def}}$DTIME($2^{n^{O(1)}}$)表示确定型指数时间;

NEXPTIME$=_{\text{def}}$NTIME($2^{n^{O(1)}}$)表示不确定型指数时间;

AEXPTIME$=_{\text{def}}$ATIME($2^{n^{O(1)}}$)表示交替型指数时间;

EXPSPACE$=_{\text{def}}$DSPACE($2^{n^{O(1)}}$)表示确定型指数空间;

NEXPSPACE$=_{\text{def}}$NSPACE($2^{n^{O(1)}}$)表示不确定型指数空间;

AEXPSPACE$=_{\text{def}}$ASPACE($2^{n^{O(1)}}$)表示交替型指数空间。

确定型多项式时间PTIME和不确定型多项式时间NPTIME通常分别被称为P和NP。一个显著的事实是在确定型和交替型复杂性类别中,下列关系成立:

$$\begin{array}{ccccccc} \mathrm{PTIME} & \subseteq & \mathrm{PSPACE} & \subseteq & \mathrm{EXPTIME} & \subseteq & \mathrm{EXPSPACE} \subseteq \dots \\ \| & & \| & & \| & & \| \\ \mathrm{ALOGSPACE} & \subseteq & \mathrm{APTIME} & \subseteq & \mathrm{APSPACE} & \subseteq & \mathrm{AEXPTIME} \subseteq \dots \end{array}$$

也即，当确定性变化时，对数空间、多项式时间、多项式空间、指数时间、指数空间、双倍指数时间，双倍指数空间等的层级仅仅移动了一层。

计算性复杂性最重要的一个开问题是：$P=NP$ 是否成立？许多重要的组合优化问题，能在非确定型多项式时间内，通过“猜测和验证”的方法解决。在实际应用中，如果不进行猜测就知道如何有效解决此类问题，将会产生巨大的影响。

3.2.2 Oracle机器和相对可计算性

研究相对于给定集合 B 的可计算性问题有时是很有用的。集合 B 自身可能是不可计算的，但是如果可以自由测试集合 B 中的成员，那么就很可能会对能够计算的内容感兴趣。利用Oracle图灵机就可以形式化地实现这个想法，另一种实现方法将在第3.3节中讨论。

Oracle图灵机 $M[\cdot]$ 与通常的确定型图灵机类似，不同的是前者有：①查询（query）状态、肯定（yes）状态和否定（no）状态这三个著名状态；②一个有穷的oracle字母表 Δ；③一个叫做Oracle查询带（query tape）的只写带（write-only tape），而且图灵机可以在 Δ^* 上写入字符串。

把配有 $B\subseteq\Delta^*$ 这样的一个Oracle图灵机，记为 $M[B]$。机器进行如下运行：在输入 $x\in\Sigma^*$ 上，$M[B]$ 的计算与通常的确定型图灵机的计算类似，只是Oracle图灵机 $M[B]$ 会定期判断是否需要在它的Oracle查询磁带上输入一个符号。当它输入一个符号时，该读写头会向右移动一个单元格。有时，或许在它的Oracle查询磁带上输入几个符号之后，机器会判断是否进入它的查询状态。当进入查询状态之后，如果 $y\in B$，Oracle图灵机 $M[B]$ 会自动并立即进入yes状态；如果 $y\notin B$，它自动并立即进入no状态，其中的 y 通常是当前写在Oracle查询磁带上的字符串。然后Oracle查询磁带被自动擦除,Oracle查询读写头会返回到磁带的左末端。工作带上的内容、该输入的位置和工作带头的位置都没有改变。然后Oracle图灵机$M[B]$从磁带的左末端开始继续处理,如果机器停机并且接受,那么$x \in L(M(B))$。值得注意的是:$M[B]$的行为在很大程度上取决于该Oracle B。

另一种形式的Oracle机器为$M[B]$提供了一个额外的半无穷的、双向的、可以写入B的特征函数只读磁带,其中B的元素以某种合理的方式排序,可能是按词典顺序排列。如果机器想知道$y \in B$是否成立,它可以扫描磁带上与y对应的二进制数字(bit)的适当位置。应当按照可以轻松计算出y所对应的二进制数字的位置的原则,来对$\Delta *$进行排序。

"集合A在B中是递归可枚举的(记为r.e.)",其意思是:存在一个Oracle图灵机$M[\cdot]$使得$A=L(M[B])$。集合A在B中是余递归可枚举的(记为co-r.e.),意思是:$\sim A$在B中是递归可枚举的。"集合A在B中递归的",意思是:存在一个Oracle图灵机$M[\cdot]$使得$A=L(M[B])$并且$M[B]$是完全的(即在所有输入上停机)。而且$M[B]$是否是完全的,在很大程度上取决于Oracle B。

引理3.3:如果集合A在B中是递归可枚举的,那么下列集合也是递归可枚举的。

$$\{z_1\#z_2\#\cdots\#z_n \mid \bigwedge_{i=1}^{n} z_i \in A\}$$

$$\{z_1\#z_2\#\cdots\#z_n \mid \bigvee_{i=1}^{n} z_i \in A\}$$

证明从略。

3.2.3 递归和递归可枚举集合

本节将会阐释关于递归和递归可枚举(记为r.e.)集合的几个基本事实,这些事实在之后的章节中将会用到。回顾一下:一个集合是递归可枚举的,其意思是:该集合是某个图灵机M的$L(M)$;一个集合是递归的,其意思是:该集合是某个完全图灵机M的$L(M)$(这个图灵机在所有输入上停机,要么接受要么拒绝)。如果一个集合的补集是递归可枚举的,那么这个集合就是余递归

可枚举的。“一个性质φ是可判定的(decidable,或是递归的)”的意思是:集合$\{x|\varphi(x)\}$是递归的;如果集合$\{x|\varphi(x)\}$不是递归的,那么性质φ就是不可判定的。

命题3.4:一个集合是递归的,当且仅当,该集合既是递归可枚举的(r.e.)又是余递归可枚举(co-r.e.)。

证明:如果A是递归的,那么接受它的补集$\sim A$的图灵机,可以通过逆转(reversing)A的完全图灵机的接受状态和拒绝状态来得到。相反地,如果A和$\sim A$都是递归可枚举的,那么可以通过用分享时间(time-sharing)的方式,并行模拟A和$\sim A$的机器来获得A的完全图灵机,即:如果A的机器接受时就接受输入,而且如果$\sim A$的机器拒绝时就拒绝输入,这两种情况肯定有一种情况出现。证毕。

递归可枚举集合存在另一个有用的特性:

命题3.5:集合A是递归可枚举的,当且仅当,存在一个确定的二元谓词φ使得:$A=\{x|\exists y\varphi(x,y)\}$。

证明:如果A符合这一描述,那么可以构造一个A的完全型图灵机M,该图灵机可以按照某种顺序枚举所有的y,并且测试对每个y而言$\varphi(x,y)$是否成立,如果存在这样的y,就接受。相反地,如果A是递归可枚举的,例如$A=L(M)$,那么可以把递归谓词$\varphi(x,y)$看作“在y步内,M接受x”。这个谓词是可判定的,因为它的真实性能够通过“在y步内在x上运行M”来决定。证毕。

3.2.4 算术谱系

命题3.4和3.5是一种更一般的关系的特殊情况,考虑下列通过归纳定义得到的集合类的谱系。从3.2节可知:集合A在B中是递归可枚举的(记为r.e.)。意思是:存在一个Oracle图灵机$M[\cdot]$使得$A=L(M[B])$;“集合A在B中是余递归可枚举的(记为co-r.e.)”,意思是:存在一个Oracle图灵机$M[\cdot]$使得$A=\sim L(M[B])$;集合A在B中是递归的,其意思是:存在一个Oracle图灵机$M[\cdot]$使得$A=L(M[B])$并且$M[B]$在所有输入上停机。现在考虑下列通过归纳定义得到的谱系;

$\Sigma_1^0 =_{def} \{A | A$是递归可枚举的$\}$

$\Pi_1^0 =_{def} \{A | A$是余递归可枚举的$\}$

$\Delta_1^0 =_{def} \{A | A$是递归的$\}$

$\Sigma_{n+1}^0 =_{def} \{A |$ 对于某个$B \in \Sigma_n^0$而言，A在B是递归可枚举的$\}$

$= \{A |$ 对于某个$B \in \Pi_n^0$而言，A在B是递归可枚举的$\}$

$\Pi_{n+1}^0 =_{def} \{A | A$在$B$是递归可枚举，当$B \in \Sigma_n^0$时$\}$

$= \{A | A$在B是递归可枚举，当$B \in \Pi_n^0$时$\}$

$\Delta_{n+1}^0 =_{def} \{A | A$在$B$是递归的，当$B \in \Sigma_n^0$时$\}$

$= \{A | A$在B是递归的，当$B \in \Pi_n^0$时$\}$

下列两条定理分别是对命题3.4和3.5的推广。

定理3.6：对于所有的$n \geq 0$而言，有$\Delta_n^0 = \Sigma_n^0 \cap \Pi_n^0$。

证明：该证明与命题3.4的证明很类似，只是在该证明中，所有的计算都是在一个Oracle图灵机中完成的。

定理3.7：

(i)$A \in \Sigma_n^0$，当且仅当，存在一个可判定的$(n+1)$–元谓词$\varphi(x, y_1, \cdots, y_n)$，使得$A = \{x | \exists y_1 \forall y_2 \exists y_3 \cdots Q_n y_n \varphi(x, y_1, \cdots, y_n)\}$，其中：如果$i$是奇数，$Q_i = \exists$；如果$i$是偶数，$Q_i = \forall$。

(ii)$A \in \Pi_n^0$，当且仅当，存在一个可判定的$(n+1)$-元谓词$\varphi(x, y_1, \cdots, y_n)$，使得$A = \{x | \forall y_1 \exists y_2 \forall y_3 \cdots Q_n y_n \varphi(x, y_1, \cdots, y_n)\}$，其中：如果$i$是奇数，$Q_i = \forall$；如果$i$是偶数，$Q_i = \exists$。

证明：这里只证明(i)，利用"Π_n^0是Σ_n^0中集合的所有补集的类"这一事实可推出(ii)。

施归纳于n进行证明，根据命题3.5可以证明当$n=1$时的情况。当$n>1$时，首先假设$A = \{x | \exists y_1 \forall y_2 \exists y_3 \cdots Q_n y_n \varphi(x, y_1, \cdots, y_n)\}$，并令$B = \{(x, y_1) | \forall y_2 \exists y_3 \cdots Q_n y_n \varphi(x, y_1, \cdots, y_n)\}$。根据归纳假设可知，$B \in \Pi_{n-1}^0$且$A = \{x | \exists y_1 (x, y_1) \in B\}$，那么通过与命题3.5相似证明方法，可以证明$A$在$B$中是递归可枚举的。

现在进行相反方向的证明。假设$A = L(M[B])$和$B \in \Pi_{n-1}^0$。那么，$x \in A$，当且仅当，存在一个有效计算历史y，y描述了在输入x上$M[B]$的计算、Oracle查询及其响应，并且在y中描述的对Oracle查询的所有响应都是正确的。这样的一个有效计算历史可能包括图灵机格局的连续描述序列，这类格局包括当前状态、磁带内容和读写头位置。如果对所有这些信息进行了合理编码，那么测试一个字符串是否遵循了$M[\cdot]$的规则是很容易的。唯一不易测试的是：Oracle查询的结果是否正确，即难以判定图灵机是进入了yes状态，还是进入了no状态。

对于任一固定的x而言，根据引理3.3可知，如下两个集合分别在Π^0_{n-1}和Σ^0_{n-1}中：

$$U=\{z_1\#z_2\#\cdots\#z_k|\bigwedge_{i=1}^{k}z_i\in B\}$$

$$V=\{w_1\#w_2\#\cdots\#w_k|\bigwedge_{i=1}^{k}w_i\notin B\}$$

根据归纳假设，U和V中的成员可以由谓词表示，该谓词带有"递归谓词上的∀（或∃）开头的"$(n-1)$次量词交替。这样，条件$x\in A$可以表述如下：

在输入x上存在一个有效的$M[B]$的计算历史y，使得：如果z_1，…，z_n是在输入x上$M[B]$计算中oracleB查询到的字符串，对该字符串而言，（由字符串y表示的）响应（response）是肯定的；如果w_1，…，w_n是否定响应的查询，那么$z_1\#z_2\#\cdots\#z_n\in U$并且$w_1\#w_2\#\cdots\#w_m\in V$。

把U和V的表示和递归的谓词"y是输入x上一个有效的$M[B]$的计算历史"进行结合，就可得到谓词$x\in A$的表示，该谓词带有"递归谓词上的以∃开头的"n次量词交替。证毕。

Kleene证明了如下算术谱系具有严格的包含关系：对所有的$n\geqslant 0$，$\Sigma^0_n\cup\Pi^0_n\subset\Delta^0_{n+1}$，而且$\Sigma^0_n$和$\Pi^0_n$相对于集合的包含关系而言，是无法进行比较的。

3.2.5 分析谱系

算术谱系（arithmetic hierarchy）与一阶数论的关系，类似于分析谱系（analytic hierarchy）与二阶数论的关系，在分析谱系中，可以有集合和函数上的量化。这里主要关注一阶分析谱系，尤其关注可以用一个全称的二阶量词来定义的自然数ℕ上的关系类Π^1_1。Kleene提出的一个著名定理表明：Π^1_1这一关系类正是可以由一阶归纳法加以定义的自然数$\mathbb{N}$上的关系类。本节将给出类Π_1^1和类Δ_1^1的计算特征，并给出Kleene定理的大致证明。

3.2.6 Π_1^1和Δ_1^1的定义

类Π_1^1是自然数$\mathbb{N}$中所有关系的类，该类可以用一个前束全称二阶数论公式来定义。这里的“前束”的意思是所有的量词都出现在公式的前面，“全称”的意思是只允许对函数进行的全称量化。使用Harel et al.（2000，pp.102-109）的第3.4节谓词逻辑中的各种转换规则，可以假设每个这样的公式都是形如$\forall f \exists y \varphi(\bar{x}, y, f)$的公式，其中$\varphi$是没有量词的，这一公式定义了$n$-元关系$\{\bar{a} \in \mathbb{N}^n | \forall f \exists y \varphi(\bar{a}, y, f)\}$，类$\Delta_1^1$是在自然数$\mathbb{N}$中所有关系的类，这些关系及其补关系都是$\Pi_1^1$。

3.2.7 程序设计语言IND

可以采用如下这种不常见的方法来处理一阶归纳的可定义性问题：引入一个程序设计语言IND，并用这一语言来定义归纳集和超算术集（hyperarithmetic set）以及递归序数（recursive ordinal）。Moschovakis（1974）已经证明，虽然这一方法与更传统方法的处理效果一样，但却具有更明显的计算优点。需要注意的是，用IND程序“计算”的关系具有高度的不可计算性。

一个IND程序由一个带标记语句（statement）的有穷序列组成，每个语句是如下三种形式之一：

- 赋值：$\ell: x := \exists$　　　$\ell: y := \forall$
- 条件跳转（conditional jump）：ℓ: if $R(\bar{t})$ then go to ℓ'
- 停机语句（halt statement）：ℓ: accept　　　ℓ: reject

除了“程序语义分支是无穷的”以外，程序语义和交替型图灵机是十分相似的。一个赋值语句的执行会产生可数多个子进程，每个子进程都会把自然数$\mathbb{N}$中不同的元素指派给变元。如果语句是$x:=\exists$，那么它的分支是特称分支；如果语句是$y:=\forall$，那么它的分支是全称分支。条件跳转可以测试原子公式$R(\bar{t})$，如果测试结果为真，则跳转到指定的标签。接受指令和拒绝指令停机，就把一个布尔值传回上级指令。计算过程与交替型图灵机一样：输入值是程序变元的初始赋值；语句的执行会向下生成一个可数分支计算树，并且接受布尔值1或拒绝布尔值0都会向上返回给树，在每个特称节点计算一个布尔联结词“∨”，在每个全称节点计算一个布尔联结词“∧”。

“一个程序接受一个输入”的意思是：计算树的根在该输入上曾用布尔值1标记过。“一个程序拒绝一个输入”的意思是：计算树的根在该输入上曾用布尔值0标记过。“一个程序在一个输入上停机”的意思是：该程序要么接受该输入，要么拒绝该输入。一个IND程序在所有输入上停机，就称该程序是完全的(total)。

以上这些概念与交替型图灵机的相应概念完全类似，所以这里使用具有启发性的例子，来替代其形式论述。首先说明如何使用上面的程序设计结构来模拟另外一些有用的程序设计结构。无条件的跳转：goto ℓ 可以使用语句 if $x=x$ then go to ℓ 来模拟。

其他更复杂的条件分支形式可以通过控制流(control flow)的处理来实现。例如，语句 if $R(\overline{t})$ then reject else ℓ 可以被如下程序段模拟：

    if $R(\overline{t})$ then go to ℓ'

    go to ℓ

ℓ'：reject

一个简单的指令是通过猜测和验证实现：

x := y+1 可以被如下程序模拟：

x := ∃

if $x \neq y+1$ then reject

这个过程会产生无穷多的子过程，但是除了其中一个子过程外，其他的都会立即被拒绝。

例 3.8：任何一阶关系都可以通过一个无循环程序来定义。例如，自然数 x 的集合使得 $\exists y\ \forall z\ \exists w\ x\leqslant y\wedge x+z\leqslant w$ 可以由如下程序加以定义：

y := ∃

z := ∀

w := ∃

if $x > y$ then reject

if $x+z \le w$ then reject

reject

其逆命题也成立，即任意无循环的程序都可以定义一个一阶关系。但是，IND程序可以定义归纳的可定义的非一阶关系。

例3.9：自返传递闭包的R关系可以由下列程序加以定义，该程序在变元x,z时输入，而且如果$(x, z) \in R^*$，就接受x,z，即

ℓ: if $x = z$ then reject

y := ∃

if $\neg R(x, y)$ then reject

x := y

go to ℓ

例3.10：一个双人的完美信息的博弈包括一个一组棋盘上的二元关系：move关系。两名棋手轮流下棋，如果当前的棋盘是x，而且轮到1号棋手下棋，1号选择y使得move(x,y)；接着2号棋手选择z使得move(y,z)，等等。"一个棋手通过将死（checkmate）对方来获胜；获胜方强迫对手进入一个"下一步不能够进行合法移动"的位置。因此，这个将死对手的位置是一个棋盘上的y使得$\forall z \neg$move(y,z)。

我们希望知道的是：对于一个给定的棋盘x，轮到下棋的棋手能否一定可以从x获胜。通常这可以定义为如下递归方程获胜的最小解（least solution）：

$$\text{win}(x) \Leftrightarrow \exists y(\text{move}(x,y) \wedge \forall z\ \text{move}(y,z) \to \text{win}(z)).$$

其基本案例包括将死对方立即取胜的策略：如果y是一个将死位置，那么子公式move$(y,z) \to$win(z)显然为真。这个递归方程的最小解是通过如下方式定义的单调映射τ的最小不动点：$\tau(R) \Leftrightarrow_{\text{def}} \{x | \exists y\ \text{move}(x,y) \wedge \forall z\ \text{move}(y,z) \to R(z)\}$

可以用IND程序把win(x)表示如下：

ℓ: y := ∃

if ¬move(x, y) then reject

x := ∀

if ¬move(y, x) then accept

go to ℓ

例3.11：最后一个例子涉及良基关系。正如2.3节所述，归纳法和良基密切相关。一个“用来测试一个严格偏序<是否是良基”的IND程序如下：

x := ∀

ℓ: y := ∀

if ¬y < x then accept

x := y

go to ℓ

如果所有的下降链（descending chain）是有穷的，那么IND程序停机并且接受输入。

任意性质都可以表示为一个单调映射的最小不动点，该不动点可以通过“能够用IND程序来计算的肯定的一阶公式”加以定义。令R为n元关系符号，并且令$\varphi(\bar{x},R)$为带有自由个体变元$\bar{x}=x_1,\cdots,x_n$和自由关系变元R的一阶公式。进一步假设φ中R的所有自由出现都是肯定的（positive），即，R的所有自由出现都是在偶数个否定符号¬的辖域内。

对于任意n元关系B，定义$\tau(B)=\{\bar{a}|\ \varphi(\bar{a},B)\}$，其中的$\varphi$是一个算子$\tau$，该算子把一组$n$-元组$B$映射到另一组$n$-元组$\{\bar{a}|\ \varphi(\bar{a},B)\}$上。可以证明，肯定假设意味着集合算子$\tau$是单调的，所以它具有一个$n$元关系的最小不动点$F\varphi$（参见2.7节）。归纳可定义性（inductive definability）的传统处理方法是：把一个一阶归纳关系定义为这样一个不动点的投射（projection），也即，定义为形如$\{a_1,\cdots,a_m \mid F\varphi(a_1,\cdots,a_m,b_{m+1},\cdots,b_n)\}$的关系，其中$b_{m+1},\cdots,b_n$是该结构中固定的元素。给定公式$\varphi$和元素$b_{m+1},\cdots,b_n$可以构造一个IND程序，该程序把$b_{m+1},\cdots,b_n$赋值给变元$x_{m+1},\cdots,x_n$，然后通

过自上而下地分解公式的方式，来测试变元$x_1, \cdots, x_n$是否满足$F\varphi$。其具体操作如下：在特称量词处执行特称赋值，在全称量词处执行全称赋值，对命题联结词使用控制流，对原子公式使用条件测试，当归纳变元R出现时循环地回到程序的顶部。以上涉及自返传递闭包、博弈和良基的例子说明了这个过程。

相反地，任何可以被IND程序计算的关系在传统意义上都是可归纳关系。本质上说，IND程序的接受定义涉及计算树的一组归纳定义标记(labeling)的最小不动点。

3.2.8 归纳和超初等关系

前一节中提到的很多IND程序实例，不仅仅可以在自然数$\mathbb{N}$上解释，而且可以在任何结构上解释。将任意结构Ü的归纳关系定义为：在Ü上由IND程序可计算的关系。将Ü的超初等关系(hyperelementary relations)定义为：在Ü上由完全(即对所有输入停机)的IND程序可计算的关系。需要注意的是：每个一阶关系是超初等关系，因为它可以通过无循环的程序加以计算。

可以证明Ü上的关系是超初等的，当且仅当，该关系既是归纳的又是余归纳的(coinductive)。也就是说，如果存在一个接受R的IND程序和另一个接受$\sim R$的IND程序，那么可以构造一个完全的IND程序，而且该程序能够并行运行其他两个程序，这与命题3.4的证明很相似。现在把注意力集中在算术$\mathbb{N}$的结构上，在该结构上，超初等关系有时被称为超算术关系(hyperarithmetic relation)。

3.2.9 递归树，递归序数和ω_1^{ck}

序数(ordinal)α是可数的，其意思是：存在一个一一对应的函数$f: \alpha \to \omega$。序数$\omega \times 2$和ω^2虽然都比ω大，但仍然是可数的，最小的不可数序数称作ω_1。在传统上，把递归序数(recursive ordinal)定义为：在某些恰当的序数编码和可计算性概念当中，存在一个从该序数到ω的可计算的一一对应函数的序数(参见Roger(1967))。最小的非递归序数称作ω_1^{ck}，它是一个可数序数，但是它对任意可计算函数来说似乎是不可数的。

根据递归树的归纳标签(inductive labeling)可以定义递归序数,在本章中,树是 ω^* 的非空前缀封闭子集(prefix-closed subset)。也即,树是有穷长度的自然数字符串组成的集合T,使得:

- $\varepsilon \in T$;
- 如果 $xy \in T$,那么 $x \in T$。

T 中的路径是根据前缀关系(prefix relation)进行线性排序的 T 的最大子集。如果树 T 中不存在无穷路径,那么树 T 是良基的(well-founded);等价地说:如果前缀关系的逆关系是 T 中的良基关系,那么树 T 就是良基的。树叶(leaf)是树 T 中的元素,其意思是:该树叶不是 T 中任何其他元素的前缀。

给定一个良基树 T,标签 ord: $T \to \mathrm{Ord}$ 可以归纳定义如下:

$$\mathrm{ord}(x) =_{\mathrm{def}} (\sup_{\substack{n \in \omega \\ xn \in T}} \mathrm{ord}(xn)) + 1。$$

如果 x 是一个树叶,那么 $\mathrm{ord}(x)=1$;如果 x 不是树叶,那么对于所有 $xn \in T$ 而言,$\mathrm{ord}(x)$ 可以由第一个确定的 $\mathrm{ord}(xn)$ 确定,然后取其上确界并且加1。

例如,假设由 ε 和所有形如 $(n, \underbrace{0,0,\cdots,0}_{m})$ $(n \geq 0$ 且 $m \leq n)$ 的序列组成的树。树叶由ord标记为1,该树叶的下一个元素标记为2,依次类推。树根 ε 标记为 $\omega+1$(见图3.2)。

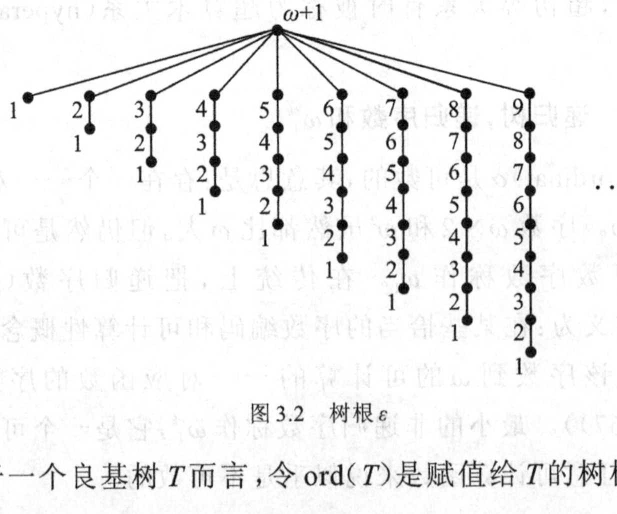

图3.2 树根 ε

对于一个良基树 T 而言,令 $\mathrm{ord}(T)$ 是赋值给 T 的树根的序数。

每个ord(T)是一个可数的序数,并且$\sup_T \text{ord}(T)=\omega_1$。

一个序数是递归的,其意思是:对某个递归树T而言,该序数是ord(T),也即,该树经过恰当的编码,使得集合T是一个递归集合。递归序数的上确界(supremum)是ω_1^{ck}。

递归序数的另一个定义是IND程序的所有运行时间组成的集合。IND程序在某个输入上的运行时间是指:将计算树的根标记为1或0所需的时间。这是在"接受(acceptance)"的形式定义中的计算树标签的归纳定义中的闭包序数(closure ordinal)。它与递归树的标签ord的定义非常相似。序数ω_1^{ck}是IND程序所有运行时间的上确界。

3.2.10 Kleene定理

定理3.12(KLEENE定理):在自然数ℕ上,归纳关系和Π_1^1关系相同;超初等关系与Δ_1^1关系相同。

证明梗概:首先需要证明每个归纳关系是Π_1^1。这不仅仅在自然数ℕ上成立,而且在任一结构Ü上成立。令$\varphi(\bar{x},R)$是带有不动点$F_\varphi \subseteq A^n$的肯定的一阶公式,其中,A是Ü的承载子(carrier)。把F_φ描述为在φ中封闭的所有关系的交:

$$F_\varphi(\bar{x}) \Leftrightarrow \forall R(\forall \bar{y}\varphi(\bar{y},R) \rightarrow R(\bar{y})) \rightarrow \mathrm{R}(\bar{x})。$$

这是一个Π_1^1公式。

现在进行相反方向的证明。考虑在自然数ℕ上所有的Π_1^1公式,正如之前提到的那样,不失一般性,假设公式形如:

$$\forall f \exists y \varphi(x,y,f) \tag{3.2.1}$$

其中,f在函数$\omega \rightarrow \omega$上取值,$y$在$\omega$上取值,$\varphi$中没有量词。

把函数$f:\omega \rightarrow \omega$看作是一个其值为$f(0)$,$f(1)$,$f(2)$,…的无穷字符串,函数$f$和完全树$\omega^*$上的路径是一一对应的。此外,对任意的$x$和$y$而言,$\varphi(x,y,f)$的真值由这个路径的任意有穷前缀决定,这个路径包括所有"与出现在$\varphi(x,y,f)$中的项相对应"的函数f的论元。令$f \upharpoonright n$表示长度为n的f的有穷前缀。把$f \upharpoonright n$要么看成一个长度为n的自然数字符串,要么看成是在定义域$\{0,1,\cdots,n-1\}$且满足f的偏函数。这里把定义(3.2.1)写成:

$$\forall f \exists y \exists n \varphi'(x,y,f\upharpoonright n) \tag{3.2.2}$$

其中，φ'仅仅是对φ稍作修改，以便对$\mathbf{0}$(false)进行评价，以免n太小，以至于不能给出足够的信息来判断$\varphi(x,y,f)$是否成立。需要注意的是：如果$\varphi'(x,y,f\upharpoonright n)$，那么$\varphi'(x,y,f\upharpoonright m)$对所有$m \geq n$成立。这说明式(3.2.2)本质上是一个良基条件：如果标记顶点，用$\exists y\varphi'(x,y,f\upharpoonright n)$的真值来标记无穷树的顶点(vertices)$f\upharpoonright n$，那么式(3.2.2)表明：沿着树的每一条路径，都会最终遇到真值1(即为真)。正如在例子3.11中观察到的那样，良基是归纳性的。

现在已经证明：在自然数$\mathbb{N}$上，归纳关系和Π_1^1关系相同；因为超算术关系既是归纳的也是余归纳的(coinductive)。Δ_1^1关系既是Π_1^1关系也是Σ_1^1关系，因此超初等关系与关系Δ_1^1相同。证毕。

3.2.11 超初等关系上的归纳

前面已经证明：在自然数$\mathbb{N}$上，Π_1^1正好是被IND程序接受的一组集合，而且Δ_1^1是被完全的IND程序接受的一组集合。因此，归纳集合与递归可枚举集合之间关系，类似于超初等集合与递归集合之间的关系。

似乎令人感到奇怪的是，在分析层面与Σ_1^0相似的类应该是Π_1^1而不是Σ_1^1。这点可以由与命题3.5相似的如下命题加以解释。

命题3.13：集合$A \subseteq \mathbb{N}$是归纳集合，当且仅当，存在一个超初等关系φ使得：

$$\begin{aligned} A &= \{x \mid \exists \alpha < \omega_1^{ck} \varphi(x,\alpha)\} \\ &= \{x \mid \exists y, y\text{编码了一个递归序数和}\varphi(x,y)\} \end{aligned} \tag{3.2.3}$$

证明梗概：如果φ是超初等关系，那么可以为式(3.2.3)构造一个IND程序，该程序由表达式$y:=\exists$和一个程序组成，该程序并行地检查具有索引(index)y的图灵机是否接受一个良基的递归树，并检查$\varphi(x,y)$是否成立。

现在进行相反方向的证明。如果A是一个被IND程序p接受的归纳集合，那么A就可以用一个特称公式描述，即“存在一个递归序数α，使得p停机，并在α步骤内接受x。”更具体地说，存在一个递归的良基树(well-founded tree)T，使得在输入x上，p停机

(halt)并在ord(*T*)步骤内接受*x*。因此,量化在图灵机的索引上进行。谓词"*p*停机并在ord(*T*)步骤内接受*x*"是超初等关系,因为可以构造一个程序*p*和*q*一起运行的IND程序,其中的程序*q*使用特称分支对树*T*进行简单地枚举,并在树叶处拒绝*x*。程序*q*拒绝所有输入,但是需要ord(*T*)步来完成拒绝。如果程序*p*和程序*q*的模拟使用定理3.4中时间分享的方式来并行运行,且并行运行一次就算一步,那么施归纳于计算树就可以证明:模拟机是接受还是拒绝取决于:是程序*p*需要的序数时间少,还是程序*q*需要的序数时间少。证毕。

3.3　可归约性和完全性

3.3.1　可归约性关系

可归约性(reducibility)是对不同问题复杂性进行比较的常用技术。给定判定问题$A\subseteq\Sigma^*$和$B\subseteq\Delta^*$,从*A*到*B*的一个多对一(many-one)的归约(reduction)是一个完全可计算函数$\sigma:\Sigma^*\to\Delta^*$,使得对所有的$x\in\Sigma^*$而言,

$$X\in A\Leftrightarrow\sigma(x)\in B。\tag{3.3.1}$$

换句话说,*A*中的字符串必须进入"σ下的*B*中的"字符串,而不在*A*中的字符串必须进入"σ下的不在*B*中的"字符串。直观地讲,问题*A*的实例可以被σ编码为问题*B*的实例。我们可能不知道如何确定给定的字符串*x*是否在*A*中,但是可以将σ应用到*x*,从而把它转化为问题*B*的实例σ(*x*)。这样,根据*B*的判定过程,就可以立即通过用σ组成*A*的方式,给出*A*的判定过程(见图3.3)。

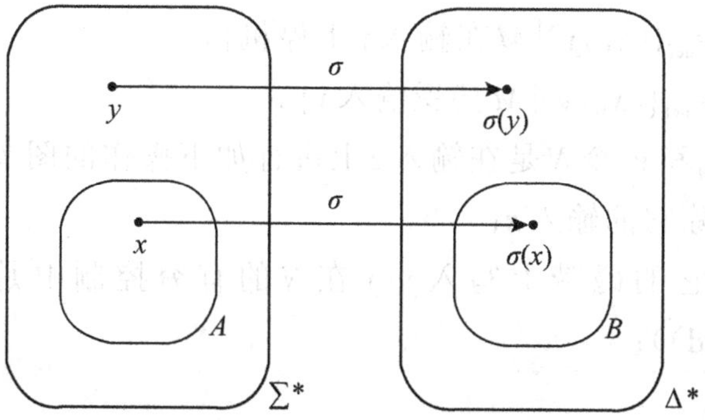

图3.3　可归约映射

函数σ不必是一对一函数或到上(onto)函数。但是,它必须是完全且有效的可计算函数。也就是说,能够被一个对任意输入都停机的完全型图灵机计算,而且该图灵机的磁带上写有$\sigma(x)$。当这样的归约存在时,就说A可以通过映射σ归约为B,写作$A \leqslant_m B$。下标m表示多对一,该下标可以把这一归约关系与其他类型的可归约关系区分开来。

为了从B的能行的(efficient)判定过程中得到A的能行的判定过程,归约映射σ必须是能行的。现有文献中的许多已知的归约已经证明归约映射σ是能行的,而且通常是线性时间或对数空间的归约。如果归约映射σ在对数时间内是可计算的,写作$A \leqslant_m^{log} B$;如果归约映射σ在多项式时间内可计算,写作$A \leqslant_m^p B$。

可归约性关系$\leqslant_m$,$\leqslant_m^{\log}$,$\leqslant_m^p$是传递的,即:如果$A \leqslant_m B$且$B \leqslant_m C$,那么$A \leqslant_m C$。$\leqslant_m^{\log}$和$\leqslant_m^{\mathrm{p}}$的传递性与此类似。这是因为如果σ把A归约成B,τ把B归约成C,那么σ和τ的复合$\sigma \circ \tau$可以把A归约成C。对于关系$\leqslant_m^{\log}$和$\leqslant_m^{\mathrm{p}}$,必须证明:多项式时间可计算函数的复合,在多项式时间内仍然是可计算的;对数空间可计算函数的复合,在对数空间内仍然是可计算的。对于对数空间,这不能直接证明,因为没有足够的空间来写下一个中间结果;但是只要稍微采用一点技巧,就可以证明。

例 3.14:可以把HP(图灵机的停机问题)归约为成员问题MP,这其实是一个"给定的图灵机是否接受一个给定的字符串"的问题(参见3.1节)。这可以通过如下方式来做到:从图灵机M的一个给定描述(description)x_M和字符串y来构建图灵机N的描述x_N,而且N接受ε,当且仅当,M在y上停机。在这个例子中:

$A=HP=_{\mathrm{def}}\{(x_M, y) | M$在输入$y$上停机$\}$,

$B=MP=_{\mathrm{def}}\{(x_M, y) | M$接受输入$y\}$。

给定x_M和y,令N是在输入z上进行如下操作的图灵机:

(1)擦除它的输入z;

(2)在它的磁带上写入y(y在N的有穷控制中是硬编码的(hard-coded));

(3)在 y 上运行 M(M 的描述 x_M 在 N 的有穷控制中是硬编码的);

(4)如果 M 的计算在 y 上停机,就接受 z。

这里构造的机器 N 接受它的输入 z,当且仅当,M 在 y 上停机(halt)。此外,N 的行动独立于 z,因为 N 仅仅是忽略了它的输入。因此,

$$L(N)=\begin{cases}\Sigma^*, \text{当}M\text{在}y\text{上停机时;}\\ \varnothing, \text{当}M\text{不在}y\text{上停机时。}\end{cases}$$

特别地,N 接受 $\varepsilon \Leftrightarrow M$ 在 y 上停机。 (3.3.2)

可以把归约 σ 看作一个可计算映射 $(x_M, y)\mapsto(x_N, \varepsilon)$。在这个例子中,$\sigma$ 在多项式时间内甚至是指数空间内都可计算的。式(3.3.2)仅仅是(3.3.1)的特殊情况。

在对判定问题的可计算性和复杂性进行比较时,会用到可归约性关系的一般性结果。

定理3.15:

(i)如果 $A\leqslant_m B$ 且 B 是递归可枚举的,那么 A 也是递归可枚举的。等价地说,如果 $A\leqslant_m B$ 并且 A 不是递归可枚举的,那么 B 也不是递归可枚举的。

(ii)如果 $A\leqslant_m B$ 且 B 是递归的,则 A 也是递归的。等价地说,如果 $A\leqslant_m B$ 并且 A 不是递归的,那么 B 也不是递归的。

证明:首先证明(i)。假设通过映射 σ 后 $A\leqslant_m B$ 并且 B 是递归可枚举的,并令 M 是使得 $B=L(M)$ 的图灵机。为 A 构造如下图灵机 N:在输入 x 上,首先计算 $\sigma(x)$,然后在输入 $\sigma(x)$ 上运行 M,如果 M 接受 $\sigma(x)$,则图灵机 N 接受 $\sigma(x)$。因此:

N 接受 $x \Leftrightarrow M$ 接受 $\sigma(x)$	(根据 N 的定义)
$\Leftrightarrow \sigma(x)\in B$	(根据 M 的定义)
$\Leftrightarrow x\in A$	(根据式(3.3.1))

然后证明(ii)。根据命题3.4:一个集合是递归的,当且仅当,它和它的补集是递归可枚举的。假设通过映射 σ 后 $A\leqslant_m B$ 并且 B 是递归的,需要注意的是:通过同样的映射 σ 后 $\sim A\leqslant_m \sim B$。如果 B

是递归的，那么B和~B都是递归可枚举的。根据(i)可知：A和~A都是递归可枚举的，因此A是递归的。证毕。

根据定理3.15中的(i)可知：某些集合不是递归可枚举的；根据定理3.15中的(ii)可知：某些集合不是递归的(recursive)。为了证明一个集合B不是递归可枚举的，只需要给出"从已知不是递归可枚举的集合A(如停机问题(halting problem)的补)到集合B的一个化归(reduction)。根据定理3.15中的(i)可知：集合B不是递归可枚举的。例如：根据命题3.2和例子3.14的化归表明：成员问题MP不是可判定的，~MP不是递归可枚举的。

关于复杂性边界问题，有类似于定理3.15的如下定理成立：

定理3.16：

(i)如果$A \leqslant_m^p B$并且B在多项式时间内是可计算的，那么A也是在多项式时间内是可计算的。换句话说，复杂性类P在$\leqslant_m^p$下是向下封闭的。

(ii)如果$A \leqslant_m^{log} B$并且B在指数空间内是可计算的，那么A也是在指数空间内是可计算的。换句话说，复杂性类LOGSPACE在$\leqslant_m^{log}$下是向下封闭的。

证明从略。

3.3.2 完全性

对于复杂性类ϱ而言，一个集合B相对于可归约性(reducibility)关系$\leqslant$是hard的(如果$\leq$是已知的，则是ϱ-hard的)，其意思是：对所有$A \in \xi$而言，$A \leqslant B$。对于复杂性类ξ而言，一个集合B相对于可归约性关系$\leq$是完全(complete)的(或仅仅是ϱ-complete)，其意思是：对于复杂性类ϱ而言，集合$B \in \varrho$相对于关系$\leqslant$是hard的。

直观地讲，如果B对于ϱ而言是完全的，那么"从B在ϱ中并可以对ϱ中的每个其他问题进行编码"这一意义上说，B是hardest问题。例如，布尔满足性问题(用来判定一个给定的命题公式是否被满足)对于$\leqslant_m^{log}$是NP-完全的。这就是著名的Cook定理(参见Hopcroft和Ullman，1979；Kozen，1991)。下面的命题说明了这些概念的重要性。

命题 3.17：令 $\mathcal{B}$ 和 $\mathcal{Q}$ 是复杂性类，$\mathcal{B}\subseteq\mathcal{Q}$。并假设 $\mathcal{B}$ 在可归约性关系≤下是向下封闭的；也即，如果 $A\leq B$ 且 $B\in\mathcal{B}$，那么 $A\in\mathcal{B}$。如果集合 B 相对于≤是 $\mathcal{Q}$-完全的，那么 $B\in\mathcal{B}$ 当且仅当 $\mathcal{B}=\mathcal{Q}$。

换句话说，两个复杂性类是否等价的问题可以化归为：单个问题 B 是否在 $\mathcal{B}$ 中的问题。例如，P=NP，当且仅当，布尔满足性问题是在 P 中可计算的。现在对此加以证明。

证明：如果 $\mathcal{B}=\mathcal{Q}$，那么 $B\in\mathcal{B}$，因为 $B\in\mathcal{Q}$。现在进行相反方向的证明。假设 $B\in\mathcal{B}$。因为 B 是 $\mathcal{Q}$-hard，$\mathcal{Q}$ 中的每个元素可以化归为 B，并且因为 $\mathcal{B}$ 在≤下是向下封闭的，所以所有这些元素都在 $\mathcal{B}$ 中。因此，$\mathcal{Q}\subseteq\mathcal{B}$。证毕。

复杂性类 coNP 是集合 $A\subseteq\Sigma^*$ 的类，且该集合的补集 $\sim A=\Sigma^*-A$ 在 NP 中。通常情况下，NP-hardness 和 coNP-hardness 都是相对于可归约性关系 $\leq_m^p$ 而言的。

命题 3.18：

（i）$A\leq_m^p B$，当且仅当，$\sim A\leq_m^p\sim B$。

（ii）A 是 NP-hard，当且仅当，$\sim A$ 是 coNP-hard。

（iii）A 是 NP-完全的，当且仅当，$\sim A$ 是 coNP-完全的。

（iv）如果 A 是 NP-完全的，那么：$A\in$coNP，当且仅当，NP=coNP。

NP=coNP 是否成立，目前未知。

3.3.3 盖瓦问题

本节描述了一系列对各种复杂性类完全的盖瓦问题（tiling problem）。这些问题是“可以通过归约的方式来构建其他完全性结果”的一般性问题。

令 C 是颜色的有穷集合，一个盖瓦（tile）是一个带有彩色边的正方形。盖瓦的类型是给出每条边的颜色的一个映射 {north，south，east，west}$\to C$。假设给定一套盖瓦类型和一个由 n^2 个单元格组成的 $n\times n$ 的正方形网格，每个单元格可以容纳一个盖瓦。网格的边界用集合 C 当中的颜色涂色。我们想知道的是：能否在单元格中放置盖瓦（每个单元格放一个盖瓦），使得所有相邻的边上的颜色匹配。可以使用任意多个给定类型的盖瓦，但不允许旋转盖瓦。

例如，带有2×2网格的盖瓦问题：

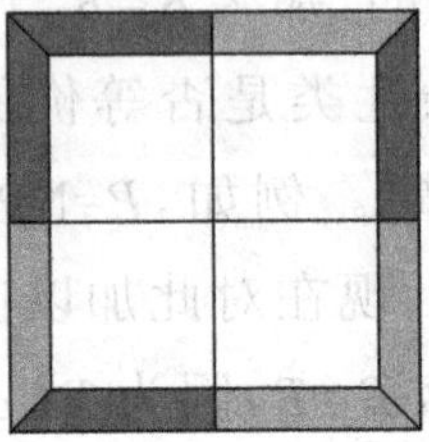

盖瓦类型：

只有如下这种解决方案，即所谓的第一盖瓦问题：

命题3.19：第一个盖瓦问题是NP-完全的。

证明：第一个盖瓦问题是NP可计算问题，因为可以猜测一个盖瓦放置方式，并且可以很快验证颜色放置方式是否满足要求。

为了证明第一个盖瓦问题是NP-hard的，需要说明，在某个输入上如何“对任意的单带非确定型的多项式时间界限的图灵机计算”进行编码，使之成为盖瓦问题的一个实例。令M是这样的图灵机，令x是M的输入，$n=|x|$。不失一般性，单带是读/写，并且既是输入带也是工作带。对某个与n无关的固定的$k\geq 1$而言，在时间n^k内执行图灵机M，并令$N=n^k$，那么该网格将会是$N\times N$网格。在第j行的盖瓦的南边缘的颜色序列表示在时间j时图灵机M的

可能格局。在位置i,j处的盖瓦南边缘的颜色，对应“占据第i个磁带的单元格的”一个符号，并可以表示在时间j时是否扫描该单元格。如果确实扫描了该单元格，就会给出当前状态。例如，这个颜色的意思是：目前在状态q下，图灵机M扫描了该磁带单元格，而且目前占据该单元格的符号是a。北边缘的颜色在时间$j+1$时表示相同的信息。这时就会选择盖瓦的类型，从而只表示图灵机的合法移动。由于读写头可以向左或向右移动，信息也必须朝同一侧移动，因此使用东/西颜色。东/西颜色表示读写头是否越过该单元格和相邻单元格之间的线。盖瓦北边缘的可能颜色将由其他三条边的颜色和图灵机M的转换规则决定。网格南边界的颜色描述初始格局，而北边界的颜色描述接受格局。由此产生的盖瓦问题有一个解决方案，当且仅当，图灵机M在输入x上有一个可接受计算。

形式地讲，令Q是状态集，Σ是输入字母表，Γ是工作字母表，$\sqcup$是空白符，$\vdash$是左结束符，s是初始状态，t是接受状态，δ是转换关系。假定$\Sigma\subseteq\Gamma$，$\vdash,\sqcup\in\Gamma-\Sigma$，并且：$\delta\subseteq(Q\times\Gamma)\times(Q\times\Gamma\times\{\text{left},\text{right}\})$。如果$((p,a)(q,b,d))\in\delta$，意思是：图灵机在状态$q$时，就会扫描符号$a$，并在当前带的单元格上写入$b$，然后朝着方向$d$移动，并进入状态$q$。

北/南边的颜色是$(Q\cup\{-\})\times\Gamma$，东/西边的颜色是$(Q\times\{\text{left},\text{right}\})\cup\{-\}$。

对于$q\in Q$而言，北/南边的颜色(q,a)表示：读写头当前正在扫描该磁带单元格，图灵机处于状态q，而且当前写入该磁带单元格的符号是a。北/南边的颜色$(-,a)$表示：读写头当前没有扫描该磁带单元格，当前写入该磁带单元格的符号是a。东/西边的颜色(q,d)表示：读写头正在朝着方向d越过这两个磁带单元格之间的线，并即将进入状态q。东/西边的颜色“$-$”表示：读写头当前没有越过这两个磁带单元格之间的线。

当$((p,a),(q,b,\text{left}))\in\delta$，盖瓦类型如下：

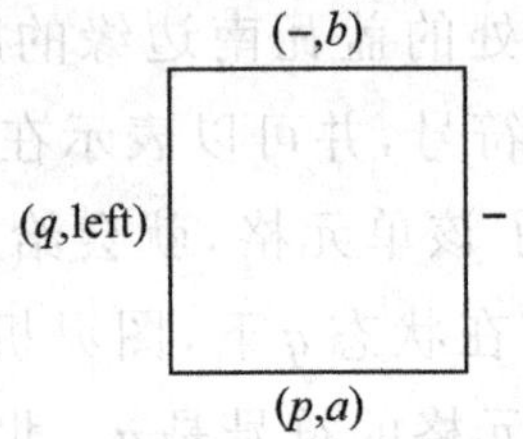

$((p,a),(q,b,\text{right}))\in\delta$时，盖瓦类型如下：

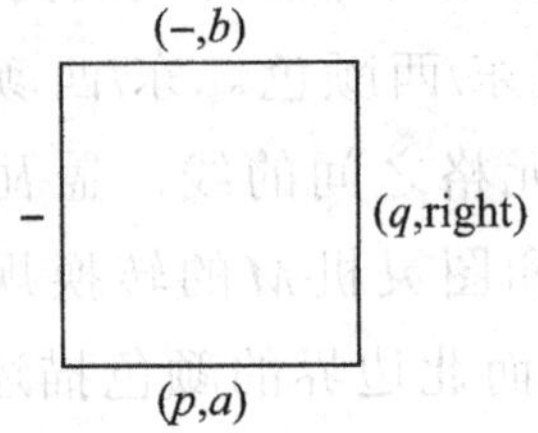

$((p,a),(q,b,\text{right}))\in\delta$时，盖瓦类型也可以是形如下几种类型：

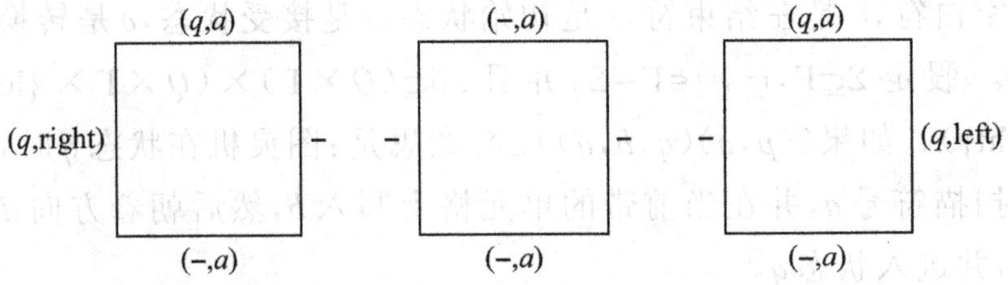

网格的南边界的颜色表示图灵机M在输入$x = a_1a_2\cdots a_n$上的初始格局：

$$(s,\vdash)(-,a_1)(-,a_2)\cdots(-,a_n)(-,\sqcup)\cdots(-,\sqcup)。$$

网格的北边界的颜色表示图灵机M的接受格局：

$$(t,\vdash)(-,\sqcup)(-,\sqcup)\cdots(-,\sqcup)$$

可以不失一般性地假设：M在接受之前，会擦除磁带而且读写头一直向左移动，网格的东边和西边的颜色全是"–"。

在输入x上，图灵机M的任意接受计算历史(accepting computation history)都会生成一个盖瓦放置方式，并且任意盖瓦放置方式都表示一个接受计算历史，因为该盖瓦放置方式的局部一致性条件表示，图灵机M从输入x上的初始格局开始，并按照转换规则δ运行，最后在接受格局时结束运行。因此，该盖瓦问题的实例有一个解决方案，当且仅当，图灵机M接受输入x。证毕。

现在研究具有无穷$\omega\times\omega$的网格的盖瓦问题的变种。南边界的颜色是由“被单一颜色（比如blue）的无穷字符串跟随”的有穷字符串颜色组成的。西边界只能是蓝色。南边界和西边界的着色是问题说明的一部分。这里没有北边界和东边界。其他与$N\times N$网格的盖瓦问题一样。姑且把具有无穷$\omega\times\omega$的网格的盖瓦问题称为第二盖瓦问题。

命题3.20：第二盖瓦问题是Π_1^0-完全（也即，余递归可枚举-完全）。该问题是Π_1^0-hard问题，即使将南边界的颜色限制为单一颜色，仍然是Π_1^0-hard问题。

证明梗概：第二盖瓦问题是Π_1^0-hard，是因为整个网格能够铺好，当且仅当，所有西南方向的$n\times n$的子网格能够铺好。这是一个Π_1^0问题。

为了证明该问题是Π_1^0-hard的，需要构造盖瓦问题的实例，用于模拟在给定输入上的一个给定的确定型图灵机，除了格局的大小或数量上没有限制外，其他与命题3.19中的证明一样。所有在南边界上接受状态颜色的盖瓦类型都会被省略；因此，盖瓦可以无穷地扩展，当且仅当，图灵机不接受该输入。对于任意固定的图灵机M，该结构是由“从$\sim L(M)$到盖瓦问题的可解决实例的一个多对一”的化归组成。

为了证明：南边界单一颜色足够时，可以通过“为给定的x_M构造‘能够模拟M在空输入上的盖瓦问题’的实例”的方式，对集合$\{x_M | M不接受空的字符串\varepsilon\}$进行编码。这就是著名的$\Pi_1^0$-完全问题。证毕。

接下来研究与该问题有些许不同的变种问题。在该变种盖瓦问题中，把南边界的颜色仍然是由“被单一颜色（如blue）的无穷字符串跟随”的有穷字符串颜色组成，而且不对南边界的颜色进行特别规定。该变种问题是：要确定南边界是否存在这样一种颜色放置方式，使得该盖瓦放置方式可以不加限制地延伸。该变种问题被称为第三盖瓦问题。

命题3.21:第三盖瓦问题是Σ_2^0-完全的。

证明梗概:这个问题是Σ_2^0问题,因为边界颜色放置方式的选择要求一个单个特称量词;就像命题3.20中的问题一样,在该边界颜色放置方式下能够铺好网格的问题是Π_1^0问题。

为了证明该问题是Σ_2^0-hard的问题,可以对图灵机的普遍性问题(universality problem)的补问题进行编码。这个普遍性问题是:给定一个图灵机,它是否会接受所有的字符串?换句话说,对于所有输入字符串,是否存在对该输入字符串的停机的计算?这就是著名的Π_1^0-完全问题。

与命题3.20一样,从一个给定的图灵机出发,构造能够模拟该图灵机盖瓦问题的一个实例。这里南边界不同的颜色表示可能输入的字符串,边界颜色放置方式的有穷多种颜色部分表示输入字符串,其右侧的无穷蓝色字符串表示该输入右侧的图灵机磁带上的无穷空白符号。对于一个给定的边界颜色放置方式,该盖瓦放置方式可以不加限制地延伸,当且仅当,图灵机在"与该边界放置方式对应的"输入字符串上不会停机。证毕。

现在研究本节的最后一个盖瓦问题变种。在该变种中,一个特定颜色(比如red)能够经常被无穷次使用,那么带有$\omega\times\omega$网格的盖瓦问题是否存在一个解决方案呢?该问题被称作第四盖瓦问题。

命题3.22:第四盖瓦问题是Σ_1^1-完全。

证明梗概:第四盖瓦问题是Σ_1^1问题,因为它可以用一个二阶特称公式表示,一个二阶特称量词可以用来选择盖瓦放置方式;对于一个给定的盖瓦放置方式,其解决方案和经常无穷次使用红色都是一阶性质。

为了证明第四盖瓦问题是Σ_1^1-hard问题,可以把该问题化归成:一个非良基的递归树$T\subseteq\omega^*$。在Kleene定理(定理3.12)给出的证明表明:第四盖瓦问题是Σ_1^1-hard问题。现在构造一个图灵机:给定一个递归树T,可以猜测一个不确定性序列$n_0,n_1,n_2,\cdots$。

在第K次猜测之后，图灵机会测试到目前为止序列$n_0, n_1, n_2, \cdots, n_{k-1}$是否在递归树$T$中。如果在递归树$T$中，图灵机就会进入一个特定的红色状态。该递归树是非良基的，当且仅当，它有无穷多个路径；递归树有无穷多个路径，当且仅当，存在一个“可以无穷多次进入红色状态”的图灵机计算。该问题可以编码成第四盖瓦问题的一个实例。证毕。

第4章 逻辑准备：等式逻辑与无穷逻辑

研究动态逻辑不仅需要命题逻辑、谓词逻辑和模态逻辑的知识，而且还需要等式逻辑（equational logic）和无穷逻辑（infinitary logic）等方面的知识。有关命题逻辑和谓词逻辑很好的入门资料有：Kleene（1952）、Bell和Slomson（1971）、Chang和Keisler（1973）、van Dalen（1994）。有关等式逻辑和通用代数的知识可参见Grätzer（1978）。有关无穷逻辑的知识可参见Keisler（1971）。有关模态逻辑的知识可参见Emerson（1990）、Chellas（1980）、Hughes和Cresswell（1968）。

从亚里士多德时代起，逻辑就一直伴随着我们。也许第一个把逻辑看作数学的人是Boole（1847）。20世纪初开始，逻辑被看成了数学基础，在数学论证中要求越来越严格。Whitehead和Russell（1913）以及Hilbert都支持这一严格要求趋势。模型理论的逻辑方法很大程度上归功于Tarski（1935）的工作。Stone（1936）考察了命题逻辑与集合论的关系。

一阶谓词逻辑的完全性证明资料较多，完全性的首次证明是Gödel（1930）给出的，所使用的方法源于Henkin（1949）。HSP定理及其推论源于Birkhoff（1935）。Ehrenfeucht（1961）讨论了Ehrenfeucht-Fraïssé游戏。Kripke（1963）发展了模态逻辑的语义。

由于命题逻辑、谓词逻辑和模态逻辑是国内大多数逻辑学学者都比较熟悉的知识，加之国内不乏这方面的书籍，因此本章不再重复介绍这些方面的知识。等式逻辑和无穷逻辑可能是国内大多数逻辑学学者不太熟悉的知识，因此本章将在Harel等（2000，pp.86–102；pp.120–127）[①]的基础上，对这两种逻辑加以阐释。

---

①Harel D, Kozen D and Tiuryn J. Dynamic Logic[M].Cambridge: MIT Press, 2000: 86–102; 120–127.

4.1 等式逻辑

等式逻辑(equational logic)是关于等式推理的形式化系统。纯粹等式(pure equality)的性质可在关于等值关系(equivalence relation)的公理系统中加以表征;等值关系是指同时具有自返性、对称性和传递性的关系(参见第2章2.3节);有函数符号出现时,需要添加第四条同余规则(rule of congruence)。

等式逻辑的语言是一阶逻辑语言的子语言。

4.1.1 等式逻辑的句法

一个签名(signature)或词库(vocabulary)是由一个函数符号集Σ组成的,每个函数符号都与元数(arity)(即输入位置的个数)有关。这里只有一个关系符号,即等值符号"="①,且它的元数为2。元数为0,1,2,3和n的函数符号分别称为零元、一元、二元、三元和n-元符号。零元符号通常称为常元符号。

例4.1:群(group)的签名是由函数符号"•""$^{-1}$"和"1"组成的。其中,"•"是二元乘法符号;"$^{-1}$"是一元乘法逆符号;"1"是零元(常元)乘法恒等符号。

例4.2:布尔代数的签名是由"分别带有元数2,2,1,0,0的"函数符号∧、∨、¬、**0**、**1**组成的。

现在考察一个任意但固定的函数符号签名Σ。用符号f,g,h…表示Σ的典型元素,用a,b,c…表示在Σ中的典型常元。因此不必一直写"……其中f是n-元",并采用惯用记法:任意表达式$f(t_1,t_{12},\cdots,t_n)$表示"符号f是n元数"这一隐含条件。

等式逻辑的语言是建构在如下符号基础上的:签名Σ中的符号、二元等值符号=、个体变元x,y…的可数集X、括号。

一个项(term)是由函数符号和变元构成的合式表达式。"合式"的意思是:该表达式遵从了所有符号的元数,其中变元的元数是0。用s,t…表示项。形式化地讲,项可归纳地定义如下:

①在一阶逻辑中,签名还包括各种元数的其他关系符号。

•任意变元都是一个项；

•如果 $t_1, t_2, \cdots, t_n$ 是项且 f 是 n-元的，那么 $f(t_1, t_2, \cdots, t_n)$ 是一个项。

需要注意的是，任意常元符号 c 都是一个项。例如，上述的例4.2就是 $n=0$ 时的情况；$f(f(x, g(c)), g(f(y, c)))$ 就是一个典型的项。其中，f 是二元符号；g 是一元符号；c 是一个常元符号；x, y 则是变元符号。

在签名 Σ 和个体变元的可数集 X 上的所有项组成的集合记为 $T_\Sigma(X)$。如果一个项不包含变元，那么该项称为基项（ground term）。在 Σ 上的基项集记作 T_Σ。有时用 $t(x_1, x_2, \cdots, x_n)$ 表示在 t 中出现的所有变元都在 $x_1, x_2, \cdots, x_n$ 中。（$x_1, x_2, \cdots, x_n$ 不必都出现在 t 中。）

例 4.3：在例4.2中描述的布尔代数签名上的项，实际上是在 $\wedge$、$\vee$、$\neg$、**0** 和 **1** 上的命题公式，其中的命题字母就是变元。

在一个抽象签名 Σ 上，用前缀记法（prefix notation）来表示项，即采取函数符号优先的原则：$f(t_1, t_2, \cdots, t_n)$。然而在各种应用中，通常采用常规记法，对某些运算符使用中缀或后缀记法（infix or postfix notation）。例如，二元布尔算子 $\vee$ 和 $\wedge$ 以中缀的形式写为 $s \vee t$、$s \wedge t$。一元布尔算子 $\neg$ 以前缀的形式写为 $\neg t$，但是一元组逆算子 $^{-1}$ 则通常以后缀的形式写为 t^{-1}。

一个等式（equation）是一个形如 $s=t$ 的形式表达式，其中的两个项用等号“=”分隔开来。一个霍恩公式（Horn formula）就是如下式所示的形式表达式：

$$s_1=t_1 \wedge \cdots \wedge s_k=t_k \rightarrow s=t \tag{4.1.1}$$

其中，$s_i=t_i$ 和 $s=t$ 是等式。当 $k=0$ 时，霍恩公式（4.1.1）与等式 $s=t$ 等值。

4.1.2 等式逻辑的语义

本节首先对等式逻辑将用到的一些概念加以介绍。

1.Σ-代数

当字母表 Σ 上的项和等式在一个代数结构（Σ-algebra）上加以

解释时，就称之为Σ-代数（Σ-algebra），在Σ明了的情况下，就直接称之为“代数”。Σ-代数是“由一个非空集A和一个意义函数组成的形如$\mathfrak{A}=(A,m_{\mathfrak{A}})$”的结构，其中：

（1）非空集A被称为是$\mathfrak{A}$的承载子（carrier）或定义域（domain），A中的元素是个体（individual）；

（2）意义函数$m_{\mathfrak{A}}$把n-元函数$m_{\mathfrak{A}}(f):A^n\to A$，指派给每个$n$-元函数符号$f\in\Sigma$。$m_{\mathfrak{A}}(f)$可以简写为$f^{\mathfrak{A}}$。

可以将0-元函数$A^0\to A$看作A中的元素，则常元符号$c\in\Sigma$可以解释为元素$c^{\mathfrak{A}}\in\Sigma$。$\mathfrak{A}$的承载子有时也记为$|\mathfrak{A}|$。

在一阶逻辑中，签名包括各种元数的关系符号p，意义函数$m_{\mathfrak{A}}$则把A上的关系$m_{\mathfrak{A}}(p)=p^{\mathfrak{A}}$指派给这些关系符号。然而，在等式逻辑中，只有一个二元关系符号=。除非另有说明，$=^{\mathfrak{A}}$在$\mathfrak{A}$中的解释总被假定为二元恒等关系$\{(a,a)|a\in A\}$。

通常情况下，省略$=^{\mathfrak{A}}$中的上标$\mathfrak{A}$，记为=，它表示相等符号本身，其意思是：在A上的恒等关系。在不引起混淆的情况下，有时也使用=作为等词的元符号。

例4.4：例4.2中描述了布尔代数的签名。令k是一个集合，令2^k表示k的幂集（power set）。对该签名而言，定义满足如下条件的代数B：它由承载子2^k、并集算子$\vee^B$、交集算子$\wedge^B$、K中的补集算子$\neg^B$、空集0^B和集合K中的1^B组成。经典谓词逻辑中所描述的真值赋值集的代数就是这样一个布尔代数的例子。

例4.5：对任意签名Σ而言，项$T_\Sigma(X)$的集合可以形成一个Σ-代数，其中对每个$f\in\Sigma$而言的句法解释是：$f^{T_\Sigma(X)}(t_1,\cdots,t_n)=f(t_1,\cdots,t_n)$。这里右边出现的$f$没有意义；它只是一个符号，表达式$f(t_1,\cdots,t_n)$只是一个作为句法对象的项；而左边的$f^{T_\Sigma(X)}$却是一个语义对象；它是函数$f^{T_\Sigma(X)}:T_\Sigma(X)^n\to T_\Sigma(X)$，表示在$f^{T_\Sigma(X)}$上输入$t_1,\cdots,t_n$，项$f(t_1,\cdots,t_n)$则是其结果。这样的代数$T_\Sigma(X)$称为项代数（term algebra）。

2.子代数和生成集

令$\mathfrak{A}$和B是分别带有承载子A和B的两个Σ-代数。如果对于任意n-元$f\in\Sigma$而言，$A\subseteq B$且$f^{\mathfrak{A}}=f^{\mathcal{B}}\upharpoonright A^{n}$，那么就称代数$\mathfrak{A}$是$\mathcal{B}$的一个子代数。

如第2章第2.7节所述，如果$C\subseteq B$，由C生成的$\mathcal{B}$的子代数是包含C的$\mathcal{B}$的最小子代数，其定义域是包含C和常元$C^{\mathcal{B}}$的$\mathcal{B}$的最小子集，而且这一子集在函数$f^{\mathcal{B}}$的作用下封闭。

如果由集合C生成的$\mathcal{B}$的子代数是$\mathcal{B}$本身，那么集合C就是一个$\mathcal{B}$的生成集（generating set），也可以说集合C生成$\mathcal{B}$。例如，X生成项代数$T_{\Sigma}(X)$。

3. 同态

同态（homomorphisms）是Σ-代数之间的结构保持函数（structure-preserving functions）。形式地说，如果$\mathfrak{A}=(A, m_{\mathfrak{A}})$且$\mathcal{B}=(B, m_{\mathcal{B}})$是$\Sigma$-代数，那么一个同态$h:\mathfrak{A}\rightarrow\mathcal{B}$是一个函数$h:A\rightarrow B$。在一定意义上说，对任意$a_1,\cdots,a_n\in A$和$f\in\Sigma$而言，函数$h:A\rightarrow B$与如下特异函数（distinguished function）进行互换：

$$h(f^{\mathfrak{A}}(a_1,\cdots,a_n))=f^{\mathrm{B}}(h(a_1),\cdots,h(a_{\mathrm{n}})) \tag{4.1.2}$$

当$n=0$（常元）时，式（4.1.2）可化归为：$h(c^{\mathfrak{A}})=h(c^{\mathcal{B}})$。

如果一个同态是一一对应函数，那么称它为单态射（monomorphism）；如果一个同态是映上函数，那么称它为满态射（epimorphism）；如果一个同态既是一一对应函数又是到上函数，那么就称它为同构。如果存在一个满态射$h:\mathfrak{A}\rightarrow\mathcal{B}$，那么代数$\mathcal{B}$就是$\mathfrak{A}$的一个同态像。

恒等映射$\mathfrak{A}\rightarrow\mathfrak{A}$是一个同构，并且如果$g:\mathfrak{A}\rightarrow\mathcal{B}$和$h:\mathcal{B}\rightarrow\mathcal{C}$是同态，那么$g\circ h:\mathfrak{A}\rightarrow\mathcal{C}$也是同态。根据式（4.1.2），任意同态可通过它在一个生成集上的行为（action）被唯一地决定。

同态$h:\mathfrak{A}\rightarrow\mathcal{B}$的核（kernel）是在$\mathfrak{A}$上的如下关系：

$$\ker\ \mathrm{h}=_{\mathrm{def}}\{(a,b)|h(a)=h(b)\}。 \tag{4.1.3}$$

4. 赋值和代换

定义在变元X上的项代数上的一个同态$u:T_{\Sigma}(X)\rightarrow\mathfrak{A}$称为一个赋值。因为$X$生成$T_{\Sigma}(X)$，所以一个赋值被它在$X$上的值唯一确定。同时，利用式（4.1.2）进行归纳可知：任意映射$u:X\rightarrow\mathfrak{A}$可唯一地扩充成一个赋值$u: T_\Sigma(X) \to \mathfrak{A}$。

需要注意的是：在$n=0$时，有$u(c)=c^{\mathfrak{A}}$；而且对出现在t中的这些x而言，$u(t)$的值只依赖$u(x)$的值。特别地，基项（ground term）t在$\mathfrak{A}$中始终有固定值，与赋值u无关。因此，对于基项t的这种情况，可将$t^{\mathfrak{A}}$写成$u(t)$。

从一个项代数到另一个项代数的同态$u: T_\Sigma(X) \to T_\Sigma(Y)$称为一个代换（substitution）。在通常情况下，可将这些映射看作是代换。代换u的值应用到项$t \in T_\Sigma(X)$中，就得到$T_\Sigma(Y)$中的项，即，对于所有$x \in X$而言，用项$u(x)$同时代换t中x的所有出现：$u(t)=t[x/u(x)|x \in X]$。如果$u: T_\Sigma(X) \to T_\Sigma(Y)$是一个代换且$s, t \in T_\Sigma(X)$，那么项$u(s)$就是$s$在$T_\Sigma(Y)$上的代换实例，等式$u(s)=u(t)$就$s=t$的代换实例。

5.满足

如果$u(s)=u(t)$，那么就称Σ-代数$\mathfrak{A}$在赋值$u: T_\Sigma(X) \to \mathfrak{A}$下满足等式$s=t$，写作$\mathfrak{A}, u \vDash s=t$。即，$u(s)$和$u(t)$是$A$中的同一元素。更一般地说，如果对某个$i$而言，$1 \le i \le k$，$u(s_i) \ne u(t_i)$；或者是$u(s)=u(t)$，那么就说$\Sigma$-代数$\mathfrak{A}$在赋值$u: T_\Sigma(X) \to \mathfrak{A}$下满足霍恩公式（Horn formula）：$s_1=t_1 \wedge \cdots \wedge s_k=t_k \to s=t$，写作：$\mathfrak{A}, u \vDash s_1=t_1 \wedge \cdots \wedge s_k=t_k \to s=t$。

令φ是一个等式或一个霍恩公式，如果对任意赋值u而言，都有$\mathfrak{A}, u \vDash \varphi$，写作$\mathfrak{A} \vDash \varphi$，那么就说$\varphi$在$\mathfrak{A}$中是有效的或$\mathfrak{A}$满足$\varphi$或$\mathfrak{A}$是$\varphi$的一个模型。令$\Phi$是一个等式集或霍恩公式集，如果$\mathfrak{A}$满足$\Phi$中的所有元素，写作$\mathfrak{A} \vDash \Phi$，那么就称$\mathfrak{A}$满足$\Phi$，或者$\mathfrak{A}$是$\Phi$的一个模型，并用$\mathrm{Mod}\Phi$表示$\Phi$的所有模型类。

令$\mathrm{Th}\mathfrak{A}$是X上的等式集，且在$\mathfrak{A}$中是有效的：$Th\mathfrak{A}=_{\mathrm{def}}\{s=t|\mathfrak{A} \vDash s=t\}$。如果$D$是一个$\Sigma$-代数类，令$ThD$是在$D$的所有元素中都有效的一个等式集：$ThD=_{\mathrm{def}}\bigcap_{\mathfrak{A} \in D} Th\mathfrak{A}$，则集合$ThD$被称为$D$的等式理论。如果$s=t$满足$\Phi$的所有模型，那么等式$s=t$称为$\Phi$的一个逻辑后承，即，$s=t \in \mathrm{ThMod}\Phi$。

例 4.6：任意群(group)满足如下等式：

$$
\begin{aligned}
x\cdot(y\cdot z) &= (x\cdot y)\cdot z \\
x^{-1}\cdot x &= 1 \\
x\cdot x^{-1} &= 1 \\
x\cdot 1 &= x \\
1\cdot x &= x
\end{aligned}
\tag{4.1.4}
$$

实际上，一个群被定义为满足这五个等式的群的签名上的任意代数。如果该群还满足额外的等式 $x\cdot y=y\cdot x$，那么该群就是阿贝尔群(Abelian group)或交换群。

6. 簇

如例 4.9 所示，群的类和阿贝尔群的类都通过等式集定义。这样的类称为被等式定义的类或簇(variety)。形式地讲，如果在 $T_\Sigma(X)$ 上存在一个等式集 Φ，使得 $\varrho=\mathrm{Mod}\Phi$，那么一个 Σ-代数的类 ϱ 是一个被等式定义的类或簇。

如下三个例子都是簇的例子。

例 4.7：一个半群(semigroup)是一个带有组合二元算子的任意结构；即，它是在"由一个单个二元算子所组成的字母表"上的一个代数结构，且满足等式 $x\cdot(y\cdot z)=(x\cdot y)\cdot z$。

例 4.8：幺半群(monoid)是具有左和右恒等元素 1 的半群。换句话说，空字符(nullary symbol) 1 与等式 $1\cdot x=x$ 和 $x\cdot 1=x$ 一起被添加到签名中。

例 4.9：环(ring)是在"+，•，−，0，1 这一字母表上"的代数结构，其中"+，•，−，0，1"的元数分别是 2，2，1，0，0。用结构的等式为环下定义：该结构是由"+，−，0"运算所形成一个阿贝尔群下的结构，并在"•和 1"运算下形成一个幺半群。下列用于描述加法和乘法结构相互作用的分配律是成立的。

$$x\cdot(y+z)=(x\cdot y)+(x\cdot z)$$

$$(x+y)\cdot z=(x\cdot z)+(y\cdot z)$$

如果一个环还满足额外的等式 $x\cdot y=y\cdot x$，那么它就是交换环。

例 4.10：如第 2 章 2.5 节所说，半格(semilattice)和格(lattice)都是簇，而完全格则不是簇。格的签名是：∨，∧，⊥，⊤(并(join)、交

（meet）、底（bottom）、顶（top）），它们的元数分别是2，2，0，0。半格的签名只有∨和⊥。对≤而言，不需要特殊符号，因为x≤y可以看作是$x \vee y=y$的简写。一般情况下，这种简写对半格是成立的，但对偏序不成立。

例4.11：一个布尔代数（Boolean algebra）是在例4.2中所描述的签名上的代数，它满足Harel等（2000）提出的命题逻辑的公理系统（参见3.13节的（2）~（8））（Harel et al.，2000，pp.83-84），并将↔看作等号。布尔代数是命题逻辑的代数模拟。

例4.12：在实数ℝ上的一个向量空间（vector space）是一个带有一元算子的阿贝尔群，而且实数ℝ中的每个实数a都表示乘以a的标量乘法（scalar multiplication）的运算，且a是满足以下等式的无穷集：

$$a(x+y)=ax+ay$$

$$(a+b)x=ax+bx$$

$$(ab)x=a(bx)$$

其中所有$a,b\in\mathbb{R}$。对于每个$a\in\mathbb{R}$而言，这可以看作是一个在无穷的Σ上的Σ-代数，其中的Σ包含阿贝尔群的签名+、−、0和无穷多个一元符号。

定理4.13：任意簇ϱ在同态像（homomorphic image）下是封闭的。换句话说，如果$h:\mathfrak{A}\to\mathcal{B}$是一个满态射（epimorphism）且$\mathfrak{A}\in\varrho$，那么$\mathcal{B}\in\varrho$。

证明：只需要证明：如果$h:\mathfrak{A}\to\mathcal{B}$是一个满态射且$\mathfrak{A}\vDash s=t$，那么$\mathcal{B}\vDash s=t$。令$X$是一个“包含$s$和$t$中出现的所有变元的”变元集，并令$v:T_\Sigma(X)\to\mathcal{B}$是一个任意赋值。定义函数$u:X\to\mathfrak{A}$使得$h(u(x))=v(x)$。因为$h$是到上（onto）映射，所以$h(u(x))=v(x)$是可能的。函数$u$唯一地扩充为一个同态$u:T_\Sigma(X)\to\mathfrak{A}$。因为同态被它在一个生成集上的值所决定，且因为赋值$u\circ h$和v满足生成集X，所以它们是等值的。因为$\mathfrak{A}\vDash s=t$，所以有$u(s)=u(t)$。那么：$v(s)=h(u(s))=h(u(t))=v(t)$。因为$v$是任意的，$\mathcal{B}\vDash s=t$。证毕。

引理4.14：令$h_1:\mathfrak{A}\to\mathcal{B}_1$和$h_2:\mathfrak{A}\to\mathcal{B}_2$是被定义在$\mathfrak{A}$上的同态，使得$h_1$是一个满态射且核$h_1$加细$h_2$；即核$h_1\subseteq h_2$。那么存在一个唯

一的同态$g:\mathcal{B}_1\to\mathcal{B}_2$使得$h_2=h_1\circ g$。

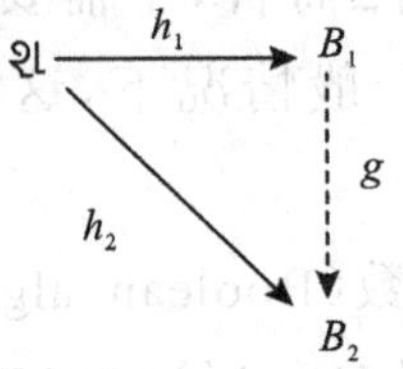

证明：因为h_1是一个同态，对于某个$a\in\mathfrak{A}$而言，$\mathcal{B}_1$中的任意元素的形式为$h_1(a)$，为满足引理4.14，给出更好的定义$g(h_1(a))=h_2(a)$，该定义可以唯一决定函数g。这一定义是唯一定义(well-defined)的，因为如果a'是$\mathfrak{A}$中使得$h_1(a')=h_1(a)$的任意其他元素，那么$h_2(a')=h_2(a)$。同时，g是一个同态：如果$b_i=h_1(a_i)$且$1\le i\le n$，那么：

$$\begin{aligned}g(f^{B1}(b_1,\cdots,b_n))&=g(f^{B1}(h_1(a_1),\cdots,h_1(a_n)))\\&=g(h_1(f^{\mathfrak{A}}(a_1,\cdots,a_n)))\\&=h_2(f^{\mathfrak{A}}(a_1,\cdots,a_n))\\&=f^{B2}(h_2(a_1),\cdots,h_2(a_n))\\&=f^{B2}(g(h_1(a_1)),\cdots,g(h_1(a_n)))\\&=f^{B2}(g(b_1),\cdots,g(b_n))\end{aligned}$$

证毕。

7.同余式

在一个带有承载子(carrier)A的Σ-代数𝔄上一个同余式(congruence)≡是在A上的一个等式关系，该等式关系用函数$f^{\mathfrak{A}}$且$f\in\Sigma$表示，从这一意义上说：

$$a_i\equiv b_i,1\le i\le n\Rightarrow f^{\mathfrak{A}}(a_1,\cdots,a_n)\equiv f^{\mathfrak{A}}(b_1,\cdots,b_n) \quad (4.1.5)$$

一个元素a的≡-同余类是集合：$[a]=_{\text{def}}\{b|b\equiv a\}$。因为任意同余式都是一个等式关系，因此同余类在它们两两不相交意义上对A进行划分，并且它们的并集是A(参见第2章2.3节)。

例4.15：恒等关系和全关系都是同余式，它们分别是任意代数上的最细和最粗的同余式。恒等关系的同余类就是所有的单元集，全关系有一个由全部元素组成的同余类。

例4.16：在整数环$\mathbb{Z}$上，任意正整数n都能定义一个同余式：$a\equiv_n b \Leftrightarrow b-a$可由$n$除尽。

在数论文献中，这种关系通常被写为$a\equiv b(n)$或$a\equiv b(\mathrm{mod}\ n)$，即存在$n$个同余类：[0]，[1]，…，[$n$−1]。同余类[0]是$n$的所有倍数组成的集合。

例4.17：一个交换环$\mathfrak{R}$的理想(ideal)是一个非空的子集I，使得：如果$a,b\in I$，那么$a+b\in I$；且如果$a\in I$且$b\in\mathfrak{R}$，那么$ab\in I$。如果$\mathfrak{R}$是任意交换环，且I是$\mathfrak{R}$中的理想，那么关系式：$a\equiv_I b\Leftrightarrow b-a\in I$是一个同余式。该关系式通常写作$a\equiv b(I)$。相反，给定任意同余式$\equiv$，同余类[0]都是一个理想。例4.16就是其具体实例。

例4.18：一个群的一个子群是一个正规(normal)或自共轭的(self-conjugate)$\mathfrak{G}$子群，用符号$\mathfrak{N}\lhd\mathfrak{G}$表示，其意思是：如果对所有的$x\in\mathfrak{N}$和$a\in\mathfrak{G}$，那么$a^{-1}xa\in\mathfrak{N}$。如果$\mathfrak{G}$是任意群且$\mathfrak{N}\lhd\mathfrak{G}$，那么关系式$a\equiv_{\mathfrak{N}} b\Leftrightarrow b^{-1}a\in\mathfrak{N}$是同余式。相反，给定在$\mathfrak{G}$上的任意同余式，相等元素的同余类就是一个正规子群。

令$\mathfrak{A}$是一个带承载子A的Σ-代数，令S是一个A上的任意二元关系。根据第2章2.7节可知，存在一个“包含S并在$\mathfrak{A}$上唯一的”最小同余式，称为S的同余闭包(congruence closure)。它是包含S的最小关系并在单调集算子下封闭。

$$R\mapsto\iota \tag{4.1.6}$$

$$R\mapsto R^{-} \tag{4.1.7}$$

$$R\mapsto R\circ R \tag{4.1.8}$$

$$R\mapsto\{(f(a_1,\cdots,a_n),f(b_1,\cdots,b_n))|f\in\Sigma\text{ 且}(a_i,b_i)\in R,1\le i\le n\} \tag{4.1.9}$$

以上四种关系分别对应自返性、对称性、传递性和同余式。

根据第2章2.7节的结论可知：在加细(refinement)偏序下的$\mathfrak{A}$上的同余式集形成一个完全格。一个同余式$\equiv_i$集的交(meet)是它们的交集(intersection)$\bigcap_i\equiv_i$，且$\equiv_i$的并(join)是由$\bigcup_i\equiv_i$所生成的同余式，即包含所有$\equiv_i$的最小同余式。

8. 商结构

如下列定理所示：同态与同余之间存在很强的关联，其证明说明了一个名为商结构(quotient construction)的重要构造。

定理4.19:

(i)任意同态的核都是一个同余式。

(ii)任意同余式的核都是一个同态。

证明:(i)可直接由同态和同余的定义得出。为了证明(ii),给定$\mathfrak{A}$上的一个同余式≡,需要构造一个Σ-代数$\mathcal{B}$和一个带有核≡的同态$h:\mathfrak{A}\to\mathcal{B}$。需要证明所构造的同态$h$是一个满态射,因此$\mathcal{B}$是一个$\mathfrak{A}$的同态像。同时在同构之上,$\mathcal{B}$是在一个带有核≡的同态下$\mathfrak{A}$的唯一同态像。该构造称为商结构。

令A是$\mathfrak{A}$的承载子,因为$a\in A$,令$[a]$为a的≡-同余类,并定义:

$$A/\equiv=_{\text{def}}\{[a]\,|\,a\in A\}$$

Σ-代数的定义如下:$\mathfrak{A}/\equiv=_{\text{def}}\{A/\equiv,m_{\mathfrak{A}}/\equiv\}$

$$\text{其中},f^{\mathfrak{A}/\equiv}([a_1],\cdots,[a_n])=_{\text{def}}[f^{\mathfrak{A}}(a_1,\cdots,a_n)]\qquad(4.1.10)$$

需要证明函数$f^{\mathfrak{A}/\equiv}$是唯一定义的(well-defined)。即,如果$[a_i]=[b_i]$(其中$1\leqslant i\leqslant n$),那么$[f^{\mathfrak{A}}(a_1,\cdots,a_n)]=_{\text{def}}[f^{\mathfrak{A}}(b_1,\cdots,b_n)]$,这正是式(4.1.5)。

Σ-代数$\mathfrak{A}/\equiv$是≡对$\mathfrak{A}$的商(quotient)或$\mathfrak{A}$对≡的模(modulo)。同时,根据式(4.1.10),映射$a\mapsto[a]$是一个同态$\mathfrak{A}\to\mathfrak{A}/^{\equiv}$,该同态称为典范同态(canonical homomorphism)。因为$[a]=[b]$当且仅当$a\equiv b$,典范同态的核是≡。证毕。

在例4.16中,商$\mathbb{Z}/_{\equiv n}$是整数模n的环。在例4.17中,用理想I定义交换环上的同余式I。类似地,在例4.18中,用一个正规子群$\mathfrak{A}$定义在一个群$\mathfrak{A}$上的一个同余式$\equiv_{\mathfrak{A}}$。根据定理4.19,这些同余式是同态的核(kernel)。在环理论和群理论中,核通常被定义为理想或正规子群本身,而不是其生成的同余式。然而,在同余式与一个交换环的理想之间,以及在同余式与一个群的正规子群之间,存在一一对应关系。因此,式(4.1.3)中所给出的核的定义都包括了这些具体情况。

同余式与同态之间的关系甚至强于定理4.19所描述的结果。如本章4.1节所述,在加细的偏序下$\mathfrak{A}$上的同余式集形成一个完全格。类似地，考察带有定义域$\mathfrak{A}$的所有满态射的类。对于$h_1:\mathfrak{A}\to\mathcal{B}_1$和$h_2:\mathfrak{A}\to\mathcal{B}_2$这两种满态射，如果存在一个满态射$g:\mathcal{B}_1\to\mathcal{B}_2$，使得$h_2=h_1\approx g$，那么就写作$h_1\le h_2$；如果$h_1\le h_2$和$h_2\le h_1$同时成立，那么就写作$h_1\approx h_2$。根据引理 4.14 可知，$h_1\approx h_2$，当且仅当，存在一个同构$\iota:\mathcal{B}_1\to\mathcal{B}_2$使得$h_2=h_1\circ\iota$。在$\mathfrak{A}$上的满态射的≈-类组成的集合，在偏序≤下形成一个完全格。

定理 4.20：在$\mathfrak{A}$上的同余式和在$\mathfrak{A}$上的满态射在≈映射下是一一对应的，该映射将满态射与其核联系了起来。这种对应关系是格的同构。

4.1.3 自由代数

自由代数（free algebras）是非常有用的一种代数。基本思想是，对等式的任意集合Φ和任意集合Y而言，都有一个由Y生成的代数，其中Y满足Φ及Φ的所有逻辑后承，除此以外，没有别的要求。因此，它是尽可能"自由"的额外的等式，仅仅满足Φ不得不满足的那些等式。自由代数在同构方面有着自己的特色。

在满足Φ的生成子（generator）Y上的自由代数可以被构造为$T_S(Y)$模"包含Φ中的等式在$T_\Sigma(Y)$上的所有代换实例的最小同余式"的商。用$T_S(Y)/\Phi$表示这个商。

更详细地讲，假设Φ是一个$T_\Sigma(X)$上的等式集，并假设X与Y无关。令≡是$T_\Sigma(Y)$上的最小同余式，而且对于任意代换$u:T_\Sigma(X)\to T_\Sigma(Y)$和$s=t\in\Phi$而言，$T_\Sigma(Y)$包含所有$u(s)\equiv u(t)$序对。例如，如果$f,g,a\in\Sigma$的元数分别是 2，1，0。$x,y\in X,z,w\in Y$，且在$\Phi$中$f(x,y)=f(y,x)$，那么$f(g(z),f(a,w))\equiv f(f(a,w),g(z))$。代数$T_\Sigma(Y)/\Phi$定义为商$T_\Sigma(Y)/\equiv$。

下述定理形式地断言了上文直观描述的"自由"性质。

定理 4.21：

(i)$T_\Sigma(Y)/\Phi$是Φ的模型；

(ii)对任意Φ的模型$\mathfrak{A}$和对任意赋值$u:T_\Sigma(Y)\to\mathfrak{A}$而言，存在唯一的同态$v:T_\Sigma(Y)/F\to\mathfrak{A}$，使得$u=[\,]\circ v$，其中$[\,]:T_\Sigma(Y)\to T_\Sigma(Y)/\Phi$是典范同态。

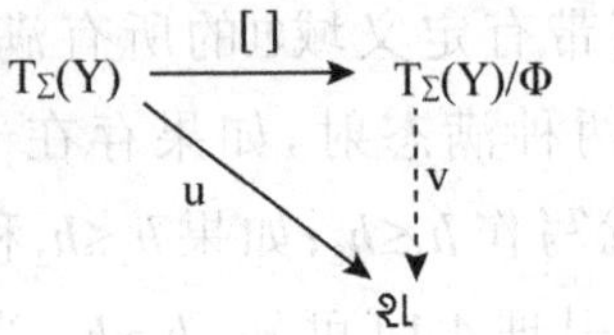

证明：(i)令 $u: T_\Sigma(X) \rightarrow T_\Sigma(Y)/\Phi$ 是任意赋值，令 $s=t$ 是 Φ 中的任意等式。需要证明 $T_\Sigma(Y)/\Phi, u \vDash s=t$，即，$u(s)=u(t)$。令 $v(x) \in T_\Sigma(Y)$（其中 $x \in X$）是同余类 $u(x)$ 的任意元素。那么对任意 $x \in X$，都有 $u(x)=[v(x)]$。将 v 扩展为一个代换 $v: T_\Sigma(X) \rightarrow T_\Sigma(Y)$。赋值 u 和 $v \circ []$ 满足生成集合 X，它们是等值的。但根据 $\equiv$ 的定义可知，$v(s) \equiv v(t)$，因此 $u(s)=u(t)$ 且 $T_\Sigma(Y)/\Phi, u \vDash s=t$。因为 u 是任意的，所以 $T_\Sigma(Y)/\Phi \vDash s=t$。(ii) u 的核是一个同余式且由于 $\mathfrak{A} \vDash \Phi$，所以 u 的核包含 Φ 中所有的等式的代换实例。因为典范同态[ ]的核 $\equiv$ 是最小的此类同余式，$\equiv$ 加细了核 u。所以根据引理 4.14 得出(ii)。证毕。

例 4.22：在生成子 A 上的自由幺半群是 A^*，它是在“带有毗连算子和恒等元素 ε（空的符号串）”的 A 上的有穷长符号串组成的集合。

例 4.23：在生成子 X 上的自由交换环是多项式 $\mathbb{Z}[X]$ 的环。特别地，不在任意生成子 X 的自由交换环就是 $\mathbb{Z}$。

例子 4.24：在 n 个生成子之上的 $\mathbb{R}$ 上的自由向量空间就是欧几里得空间(Euclidean space) $\mathbb{R}^n$。

4.1.4 等式逻辑的演绎系统

关于等式逻辑的一个可靠且完全的演绎系统可以根据同余式的定义给出。

公理系统 4.25：

$$\text{(REF)} \qquad s = s$$

$$\text{(SYM)} \qquad \frac{s = t}{t = s}$$

$$\text{(TRANS)} \qquad \frac{s = t, t = u}{s = u}$$

$$\text{(CONG)}\quad \frac{s_i = t_i, 1 \leqslant i \leqslant n}{f(s_1,\cdots,s_n) = f(t_1,\cdots,t_n)}$$

这些规律分别是自返性、对称性、传递性和同余性。令X是一个变元集且令Φ是一个$T_\Sigma(X)$上的等式集。在该系统中根据假设Φ而得到的一个等式$s=t$的一个证明，是由包含$s=t$的等式序列组成的。在该等式序列中，每个等式或者是Φ中的一个等式的一个代换实例，或者是“作为该序列中先出现的前提的”一条公理或规则的一个后承。

如果存在由假设Φ而得出的$s=t$的一个证明，那么写作$\Phi\vdash s=t$。从一个项代数（term algebra）上的一个等式集A出发，公理系统4.25的四条规则恰好生成了A的同余闭包。这是因为这些规则恰好使得定义同余闭包的单调算子（4.1.6）—（4.1.9）得以生效。如果A是Φ中等式$T_\Sigma(Y)$上所有代换实例组成的集合，那么这些规则正好生成使得$T_\Sigma(Y)/\Phi$且$[\ ]\vDash s=t$的序对$s=t$。

定理4.26（等式逻辑的可靠性和完全性）：令Φ是$T_\Sigma(X)$上的一个等式集，并令$s=t$是$T_\Sigma(Y)$上的一个等式，令$[\ ]: T_\Sigma(Y)\to T_\Sigma(Y)/\Phi$是典范同态。如下三个命题是等值的：

（i）$\Phi\vdash s=t$；

（ii）$[s]=[t]$；

（iii）$s=\mathrm{t}\in Th\mathrm{Mod}\Phi$

证明：首先证明（i）⇔（ii）。公理系统4.25的四条规则，正好使得定义同余闭包的$T_\Sigma(Y)$上的四个单调集算子（4.1.6）~（4.1.9）生效。令T是算子集，令$T^\dagger$是第2章第2.7节所述的关联闭包算子（associated closure operator）。令R是在Φ中等式的$T_\Sigma(Y)$上的代换实例集。根据第2章定理2.12，$T^\dagger(R)$是R的同余闭包，根据定义，$T^\dagger(R)$是核[]。但是根据证明的定义：$\{s=t|\Phi\vdash s=t\}=T^\omega(R)$；又因为算子$T$是有穷的，所以$T^\omega(R)=T^\dagger(R)$。

现在证明（iii）⇒（ii）。因为$[s]=[t]$，当且仅当，$T_\Sigma(Y)/\Phi, [\ ]\vDash s=t$，根据定理4.21的（i）可得（ii）。

现在证明（ii）⇒（iii）。令$\mathfrak{A}$是Φ中任意模型。根据4.21的（ii），对任意赋值$u: T_\Sigma(Y)\to\mathfrak{A}$，存在一个赋值$v: T_\Sigma(Y)/\Phi\to\mathfrak{A}$，使

得 $u=[\ ]\circ v$。因为根据假设 $[s]=[t]$，所以有 $u(s)=v([s])=v([t])$。因为 u 是任意的，所以 $\mathfrak{A}\vDash s=t$。又因为 $\mathfrak{A}$ 是任意的，所以 $s=t$ 是 Φ 的一个逻辑后承。证毕。

4.1.5 HSP定理

用Birkhoff的一个著名定理来结束这一节，该定理通过闭包的性质表征簇的性质。该定理表明：一个代数类是一个簇，即一个簇由等式所定义，当且仅当，簇在子代数、积(product)和同态像的形式下是封闭的。

同态像和子代数在本章第4.1.2节中已经被定义。积被定义如下。根据第2章第2.2节可知，如果 $\{A_i|i\in I\}$ 是一组加标集，A_i 的笛卡尔积是集合 $\prod_{i\in I}A_i$，该集合中的所有函数 $a:I\to\bigcup_{i\in I}A_i$ 使得 $a(i)\in A_i$。将 a_i 写作 $a(i)$，并把元素 $a\in\prod_{i\in I}A_i$ 看作是：其成分由 I 加标的元素组(tuple)$(a_i|i\in I)$。如果 $\{\mathfrak{A}_i|i\in I\}$ 是一组加标代数，其中 $\mathfrak{A}_i$ 的承载子是 A_i，积 $\mathfrak{A}=\prod_{i\in I}\mathfrak{A}_i$ 是其承载子为 $A=\prod_{i\in I}$ 的代数，该代数的特异函数(distinguished function)$f^{\mathfrak{A}}:A_n\to A$ 被定义为分量式(componentwise)：$f^{\mathfrak{A}}(a)_i=f^{\mathfrak{A}_i}(a_i)$。

令 Φ 是变元 X 上的一个等式集。根据本章第4.1.2节可知，ModΦ 表示 Φ 的模型类，即 Mod$\Phi=\{\mathfrak{A}|\mathfrak{A}\vDash\Phi\}$；如果 $\mathfrak{A}$ 是一个 Σ-代数，那么 $Th\mathfrak{A}$ 表示在 $\mathfrak{A}$ 中有效的等式集；且如果 $\mathcal{D}$ 是一个 Σ-代数类，那么 $Th\mathcal{D}$ 表示在 $\mathcal{D}$ 的所有元素中都有效的等式集合。对某个等式集 Φ 而言，一个簇是形如 ModΦ 的一个代数类。

现在定义 H、S 和 P 算子。这些算子当被应用于代数类 $\mathcal{D}$ 时，H、S 和 P 算子分别在 $\mathcal{D}$ 中给出代数类 $\mathcal{D}$ 的同态像、子代数和积。因此，用 HSP$\mathcal{D}$ 表示在 $\mathcal{D}$ 中代数积的子代数的所有同态像。用 $\{H,S,P\}^*$ 表示包含 $\mathcal{D}$ 的最小代数类，而且该代数类在同态像、子代数和积的形式下是封闭的。

定理4.27：令 $\mathcal{D}$ 是一个代数类，那么 Mod$Th\mathcal{D}$=HSP$\mathcal{D}=\{H,S,P\}^*\mathcal{D}$。

证明：先证明 $\{H,S,P\}^*\mathcal{D}\subseteq$ Mod$Th\mathcal{D}$。显然 $\mathcal{D}\subseteq$ Mod$Th\mathcal{D}$。任意满足 $Th\mathcal{D}$ 的代数积也满足 $Th\mathcal{D}$，因为一个等式在积中成立，当

且仅当，它在所有的因子代数（factor algebra）中成立。一个满足$Th\mathcal{D}$的代数$\mathfrak{A}$的任意子代数也满足$Th\mathcal{D}$。因为在子代数上的任意赋值都是一个在$\mathfrak{A}$上的赋值，因此子代数上的赋值满足$Th\mathcal{D}$中的任意等式。最后，根据定理4.13，一个满足$Th\mathcal{D}$的代数的任意同态像也满足$Th\mathcal{D}$。包含关系$\mathrm{HSP}\mathcal{D}\subseteq\{H,S,P\}^{*}\mathcal{D}$是显而易见的。

最后，证明$\mathrm{Mod}Th\mathcal{D}\subseteq\mathrm{HSP}\mathcal{D}$。假设$\mathfrak{A}\in\mathrm{Mod}Th\mathcal{D}$。需要证明$\mathfrak{A}\in\mathrm{HSP}\mathcal{D}$。令$B$是$\mathfrak{A}$的生成子组成的任意集合。将$B$仅仅视为一个集合，就可以形成自由代数$T_\Sigma(B)/Th\mathcal{D}$。根据定理4.21的（ii）可知，使得$\iota\upharpoonright B$的赋值$\iota:T_\Sigma(B)\to\mathfrak{A}$是通过$T_\Sigma(B)/Th\mathcal{D}$的恒等因子（identity factor），并给出了一个同态：$\iota':T_\Sigma(B)/Th\mathcal{D}\to\mathfrak{A}$。

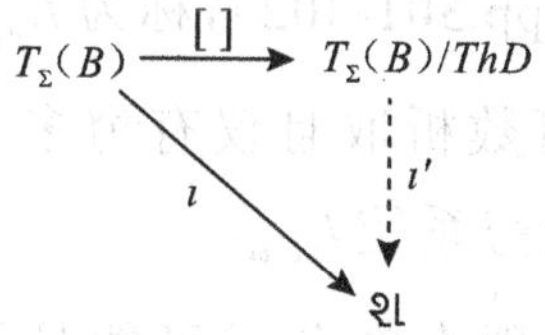

同时，因为B生成$\mathfrak{A}$，ι'是一个满态射，因此$\mathfrak{A}$是一个$T_\Sigma(B)/Th\mathcal{D}$的同态像，这足以证明$T_\Sigma(B)/Th\mathcal{D}\in\mathrm{SP}\mathcal{D}$。

对于使得$[s]\neq[t]$且在$T_\Sigma(B)$中的每个序对s,t而言，等式$s=t$不在$Th\mathcal{D}$中。因此，存在一个代数$\mathcal{B}_{s,t}\in\mathcal{D}$和赋值$u_{s,t}:T_\Sigma(B)\to\mathcal{B}_{s,t}$使得$u_{s,t}(s)\neq u_{s,t}(t)$。令：$\mathcal{B}=\prod_{[s]\neq[t]}\mathcal{B}_{s,t}$，并令$u:T_\Sigma(B)\to\mathcal{B}$是赋值：$u(r)=\prod_{[s]\neq[t]}u_{s,t}(r)$。

因为所有$\mathcal{B}_{s,t}$成分都是$Th\mathcal{D}$的模型，它们的积$\mathcal{B}$也是模型。根据定理4.21的（ii），经由$T_\Sigma(B)/Th\mathcal{D}$的因子$u$就是$[\ ]\circ v$，其中$v:T_\Sigma(B)/Th\mathcal{D}\to\mathcal{B}$。同时，$v$是单射函数，因为如果$[s]\neq[t]$，那么至少在一个成分中，$v(s)\neq v(t)$，即$\mathcal{B}_{s,t}$。因此$T_\Sigma(B)/Th\mathcal{D}$在$v$下与积$\mathcal{B}$的一个子代数是同构的。证毕。

推论4.28（BIRKHOFF）：令$\mathcal{D}$是Σ-代数类，如下（i）~（iii）是等值的：

（i）$\mathcal{D}$是一个簇；

（ii）$\mathcal{D}=\mathrm{HSP}\mathcal{D}$；

（iii）$\mathcal{D}=\{H,S,P\}^{*}\mathcal{D}$。

证明：（ii）和（iii）是等值的。（i）可以直接从定理4.27中得出。

(i)意味着(ii)可以由定理4.27得出,而且对于任意公式集Φ,有$\mathrm{Mod}\Phi=\mathrm{Mod}Th\mathrm{Mod}\Phi$。证毕。

4.2 无穷逻辑

根据一些例子可知:有必要允许公式的无穷合取和无穷析取。即,形如$\bigwedge_{\alpha\in A}\varphi_\alpha$和$\bigvee_{\alpha\in A}\varphi_\alpha$的公式,其中$\{\varphi_\alpha|\alpha\in A\}$是一组(可能无穷的)加标公式。这些公式的意思是:$\mathfrak{A},u\vDash\bigwedge_{\alpha\in A}\varphi_\alpha$,当且仅当,对所有$\alpha\in A$而言,有$\mathfrak{A},u\vDash\varphi_\alpha$;而且$\mathfrak{A},u\vDash\bigvee_{\alpha\in A}\varphi_\alpha$,当且仅当,对至少一个$\alpha\in A$而言,有$\mathfrak{A},u\vDash\varphi_\alpha$。

Harel等(2000)在其第12章提出的两个特殊的无穷系统(Harel et al., 2000, pp.301-302),称为$L_{\omega_1\omega}$和$L_{\omega_1^{ck}\omega}$。通过允许公式"带有可数合取和可数析取且仅有穷多个变元"对一阶逻辑进行扩展,就可以得到无穷系统$L_{\omega_1\omega}$。

不同于一阶逻辑,现在的公式可能是无穷对象。然而,每个公式也只允许包含有穷多个变元。在$L_{\omega_1\omega}$中的ω_1表示允许可数的合取和析取,且ω表示对有穷多个变元的限制。

4.2.1 无穷逻辑句法

形式地讲,对公式的归纳定义作如下修正。令C是一个固定的有穷变元集。在C上的公式集$\mathrm{L_C}$是包含所有原子公式的最小公式集,所有这些原子公式的变元都在C中,并在经典一阶逻辑的通常闭包规则下是封闭的,而且只允许在C的元素上量化。此外,在归纳定义中,包括了如下额外条款:如果$\{\varphi_\alpha|\alpha\in A\}$是$L_C$公式的一组加标公式且$A$是可数的,那么$\bigwedge_{\alpha\in A}\varphi_\alpha$和$\bigvee_{\alpha\in A}\varphi_\alpha$是$L_C$的公式。

对某个固定的可数变元集的所有有穷子集C而言,集合$L_{\omega_1\omega}$是所有L_C的并(union)。语言$L_{\omega_1^{ck}\omega}$是$L_{\omega_1\omega}$的子语言,其中可数合取和析取被进一步限制在公式的递归可枚举(recursively enumerable, r.e)集上。因此,假设集合A是递归可枚举集,就可形成一个可数合取$\bigwedge_{\varphi\in A}\varphi$或析取$\bigvee_{\varphi\in A}\varphi$。

有必要将$L_{\omega_1\omega}$的一个公式视作一个良基(well-founded)无穷

加标树。树的每个顶点（vertex）用∀x、∃x、¬、∨、∧或一个原子公式来标记。标记了∀x、∃x或¬的顶点都有一个后继点（child），被标记∨或∧的顶点有可数多个后继点，且用原子公式标记叶子。树是良基树（不存在无穷路径），因为公式的定义是归纳的。

在一个适当编码的树下，该树与$L_{\omega_1^{ck}\omega}$的一个公式对应，且$L_{\omega_1^{ck}\omega}$是递归可枚举的。这类树曾在第3章第3.2节遇到过。这提供了一个在无穷公式上的可计算方法。例如，编码可将公式$\bigwedge_{\varphi\in A}\varphi$表示为数字序对$(5,i)$，其中5表示公式是合取式，$i$是对一个"在递归可枚举集$A$中，枚举了公式编码"的图灵机的描述。一个全域图灵机能用于枚举整个树。

$L_{\omega_1\omega}$上的$L_{\omega_1^{ck}\omega}$的另一个优点是：在一个可数签名上，只存在可数多个$L_{\omega_1^{ck}\omega}$公式。$L_{\omega_1\omega}$不具备这一优点。

语言$L_{\omega_1^{ck}\omega}$是不紧致的（compact），也不满足向上的Löwenheim-Skolem定理：可数集$\{\bigvee_{n<\omega}p(f^n(a))\}\cup\{\neg p(f^n(a))|n<\omega\}$是有穷可满足的，但不是完全满足的。且语句$\forall x\bigvee_{n<\omega}x=f^n(a)$（4.2.1）有可数模型但没有更高基数的模型。这点对语言$L_{\omega_1\omega}$而言也是成立的。但是，向下的Löwenheim-Skolem定理成立，且对语言$L_{\omega_1\omega}$和$L_{\omega_1^{ck}\omega}$而言，都能给出一个完全的无穷演绎系统。

4.2.2　无穷演绎系统

为得到$L_{\omega_1\omega}$和$L_{\omega_1^{ck}\omega}$的一个演绎系统，可以把如下公理添加到Harel等（2000）的第3.4节（Harel et al.，2000，pp.102-119）给出的一阶谓词逻辑的演绎系统中：

$$\varphi_\beta\to\bigvee_{\alpha\in A}\varphi_\alpha,\text{其中 }\beta\in A,\tag{4.2.2}$$

$$\bigwedge_{\alpha\in A}\varphi_\alpha\to\varphi_\beta,\text{其中 }\beta\in A,\tag{4.2.3}$$

以及无穷推理规则：

$$\frac{\varphi_\alpha\to\psi,\alpha\in A}{(\bigvee_{\alpha\in A}\varphi_\alpha)\to\psi}\tag{4.2.4}$$

$$\frac{\varphi\to\psi_{\alpha},\alpha\in A}{\varphi\to(\bigwedge_{\alpha\in A}\psi_{\alpha})} \tag{4.2.5}$$

这些新的推理规则可能有无穷多个前提。因此，证明和公式一样，不再是有穷对象。但是，与公式一样，证明也可以被表示为良基无穷加标树，其公理标记树叶，定理标记树根。同时，在$L_{\omega_1^{ck}\omega}$中，因为无穷合取和无穷析取是递归可枚举的，所以证明树也是递归可枚举的。

像公式一样，可以人为限制证明只包含有穷多个变元。根据定义，如果存在一个有穷变元集C，使得所有标记证明树顶点的公式都在L_C中，那么就存在一个证明。

例 4.29：以上演绎系统可以用来证明无穷版本的基本命题重言式。例如，考虑无穷的德摩根定律：

$$\neg\bigvee_{\alpha}\varphi_{\alpha}\leftrightarrow\bigwedge_{\alpha}\neg\varphi_{\alpha} \tag{4.2.6}$$

使用以上演绎系统可以证明该双向蕴含式。

首先证明(→)方向。根据(4.2.5)，对每个β而言：$\neg\bigvee_{\alpha}\varphi_{\alpha}\to\neg\varphi_{\beta}$。根据有穷命题逻辑，上述蕴含式与$\varphi_{\beta}\to\bigvee_{\alpha}\varphi_{\alpha}$等值，这其实就是式(4.2.2)。

根据命题逻辑，(←)的蕴含式与$\bigvee_{\alpha}\varphi_{\alpha}\to\neg\bigwedge_{\alpha}\neg\varphi_{\alpha}$等值。现在证明(←)方向。根据式(4.2.4)，对每个β而言：$\varphi_{\beta}\to\neg\bigwedge_{\alpha}\neg\varphi_{\alpha}$。根据命题逻辑，上述蕴含式与$\bigwedge_{\alpha}\neg\varphi_{\alpha}\to\neg\varphi_{\beta}$等值，这其实是式(4.2.3)的一个实例。

例 4.30：考察无穷分配律：

$$\varphi\vee\bigwedge_{\alpha}\psi_{\alpha}\leftrightarrow\bigwedge_{\alpha}(\varphi\vee\psi_{\alpha}) \tag{4.2.7}$$

证明：首先证明(→)方向。根据(4.2.5)，对每个β而言：$\varphi\vee\bigwedge_{\alpha}\psi_{\alpha}\to\varphi\vee\varphi_{\beta}$。

该蕴含式可根据式(4.2.3)和命题逻辑直接得到。现在证明(←)方向。根据命题逻辑，该蕴含式与$\neg\varphi\wedge\bigwedge_{\alpha}(\varphi\vee\psi_{\alpha})\to\bigwedge_{\alpha}\psi_{\alpha}$等

值。根据(4.2.3),对所有β而言,有$\neg\varphi\wedge\bigwedge_{\alpha}(\varphi\vee\psi_{\alpha})\to\neg\varphi\wedge(\varphi\vee\psi_{\beta})$,因此有$\neg\varphi\wedge\bigwedge_{\alpha}(\varphi\vee\psi_{\alpha})\to\psi_{\beta}$。从而由式(4.2.5)得出式(4.2.8)。证毕。

定理4.31(无穷演绎定理):对任意公式集Φ和$L_{\omega_1\omega}$的公式φ,ψ而言:

$$\Phi\cup\{\varphi\}\vdash\psi\Leftrightarrow\Phi\vdash\varphi\to\psi$$

证明:该证明与Harel等(2000)第三章的一阶逻辑定理3.52的证明[①]相同。只是在证明方向(⇒)时,规则(4.2.4)和(4.2.5)有所不同。这里只详细讨论规则(4.2.5)的情况。

假设$\Phi\cup\{\varphi\}\vdash\psi\to\bigwedge_{\alpha}\psi_{\alpha}$,通过对规则(4.2.5)的一次应用,通过一个较短证明可以得到:对每个β而言,有$\Phi\cup\{\varphi\}\vdash\psi_{\beta}$。这里的"较短"意味着;良基证明树较小。根据归纳假设,$\Phi\vdash\varphi\to(\psi\to\psi_{\beta})$;根据命题逻辑,$\Phi\vdash(\varphi\wedge\psi)\to\psi_{\beta}$。根据规则(4.2.5),$\Phi\vdash(\varphi\wedge\psi)\to\bigwedge_{\alpha}\psi_{\alpha}$,再次根据命题逻辑,$\Phi\vdash\varphi\to(\psi\to\bigwedge_{\alpha}\psi_{\alpha})$。证毕。

至此已经证明了本节给出的演绎系统是完全的。该证明说明:通过对Harel等(2000)第三章的一阶逻辑定理3.52进行适当的修正,就可以处理无穷合取和析取。

需要注意的是:对任意$L_{\omega_1\omega}$的公式φ,φ的子公式的数量是可数的。利用"可数集的一个可数的并是可数的"这一事实,通过归纳法可以证明这一点。由此可知,如果Φ是公式的一个可数集,那么Φ中公式的所有子公式的集合及公式的否定都是可数的。

如在Harel等(2000)第三章的一阶逻辑定理3.52中的证明那样,构造集合X_n,L_n,X_ω和L_ω,只是必须稍微修改定义以确保无论Φ是什么,得到的公式集都是可数的。从变元集X_0上的公式L_0开始,归纳地构造如下的L_n和X_n。对于L_n中的每个φ而言,可构造一个新变元$x_\varphi\in X_{n+1}$并令$X_{n+1}=_{\mathrm{def}}X_n\cup\{x_\varphi|\varphi\in L_n\}$。

现在通过将任何约束变元更改为Harel等(2000)的引理3.48

①参见Harel et al.(2000, pp.111-112)。定理3.52(演绎定理):对于任意的公式集Φ和公式φ与ψ而言,$\Phi\cup\{\varphi\}\vdash\psi\Leftrightarrow\Phi\vdash\varphi\to\psi$。

中的X_{n+1}的一个新变元，并将X_{n+1}上的任意项代换为任意自由变元，就可以从L_n得到公式集L_{n+1}。因此，在这种构造下，不考虑所有不可数的$L_{\omega_1\omega}$公式的集合，而只考虑那些与L_0的一个公式相似的公式，这些相似公式只是改变约束变元或用一个项代换了一个自由变元。根据Harel等(2000)[①]第一章练习1.21可知，如果初始集合L_0和X_0是可数的，那么得到的集合L_ω和X_ω也是可数的。这时即可把L_0作为Φ中公式的子公式及公式的否定组成的集合。

就像在Harel等(2000)的定理3.52中的证明那样，将Ψ作为形如：

$$\exists x\psi \to \psi[x/x_{\exists x\psi}] \tag{4.2.9}$$

的所有L_ω公式组成的集合。

引理4.32： 令$\Phi \subseteq L_0$。如果Φ是一致的，那么$\Phi \cup \Psi$也是一致的。

证明：该证明类似于Harel等(2000)第3章的一阶逻辑定理3.52的证明，首先，如果A是可驳斥的，那么存在一个有穷子集$\Psi' \subseteq \Psi$使得$\Phi \cup \Psi'$是可驳斥的。这是显而易见的，因为证明是有穷对象，因此证明中最多有Ψ的有穷多个成员。这里公式和证明不再是有穷对象；又因为证明可能只包含有穷多个变元，并且每个公式(4.2.9)都包含一个特异变元$x_{\exists x\psi}$，因此，至多有穷多个变元可以出现在驳斥证明中。证明的其余部分与Harel等(2000)第三章一阶逻辑定理3.52的证明相同。证毕。

定理4.33(完全性)： 无穷演绎系统是完全的，即任意公式的一致集都有一个模型。

证明：该证明与Harel等(2000)第3章一阶逻辑定理3.54的证明[②]完全一样。除了需要归纳论证如下情况外：在$\mathfrak{A}, u \vDash \varphi \Leftrightarrow \varphi \in \hat{\Phi}$中存在两种额外情况的无穷的并(join)和交(meet)。对于无穷的交，有：

①参见Harel et al.(2000, p.25)。练习1.21：证明可数集合的可数并(union)是可数的。即：如果每个集合A_i是可数的，那么$\bigcup_{i=0}^{\infty} A_i$是可数的。

②参见Harel et al.(2000, pp.113-114)。定理3.54：Hilbert式的一阶逻辑演绎系统是完全的。

$$\mathfrak{A},u\vDash\bigwedge_{\alpha}\varphi_{\alpha}\Leftrightarrow$$ 对所有β而言,$\mathfrak{A},u\vDash\varphi_{\beta}$ （根据$\vDash$的定义）

$\Leftrightarrow$对所有β而言,$\varphi_{\beta}\in\hat{\Phi}$ （根据归纳假设）

$\Leftrightarrow\bigwedge_{\alpha}\varphi_{\alpha}\in\hat{\Phi}$ （根据$\hat{\Phi}$的一致性和最大性）

同理可证无穷的并。证毕。

4.2.3 向下的Löwenheim-Skolem定理

定理4.34(向下的Löwenheim-Skolem定理):令Φ是一个可数的$L_{\omega_1\omega}$的公式集。如果Φ有一个模型,那么它有一个可数模型。

证明:如果Φ有一个模型,那么它是一致的,因为其演绎系统是可靠的。在完全性定理证明中的项模型的构造中,如果只关注Φ中的公式的子公式和公式的否定,那么得到的模型就是可数的。证毕。

4.2.4 复杂性

定理4.35:确定$L_{\omega_1^{ck}\omega}$的公式的有效性是Π_1^1-完全的。

证明:确定$L_{\omega_1^{ck}\omega}$的公式的有效性问题是在Π_1^1中,因为根据完全性定理(定理4.33),一个公式是有效的,当且仅当,它有一个递归可枚举的良基证明树,这是形如第3章的(3.2.3)的一个表述。换句话说,可以给出一个显式的IND程序(参见第3章第3.2节),该IND程序接受$L_{\omega_1^{ck}\omega}$公式的编码,当且仅当,这个公式是可证的。

为了证明这个问题是Π_1^1-hard的,可以对第3章命题3.22的盖瓦问题(的补)进行编码。这一构造与Harel等(2000)第3章定理3.60[①]的构造非常相似,只是这里会用式(4.2.1)去限制“本质上由自然数组成”的模型,而且公式ψ_{red}表示red(红色)在盖瓦问题中是有穷次地出现的:

$$\mathrm{RED}(x,y)\Leftrightarrow_{\mathrm{def}}\mathrm{NORTH}(x,y,f^{red}(a))\vee\mathrm{SOUTH}(x,y,f^{red}(a))$$
$$\vee\mathrm{EAST}(x,y,f^{red}(a))\vee\mathrm{WEST}(x,y,f^{red}(a))$$
$$\psi_{\mathrm{red}}\Leftrightarrow_{\mathrm{def}}\exists x\forall y\forall z z\geq x\rightarrow(\neg\mathrm{RED}(y,z))\wedge\neg\mathrm{RED}(z,y)$$

如果φ是Harel等(2000)第三章定理3.60的证明中构造的公

①参见Harel et al.(2000, p.117)。定理3.60:一阶逻辑的有效性问题是Σ_1^0-complete。

式，即存在一个有效的盖瓦，而且如果 ψ 是语句(4.2.1)，那么期望的公式是：$\varphi \wedge \psi \rightarrow \psi_{red}$，也就是说，如果该模型代表了一个有效的 $\omega \times \omega$ 网格盖瓦，那么red(红色)仅被有穷次使用。与定理3.60的情况不同，这里必须包含 ψ 以确保 ψ_{red} 中的存在量词是指网格元素。证毕。

第5章　程序推理

在研究动态逻辑之前，需要掌握有关程序推理的知识，如：程序验证及一些关键概念方面的知识。关于系统程序验证的工作源于Floyd(1967)和Hoare(1969)的研究；Hoare(1969)引入了霍尔逻辑，相关概述可参见Cousot(1990)、Apt(1981)的研究。关于数字抽象(digital abstraction)的工作源于Turing(1936)，即把计算机看作是可以执行一系列离散的、瞬时(instantaneous)的初始步骤的状态转换器(state transformer)。McCulloch和Pitts(1943)给出了有穷状态转换系统的正式定义。状态转换语义正是基于这一思想，该思想在程序语义和程序验证的早期工作中非常流行，详情可见Hennessy和Plotkin(1979)。本章采用了Pratt(1976)引入的动态逻辑中的关系代数方法，其中，程序被解释为二元输入/输出关系。

Hoare(1969)给出了部分正确性(partial correctness)和完全正确性(total correctness)的概念。Fischer和Ladner(1979)在命题动态逻辑中引入了正则程序(regular program)；Turing(1936)引入了不确定性的概念，尽管他没有发展这一思想；不确定性思想在Rabin和Scott(1959)有穷自动机的背景下得到了进一步发展。本章内容主要是在Harel等(2000，pp.134-158.)的基础上加以阐释的。

5.1　什么是程序？

程序就是为了计算“从给定输入数据得到预期输出数据”，而用形式语言编写的指令。

例5.1：下面的程序是利用欧几里得算法求两个整数最大公约数(the greatest common divisor，gcd)，该程序输入变元x和y中的一个整数对，并输出变元x中的“这一整数对的最大公约数”。

```
while y≠0 do
Begin
z:=x mod y;
x:=y;
y:=z
end
```

表达式中x mod y的值是：使用普通整数除法将x除以y得到的（非负）余数。

程序通常使用变元来保存输入值、输出值和中间值。假定每个变元都可以从特定计算域（domain of computation）中取值，该计算域是由“一组数据值、某些可区分的常元、基本运算、可以对这些数据值进行操作的测试”组成的结构。在例子5.1的程序中，x，y和z的论域可以是整数$\mathbb{Z}$，基本运算包括带余数的整数除法，测试（test）包括≠。与通常在数学中使用的变元不同，程序中的变元在计算过程中通常可以取不同的值。每当执行赋值表达式$x:=t$（变元x在表达式的左侧）时，变元x的值可能会改变。

为了使这些概念更精准，必须以数学上严格的方式明确给出程序设计语言（programming language）及其语义。本章将讨论具有不同特性的几种程序设计语言，并给出每种语言的形式化定义，并简要介绍其中一些程序设计语言以及它们在程序验证中所起的作用。

5.2 状态和执行

如上所述，程序可以在运行时改变变元的值。然而，如果可以在程序执行的某一时刻冻结时间，那么就很可能读取变元在该时刻的值，从而给出为判断“从该时刻开始的计算是如何进行”所需要的全部信息的瞬时快相（instantaneous snapshot）。这就需要引入状态的概念，从直觉上来看，状态就是对现实的瞬时描述。

从形式化的角度看，状态可以定义成：为每个程序变元指派一个值的函数。变元x的值必须属于x的定义域（domain）。在逻辑上，这样的函数称为赋值函数（参见Harel等（2000，pp.86-119）

第3.3节和3.4节)。在执行过程中的任何给定时刻,由其程序中所有变元的瞬时值(instantaneous value)确定了程序所在的某种状态。如果执行一个赋值语句,如x:=2,然后状态更新为新状态,其中x的新值为2,其他所有变元的值与之前的值相同。假设这种变化是瞬间发生的,需要注意的,这是一个数学抽象,因为在现实中的基本操作是需要一些时间来执行的。

例子5.1中的最大公约数gcd程序的典型状态是(15,27,0,…),其中序列的第一个成员、第二个成员和第三个成员分别赋值给x,y和z,省略号指的是其他变元的值,但不必关心这些值,因为它们不会在程序中出现。

一个程序可以看作是状态间的转换(transformation)。给定一个初始(输入)状态,程序将经历一系列中间状态,可能最后在最终(输出)状态下停机。从特定的输入状态开始,执行程序α时出现的一系列状态称为跟踪(trace)。例子5.1中的程序的一个典型跟踪实例如下:考虑初始状态(15,27,0)(这里去掉了省略号),程序将经历以下状态序列:(15,27,0),(15,27,15),(27,27,15),(27,15,15),(27,15,12),(15,15,12),(15,12,12),(15,12,3),(12,12,3),(12,3,3),(12,3,0),(3,3,0),(3,0,0)。在最后输出状态时,x的值为3,即15与27的最大公约数是3。

程序α的输入/输出关系是指:在程序α执行过程中,出现的形式为(输入状态、输出状态)的所有序对集合组成的二元关系。换句话说,程序α的输入/输出关系是指:"程序α的跟踪上的所有的第一个状态和最后一个状态集合上"的二元关系,例如序对((15,27,0),(3,0,0))就是例子5.1中的最大公约数gcd程序的输入/输出关系的成员,((−6,−4,303),(2,0,0))也是其成员。除了x,y和z之外,其他变元的值不会被程序改变。因此,这些值在输出状态时和输入状态时是相同的。在例子5.1中,可以把变元y看作输入变元(input variable),x作为输出变元(output variable),z作为一个工作变元(work variable),尽管在形式上这些变元(包括程序中没有出现的变元)之间没有什么区别。

5.3 程序结构

本节将对一些程序结构进行阐释，并在它们的基础上定义一些通用的语言类。一般来说，程序就是使用各种程序算子从原子程序和测试通过归纳的方式加以构建的。

5.3.1 while程序

在有关动态逻辑的文献中，程序设计语言一般都选择确定性的while程序。这种语言是命令式程序设计语言（如Pascal或C）的自然抽象。根据所允许选择的测试以及是否允许非确定性，可以定义不同版本的while程序。

while程序的语言可以通过归纳的方式加以定义。原子程序、原子测试和程序结构，都可以用来“由简单程序构造相应的复合程序”。

在命题动态逻辑PDL中，原子程序可以是字母表中的一些简单字母a，b，…。因此，PDL对计算域的性质进行了抽象，纯粹研究程序和命题之间的交互作用。一阶动态逻辑中，原子程序就是简单赋值$x:=t$，其中x是一个变元，t是一个项，而且允许非确定性赋值或通配符赋值（wildcard assignment）$x:=?$ 或非确定性选择结构。

测试可以是原子测试，在命题动态逻辑中，测试可以是简单的命题字母p。在一阶动态逻辑中，测试可以是原子公式$p(t_1,\cdots,t_n)$，其中$t_1,\cdots,t_n$是项，p是计算域签名（signature）中的n-元关系符号。此外，在动态逻辑中，还包括了常数测试1和0。通常情况下，允许对原子测试进行布尔组合，尽管这并不能够增强表达力。动态逻辑的这种版本的测试称为“穷测试（poor test）”。还存在更复杂类型的测试。动态逻辑中的“富测试（rich test）”是指：程序和测试可以通过相互归纳来定义。

复合程序是利用程序合成算子、条件算子和while算子，从原子程序和测试中通过归纳的方式构成的。形式地讲，如果φ是一个测试，α和β是程序，那么如下程序就是复合程序：

α; β

if φ then α else β

while φ do α.

必要时，可以用begin…end把这些程序括起来。例子5.1中的gcd程序就是一个while程序的例子。这些结构的语义与“来自于通用程序设计语言中的普通操作语义(operational semantics)”对应。下一章的6.1和6.2节将给出这些程序的一些细节。

5.3.2 正则程序

正则程序(regular program)比while程序更为普遍。正则程序的优点是：可以把相对复杂的while程序算子化归为更为简单的结构，从而使得演绎系统变得相对简单。正则程序还包括简单的不确定性程序。对于给定的一组原子程序和原子测试，正则程序集可以定义如下：

(i)任何原子程序都是一个程序；

(ii)如果φ是一个测试，那么$\varphi?$是一个程序；

(iii)如果α和β是程序，那么$\alpha;\ \beta$是一个程序；

(iv)如果α和β是程序，那么$\alpha\cup\beta$是一个程序；

(v)如果α是一个程序，那么α^*是一个程序。

这些结构分别具有以下直观意义：

(i)原子程序是最基本的且不可分割的程序，它们只执行简单的一步。它们之所以被称为原子程序，是因为不能对它们再进行分割。

(ii)程序$\varphi?$测试在当前状态下性质φ是否成立。如果成立，程序将继续执行而不改变状态；如果不成立，程序将被阻止但不停机(blocks without halting)。

(iii)算子“;”是一个序列合成算子(sequential composition operator)。“程序$\alpha;\beta$”的意思是：“先执行α，然后执行β”。

(iv)算子“∪”是一个不确定性选择算子。“程序$\alpha\cup\beta$”的意思是：非确定性的选择a或b，然后执行它。

(v)算子“*”是迭代算子。“程序α^*”的意思是：非确定性选择有穷多次执行α。

这里仅仅给出了这些算子和原子程序的直观解释，在下一章的6.2节中将给出其形式语义，其中程序将被解释为二元输入/输出关系，而且上述编程结构(programming constructs)将被解释为二元关系上的算子。

算子$\cup$,;和*与自动机和形式语言理论关系密切，在Kozen(1979a，p.102)中，这些算子被解释为有穷字母表中字符串集上的运算符。语言理论语义学和关系理论语义学有许多共同之处，事实上，正如Kozen(1994a)所言，它们具有相同的等式理论(equational theory)。

确定性while程序的算子可以用正则算子定义如下：

$$\text{If } \varphi \text{ then } \alpha \text{ else } \beta =_{def} \varphi?;\alpha \cup \neg\varphi?;\beta \quad (5.3.1)$$

$$\text{while } \varphi \text{ do } \alpha =_{def} (\varphi?;\alpha)^*;\neg\varphi? \quad (5.3.2)$$

while程序的类相当于正则程序的子类，其中程序算子$\cup$、?和*仅以这些形式出现。

式(5.3.1)和(5.3.2)的定义一开始可能有点难以理解，但在6.2节讨论了二元关系语义之后，就能够对它们做出相关解释。

5.3.3 递归

递归(recursion)可以以多种形式出现在程序设计语言中。这里研究两种形式的递归：递归调用(recursive calls)和栈(stack)。本章将说明：①在某些条件下，这两种结构可以相互模拟；②递归程序和while程序在自然数上具有同等的表达力，而在任意定义域上，while程序的表达力严格弱于递归程序的表达力。while程序对应于通常的尾部递归(tail recursion)或迭代。

5.3.4 递归可枚举程序

程序α的一个有穷计算序列(seq)，是一个原子程序的有穷长度的字符串和测试，表示“出现在α的停机执行(halting execution)中的”原子步骤的可能序列。seqs用$\sigma,\tau,\cdots$来表示，并用CS(α)表示程序α的所有有穷计算序列seqs的集合。这里不严格地使用“可能”这个词——CS(α)仅由程序α的句法确定。由于测试的结果为假，那么CS(α)就可能包含在任何解释下都不会被执行的seqs。

集合CS(α)是A^*的一个子集，A是在程序α中出现的原子程序和测试组成的集合。对于while程序、正则程序或递归程序而言，可以在句法上通过归纳的方式来给出集合CS(a)的形式定义。例如，对于正则程序，

$CS(a)=_{def}\{a\}$，其中的a是一个原子程序或测试

$CS(skip)=_{def}\{\varepsilon\}$

$CS(fail)=_{def}\varnothing$

$CS(\alpha;\beta)=_{def}\{\sigma;\tau|\sigma\in CS(\sigma),\tau\in CS(\beta)\}$

$CS(\alpha\cup\beta)=_{def}CS(\alpha)\cup CS(\beta)$

$CS(\alpha^*)=_{def}CS(\alpha^*)$

$=\bigcup_{n\geqslant 0}CS(\alpha^n)$，

其中，

$\alpha^0=_{def}skip$

$\alpha^{n+1}=_{def}\alpha^n;\alpha.$

例如，如果a是一个原子程序，p是一个原子公式，那么程序while p do a=(p?;a)*;$\neg p$?的有穷计算序列seqs的所有字符串的形式为：

$$(p?;a)^n;\neg p?=\underbrace{p?;a;p?;a;\cdots;p?;a;}_{n}\neg p?(n\geq 0)$$

需要注意的是：一个程序α的每个有穷计算序列σ本身就是一个程序，且CS(σ)=\{σ\}.

while程序和正则程序可以产生有穷计算序列seqs的正则集，而递归程序则产生上下文无关的seqs集。更进一步地讲，可以将一个递归可枚举程序定义为一组递归可枚举的seqs集。递归可枚举程序是研究(命题)动态逻辑时需要的最通用的程序设计语言，递归可枚举程序的表达力均大于while程序、正则程序和递归程序的表达力。

5.3.5 非确定性

现在简要介绍非确定性(nondeterminism)的概念及其在逻辑和语言研究中的作用。

在本书将要涉及的一些程序设计语言中,一个程序的跟踪(trace)不必由其初始状态来唯一确定。如果一个程序的跟踪不是由其初始状态唯一确定的,就认为该程序是不确定的(nondeterministic)。一个非确定的程序从相同的输入状态出发可以同时进行发散和收敛的跟踪(divergent and convergent trace),对于这样的程序来说,程序在某个输入状态停机或在某个输入状态循环(loop)都是没有意义的;从相同的输入状态开始的发散和收敛的跟踪,对应着不同的计算。

非确定性可以通过下列几种具体方式在程序中体现出来。其中一种结构是非确定性或通配符赋值表达式$x:=?$。从直观上讲,这种运算将定义域中的任一元素指派给变元x,但是不确定究竟是哪个元素[①];另一个非确定性的来源是在正则程序中不加限制地使用选择算子∪;第三个非确定性来源是正则程序中的迭代算子*;第四个不确定性来源是递归可枚举(简记为r.e.)程序,这些程序是有穷计算序列(简记为seq)的递归可枚举集。最初,seq的执行是不确定的。例如,在自然数集$\mathbb{N}$上,这个递归可枚举程序$\{x:=n|n\geq 0\}$与正则程序$x:=0;(x:=x+1)^*$等价。

非确定性程序不提供解决非确定性的明确机制。也就是说,无法确定在给定状态下采取哪些可能的后续步骤。这很不现实。如果没有任何可操作性,为什么还要研究不确定性呢?一个很好的解释是,非确定性是帮助理解程序设计语言结构的表达力的有用工具。当不一定能预测某特定选择的结果,却知道其可能性的范围时,研究不确定性还是有用的。在实际操作中,计算可能依赖于程序员无法控制的信息,例如来自用户的输入或系统中的其他程序行为。不确定性对这些情况进行模型化时很有用。

---

①这种结构通常叫作随机赋值(random assignment)。这一术语常常会引起误会,因为它与概率毫不相关。

不确定性的重要性并不局限于程序逻辑。事实上，计算复杂性理论领域中最重要的开问题（$P=NP$ 问题），可以根据不确定性进行形式化。

5.4 程序验证

动态逻辑和其他程序逻辑为正确程序的生成提供了便利。只需看看错误软件的不良影响，就可以理解对这些逻辑工具的迫切需求。但是，生成正确软件之前，需要知道什么软件才是正确的。当运行一个程序时，或者观察程序一些输入上的运行时，仅仅有对将要发生事情的模糊想法是不够的。为了应用形式化的验证工具，就必须要对验证工具的正确性进行形式化地说明（specification）。

5.4.1 正确性说明

一般而言，验证的正确性说明（correctness specification）是“对程序应该如何才表现得很好的”形式描述。如果给定程序的行为满足该说明，那么该程序相对于正确性说明而言是正确的。对于例子4.1中的最大公约数gcd程序，其正确性可以通过以下断定来非形式地表示为：

如果x和y的输入值分别是正整数c和d，那么(i)x的输出值是c和d的最大公约数；然后(ii)程序停机。

当然，为了与形式验证系统协调，这些性质必须用一阶逻辑之类的语言进行形式化的表示。断定(ii)是正确性说明的一部分，因为程序不一定停机，但可能因某些输入产生无穷跟踪。一个有穷跟踪可以称之为停机跟踪或结束跟踪或收敛跟踪，例如：例子4.1中gcd程序在输入状态（15，27，0）下生成的跟踪就是有穷跟踪。无穷的跟踪被称为循环跟踪或发散跟踪。例如，程序 while x>7 do x:=x+3 在输入（8，…）时循环，就会产生无穷跟踪（8，…），（11，…），（14，…），…

本书将注意力集中在：能够在程序的输入/输出关系中表示的程序行为。动态逻辑不是专门对计算的中间状态中所表现出来的程序行为进行推理，过程逻辑（process logic）和时态逻辑（temporal logic）等与动态逻辑紧密相关的一些逻辑才是专门用于这类推理。这并不是说：所有有趣的程序行为都是由输入/输出关系来表示的，而其他类型的行为则是无关的或无趣的。实际上，只有当程序在有穷时间后停机并产生输出结果时，对输入/输出关系进行限制才是合理的。这种方法不足以处理通常不应停机的程序，如操作系统（operating system）。

对于应停机的程序而言，正确性标准在传统上是以输入/输出说明的形式给出的，该规范由应该保持的程序的输入/输出状态之间的形式关系，以及对应该停机的程序的输入状态集的描述组成。程序输入/输出关系包含了所有必要信息，这些信息用来判断程序对于此类说明是否正确。动态逻辑非常适合这种类型的验证。

正确性说明应该是什么样的，这一问题并不总是显而易见的。有时，得到一个正确性的形式说明和写程序本身一样困难，因为二者都必须用形式化语言来编写。此外，说明和程序一样容易出现错误。那又何必麻烦呢？为什么不仅仅用一些模糊的说明来执行该程序呢？努力制定形式说明的几个很好理由如下。

(1)通常，当从头开始执行一个大型程序时，程序员可能只给出了成品的一个大致思路。那些不那么倾向技术的雇主在制作软件时尤其如此。可能有一个粗略的非形式描述可利用，但是小的细节问题通常会留给程序员处理。常常出现这样的情况：编程过程中很大部分包含了对一个模糊描述问题的处理，然后对其精确处理。精确构想出问题的过程可以被视为定义程序应该做什么的问题。在开始做之前，对想要做的事情有一个非常清晰的思路，这只是一个很好的编程习惯。

(2)在制定说明的过程中，可能会出现一些不可预见的情况，此时不清楚程序应采取什么样的适当行动。这在错误处理和其他异常情况时尤其如此。制定一个规范可以定义程序在这种情况下的行为，从而对一些不完善地方进行处理。

(3)在制定一个严格说明的过程中,有时可以为执行提供思路,因为它迫使我们把促进设计决策的问题分离开来。当知道所有访问数据的方式时,就可以更好地选择正确的数据结构,从而优化效率和通用性之间的权衡关系。

(4)规范通常用一种与程序语言截然不同的语言来表示。说明是功能性的,它告诉程序应该做什么,而不是命令程序如何做。提出所需的功能,而不依赖于程序将如何实现的细节,这是容易做到的。例如,可以轻易地用一阶逻辑表示x是y和z的最大公约数,甚至不知道如何计算出的。

(5)验证程序是否符合其说明是一种合理性检查,这允许给出问题的两个解决方案,其中一个作为功能说明,另一个作为算法实现;并可以验证这两个方案是否兼容。程序和说明之间的任何不兼容性,要么是由于程序中的错误,要么是由于说明中的错误,要么两者都有错误。改善说明、修改程序以满足说明,且反复验证直到过程收敛,这种循环做法可以使我们对软件更有信心。

5.4.2 部分正确性和完全正确性

一般而言,程序设计用于实现某些功能。如上所述,该功能通常可用输入/输出说明的形式进行形式化表示。具体地说,这种说明由一个输入条件或前置条件(precondition)φ、一个输出条件或后置条件(postcondition)ψ组成。这些条件分别表示输入状态和输出状态的性质,可以用一些形式语言(如计算域(domain of computation)上的一阶语言)来表示。只要输入状态满足输入条件,程序就应该在满足输出条件的状态下停机。“一个程序是部分正确的”的意思是:对于给定的输入/输出说明φ和ψ而言,每当程序在满足输入条件φ的状态下启动,那么:若该程序在什么时候会停机,则它在满足输出条件ψ的状态下也会停机。部分正确性的程序的定义并没有约定程序停机,因此其正确性是部分的。

如果一个程序相对于输入/输出说明φ和ψ是完全正确的,那么:①该程序相对于该说明φ是部分正确的,并且,②只要满足输入条件φ的状态下启动,那么该程序就会停机。

当输入状态不满足输入条件φ时，输入/输出说明没有要求“程序可能会无穷循环或清除内存”，这就是“垃圾入，垃圾出”的理念。如果真的关心程序在这些输入状态上做了什么，那么最好重写输入条件来包含它们，并形式地说明希望在这些情况下发生什么。

例如，在例子4.1的最大公约数程序中，输出条件ψ可能是条件(i)：x的输出值是x和y的输入值的最大公约数，这可以用一阶数论语言对其进行完全形式化的表示（稍后将对此加以说明）。可以尝试从输入规范$\varphi_0=1$（真）开始，也就是说，对输入状态完全没有加以限制。不幸的是，如果y的初始值为0，且x为负值，x的最终值将与初始值相同，因此为负值。如果期望所有的最大公约数都是正值，那就错了。当x和y的初始值都为0时，会出现另一个问题。在这种情况下，最大公约数是不加定义的。因此，就说明φ_0和ψ而言，所编写的程序并不是部分正确。

通过提供输入说明可以改善这种情况，从而排除掉这些麻烦的输入值。这里可以采取如下说明，将输入状态限制为x和y都为非负整数且不都为零：$\varphi_1=(x\geqslant 0\wedge y>0)\vee(x>0\wedge y\geqslant 0)$。例4.1中的最大公约数程序对于说明$\varphi_1$和$\psi$而言是部分正确的。该说明也是完全正确的，因为该程序在所有满足φ_1的输入时都会停机。

也许可以允许x和y不都为零的任何输入。在这种情况下，应该使用输入说明$\varphi_2=\neg(x=0\wedge y=0)$。这样的话，例子4.1中的程序对于$\varphi_2$和$\psi$就不是部分正确。这样就必须修改程序，从而使得在输入为负时也能生成正确的最大公约数（其值为正数）。

5.4.3 霍尔逻辑

霍尔(1969)提出的霍尔逻辑是动态逻辑的前身，也是最早的形式验证系统之一。这是一个证明与Floyd(1967)不变断定(invariant assertion)方法有关的确定性while程序的部分正确性系统。霍尔逻辑允许形式为$\{\varphi\}\alpha\{\varphi\}$的语句，即程序$\alpha$相对于输入/输出说明$\varphi$和$\psi$是部分正确的；也就是说，如果$\alpha$在满足$\varphi$的输入状态下启动，那么：若该程序在什么时候会停机，则它在满足输出条件ψ的状态下也会停机。

霍尔逻辑的演绎系统由一小组规则集组成;对于通过归纳方式得到的复合程序而言,这些规则可以使从复合程序子程序的类似断定中,推导出形式(5.4.1)的部分正确性断定。对于每个程序结构而言,都存在一个如下的规则与之对应:

赋值规则:

$\{\varphi[x/e]\}x:=e\{\varphi\}$,在$\varphi$中对于$x$而言,$e$是自由的。

合成规则:

$$\frac{\{\varphi\}\alpha\{\sigma\},\{\sigma\}\beta\{\psi\}}{\{\varphi\}\alpha;\beta\{\psi\}}$$

条件规则:

$$\frac{\{\varphi\wedge\sigma\}\alpha\{\psi\},\{\varphi\wedge\neg\sigma\}\beta\{\psi\}}{\{\varphi\}\text{if }\sigma\text{ th en }\alpha\text{ else }\beta\{\psi\}}$$

while 规则:

$$\frac{\{\varphi\wedge\sigma\}\alpha\{\varphi\}}{\{\varphi\}\text{while }\sigma\text{ do }\alpha\{\varphi\wedge\neg\sigma\}}$$

弱化规则:

$$\frac{\varphi'\rightarrow\varphi,\{\varphi\}\alpha\{\psi\}\psi\rightarrow\psi'}{\{\varphi'\}\alpha\{\psi'\}}$$

弱化规则是整合带有前置条件和后置条件的基础逻辑的演绎手段。在第6章的6.7节中将会看到这些规则是如何纳入动态逻辑中的。

5.5 外生逻辑和内生逻辑

程序模态逻辑主要有两种方法:一种是以动态逻辑及其前身霍尔逻辑为例的外生(exdogenous)方法(Hoare(1969));另一种是以时态逻辑及其前身(即Floyd(1967)不变断定方法)为例的内生(endogenous)方法。“一个逻辑是外生的”意思是:它的程序在该逻辑语言中是显性的。从句法上讲,动态逻辑程序使用一个较小的程序算子集,从初始程序归纳构造合式表达式;从语义上讲,程序可以被解释为输入/输出关系。由复合程序所表示的关系是由其各部分所表示的关系确定的。这种组合性(compositionality)允许通过结构归纳的方式进行分析。

Boas(1978)讨论了组合性的重要性。在时态逻辑中,程序是固定的,且被认为是逻辑解释结构的一部分。在程序执行过程中,程序的当前位置存储在一个称为程序计数器(program counter)的特殊变元中,该变元与程序变元值一起构成该状态的一部分。与程序算子不同,一些时态运算符描述了程序变元(包括程序计数器)是如何随时间而变化的。因此,时态逻辑为了减少对形式的限制而牺牲了组合性。关于时态逻辑的详情可参见Harel(2000)第17章。

第6章 正则命题动态逻辑

Burstall(1974)提出使用模态逻辑对程序进行推理。但是直到1976年,受到R. Moore工作的启发,Pratt(1976)使用单独的模态词来考察每个程序,才探索出如何使用有效的方式对模态逻辑加以扩充。Fischer和Ladner(1977)对命题动态逻辑的研究似乎属于程序命题推理的首次研究。Engeler(1967)指出,逻辑系统可以广泛用于程序推理。

除了克里普克语义学,其他语义学也有所研究,详情请参见Berman(1979)、Nishimura(1979)、Kozen(1979b)、Trnkova和Reiterman(1980)、Kozen(1980b)、Pratt(1979b)。作为动态逻辑基础的模态逻辑有许多的应用和丰富的文献资料,例如,Hughes和Cresswell(1968)以及Chellas(1980)。关于交替和迭代保护命令的内容可以参见Gries(1981)。6.7节涉及到的部分正确断言和Hoare规则是由Hoare(1969)首次确立的。作为正则程序算子基础的正则表达式可参见Kleene(1956)。关于正则表达式的算术理论可参见Conway(1971)。Fischer和Ladner(1977,1979)首次将正则表达式的算术理论应用于动态逻辑中。6.5节给出的命题动态逻辑的公理化是由Segerberg(1977)确立的。多个学者对检验和逆算子进行了研究,例如Peterson(1978)、Berman(1978)、Berman和Paterson(1981)、Streett(1981,1982)、Vardi(1985b)。定理6.14是源于Trnkova和Reiterman(1980)的研究工作。本章的研究主要是基于Harel等(2000, pp.163-188)的工作展开的。

命题动态逻辑(propositional dynamic logic, PDL)是动态逻辑的基础系统。命题动态逻辑在动态逻辑中所扮演的作用,就如同经典命题逻辑在经典谓词逻辑中的所扮演的作用一样。命题动态逻辑描述了程序和"与计算域无关的"命题之间相互作用的性质。就像命题逻辑是研究经典谓词逻辑的很好的切入点一样,命题动态逻辑则是研究一阶动态逻辑很好的切入点。因为命题动态逻辑是一阶动态逻辑的子系统，所以命题动态逻辑的所有性质在一阶动态逻辑中也是有效的。

在命题动态逻辑中，不存在计算域，所以也就不存在给变元赋值一说。相反地，初始程序被解释成状态K的一个抽象集(abstract set)上的任意二元关系。同样地，初始断定就是原子命题，可以解释成状态K的任意子集。除此之外，没有别的特殊结构。一开始，这种层次的抽象似乎太过普通，看不出有什么研究价值，但是在考察程序和命题之间的基本关系时，这是一种非常自然的抽象。例如，下列命题动态逻辑公式：

$$[\alpha](\varphi\wedge\psi)\leftrightarrow[\alpha]\varphi\wedge[\alpha]\psi. \tag{6.0.1}$$

此公式的左边断定：运行程序α后，公式$\varphi\wedge\psi$必然成立；其右边断定：运行程序α后，φ必然成立，ψ也必然成立。公式(6.0.1)的意思是：公式左右两边的两个命题是等价的。这表明：为了证明两个后件的合取式成立，只要证明它们的每个合取支分别成立即可。不论计算域和特定的α，φ和ψ的性质如何，断定(6.0.1)都是普遍成立。

现在考察另一个实例：

$$[\alpha;\beta]\varphi\leftrightarrow[\alpha][\beta]\varphi. \tag{6.0.2}$$

该公式的左边断定：运行复合程序$\alpha;\beta$后，φ必然成立；右边断定：运行程序α后，$[\beta]\varphi$必然成立（即在运行程序β后，φ必然成立）。式(6.0.2)断定：左右两边的两个命题是逻辑等值。不论α，β和φ的性质如何，式(6.0.2)都成立。与断定(6.0.1)一样，式(6.0.2)可以用于简化复杂程序的证明。

现在要考察的另一个例子是：

$$[\alpha]p\leftrightarrow[\beta]p. \tag{6.0.3}$$

其中，p是初始命题符号，α和β是程序。在所有解释下，如果该公式都为真，那么α和β在如下意义上是等值的：α和β相对于命题动态逻辑或包含命题动态逻辑作为子系统的任意形式系统中任意可表达的性质而言，其行为都是一样的。这是因为对式(6.0.3)的任意代换实例都是成立。例如，下列两个程序：α=if φ

then γ else δ和β=if $\neg\varphi$ then δ else γ在式(6.0.3)的意义下是等值的。

6.1 正则命题动态逻辑的句法

从句法上讲,命题动态逻辑由命题逻辑、模态逻辑和正则表达式代数(algebra of regular expression)这三个经典部分糅合而成的。由于可以选择不同的程序算子,因此命题动态逻辑就存在不同的版本。本章主要阐述命题动态逻辑的基础版本——正则(regular)命题动态逻辑。后续章节将会阐释命题动态逻辑的变种。

正则命题动态逻辑的语言有两种类型的表达式:命题或公式$\varphi,\psi,\cdots$和程序$\alpha,\beta,\gamma,\cdots$。每类表达式都有可数多个原子符号。原子程序记为$a,b,c,\cdots$且所有原子程序的集合记为$\Pi_0$。原子命题记为$p,q,r,\cdots$且所有原子命题的集合记为$\Phi_0$。所有程序的集合记为$\Pi$,所有命题的集合记为$\Phi$。程序和命题可以通过下列算子分别由原子程序和原子命题归纳构成:

命题算子:$\rightarrow$(蕴含算子)、$\mathbf{0}$(恒假算子);

程序算子:;(程序复合算子)、$\cup$(程序选择算子)、*(程序迭代算子);

混合算子:[ ](必然算子)、?(测试算子)。

程序和命题的定义是通过相互归纳的方式得到。所有的原子程序都是程序,所有的原子命题都是命题。如果φ,ψ是命题,α,β是程序,那么:$\varphi\rightarrow\psi$(命题蕴涵)、$\mathbf{0}$(假命题)和$[\alpha]\varphi$(必然程序)都是命题;而$\alpha;\beta$(程序的序列合成)、$\alpha\cup\beta$(程序不确定性选择)、α^*(程序迭代)和$\varphi?$(程序检验)都是程序。

更正式地说,将所有程序的集合Π和所有命题的集合Φ定义为最小集合,使得:

(1)$\Phi_0\subseteq\Phi$;

(2)$\Pi_0\subseteq\Pi$;

(3)如果$\varphi,\psi\in\Phi$,那么$\varphi\rightarrow\psi\in\Phi$且$\mathbf{0}\in\Phi$;

(4)如果$\alpha,\beta\in\Pi$,那么$\alpha;\beta$、$\alpha\cup\beta$且$\alpha^*\in\Pi$;

(5)如果$\alpha\in\Pi$且$\varphi\in\Phi$,那么$[\alpha]\varphi\in\Phi$;

(6)如果$\varphi\in\Phi$,那么$\varphi?\in\Pi$。

需要注意的是:①程序Π和命题Φ的归纳定义是纠缠在一起,不可分割的,因为在结构$[\alpha]\varphi$中,命题的定义依赖程序的定义;在结构$\varphi?$中,程序的定义依赖命题的定义。②所有的公式都可以是测试程序,这是命题动态逻辑的一种富测试(rich test)解释版本。

复合程序和复合命题具有如下直观意义:

(1)$[\alpha]\varphi$表示"执行程序α后,φ必然为真";

(2)$\alpha;\beta$表示"先执行程序α,然后执行程序β";

(3)$\alpha\cup\beta$表示"随机选择程序α或β,然后执行该程序";

(4)α^*表示"不确定的有穷多次执行α(零次或更多)";

(5)$\varphi?$表示"测试φ;如果φ真,继续执行,如果φ假,则该程序失效。"

通过为算子指派优先算法顺序,就可以避免使用括号:一元算子的结合力(包括$[\alpha]$)大于二元算子,而程序复合算子";"的结合力大于程序选择算子"$\cup$"。因此表达式:$[\alpha;\beta^*\cup\gamma^*]\varphi\vee\psi$应该读作:$([\alpha;(\beta^*)\cup(\gamma^*)]\varphi)\vee\psi$。

当然,括号常常可用于加强一个表达式的一个语法分析或强化可读性。在下一节所给定的语义中,将证明:程序复合算子";"和程序选择算子"$\cup$"具有结合性。因此,$\alpha;\beta;\gamma$和$\alpha\cup\beta\cup\gamma$这类写法是没有歧义的;程序复合算子符号;常常被省略,例如$\alpha;\beta$可以写为$\alpha\beta$。

咋一看,初始算子似乎不常见,之所以选择它们是由于其数学简洁性。大量常见的结构可以通过它们来加以定义。在命题逻辑中,命题算子$\wedge$、$\vee$、$\neg$、$\leftrightarrow$和**1**(恒真算子)可以由蕴涵算子$\rightarrow$和恒假算子**0**来加以定义的。

正如在模态逻辑中可能算子< >是必然算子[ ]的模态对偶,可能算子的定义如下:$<\alpha>\varphi=_{def}\neg[\alpha]\neg\varphi$。命题$[\alpha]\varphi$和$<\alpha>\varphi$分别读作"box $\alpha\varphi$"和"diamond $\alpha\varphi$"。$<\alpha>\varphi$的直观意义是:存在一个计算α,而且在满足φ的状态下,会结束(terminate)该计算。

< >和[ ]的重要差别在于：$\langle\alpha\rangle\varphi$意味着$\alpha$会结束，而在$[\alpha]\varphi$中$\alpha$不会结束。相反，公式$[\alpha]\mathbf{0}$表明：不存在会结束的计算$\alpha$。不论$\alpha$是什么，公式$[\alpha]\mathbf{1}$恒真。

除此以外，定义：

$skip =_{def} \mathbf{1}?$

$fail =_{def} \mathbf{0}?$

$If\ \ \varphi_1 \to \alpha_1 | \cdots \varphi_n \to \alpha_n\ \ fi =_{def} \varphi_1?;\alpha_1 \cup \cdots \cup \varphi_n?;\alpha_n$

$\text{do}\ \ \varphi_1 \to \alpha_1 | \cdots | \varphi_n \to \alpha_n\ \ od =_{def} (\varphi_1?;\ \alpha_1 \cup \cdots \cup \varphi_n?;\ \alpha_n)^*; (\neg\varphi_1 \wedge \cdots \wedge \neg\varphi_n)?$

$\text{if}\ \varphi\ \text{then}\ \alpha\ \text{else}\ \beta =_{def} if\ \ \varphi \to \alpha | \neg\varphi \to \beta\ fi$

$= \varphi?;\alpha \cup \neg\varphi?;\beta$

$\text{while}\ \varphi\ \text{do}\ \alpha =_{def} do\ \ \varphi \to \alpha\ \ od$

$= (\varphi?;\alpha)^*;\neg\varphi?$

$\text{repeat}\ \alpha\ \text{until}\ \varphi =_{def} \alpha;\text{while}\ \neg\varphi\ do\ \alpha$

$= \alpha;(\neg\varphi?;\alpha)^*;\varphi?$

$\{\varphi\}\alpha\{\psi\} =_{def} \varphi \to [\alpha]\psi$

程序skip和程序fail分别是不执行任何操作的程序（no-op）和失效程序（failing program）。三元算子if-then-else和二元算子while-do分别是常见程序语言的条件结构和当型循环（while loop）结构。结构if-|-fi和do-|-od分别是备用保护命令（alternative guarded command）和迭代保护命令（iterative guarded command）。结构$\{\varphi\}\alpha\{\psi\}$是Hoare部分正确性断定。下面将说明，上面所给出这些算子的形式定义能够正确地模拟这些算子的直观行为。

6.2 正则命题动态逻辑的语义

正则命题动态逻辑的语义源于模态逻辑的语义。命题动态逻辑的程序和命题可以在克里普克框架（Kripke frame）结构上加以解释。该结构是以模态逻辑形式语义的发明者Saul Kripke的名字来命名的。克里普克框架是形如$\mathfrak{R}=(K, m_{\mathfrak{R}})$的序对。其中$K$是状态$u, v, w, \cdots$这样的元素组成的集合。$m_{\mathfrak{R}}$是一个意义函数

(meaning function),它把K的一个子集指派给每个原子命题并把K上的一个二元关系指派给每个原子程序。即:

$m_{\mathfrak{R}}(p)\subseteq K, p\in\Phi_0$;

$m_{\mathfrak{R}}(\alpha)\subseteq K\times K, \alpha\in\Pi_0$。

通过如下归纳,可以对函数$m_{\mathfrak{R}}$的定义进行扩展,从而为所有程序组成的集合Π和所有命题组成的集合Φ中的所有元素指派一个意义,使得:

$m_{\mathfrak{R}}(\varphi)\subseteq K, \varphi\in\Phi$;

$m_{\mathfrak{R}}(\alpha)\subseteq K\times K, \alpha\in\Pi$。

直观上讲,集合$m_{\mathfrak{R}}(\varphi)$可以看作是在模型$\mathfrak{R}$中满足命题$\varphi$的状态组成的集合,二元关系$m_{\mathfrak{R}}(\alpha)$可以看作是程序$\alpha$的状态的输入/输出序对组成的集合。

从形式上讲,$\varphi\in\Phi$的意义$m_{\mathfrak{R}}(\varphi)$和$\alpha\in\Pi$的意义$m_{\mathfrak{R}}(\alpha)$,可以通过结构$\varphi$和$\alpha$上的相互归纳定义得到。归纳基础(即原子符号$p\in\Phi_0$和$\alpha\in\Pi_0$的意义)在对模型$\mathfrak{R}$的说明中已给出,而复合命题和复合程序的意义可以定义如下:

$m_{\mathfrak{R}}(\varphi\rightarrow\Psi) =_{\text{def}} (K - m_{\mathfrak{R}}(\varphi))\cup m_{\mathfrak{R}}(\Psi)$

$m_{\mathfrak{R}}(0) =_{\text{def}} \varnothing$

$m_{\mathfrak{R}}([a]\varphi) =_{\text{def}} K - (m_{\mathfrak{R}}(\alpha)\circ(K - m_{\mathfrak{R}}(\varphi)))$

$= \{u \mid \forall v\in K, \text{如果}(u,v)\in m_{\mathfrak{R}}(\alpha)\text{那么}v\in m_{\mathfrak{R}}(\varphi)\}$

$m_{\mathfrak{R}}(\alpha;\beta) =_{\text{def}} m_{\mathfrak{R}}(\alpha)\circ m_{\mathfrak{R}}(\beta) = \{(u,v) \mid \exists w\in K, (u,w)\in m_{\mathfrak{R}}(\alpha)$ 且$(w,v)\in m_{\mathfrak{R}}(\beta)\}$ (6.2.1)

$m_{\mathfrak{R}}(\alpha\cup\beta) =_{\text{def}} m_{\mathfrak{R}}(\alpha)\cup m_{\mathfrak{R}}(\beta)$

$$m_{\mathfrak{R}}(\alpha^*) =_{\text{def}} m_{\mathfrak{R}}(\alpha)^* = \bigcup_{n\geqslant 0} m_{\mathfrak{R}}(\alpha)^n \quad (6.2.2)$$

$m_{\mathfrak{R}}(\varphi?) =_{\text{def}} \{(u,u) \mid u\in m_{\mathfrak{R}}(\varphi)\}$

在(6.2.1)中的算子"$\circ$"表示关系合成算子。在(6.2.2)中,第一个"*"代表命题动态逻辑中的迭代符号,第二个"*"表示在二元关系上的自返传递闭包算子。因此式(6.2.2)说明:程序α^*被解释成$m_{\mathfrak{R}}(\alpha)$的自返传递闭包。

$\mathfrak{R}, u\vDash\varphi$和$u\in m_{\mathfrak{R}}(\varphi)$可以互换。即,在$\mathfrak{R}$中$u$满足$\varphi$,或者在$\mathfrak{R}$

中φ在u的状态下为真。在$\mathfrak{R}$已知的语境下，$\mathfrak{R}$可以省略，直接写作$u\vDash\varphi$。$u\nvDash\varphi$的意义是u不满足φ，换句话说$u\notin m_{\mathfrak{R}}(\varphi)$。在这一记号下，可以将上述定义重新定义如下：

$u\vDash\varphi\rightarrow\psi\Leftrightarrow_{\text{def}}u\vDash\varphi$蕴含$u\vDash\psi$

$u\nvDash\mathbf{0}$

$u\vDash[\alpha]\varphi\Leftrightarrow_{\text{def}}\forall\upsilon$，如果$(u,\upsilon)\in m_{\mathfrak{R}}(\alpha)$那么$\upsilon\vDash\varphi$

$(u,\upsilon)\in m_{\mathfrak{R}}(\alpha\beta)\Leftrightarrow_{\text{def}}\exists w,(u,w)\in m_{\mathfrak{R}}(\alpha)$且$(w,\upsilon)\in m_{\mathfrak{R}}(\beta)$

$(u,\upsilon)\in m_{\mathfrak{R}}(\alpha\cup\beta)\Leftrightarrow_{\text{def}}(u,\upsilon)\in m_{\mathfrak{R}}(\alpha)$或$(u,\upsilon)\in m_{\mathfrak{R}}(\beta)$

$(\mathrm{u},\upsilon)\in m_{\mathfrak{R}}(\alpha^{*})\Leftrightarrow_{\text{def}}\exists n\geq 0\exists u_0,\cdots,u_n,u=u_0,\upsilon=u_n$，且$(u_i,u_{i+1})\in m_{\mathfrak{R}}(\alpha)$，（其中$0\leq i\leq n-1$）

$(u,\upsilon)\in m_{\mathfrak{R}}(\varphi?)\Leftrightarrow_{\text{def}}u=\upsilon$且$u\vDash\varphi$

根据上面的定义可以得到如下被定义的算子的意义：

$m_{\mathfrak{R}}(\varphi\vee\psi)=_{\text{def}}m_{\mathfrak{R}}(\varphi)\cup m_{\mathfrak{R}}(\psi)$

$m_{\mathfrak{R}}(\varphi\wedge\psi)=_{\text{def}}m_{\mathfrak{R}}(\varphi)\cap m_{\mathfrak{R}}(\psi)$

$m_{\mathfrak{R}}(\neg\varphi)=_{\text{def}}K-m_{\mathfrak{R}}(\varphi)$

$m_{\mathfrak{R}}(<\alpha>\varphi)=_{\text{def}}\{u\mid\exists\upsilon\in K,(u,\upsilon)\in m_{\mathfrak{R}}(\alpha)\text{且}\upsilon\in m_{\mathfrak{R}}(\varphi)\}$

$\quad=m_{\mathfrak{R}}(\alpha)\circ m_{\mathfrak{R}}(\varphi)$

$m_{\mathfrak{R}}(\mathbf{1})=_{\text{def}}K$

$m_{\mathfrak{R}}(skip)=_{\text{def}}m_{\mathfrak{R}}(\mathbf{1}?)=\iota$（恒等关系）

$m_{\mathfrak{R}}(fail)=_{\text{def}}m_{\mathfrak{R}}(0?)=\varnothing$

此外，根据上面的定义可以得到if-then-else、whlie-do和保护指令的语义，而且根据这些形式语义给出的输入/输出关系可以得到其直观运算的意义。例如，与程序while φ do α相关的关系是序对(u,υ)的集合，即存在状态$u_0,u_1,\cdots,u_n$（其中$n\geqslant 0$），使得$u=u_0,\upsilon=u_n,u_i\in m_{\mathfrak{R}}(\varphi)$且$(u_i,u_{i+1})\in m_{\mathfrak{R}}(\alpha)$（其中$0\leqslant i\leqslant n$）且$u_n\notin m_{\mathfrak{R}}(\varphi)$。对其进一步讨论将推迟到后续部分。

这一解释下的命题动态逻辑之所以被称为正则命题动态逻辑，Π中的元素之所以被称为正则程序，是因为：初始算子∪,;和*与正则表达式有关，程序被看作原子程序和测试上的正则表达式。事实上，可以证明：如果p是一个原子命题符号，那么任意两个无测试的程序α,β是等值的正则表达式（即，它们表示同一正则集合)，当且仅当，公式$<\alpha>p\leftrightarrow<\beta>p$是有效的。

例 6.1：令p是一个原子命题，且令a是一个原子程序，并且令$\mathfrak{R}=(K, m_{\mathfrak{R}})$是满足如下条件的克里普克框架：

$K=\{u, \upsilon, w\}$

$m_{\mathfrak{R}}(p)=\{u, \upsilon\}$

$m_{\mathfrak{R}}(a)=\{(u, \upsilon), (u, w), (v, w), (w, \upsilon)\}$

图 6.1 是对$\mathfrak{R}$的阐释：

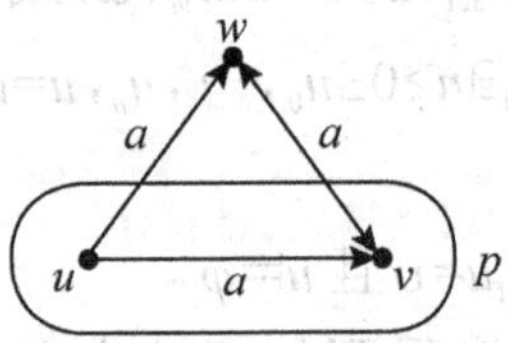

图 6.1 $\mathfrak{R}$的阐释实例

在这个结构中，$u\vDash<\alpha>\neg p\wedge<a>p$，但是$\upsilon\vDash[\alpha]\neg p$且$w\vDash[a]p$。同时，$\mathfrak{R}$的任一状态都满足公式：$<a^*>[(aa)^*]p\wedge<a^*>[(aa)^*]\neg p$。

6.3 正则命题动态逻辑的计算序列

令α是一个程序。α的一个有穷计算序列是一个有穷长的原子程序字符串，且测试表示能够出现在程序α停机执行中的原子步骤的可能序列(参见第 5 章 5.3 节)。这些字符串称为有穷计算序列 seqs，写作$\sigma, \tau, \cdots$。所有这类序列的集合记为$CS(\alpha)$。这里之所以使用“可能”这个词，是因为$CS(\alpha)$仅仅由α的句法决定，而且可能包含在任何解释中都不会被执行的一些字符串。

形式地讲，集合$CS(\alpha)$在结构α上通过归纳的方式定义如下：

$CS(\alpha)=_{\text{def}}\{a\}$，其中的$a$是原子程序；

$CS(\varphi?)=_{\text{def}}\{\varphi?\}$

$CS(\alpha;\beta)=_{\text{def}}\{\gamma\delta \mid \gamma\in CS(\alpha), \delta\in CS(\beta)\}$

$CS(\alpha\cup\beta)=_{\text{def}}CS(\alpha)\cup CS(\beta)$

$CS(\alpha^*)=_{\text{def}}\bigcup_{n\geqslant 0} CS(a^n)$

其中，α^0=skip 且$\alpha^{n+1}=\alpha\alpha^n$。例如，如果$a$是一个原子程序，$p$是一个原子公式，那么作为计算序列程序：while p do a=(p?;a)*;¬p?

中的所有字符串具有p? a p? a…p? a skip ¬p?这样的形式。

需要注意的是：一个程序α的每个有穷计算序列β本身就是一个程序，且$CS(\beta)=\{\beta\}$。而且通过对α的结构进行归纳，容易证明如下命题：

命题6.2：$m_{\mathfrak{R}}(\alpha)=\bigcup_{\sigma\in CS\alpha} m_{\mathfrak{R}}(\sigma)$

6.4 正则命题动态逻辑的可满足性和有效性

命题的可满足性和有效性定义与模态逻辑中的相应定义是相同的。令$\mathfrak{R}=(K,m_{\mathfrak{R}})$是一个克里普克框架，令$\varphi$是一个命题，在6.2节中已经定义了$\mathfrak{R},u\vDash\varphi$。如果对某个$u\in K$而言，$\mathfrak{R},u\vDash\varphi$，意思是：$\varphi$在$\mathfrak{R}$中是可满足的。如果$\varphi$在某个$\mathfrak{R}$中是可满足的，那么就说$\varphi$是可满足的。

如果对所有的$u\in K$，都有$\mathfrak{R},u\vDash\varphi$，写作$\mathfrak{R}\vDash\varphi$，那么就说$\varphi$在$\mathfrak{R}$中是有效的。若对所有克里普克框架$\mathfrak{R}$而言，都有$\mathfrak{R}\vDash\varphi$，写作$\vDash\varphi$，则说$\varphi$是有效的。

如果Σ是一个命题集，对所有的$\varphi\in\Sigma$，如果$\mathfrak{R}\vDash\varphi$，就写作：$\mathfrak{R}\vDash\Sigma$。一个命题$\psi$是$\Sigma$的逻辑后承，其意思是：只要$\mathfrak{R}\vDash\Sigma$，都有$\mathfrak{R}\vDash\psi$，在这种情况下写作：$\Sigma\vDash\psi$。但是，这不是说，只要$\mathfrak{R},u\vDash\Sigma$，都有$\mathfrak{R},u\vDash\psi$。如果$\varphi$是$\{\varphi_1,\cdots,\varphi_n\}$的一个逻辑后承，那么推理规则$\dfrac{\varphi_1,\cdots,\varphi_n}{\varphi}$就是可靠的。

从“∃与∀、< >与[ ]是对偶”的意义上讲，可满足性和有效性也是对偶，即：一个命题在$\mathfrak{R}$中是有效的，当且仅当，它的否定在$\mathfrak{R}$中是不可满足的。

例6.3：令p,q是原子命题，令a,b是原子程序，并令$\mathfrak{R}=(K,m_{\mathfrak{R}})$是满足如下条件的一个克里普克框架：

$K=\{s,t,u,\upsilon\}$

$m_{\mathfrak{R}}(p)=\{u,\upsilon\}$

$m_{\mathfrak{R}}(q)=\{t,\upsilon\}$

$m_{\mathfrak{R}}(a)=\{(t,\upsilon),(\upsilon,t),(s,u),(u,s)\}$

$m_{\mathfrak{R}}(b)=\{(u,u),(v,u),(s,t),(t,s)\}$

克里普克框架$\mathfrak{R}$的图示如6.2：

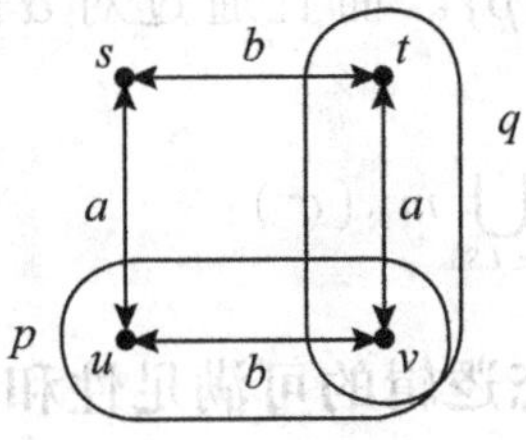

图6.2　克里普克框架$\mathfrak{R}$

如下两个公式在$\mathfrak{R}$中是有效的：① $p\leftrightarrow[(ab^*a)^*]p$；② $q\leftrightarrow[(ba^*b)^*]q$。

此外，令α是程序：

$$\alpha=(aa\cup bb\cup(ab\cup ba)(aa\cup bb)^*(ab\cup ba))^* \qquad (6.4.1)$$

把α看作一个正则表达式，α在字母表$\{a,b\}$中生成所有单词，其中每个a和b出现次数都是偶数。可以证明：对任意命题φ而言，命题$\varphi\leftrightarrow[\alpha]\varphi$在$\mathfrak{R}$中都是有效的。

例6.4：如下公式是有效的：

$$p\wedge[a^*]((p\rightarrow[a]\neg p)\wedge(\neg p\rightarrow[a]p))\leftrightarrow[(aa)^*]p\wedge[a(aa)^*]\neg p \qquad (6.4.2)$$

等值符号左右两边以不同的方式说明了：在执行原子程序a采取的路径时，p交替地取真和取假。

6.5　正则命题动态逻辑的演绎系统

下列公理系统和规则构成了命题动态逻辑的可靠且完全的希尔伯特式(Hibert-style)的演绎系统。

公理系统6.5：

(i)命题逻辑的公理都是正则命题动态逻辑的公理

(ii)$[\alpha](\varphi\rightarrow\psi)\rightarrow([\alpha]\varphi\rightarrow[\alpha]\psi)$

(iii)$[\alpha](\varphi\wedge\psi)\leftrightarrow[\alpha]\varphi\wedge[\alpha]\psi$

(iv)$[\alpha\cup\beta]\varphi\leftrightarrow[\alpha]\varphi\wedge[\beta]\varphi$

(v)$[\alpha;\beta]\varphi\leftrightarrow[\alpha][\beta]\varphi$

(vi)$[\psi?]\varphi\leftrightarrow(\psi\rightarrow\varphi)$

(vii)$\varphi\wedge[\alpha][\alpha^*]\varphi\leftrightarrow[\alpha^*]\varphi$

(viii) $\varphi \wedge [\alpha^*](\varphi \to [\alpha]\varphi) \to [\alpha^*]\varphi$ (归纳公理)

(MP) $\dfrac{\varphi, \varphi \to \psi}{\psi}$

(GEN) $\dfrac{\varphi}{[\alpha]\varphi}$

公理(ii)、公理(iii)和两个推理规则都不是命题动态逻辑所特有的，它们来自模态逻辑。规则(MP)和(GEN)分别称为分离规则和概括规则。

公理(viii)称为命题动态逻辑的归纳公理，其直观意义是：假设φ在当前状态下为真，而且经过α的任意多次迭代后，如果φ仍为真，那么在α再次迭代后，φ将仍然为真。换句话说，如果φ一开始就为真，而且程序α可以使得φ的真值得以保持，那么φ在α的任意多次迭代后都将是真的。

需要注意的是，公式(viii)与常见的皮亚诺算术(Peano arithmetic)的如下归纳公理相似：$\varphi(0) \wedge \forall n(\varphi(n) \to \varphi(n+1)) \to \forall n\varphi(n)$，其中$\varphi(0)$是归纳基础，$\forall n(\varphi(n) \to \varphi(n+1))$是归纳步骤，因此可以得到结论$\forall n\varphi(n)$。在命题动态逻辑的公理(viii)中：归纳基础是$\varphi$，归纳步骤是$[\alpha^*](\varphi \to [\alpha]\varphi)$，由此可以得到结论$[\alpha^*]\varphi$。

如果命题φ是这个系统的定理，写作$\vdash \varphi$，而且如果$\nvdash \neg\varphi$，那么φ就是一致的，也就是说，不会出现$\vdash \neg\varphi$。一个命题集合Σ是一致的，其意思是：Σ中的元素的所有有穷合取都是一致的。

建立在克里普克框架上的这些公理和规则的可靠性，可通过6.2节中使用过的关系代数加以简单论证，6.6节将给出证明细节。第7章将证明正则命题动态逻辑的完全性。

6.6 正则命题动态逻辑的基本性质

根据6.1~6.5节的相关定义，可得到正则命题动态逻辑的一些基本事实：这些结论的大部分都是以命题动态逻辑PDL的有效公式和推理规则的形式出现的。在证明这些结论的同时，也就证明了正则命题动态逻辑演绎系统的可靠性。

6.6.1 源于模态逻辑的基本性质

首先给出一些在命题动态逻辑和所有模态系统中都有效的性质。这些性质之所以在命题动态逻辑中有效，是因为命题动态逻辑包含命题模态逻辑，它们在命题动态逻辑PDL中有效。定理6.6和定理6.7不仅在模态逻辑中有效，而且在正则命题动态逻辑中也是有效的，利用关系复合的基本性质就可以证明，此处证明从略。为了方便读者，现在罗列如下。

定理6.6：以下公式在正则命题动态逻辑中都是有效的：

(i) $<\alpha>(\varphi\vee\psi)\leftrightarrow<\alpha>\varphi\vee<\alpha>\psi$

(ii) $[\alpha](\varphi\wedge\psi)\leftrightarrow[\alpha]\varphi\wedge[\alpha]\psi$

(iii) $<\alpha>\varphi\wedge[\alpha]\psi\rightarrow<\alpha>(\varphi\wedge\psi)$

(iv) $[\alpha](\varphi\rightarrow\psi)\rightarrow([\alpha]\varphi\rightarrow[\alpha]\psi)$

(v) $<\alpha>(\varphi\wedge\psi)\rightarrow<\alpha>\varphi\wedge<\alpha>\psi$

(vi) $[\alpha]\varphi\vee[\alpha]\psi\rightarrow[\alpha](\varphi\vee\psi)$

(vii) $<\alpha>0\leftrightarrow 0$

(viii) $[\alpha]\varphi\leftrightarrow\neg<\alpha>\neg\varphi$

定理6.6中(iii)~(vi)的逆命题是无效的。例如，在如图6.3所示的克里普克框架的状态u中，(iii)无效。

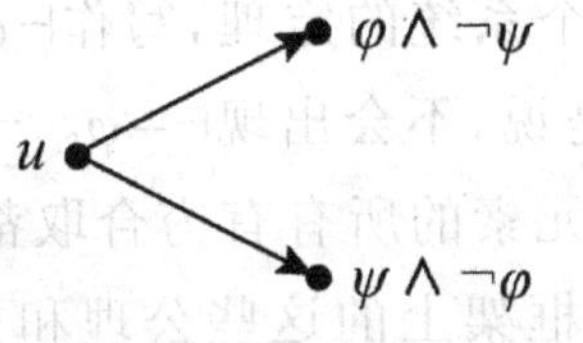

图6.3 克里普克框架状态u

其他逆命题的反模型可以类似构造。

定理6.7：下列推理规则在正则命题动态逻辑中是可靠的：

(i)模态概括规则(GEN)：$\dfrac{\varphi}{[\alpha]\varphi}$

(ii) $<\alpha>$的单调性规则：$\dfrac{\varphi\rightarrow\psi}{<\alpha>\varphi\rightarrow<\alpha>\psi}$

(iii) $[\alpha]$的单调性规则：$\dfrac{\varphi\rightarrow\psi}{[\alpha]\varphi\rightarrow[\alpha]\psi}$

在定理6.7中的(ii)和(iii)所表示的单调性是非常有用的，其意思是：相对于逻辑蕴涵的第二个论元而言，结构< >和[ ]是单调的。下面的推论6.9表明：相对于第一个论元而言，结构[ ]和< >分别是单调的和反序的(antitone)。

6.6.2 正则命题动态逻辑的∪、;和?算子的性质

下面将给出选择算子∪、复合算子;和测试算子?的基本性质。

定理6.8：下列公式在正则命题动态逻辑中是有效的：

(i) $<\alpha\cup\beta>\varphi\leftrightarrow<\alpha>\varphi\vee<\beta>\varphi$；

(ii) $[\alpha\cup\beta]\varphi\leftrightarrow[\alpha]\varphi\wedge[\beta]\varphi$。

证明：对于(i)，需要证明，对任意克里普克框架 $\mathfrak{R}$ 而言，$m_{\mathfrak{R}}(<\alpha\cup\beta>\varphi)=m_{\mathfrak{R}}(<\alpha>\varphi\vee<\beta>\varphi)$ 都成立。根据6.2节正则命题动态逻辑的语义可知：$m_{\mathfrak{R}}(<\alpha\cup\beta>\varphi)$ 与 $m_{\mathfrak{R}}(\alpha)\cup m_{\mathfrak{R}}(\beta))\circ m_{\mathfrak{R}}(\varphi)$ 等值；$m_{\mathfrak{R}}(<\alpha>\varphi\vee<\beta>\varphi)$ 与 $(m_{\mathfrak{R}}(\alpha)\circ m_{\mathfrak{R}}(\varphi))\cup(m_{\mathfrak{R}}(\beta)\circ m_{\mathfrak{R}}(\varphi))$ 等值。这两个表达式的等值性可以由第2章引理2.1关系复合算子∘对并关系算子∪的分配律得到。利用对偶关系，命题(ii)可从命题(i)中得出。证毕。

直观地讲，定理6.8的(i)表示：程序 $\alpha\cup\beta$ 在一个满足 φ 的状态下停机，当且仅当，α 或 β 在满足 φ 的状态下停机。定理6.8(ii)表示：程序 $\alpha\cup\beta$ 的任意停机状态必须满足 φ，当且仅当，程序 α 和 β 的任意停机状态也满足 φ。

在相对于第一个论元而言，结构< >和[ ]分别是单调的和反序的，即有如下推论。

推论6.9：如果 $m_{\mathfrak{R}}(\alpha)\subseteq m_{\mathfrak{R}}(\beta)$，那么对所有 φ 而言：

(i) $\mathfrak{R}\models<\alpha>\varphi\rightarrow<\beta>\varphi$

(ii) $\mathfrak{R}\models[\beta]\varphi\rightarrow[\alpha]\varphi$

证明：只需等值地证明，如果 $m_{\mathfrak{R}}(\alpha)\subseteq m_{\mathfrak{R}}(\beta)$，那么对所有 φ 而言：

(i) $m_{\mathfrak{R}}(<\alpha>\varphi)\subseteq m_{\mathfrak{R}}(<\beta>\varphi)$；

(ii) $m_{\mathfrak{R}}([\beta]\varphi)\subseteq m_{\mathfrak{R}}([\alpha]\varphi)$。

根据 $m_{\mathfrak{R}}(\alpha)\subseteq m_{\mathfrak{R}}(\beta)$，当且仅当，$m_{\mathfrak{R}}(\alpha)\cup m_{\dot{M}}(\beta)=m_{\mathfrak{R}}(\beta)$，这些命题可从定理6.8中得出。证毕。

定理6.10：下列公式在正则命题动态逻辑中是有效的：

(i) $<\alpha;\beta>\varphi \leftrightarrow <\alpha><\beta>\varphi$；

(ii) $[\alpha;\beta]\varphi \leftrightarrow [\alpha][\beta]\varphi$。

证明：需要证明：对任意模型 $\mathfrak{R}$ 而言，

(i) $m_{\mathfrak{R}}(<\alpha;\beta>\varphi)=m_{\mathfrak{R}}(<\alpha><\beta>\varphi)$；

(ii) $m_{\mathfrak{R}}([\alpha;\beta]\varphi)=m_{\mathfrak{R}}([\alpha][\beta]\varphi)$。

根据正则命题动态逻辑的语义可知，命题(i)的意思是：

$$(m_{\mathfrak{R}}(\alpha)\circ m_{\mathfrak{R}}(\beta))\circ m_{\mathfrak{R}}(\varphi)=m_{\mathfrak{R}}(\alpha)\circ(m_{\mathfrak{R}}(\beta)\circ m_{\mathfrak{R}}(\varphi))$$

根据关系复合算子的可结合性可以对此加以证明。根据< >和[ ]之间的对偶性，命题(ii)可通过命题(i)加以证明。证毕。

定理6.11：下列公式在正则命题动态逻辑中是有效的：

(i) $<\varphi?>\psi \leftrightarrow (\varphi\wedge\psi)$；

(ii) $[\varphi?]\psi \leftrightarrow (\varphi\rightarrow\psi)$。

证明：需要证明，对任意模型 $\mathfrak{R}$ 而言，

(i) $m_{\mathfrak{R}}(<\varphi?>\psi)=m_{\mathfrak{R}}(\varphi\wedge\psi)$；

(ii) $m_{\mathfrak{R}}([\varphi?]\psi)=m_{\mathfrak{R}}(\varphi\rightarrow\psi)$。

命题(i)的证明如下：

$m_{\mathfrak{R}}(<\varphi?>\psi)=\{(u,u)\mid u\in m_{\mathfrak{R}}(\varphi)\}\circ m_{\mathfrak{R}}(\psi)$

$=\{u\mid u\in m_{\mathfrak{R}}(\varphi)\}\cap m_{\mathfrak{R}}(\psi)$

$=m_{\mathfrak{R}}(\varphi)\cap m_{\mathfrak{R}}(\psi)$

$=m_{\mathfrak{R}}(\varphi\wedge\psi)$

根据< >和[ ]之间的对偶性，命题(ii)可从命题(i)中得出。证毕。

6.6.3 正则命题动态逻辑的逆算子

下列性质处理了具有如下语义的逆算子"-"：$m_{\mathfrak{R}}(\alpha^{-})=m_{\mathfrak{R}}(\alpha)^{-}=\{(\upsilon,u)\mid(u,\upsilon)\in m_{\mathfrak{R}}(\alpha)\}$。

从直观上讲，逆算子允许"向后运行一个程序"；从语义上看，程序 α^{-} 的输入/输出关系就是 α 的输出/输入关系。虽然在实践中常常不能实现，但是它却是一个有用的表达工具。例如，该算子提供了讨论回溯法(backtracking)或将计算回滚到前一个状态的

便捷方式。

定理6.12:对任意程序 α 和 β,

(i)$m_{\Re}((\alpha\cup\beta)^{-})=m_{\Re}(\alpha^{-}\cup\beta^{-})$

(ii)$m_{\Re}((\alpha;\beta)^{-})=m_{\Re}(\beta^{-};\alpha^{-})$

(iii)$m_{\Re}(\varphi?^{-})=m_{\Re}(\varphi?)$

(iv)$m_{\Re}(\alpha^{*-})=m_{\Re}(\alpha^{-*})$

(v)$m_{\Re}(\alpha^{--})=m_{\Re}(\alpha)$

证明:这些公式都能利用二元关系的性质直接加以证明。例如,(i)可通过在二元关系上的逆算子“-”与并算子∪加以证明:

$$\begin{aligned} m_{\Re}((\alpha\cup\beta)^{-}) &= m_{\Re}(\alpha\cup\beta)^{-} \\ &= (m_{\Re}(\alpha)\cup m_{\Re}(\beta))^{-} \\ &= m_{\Re}(\alpha)^{-}\cup m_{\Re}(\beta)^{-} \\ &= m_{\Re}(\alpha^{-})\cup m_{\Re}(\beta^{-}) \\ &= m_{\Re}(\alpha^{-}\cup\beta^{-}) \end{aligned}$$

可以类似证明(ii)。根据 $m_{\Re}(\varphi?)$ 是恒等关系 ι 的一个子集,因此是对称的,因此(iii)成立。(iv)和(v)可以类似证明。证毕。

定理6.12可以把含有逆算子“-”的任意程序转换成:“逆算子‘-’的所有出现仅应用于原子程序”的一个等值程序。使用定理6.12(i)~(v)中某个定理的右边部分,替换看起来像其对应的左边部分的子程序,就可以得到等值程序,应用这些规则时,就是把逆算子向内移动,直到不能再应用这些规则为止。即,直到所有逆算子“-”都仅仅被应用到初始程序为止,这时结果程序与初始程序是等值的。

定理6.12讨论了逆算子“-”与其他程序算子的相互作用。逆算子“-”与模态算子 $<\alpha>$ 和 $[\alpha]$ 的相互作用可以用如下定理来描述。

定理6.13:下列公式在正则命题动态逻辑中是有效的:

(i)$\varphi\rightarrow[\alpha]<\alpha^{-}>\varphi$

(ii)$\varphi\rightarrow[\alpha^{-}]<\alpha>\varphi$

(iii)$<\alpha>[\alpha^{-}]\varphi\rightarrow\varphi$

(iv)$<\alpha^{-}>[\alpha]\varphi\rightarrow\varphi$

证明：需要证明，将它们应用于任意$\mathfrak{R}$中，

(i) $m_{\mathfrak{R}}(\varphi)\subseteq m_{\mathfrak{R}}([\alpha]<\alpha^{-}>\varphi)$

(ii) $m_{\mathfrak{R}}(\varphi)\subseteq m_{\mathfrak{R}}([\alpha^{-}]<\alpha>\varphi)$

(iii) $m_{\mathfrak{R}}(<\alpha>[\alpha^{-}]\varphi)\subseteq m_{\mathfrak{R}}(\varphi)$

(iv) $m_{\mathfrak{R}}(<\alpha^{-}>[\alpha]\varphi)\subseteq m_{\mathfrak{R}}(\varphi)$

为了证明(i)，假设$u\in m_{\mathfrak{R}}(\varphi)$。对于任意使得$(u,\upsilon)\in m_{\mathfrak{R}}(\alpha)$的状态$\upsilon$而言，$\upsilon\in m_{\mathfrak{R}}(<\alpha^{-}>\varphi)$，因此$u\in m_{M}([\alpha]<\alpha^{-}>\varphi)$。公式(ii)可直接从(i)中得出，利用(iii)和(iv)分别是(i)和(ii)的对偶，可以证明(iii)和(iv)。证毕。

定理6.13有一个更有力的结论：在有逆算子"-"出现的命题动态逻辑中，相对于蕴涵的偏序而言，算子$<\alpha>$在任意克里普克框架$\mathfrak{R}$上是连续的。在没有逆算子"-"出现的命题动态逻辑中，使得$<\alpha>$是不连续的克里普克框架是可以被构造出来的。

令$\mathfrak{R}$是正则命题动态逻辑的任意克里普克框架，并令$m_{\mathfrak{R}}(\Phi)$是该逻辑中的一个命题解释集：$m_{\mathfrak{R}}(\Phi)=_{\text{def}}\{m_{\mathfrak{R}}(\varphi)\mid\varphi\in\Phi\}$。根据包含$\subseteq$可知，集合$m_{\mathfrak{R}}(\Phi)$是偏序。在这个偏序下，任意有穷集$\{m_{\mathfrak{R}}(\varphi_1),\cdots,m_{\mathfrak{R}}(\varphi_n)\}$的上确界(supremum)始终存在，而且在$m_{\mathfrak{R}}(\Phi)$中，即$\{m_{\mathfrak{R}}(\varphi_1)\cup\cdots\cup m_{\mathfrak{R}}(\varphi_n)\}=m_{\mathfrak{R}}(\varphi_1\vee\cdots\vee\varphi_n)$。同时，$<\alpha>$总能够使得有穷集的上确界得以保持：

$$\sup_{i=1}^{n} m_{\mathfrak{R}}(<\alpha>\varphi_i)=m_{\mathfrak{R}}(\bigvee_{i=1}^{n}<\alpha>\varphi_i)$$

$$=m_{\mathfrak{R}}(<\alpha>\bigvee_{i=1}^{n}\varphi_i)$$

通过n-1次应用定理6.6的(i)可以对此加以证明。然而，如果$A\subseteq\Phi$是无穷的，那么$\sup_{\varphi\in A}m_{\mathfrak{R}}(\varphi)$可能不存在。注意：通常情况下，$\bigcup_{\varphi\in A}m_{\mathfrak{R}}(\varphi)$不是上确界，因为它甚至不在$m_{\mathfrak{R}}(\Phi)$中。即使$\sup\varphi\in_{A}m_{\mathfrak{R}}(\varphi)$确实存在(即，如果对某个$\psi\in\Phi$而言，它是$m_{\mathfrak{R}}(\psi)$)，但它不必与$\bigcup_{\varphi\in A}m_{\mathfrak{R}}(\varphi)$等值。

下列定理表明：在逆算子"−"出现的命题动态逻辑中，算子$<\alpha>$能够使得所有存在的上确界得以保持。

定理6.14：在逆算子"-"出现的命题动态逻辑中，相对于逻辑

蕴含的顺序而言，映射 $\varphi \mapsto <\alpha>\varphi$ 是连续的。即，如果 $\mathfrak{R}$ 是一个克里普克框架，A 是一个(有穷或无穷)公式集，且 φ 是一个使得 $m_{\mathfrak{R}}(\varphi)=\sup_{\psi\in A} m_{\mathfrak{R}}(\psi)$ 成立的公式，那么 $\sup_{\psi\in A} m_{\mathfrak{R}}(<\alpha>\psi)$ 存在且与 $m_{\mathfrak{R}}(<\alpha>\varphi)$ 等值。

证明：因为 $m_{\mathfrak{R}}(\varphi)$ 是 $\{m_{\mathfrak{R}}(\psi) \mid \psi\in A\}$ 的上界(upper bound)，因此，根据定理6.7的(ii)和 $<\alpha>$ 的单调性可知，对于每个 $\psi\in A$ 而言，$m_{\mathfrak{R}}(<\alpha>\psi)\subseteq m_{\mathfrak{R}}(<\alpha>\varphi)$，所以 $m_{\mathfrak{R}}(<\alpha>\varphi)$ 是 $\{m_{\mathfrak{R}}(<\alpha>\varphi) \mid \psi\in A\}$ 的上界。为了证明 $m_{\mathfrak{R}}(<\alpha>\varphi)$ 是最小上界，设 ρ 是一个其他任意上界，即，对任意 $\psi\in A$，$m_{\mathfrak{R}}(<\alpha>\psi)\subseteq m_{\mathfrak{R}}(\rho)$。根据定理6.7的(iii)和 $[\alpha^-]$ 的单调性可知，对任意 $\psi\in A$，$m_{\mathfrak{R}}([\alpha^-]<\alpha>\psi)\subseteq m_{\mathfrak{R}}([\alpha^-]\rho)$。由定理6.13的(ii)可知，对任意 $\psi\in A$，$m_{\mathfrak{R}}(\psi)\subseteq m_{\mathfrak{R}}([\alpha^-]<\alpha>\psi)$。因此 $m_{\mathfrak{R}}([\alpha^-]\rho)$ 是 $\{m_{\mathfrak{R}}(\psi)|\psi\in A\}$ 一个上界。又因为 $m_{\mathfrak{R}}(\varphi)$ 是最小上界，$m_{\mathfrak{R}}(\varphi)\subseteq m_{\mathfrak{R}}([\alpha^-]\rho)$。再次根据 $<\alpha>$ 的单调性可知，$m_{\mathfrak{R}}(<\alpha>\varphi)\subseteq m_{\mathfrak{R}}(<\alpha>[\alpha^-]\rho)$。根据定理6.13的(iii)可知，$m_{\mathfrak{R}}(<\alpha>[\alpha^-]\rho)\subseteq m_{\mathfrak{R}}(\rho)$，因此，$m_{\mathfrak{R}}(<\alpha>\varphi)\subseteq m_{\mathfrak{R}}(\rho)$。因为 $m_{\mathfrak{R}}(\rho)$ 是 $\{m_{\mathfrak{R}}(<p>\psi)|\psi\in A\}$ 的任意一个上界，所以 $m_{\mathfrak{R}}(<\alpha>\varphi)$ 是最小上界。证毕。

6.6.4 迭代算子*

迭代算子*可以解释成二元关系上自返传递的闭包算子，迭代算子在命题动态逻辑中对迭代进行编码。迭代算子*与其他算子的区别在于，迭代算子本质上是可以进行无穷的迭代，这体现在如下的语义中：$m_{\mathfrak{R}}(\alpha^*)=m_{\mathfrak{R}}(\alpha)^*=\bigcup_{n<\omega} m_{\mathfrak{R}}(\alpha)^n$(参见6.2节)。该语义为命题动态逻辑引入了不同于其他算子的复杂性，因此PDL是不紧致的：集合

$$\{<\alpha^*>\varphi\}\cup\{\neg\varphi, \neg<\alpha>\varphi, \neg<\alpha^2>\varphi, \cdots\} \quad (6.6.1)$$

仅仅是有穷可满足，而不是可满足的。虽然迭代算子*具有无穷性，但令人惊奇的是：命题动态逻辑是可判定的，而且可以被有穷完全公理化(finitary complete axiomatization)。

根据二元关系上的自返传递闭包算子*的性质，可以得到命题动态逻辑中的*算子的性质。简而言之，对任意二元关系 R 而言，R^* 是包含 R 的 $\subseteq$-最小自返传递关系。

定理 6.15：下列公式在正则命题动态逻辑中是有效的：

(i) $[\alpha^*]\varphi \to \varphi$

(ii) $\varphi \to <\alpha^*>\varphi$

(iii) $[\alpha^*]\varphi \to [\alpha]\varphi$

(iv) $<\alpha>\varphi \to <\alpha^*>\varphi$

(v) $[\alpha^*]\varphi \leftrightarrow [\alpha^*\alpha^*]\varphi$

(vi) $<\alpha^*>\varphi \leftrightarrow <\alpha^*\alpha^*>\varphi$

(vii) $[\alpha^*]\varphi \leftrightarrow [\alpha^{**}]\varphi$

(viii) $<\alpha^*>\varphi \leftrightarrow <\alpha^{**}>\varphi$

(ix) $[\alpha^*]\varphi \leftrightarrow \varphi \wedge [\alpha][\alpha^*]\varphi$

(x) $<\alpha^*>\varphi \leftrightarrow \varphi \vee <\alpha><\alpha^*>\varphi$

(xii) $[\alpha^*]\varphi \leftrightarrow \varphi \wedge [\alpha^*](\varphi \to [\alpha]\varphi)$

(xii) $<\alpha^*>\varphi \leftrightarrow \varphi \vee <\alpha^*>(\neg\varphi \wedge <\alpha>\varphi)$

证明：这些性质可直接根据 6.2 节命题动态逻辑 PDL 的语义和自返传递闭包的性质得到。证毕。

从语义上讲，α^*是包含α的一个自返传递关系，且定理 6.15 就表征了这一点。(ii)表明α^*是自返的；(vi)表明α^*是传递的；(iv)表明α^*是包含α的；性质(x)表明α^*是包含α的一个自返传递关系。

6.6.5 自返传递闭包和归纳

为了证明迭代的性质，只知道α^*是一个含α的自返传递关系是不够的。即使再利用全域关系$K \times K$也是不够，还需要知道表征"α^*是包含α的最小自返传递关系"的方式，对此有如下几个规则和公理可以使用：

(RTC)自返传递闭包规则：

$$\frac{(\varphi \vee <\alpha>\psi) \to \psi}{<\alpha^*>\varphi \to \psi}$$

(LI)循环不变规则：

$$\frac{\psi \to [\alpha]\psi}{\psi \to [\alpha^*]\psi}$$

(IND)关于[ ]的归约公理：

$$\varphi\wedge[\alpha^*](\varphi\rightarrow[\alpha]\varphi)\rightarrow[\alpha^*]\varphi$$

(IND)关于<>的归约公理：

$$<\alpha^*>\varphi\rightarrow\varphi\vee<\alpha^*>(\neg\varphi\wedge<\alpha>\varphi)$$

规则(RTC)称为自返传递闭包规则，它与定理6.15(x)中的有效命题动态逻辑公式之间的关系是这一规则重要性的最佳体现。这个公式从右到左的蕴含是用$<\alpha^*>\varphi$代替表达式(6.6.2)中的R得到的：

$$\varphi\vee<\alpha>R\rightarrow R \tag{6.6.2}$$

定理6.15(x)表明：$<\alpha^*>\varphi$是(6.6.2)的解答方案；即，当用$<\alpha^*>\varphi$代替R时，(6.6.2)是有效的。规则(RTC)表明：$<\alpha^*>\varphi$是相对于逻辑蕴含而言的最小解答方案。即，在一个有效式中，通过替换(6.6.2)中的R而得到的有效公式中，$<\alpha^*>\varphi$是命题动态逻辑可以定义的最小状态集。

具有(IND)标签的两个对偶命题一起被称为命题动态逻辑的归约公理。直观地讲，关于[ ]的归约公理表明：如果φ最初是真的，且在程序α的任意次迭代后，如果φ的真值仍然可以通过α的再一次迭代被保持，那么在α的任意迭代次数后，φ仍将是真的。关于< >的归约公理表明：如果在α的某种次数迭代后，可能达到满足φ的状态，那么φ或是真的，或者可能进入"φ为假但对α再一次迭代后φ为真"的状态。

正如6.5节所指出的那样：关于[ ]的归约公理与皮亚诺算术的如下归约公理很相似：$\varphi(0)\wedge\forall n(\varphi(n)\rightarrow\varphi(n+1))\rightarrow\forall n\varphi(n)$。

在下面的定理6.18中，将讨论命题动态逻辑中的其他公理和规则，规则(RTC)、(LI)和(IND)是相互可推导的。规则(RTC)是可靠的。规则(LI)和(IND)的可靠性将从定理6.18中得出。

定理6.16：自返传递闭包规则(RTC)是可靠的。

证明：需要证明，在任意模型$\mathfrak{R}$中，如果$m_{\mathfrak{R}}(\varphi)\subseteq m_{\mathfrak{R}}(\psi)$且$m_{\mathfrak{R}}(<\alpha>\psi)\subseteq m_{\mathfrak{R}}(\psi)$，那么$m_{\mathfrak{R}}(<\alpha^*>\varphi)\subseteq m_{\mathfrak{R}}(\psi)$。施归纳于$n$可知：$m_{\mathfrak{R}}(<\alpha^n>\varphi)\subseteq m_{\mathfrak{R}}(\psi)$。很显然，$m_{\mathfrak{R}}(\varphi)=m_{\mathfrak{R}}(<\text{skip}>\varphi)$，因为$m_{\mathfrak{R}}(\text{skip})=\iota$，且对关系复合而言，$\iota$是一个等词。根据定义可知：$\alpha^0=\text{skip}$，因

此$m_{\Re}(<\alpha^0>\varphi)\subseteq m_{\Re}(\psi)$

现假设$m_{\Re}(<\alpha^n>\varphi)\subseteq m_{\Re}(\psi)$，那么，

$$m_{\Re}(<\alpha^{n+1}>\varphi)=m_{\Re}(<\alpha><\alpha^n>\varphi)$$

$$\subseteq m_{\Re}(<\alpha>\psi)\quad \text{根据}<\alpha>\text{单调性}$$

$$\subseteq m_{\Re}(\psi)\quad \text{根据假设}$$

因此，对任意n而言，$m_{\Re}(<\alpha^n>\varphi)\subseteq m_{\Re}(\psi)$。因为$m_{\Re}(<\alpha^*>\varphi)=\bigcup_{n<\omega}m_{\Re}(<\alpha^n>\varphi)$，所以有$m_{\Re}(<\alpha^*>\varphi)\subseteq m_{\Re}(\psi)$。证毕。

归纳公理(IND)、自返传递闭包规则(RTC)与循环不变规则(LI)之间的演绎关系，可以用下面的引理和定理进行总结。需要强调的是：这些结论是独立于6.2节语义的纯理论证明。

引理6.17：在命题动态逻辑中，不使用归纳公理，就可以推出定理6.7的(ii)和(iii)的单调性规则。

证明：这是一条纯粹的模态逻辑的定理。首先证明：在命题动态逻辑中，不使用归纳公理，就可以推出定理6.7的(iii)的单调性规则。假设前提$\varphi\to\psi$成立，运用模态概括规则可以得到$[\alpha](\varphi\to\psi)$，那么根据公理6.5的(ii)和分离规则可得：$[\alpha]\varphi\to[\alpha]\psi$。根据纯命题推导，对偶单调规则(即定理6.7的(ii))可从(iii)中得出。证毕。

定理6.18：在命题动态逻辑中，不使用归纳公理，如下3个公理和规则可互相推出：(1)归纳公理(IND)；(2)循环不变规则(LI)；(3)自返传递闭包规则(RTC)。

证明：首先证明(IND)→(LI)。假设(LI)的前提成立：$\varphi\to[\alpha]\varphi$，根据模态概括规则可得$[\alpha^*](\varphi\to[\alpha]\varphi)$。因此，$\varphi\to\varphi\wedge[\alpha^*](\varphi\to[\alpha]\varphi)$(根据命题推理)$\to[\alpha^*]\varphi$(根据(IND)。再根据蕴含的传递性，可得到：$\varphi\to[\alpha^*]\varphi$，(LI)的结论得证。

然后证明(LI)→(RTC)。通过纯命题推理对规则(RTC)进行对偶化，可得如下规则：

$$\frac{\psi\to\varphi\wedge[\alpha]\psi}{\psi\to[a^*]\varphi}\tag{6.6.3}$$

这条规则与规则(RTC)等值。因此，从规则(LI)中可以推导出式(6.6.3)。根据式(6.6.3)的前提和命题推理，可得出如下两个公式：

$$\psi\to\varphi \tag{6.6.4}$$

$$\psi\to[\alpha]\psi \tag{6.6.5}$$

把规则(LI)应用到式(6.6.5),可得:$\psi\to[\alpha^*]\psi$。再根据式(6.6.4)和单调性(引理6.17),可得到:$\psi\to[\alpha^*]\varphi$。式(6.6.3)的结论得证。

其次证明(RTC)→(IND)。根据公理6.5的(iii)和(vii)以及命题推理,可得:

$$\begin{aligned}&\varphi\wedge[\alpha^*](\varphi\to[\alpha]\varphi)\\&\to\varphi\wedge(\varphi\to[\alpha]\varphi)\wedge[\alpha][\alpha^*](\varphi\to[\alpha]\varphi)\\&\to\varphi\wedge[\alpha]\varphi\wedge[\alpha][\alpha^*](\varphi\to[\alpha]\varphi)\\&\to\varphi\wedge[\alpha](\varphi\wedge[\alpha^*](\varphi\to[\alpha]\varphi))\end{aligned}$$

根据蕴含的传递性可得:$\varphi\wedge[\alpha^*](\varphi\to[\alpha]\varphi)\to\varphi\wedge[\alpha](\varphi\wedge[\alpha^*](\varphi\to[\alpha]\varphi))$。应用与规则(RTC)等值的式(6.6.3)可得到规则(IND):$\varphi\wedge[\alpha^*](\varphi\to[\alpha]\varphi)\to[\alpha^*]\varphi$。证毕。

6.7 编码霍尔逻辑

霍尔部分正确断定$\{\varphi\}\alpha\{\psi\}$,可以编码成命题动态逻辑中的公式$\varphi\to[\alpha]\psi$。如下定理表明:在这一编码下,动态逻辑包含了霍尔逻辑(Hoare logic)。

定理6.19: 下列霍尔逻辑的规则在命题动态逻辑中是可推出的:

(i)合成规则:

$$\frac{\{\varphi\}\alpha\{\sigma\},\{\sigma\}\beta\{\psi\}}{\{\varphi\}\alpha;\beta\{\psi\}}$$

(ii)条件规则:

$$\frac{\{\varphi\wedge\sigma\}\alpha\{\psi\},\{\neg\varphi\wedge\sigma\}\beta\{\psi\}}{\{\sigma\}\text{if }\varphi\text{ then }\alpha\text{ else }\beta\{\psi\}}$$

(iii)whlie规则:

$$\frac{\{\varphi\wedge\psi\}\alpha\{\psi\}}{\{\psi\}\text{while }\varphi\text{ do }\alpha\{\neg\varphi\wedge\psi\}}$$

（iv）弱化规则：

$$\frac{\varphi' \rightarrow \varphi, \{\varphi\}\alpha\{\psi\}, \psi \rightarrow \psi'}{\{\varphi'\}\alpha\{\psi'\}}$$

证明：在命题动态逻辑中可以推导出（iii）while规则。其他霍尔规则也可推导出来。

假设如下前提成立：$\{\varphi\wedge\psi\}\alpha\{\psi\}=(\varphi\wedge\psi)\rightarrow[\alpha]\psi$ （6.7.1）

试图得出如下结论：

$\{\psi\}$ whlie φ do $\alpha\{\neg\varphi\wedge\psi\} = \psi\rightarrow[(\varphi?;\alpha)^*;\neg\varphi?](\neg\varphi\wedge\psi)$（6.7.2）

使用命题推理，式（6.7.1）与表达式$\psi\rightarrow(\varphi\rightarrow[\alpha]\psi)$等值。根据公理6.5的（v）和（vi），这一表达式与表达式$\psi\rightarrow[\varphi?;\alpha]\psi$等值。应用循环不变规则（LI），可得：$\psi\rightarrow[(\varphi?;\alpha)^*]\psi$。根据$[(\varphi?;\alpha)^*]$的单调性（引理6.17）和命题推理可得：$\psi\rightarrow[(\varphi?;\alpha)^*](\neg\varphi\rightarrow(\neg\varphi\wedge\psi))$。根据公理6.5的（vi），可得：$\psi\rightarrow[(\varphi?;\alpha)^*][\neg\varphi?](\neg\varphi\wedge\psi)$。根据公理6.5的（v），它与（6.7.2）的结论等值。证毕。

第7章　滤过和可判定性

本章将为正则命题动态逻辑建立一个小模型性质(small model property)。这种结果和用来证明它的技术直接来源于模态逻辑，称为滤过(filtration)。小模型性质是指：如果φ是可满足的，那么在不超过$2^{|\varphi|}$种状态的克里普克(Kripke)框架中，φ也将被满足，这里的$|\varphi|$是指符号φ的个数。这为命题动态逻辑的满足性问题给出了一个原始的判定程序：为了决定φ是否可满足，可以构造最多$2^{|\varphi|}$个状态的所有克里普克框架，然后检查φ是否在其中一个框架的某个状态下满足。仅仅考虑在φ中出现的初始公式和初始程序的解释，就大概有$2^{2^{|\varphi|}}$个这样的模型，因此这种指数级算法在实践中是不可行的，一个更有效的算法将在第9章给出。

命题动态逻辑的滤过讨论和小模型特性是由Fischer和Ladner(1977，1979)提出的。Berman(1979，1982)、Parikh(1978a)、Pratt(1979a，1980a)和Kozen(1979c，1979b，1980a，1980b，1981b)研究了命题动态逻辑的非标准克里普克框架。本章的研究主要是以Harel等(2000，pp.191-201)为基础展开的。在本章中，如果没有特别说明，命题动态逻辑都是指的是正则命题动态逻辑。

7.1　Fischer–Ladner闭包

在较简单的模态系统中，很多证明都使用了良基子公式(well-founded subformula)关系进行归纳。在命题动态逻辑中，通过同时对程序和命题的定义进行归纳，加之迭代算子*的行为使得问题变得复杂，从而导致归纳证明更为棘手。不过，在归纳证明过程中仍然可以使用良基子表达式关系，这里的一个表达式既可以是一个程序也可以是一个命题。由于存在混合算子[ ]和?，程序和命题中的任何一个都可以是另一个的子表达式。

现在通过同时归纳的方式定义如下两个函数：

$FL: \Phi \to 2^{\Phi}$

$FL^{\square}: \{[\alpha]\varphi | \alpha \in \Psi, \varphi \in \Phi\} \to 2^{\Phi}$

集合FL(φ)称为φ的Fischer-Ladner闭包。引理7.3中滤过的结构使用了一个给定公式的Fischer-Ladner闭包，其中命题模态逻辑的相应证明将使用子公式集。

函数FL和FL$^{\square}$的归纳定义如下：

(a)$FL(p) =_{def} \{p\}$，其中的p是一个原子命题

(b)$FL(\varphi \to \psi) =_{def} (\varphi \to \psi) \cup FL(\varphi) \cup FL(\psi)$

(c)$FL(\mathbf{0}) =_{def} \{\mathbf{0}\}$

(d)$FL([\alpha]\varphi) =_{def} FL^{\square}([\alpha]\varphi) \cup FL(\varphi)$

(e)$FL^{\square}([a]\varphi) =_{def} \{[a]\varphi\}$，其中的$a$是一个原子程序

(f)$FL^{\square}([\alpha \cup \beta]\varphi) =_{def} \{[\alpha \cup \beta]\varphi\} \cup FL^{\square}([\alpha]\varphi) \cup FL^{\square}([\beta]\varphi)$

(g)$FL^{\square}([\alpha;\beta]\varphi) =_{def} \{[\alpha;\beta]\varphi\} \cup FL^{\square}([\alpha][\beta]\varphi) \cup FL^{\square}([\beta]\varphi)$

(h)$FL^{\square}([\alpha^*]\varphi) =_{def} \{[\alpha^*]\varphi\} \cup FL^{\square}([\alpha][\alpha^*]\varphi)$

(i)$FL^{\square}([\psi?]\varphi) =_{def} \{[\psi?]\varphi\} \cup FL(\psi)$.

这个定义显然比单纯的子表达式要复杂得多。事实上，由于规则(h)，乍一看是出现了循环，为了避免任何这样的循环就需要引入辅助函数FL$^{\square}$。它只对形如$[\alpha]\varphi$的公式进行了定义，通过分解α和忽略φ的方式直观地产生了FL($[\alpha]\varphi$)的元素。

即使相信这种定义是不循环的，也可能不清楚FL(φ)的大小取决于φ的长度。事实上，规则(h)的右边包含一个比左边的公式更大的公式。通过对良基子表达式关系进行的归纳，就可以建立一个线性关系（参见引理7.3）。

首先需要说明FL和FL$^{\square}$的传递性，这种传递性在以后的讨论中会很有用。

引理7.1：

(i)如果$\sigma \in FL(\varphi)$，那么$FL(\sigma) \subseteq FL(\varphi)$。

(ii)如果$\sigma \in FL^{\square}([\alpha]\varphi)$，那么$FL(\sigma) \subseteq FL^{\square}([\alpha]\varphi) \cup FL(\varphi)$。

证明：通过同时对良基子表达式关系进行归纳可以证明(i)和(ii)。首先证明(i)，假定此归纳假设(i)和(ii)对于φ的真子表达

式(proper subexpression)都成立。根据φ的形式,有四种情况:原子命题p、$\varphi\to\psi$、$\mathbf{0}$或者$[\alpha]\varphi$。第一种和第三种情况容易证明,这里只证明第二种和第四种情况。

如果$\sigma\in FL(\varphi\to\psi)$,那么根据在FL的定义中的条款($b$)可知:要么$\sigma=\varphi\to\psi$,要么$\sigma\in FL(\varphi)$,要么$\sigma\in FL(\psi)$。在第一种情况下,$FL(\sigma)=FL(\varphi\to\psi)$,这时结论显然成立。在第二种和第三种情况下,根据(i)的归纳假设可知:$FL(\sigma)\subseteq FL(\varphi)$且$FL(\sigma)\subseteq FL(\psi)$。无论哪种情况,根据FL的定义中的条款(b)可知:$FL(\sigma)\subseteq FL(\varphi\to\psi)$。

如果$\sigma\in FL([\alpha]\varphi)$,那么根据FL的定义中的条款(d)可知:要么$\sigma\in FL^{\square}([\alpha]\varphi)$,要么$\sigma\in FL(\varphi)$。当$\sigma\in FL^{\square}([\alpha]\varphi)$时,根据(ii)的归纳假设可知:$FL(\sigma)\subseteq FL^{\square}([\alpha]\varphi)\cup FL(\varphi)$。这里的归纳假设是成立的,因为$\alpha$是$[\alpha]\varphi$的真子表达式。当$\sigma\in FL(\varphi)$时,根据(i)归纳假设可知:$FL(\sigma)\subseteq FL(\varphi)$。所以无论哪种情况,根据FL的定义中的条款(d)可知:$FL(\sigma)\subseteq FL([\alpha]\varphi)$。

现在证明(ii),再次假设(i)和(ii)对于真子表达式成立。根据程序的形式,有五种情况:原子程序a, $\alpha\cup\beta$, $\alpha;\beta$, α^*或$\psi?$。这里只证明第三种和第四种情况,剩下的三种情况容易证明。如果$\sigma\in FL^{\square}([\alpha;\beta]\varphi)$,那么根据$FL^{\square}$的定义中的条款(g)可知:要么(A)$\sigma=[\alpha;\beta]\varphi$,要么(B)$\sigma\in FL^{\square}([\alpha][\beta]\varphi)$,要么(C)$\sigma\in FL^{\square}([\beta]\varphi)$。

在情况(A)下,根据FL的定义中的条款(d)可知:$FL(\sigma)=FL^{\square}([\alpha;\beta]\varphi)\cup FL(\varphi)$,这时结论显然成立。

在情况(B)下,有

$$\begin{aligned} FL(\sigma) &\subseteq FL^{\square}([\alpha][\beta]\varphi)\cup FL([\beta]\varphi) && \text{根据归纳假设(ii)} \\ &= FL^{\square}([\alpha][\beta]\varphi)\cup FL^{\square}([\beta]\varphi)\cup FL(\varphi) && \text{根据FL的定义中的条款(d)} \\ &\subseteq FL^{\square}([\alpha;\beta]\varphi)\cup FL(\varphi) && \text{根据}FL^{\square}\text{的定义中的条款(g)} \end{aligned}$$

在情况(C)下,

$$\begin{aligned} FL(\sigma) &\subseteq FL^{\square}([\beta]\varphi)\cup FL(\varphi) && \text{根据归纳假设(ii)} \\ &\subseteq FL^{\square}([\alpha;\beta]\varphi)\cup FL(\varphi) && \text{根据}FL^{\square}\text{的定义中的条款(g)} \end{aligned}$$

如果$\sigma\in FL^{\square}([\alpha^*]\varphi)$,那么根据$FL^{\square}$的定义中的条款(h)可知:要么$\sigma=[\alpha^*]\varphi$,要么$\sigma\in FL^{\square}([\alpha][\alpha^*]\varphi)$。当$\sigma=[\alpha^*]\varphi$时,根据FL的定

义中的条款(d)可知：$FL(\sigma)=FL^{\square}([\alpha^*]\varphi)\cup FL(\varphi)$。当 $\sigma\in FL^{\square}([\alpha][\alpha^*]\varphi)$ 时，通过归纳假设(ii)以及FL和 $FL^{\square}$ 的定义中的条款(d)和(h)可知：

$$
\begin{aligned}
FL(\sigma) &\subseteq FL^{\square}([\alpha][\alpha^*]\varphi)\cup FL([\alpha^*]\varphi)\\
&=FL^{\square}([\alpha][\alpha^*]\varphi)\cup FL^{\square}([\alpha^*]\varphi)\cup FL(\varphi)\\
&\subseteq FL^{\square}([\alpha^*]\varphi)\cup FL(\varphi)
\end{aligned}
$$

证毕。

下列FL的闭包性质是引理7.1的直接推论。

引理7.2：

(i)如果 $[\alpha]\psi\in FL(\varphi)$，那么 $\psi\in FL(\varphi)$。

(ii)如果 $[\rho?]\psi\in FL(\varphi)$，那么 $\rho\in FL(\varphi)$。

(iii)如果 $[\alpha\cup\beta]\psi\in FL(\varphi)$，那么 $[\alpha]\psi\in FL(\varphi)$ 且 $[\beta]\psi\in FL(\varphi)$。

(iv)如果 $[\alpha;\beta]\psi\in FL(\varphi)$，那么 $[\alpha][\beta]\psi\in FL(\varphi)$ 且 $[\beta]\psi\in FL(\varphi)$。

(v)如果 $[\alpha^*]\psi\in FL(\varphi)$，那么 $[\alpha][\alpha^*]\psi\in FL(\varphi)$。

证明从略。

下面的引理限制了作为 φ 的长度的函数 $FL(\varphi)$ 的基数，其中 $\#A$ 表示集合 A 的基数。分别用 $|\varphi|$ 和 $|\alpha|$ 表示 φ 和 α 中不包括括号的符号数量的长度。

引理7.3：

(i)对于任意公式 φ，$\#FL(\varphi)\leq|\varphi|$。

(ii)对于任意公式 $[\alpha]\varphi$，$\#FL^{\square}([\alpha]\varphi)\leq|\alpha|$。

证明：通过同时对良基子表达式关系进行归纳可以对引理7.3加以证明。首先证明(i)。如果 φ 是一个原子公式 p，那么 $\#FL(p)=1=|p|$。如果 φ 形如 $\psi\to p$，那么

$$
\begin{aligned}
\#FL(\psi\to p) &\leq 1+\#FL(\psi)+\#FL(p)\\
&\leq 1+|\psi|+|p| \quad \text{根据归纳假设(i)}\\
&=|\psi\to p|.
\end{aligned}
$$

对于 φ 的形式 **0** 的论证是容易的。如果 φ 是 $[\alpha]\psi$ 的形式，那么

$$
\begin{aligned}
\#FL([\alpha]\psi) &\leq \#FL^{\square}([\alpha]\psi)+\#FL(\psi)\\
&\leq |\alpha|+|\psi| \quad \text{根据归纳假设(i)和(ii)}\\
&\leq |[\alpha]\psi|。
\end{aligned}
$$

现在证明(ii)。如果α是一个原子程序a,那么$\#FL^{\square}([\alpha]\varphi)=1=|a|$。

如果α是$\beta\cup\gamma$的形式,那么

$$\begin{aligned}\#FL^{\square}([\beta\cup\gamma]\varphi)&\leq 1+\#FL^{\square}([\beta]\varphi)+\#FL^{\square}([\gamma]\varphi)\\&\leq 1+|\beta|+|\gamma|\\&=|\beta\cup\gamma|。\end{aligned}$$

如果α是$\beta;\gamma$的形式,那么

$$\begin{aligned}\#FL^{\square}([\beta;\gamma]\varphi)&\leq 1+\#FL^{\square}([\beta][\gamma]\varphi)+\#FL^{\square}([\gamma]\varphi)\\&\leq 1+|\beta|+|\gamma|\\&=|\beta;\gamma|。\end{aligned}$$

如果α是β^*的形式,那么

$$\begin{aligned}\#FL^{\square}([\beta^*]\varphi)&\leq 1+\#FL^{\square}([\beta][\beta*]\varphi)\\&\leq 1+|\beta|\\&=|\beta*|。\end{aligned}$$

如果α是$\psi?$的形式,那么

$$\begin{aligned}\#FL^{\square}([\psi?]\varphi)&\leq 1+\#FL(\psi)\\&\leq 1+|\psi| \qquad \text{根据归纳假设(i)}\\&=|\psi?|。\end{aligned}$$

证毕。

7.2 滤过和小模型定理

给定一个命题动态逻辑命题φ和一个克里普克框架$\mathfrak{K}=(K, m_{\mathfrak{K}})$,定义一个被称为通过FL($\varphi$)的$\mathfrak{K}$的滤过(filtration)的新框架$\mathfrak{K}/FL(\varphi)=(K/\mathrm{FL}(\varphi), m_{\mathfrak{K}/\mathrm{FL}(\varphi)})$如下:$u\equiv\upsilon\Leftrightarrow_{\mathrm{def}}\forall\psi\in\mathrm{FL}(\varphi)(u\in m_{\mathfrak{K}}(\psi)\Leftrightarrow\upsilon\in m_{\mathfrak{K}}(\psi))$可以定义$\mathfrak{K}$的状态上的一个二元关系≡。换句话说,状态$u$和$\upsilon$坍塌(collapse)的意思是,$u$和$\upsilon$不能被FL($\varphi$)的任何公式加以区分。令:

$[u]=_{\mathrm{def}}\{\upsilon|\upsilon\equiv u\}$;

$K/\mathrm{FL}(\varphi)=_{\mathrm{def}}\{[u]|u\in K\}$;

$m_{\mathfrak{K}/\mathrm{FL}(\varphi)}(p)=_{\mathrm{def}}\{[u]|u\in m_{\mathfrak{K}}(p)\}$,其中的$p$是一个原子命题;

$m_{\mathfrak{K}/\mathrm{FL}(\varphi)}(a)=_{\mathrm{def}}\{([u],[\upsilon])|(u,\upsilon)\in m_{\mathfrak{K}}(a)\}$,其中的$a$是一个原子程序。

映射$m_{\mathfrak{R}/\mathrm{FL}(\varphi)}$可以像第6章6.2节那样采取归纳的方式，扩展到复合命题和程序中。

下面的关键引理与$\mathfrak{R}$和$\mathfrak{R}/\mathrm{FL}(\varphi)$有关，其证明的主要困难在于引理陈述中的归纳假设的正确表述。一旦表述正确，通过对良基子表达式关系进行归纳就可以直接加以证明。

引理7.4（滤过引理）：设$\mathfrak{R}$是一个克里普克框架，u和υ是$\mathfrak{R}$的状态。

（i）对于所有的$\psi\in\mathrm{FL}(\varphi)$，$u\in m_{\mathfrak{R}}(\psi)$当且仅当$[u]\in m_{\mathfrak{R}/\mathrm{FL}(\varphi)}(\psi)$。

（ii）对于所有的$[\alpha]\psi\in\mathrm{FL}(\varphi)$，

a）如果$(u,\upsilon)\in m_{\mathfrak{R}}(\alpha)$，那么$([u],[\upsilon])\in m_{\mathfrak{R}/\mathrm{FL}(\varphi)}(\alpha)$；

b）如果$([u],[\upsilon])\in m_{\mathfrak{R}/\mathrm{FL}(\varphi)}(\alpha)$且$u\in m_{\mathfrak{R}}([\alpha]\psi)$，那么$\upsilon\in m_{\mathfrak{R}}(\psi)$。

证明：通过对良基子表达式关系进行同时归纳即可证明。首先证明（i）。根据ψ的形式，有如下四种情况。

情形1：原子命题$p\in\mathrm{FL}(\varphi)$，如果$u\in m_{\mathfrak{R}}(p)$，那么根据$\mathfrak{R}/FL(\varphi)$的定义可知，$[u]\in m_{\mathfrak{R}/\mathrm{FL}(\varphi)}(p)$。反之，如果$[u]\in m_{\mathfrak{R}/\mathrm{FL}(\varphi)}(p)$，那么存在一个$u'$，使得$u'\equiv u$且$u'\in m_{\mathfrak{R}}(p)$。此时$u\in m_{\mathfrak{R}}(p)$也成立。

情形2：如果$\psi\to\rho\in\mathrm{FL}(\varphi)$，那么根据引理7.1可知，$\psi\in\mathrm{FL}(\varphi)$且$\rho\in\mathrm{FL}(\varphi)$。根据归纳假设，（i）对于$\psi$与$\rho$都成立，因此，

$$\begin{aligned}
s\in m_{\mathfrak{R}}(\psi\to\rho) &\Leftrightarrow s\in m_{\mathfrak{R}}(\psi)\Rightarrow s\in m_{\mathfrak{R}}(\rho)\\
&\Leftrightarrow [s]\in m_{\mathfrak{R}/\mathrm{FL}(\varphi)}(\psi)\Rightarrow [s]\in m_{\mathfrak{R}/\mathrm{FL}(\varphi)}(\rho)\\
&\Leftrightarrow [s]\in m_{\mathfrak{R}/\mathrm{FL}(\varphi)}(\psi\to\rho).
\end{aligned}$$

情形3：**0**的情况下的证明很容易，证明从略。

情形4：如果$[\alpha]\psi\in\mathrm{FL}(\varphi)$，对$\alpha$和$\psi$运用归纳假设。根据引理7.2的（i）可知，$\psi\in\mathrm{FL}(\varphi)$。根据归纳假设，（i）对于$\psi$是成立的，（ii）对于$[\alpha]\psi$是成立的。根据（ii）中的条款（b），并运用稍后的事实可知：

$$s\in m_{\mathfrak{R}}([\alpha]\psi)\Rightarrow\forall t(([s],[t])\in m_{\mathfrak{R}/\mathrm{FL}(\varphi)}(\alpha)\Rightarrow t\in m_{\mathfrak{R}}(\psi))\tag{7.2.1}$$

相反地，根据（ii）中的条款（a）可知：

$$\begin{aligned}
&\forall t(([s],[t])\in m_{\mathfrak{R}/\mathrm{FL}(\varphi)}(\alpha)\Rightarrow t\in m_{\mathfrak{R}}(\psi))\\
&\Rightarrow\forall t((s,t)\in m_{\mathfrak{R}}(\alpha)\Rightarrow t\in m_{\mathfrak{R}}(\psi))\\
&\Rightarrow s\in m_{\mathfrak{R}}([\alpha]\psi)
\end{aligned}\tag{7.2.2}$$

因此，

$$s\in m_{\mathfrak{R}}([\alpha]\psi)$$

$$\Leftrightarrow \forall t(([s],[t])\in m_{\mathfrak{R}/\mathrm{FL}(\varphi)}(\alpha)\Rightarrow t\in m_{\mathfrak{R}}(\psi))$$

根据(7.2.1)和(7.2.2)

$$\Leftrightarrow \forall t(([s],[t])\in m_{\mathfrak{R}/\mathrm{FL}(\varphi)}(\alpha)\Rightarrow [t]\in m_{\mathfrak{R}/\mathrm{FL}(\varphi)}(\psi))$$

根据(i)对于ψ成立

$$\Leftrightarrow [s]\in m_{\mathfrak{R}/\mathrm{FL}(\varphi)}([\alpha]\psi).$$

这里完成了对(i)的证明。

对于(ii)，根据α的形式，有如下五种情况。

情形1：对于一个原子程序a，根据定义$m_{\mathfrak{R}/\mathrm{FL}(\varphi)}(a)$可以直接证明(ii)中的条款a)。现在证明b)，如果$([s],[t])\in m_{\mathfrak{R}/\mathrm{FL}(\varphi)}(a)$，那么根据定义$m_{\mathfrak{R}/\mathrm{FL}(\varphi)}(a)$可知：存在$s'\equiv s$且$t'\equiv t$，使得$(s',t')\in m_{\mathfrak{R}}(a)$。如果$s\in m_{\mathfrak{R}}([a]\psi)$，那么由于$s'\equiv s$且$[a]\psi\in \mathrm{FL}(\varphi)$可知：$s'\in m_{\mathfrak{R}}([a]\psi)$，因此根据$[a]$的语义可知：$t'\in m_{\mathfrak{R}}(\psi)$。但根据引理7.2的(i)有$\psi\in \mathrm{FL}(\varphi)$，且根据$t\equiv t'$可知：$t\in m_{\mathfrak{R}}(\psi)$。

情形2：对于一个测试$\rho?$，根据引理7.2的(ii)可知：$\rho\in \mathrm{FL}(\varphi)$。因此，根据归纳假设可知：(i)对于$\rho$是成立的。所以，(ii)中的a)成立。现在证明b)：

$$([s],[s])\in m_{\mathfrak{R}/\mathrm{FL}(\varphi)}(\rho?)\text{和}\ s\in m_{\mathfrak{R}}([\rho?]\psi)$$

$$\Rightarrow [s]\in m_{\mathfrak{R}/\mathrm{FL}(\varphi)}(\rho)\text{和}\ s\in m_{\mathfrak{R}}(\rho\to\psi)$$

$$\Rightarrow s\in m_{\mathfrak{R}}(\rho)\text{和}\ s\in m_{\mathfrak{R}}(\rho\to\psi)$$

$$\Rightarrow s\in m_{\mathfrak{R}}(\psi).$$

情形3：$\alpha=\beta\cup\gamma$的情况容易证明。证明从略。

情形4：对于$\alpha=\beta;\gamma$的情况，为了证明a)，根据引理7.2的(iv)可知：$[\beta][\gamma]\psi\in \mathrm{FL}(\varphi)$且$[\gamma]\psi\in \mathrm{FL}(\varphi)$，所以a)对于$\beta$和$\gamma$而言是成立的。因此，

$$(s,t)\in m_{\mathfrak{R}}(\beta;\gamma)$$

$$\Rightarrow \exists u(s,u)\in m_{\mathfrak{R}}(\beta)\text{和}(u,t)\in m_{\mathfrak{R}}(\gamma)$$

$$\Rightarrow \exists u([s],[u])\in m_{\mathfrak{R}/\mathrm{FL}(\varphi)}(\beta)\text{和}([u],[t])\in m_{\mathfrak{R}/\mathrm{FL}(\varphi)}(\gamma)$$

$$\Rightarrow ([s],[t])\in m_{\mathfrak{R}/\mathrm{FL}(\varphi)}(\beta;\gamma)$$

为了证明b)，根据归纳假设可知，b)对于$[\beta][\gamma]\psi$和$[\gamma]\psi$而言是成立的，因此，

$([s],[t])\in m_{\mathfrak{R}/FL(\varphi)}(\beta;\gamma)$和$s\in m_{\mathfrak{R}}([\beta;\gamma]\psi)$

$\Rightarrow\exists u([s],[u])\in m_{\mathfrak{R}/FL(\varphi)}(\beta),([u],[t])\in m_{\mathfrak{R}/FL(\varphi)}(\gamma)$且$s\in m_{\mathfrak{R}}([\beta][\gamma]\psi)$

$\Rightarrow\exists u([u],[t])\in m_{\mathfrak{R}/FL(\varphi)}(\gamma)$和$u\in m_{\mathfrak{R}}([\gamma]\psi)$　根据b)对于$[\beta][\gamma]\psi$成立

$\Rightarrow t\in m_{\mathfrak{R}}(\psi)$　根据b)对于$[\gamma]\psi$成立

情形5：最后考虑$\alpha=\beta^*$的情况。根据引理7.2的(v)可知：$[\beta][\beta^*]\psi\in FL(\varphi)$，所以可以假设(ii)对于$[\beta][\beta^*]\psi$是成立的。这个归纳假设成立是因为$\beta$是$\beta^*$的真子表达式。根据(ii)中的a)可知：如果$(u,\upsilon)\in m_{\mathfrak{R}}(\beta)$，那么$([u],[\upsilon])\in m_{\mathfrak{R}/FL(\varphi)}(\beta)$。因此，如果$(s,t)\in m_{\mathfrak{R}}(\beta^*)$，那么存在$n\geq 0$和$t_0,\cdots,t_n$使得$s=t_0$，对于$0\leq i<n$有$(t_i,t_{i+1})\in m_{\mathfrak{R}}(\beta)$，且$t_n=t$。这说明对于$0\leqslant i<n$有$([t_i],[t_{i+1}])\in m_{\mathfrak{R}/FL(\varphi)}(\beta)$，因此$([s],[t])=([t_0],[t_n])\in m_{\mathfrak{R}/FL(\varphi)}(\beta^*)$。这就完成了对a)的证明。

为了证明b)，假定$([s],[t])\in m_{\mathfrak{R}/FL(\varphi)}(\beta^*)$且$s\in m_{\mathfrak{R}}([\beta^*]\psi)$。那么存在$t_0,\cdots,t_n$使得$s=t_0$，$t=t_n$且对于$0\leqslant i<n$有$([t_i],[t_{i+1}])\in m_{\mathfrak{R}/FL(\varphi)}(\beta)$。根据假设有$t_0=s\in m_{\mathfrak{R}}([\beta^*]\psi)$。现在假定$t_i\in m_{\mathfrak{R}}([\beta^*]\psi)$，$i<n$。那么$t_i\in m_{\mathfrak{R}}([\beta][\beta^*]\psi)$。根据归纳假设有$[\beta][\beta^*]\psi\in FL(\varphi)$，$t_{i+1}\in m_{\mathfrak{R}}([\beta^*]\psi)$。继续$n$步下去，可以得到$t=t_n\in m_{\mathfrak{R}}([\beta^*]\psi)$，因此$t\in m_{\mathfrak{R}}(\psi)$得证。证毕。

运用滤过引理，可以轻易地证明如下小模型定理。

定理7.5(小模型定理)：令φ是命题动态逻辑的一个可满足公式，那么φ在不超过$2^{|\varphi|}$个状态的克里普克框架下是可满足的。

证明：如果φ是可满足的，那么存在一个克里普克框架$\mathfrak{R}$和状态$u\in\mathfrak{R}$且$u\in m_{\mathfrak{R}}(\varphi)$。令$FL(\varphi)$是$\varphi$的Fischer-Ladner闭包。根据滤过引理(引理7.4)可知：$[u]\in m_{\mathfrak{R}/FL(\varphi)}(\varphi)$。此外，$\mathfrak{R}/FL(\varphi)$的情况数量不会多于为$FL(\varphi)$中公式进行真值赋值数目，根据引理7.3的(i)可知：这个数目最多为$2^{|\varphi|}$。证毕。

下面讨论命题动态逻辑可满足性问题是可判定性问题，因为克里普克框架的大小只有有穷多种可能，最多检查$2^{|\varphi|}$遍，而且存

在一个多项式时间算法，用来检查在一个给定的克里普克框架下的给定状态中一个给定公式是否满足。在第9章9.1节中将给出一个更有效的算法。

7.3 非标准模型上的滤过

第8章将证明命题动态逻辑演绎系统的完全性，这一证明也将利用滤过引理（引理7.4），只是形式更强的滤过引理。本节将证明滤过引理对于直接定义的非标准克里普克框架（直接定义）和第6章6.2节中定义的标准克里普克框架而言，都是成立的。完全性定理将通过从词项构建一个非标准克里普克框架来得到，其做法类似于命题和一阶逻辑相应做法那样，然后应用滤过技术得到一个有穷标准的克里普克框架。

一个非标准克里普克框架是任何一个 $\dot{N}=(N, m_{\dot{N}})$ 这样的结构，该结构与第6章6.2节定义的克里普克框架相比，只是没有要求 $m_{\dot{N}}(\alpha^*)$ 是 $m_{\dot{N}}(\alpha)$ 的自返传递闭包，而是只要求一个包含满足迭代算子 * 的命题动态逻辑公理（公理6.5（vii）和（viii））的 $m_{\dot{N}}(\alpha)$ 的自返和传递的二元关系。换句话说，废除了如下定义：

$$m_{\dot{N}}(\alpha^*) =_{\text{def}} \bigcup_{n \geqslant 0} m_{\dot{N}}(\alpha)^n, \qquad (7.3.1)$$

代替它的是一个较弱的要求，即 $m_{\dot{N}}(\alpha^*)$ 是包含了 $m_{\dot{N}}(\alpha)$ 的一个自返和传递的二元关系，使得

$$m_{\dot{N}}([\alpha^*]\varphi) = m_{\dot{N}}(\varphi \wedge [\alpha;\alpha^*]\varphi) \qquad (7.3.2)$$

$$m_{\dot{N}}([\alpha^*]\varphi) = m_{\dot{N}}(\varphi \wedge [\alpha^*](\varphi \to [\alpha]\varphi)). \qquad (7.3.3)$$

另外，$\dot{N}$ 必须满足在第6章6.2节中给出的所有其他要求。例如，它依然必须满足如下性质：

$$m_{\dot{N}}(\alpha;\beta) = m_{\dot{N}}(\alpha) \circ m_{\dot{N}}(\beta) \text{和} m_{\dot{N}}(\alpha^*) \supseteq \bigcup_{n \geqslant 0} m_{\dot{N}}(\alpha)^n.$$

如果满足式（7.3.1），那么非标准克里普克框架就是标准的。根据这一定义，所有标准克里普克框架都是非标准克里普克框架，因为标准克里普克框架满足式（7.3.2）和（7.3.3），但反过来不一定成立。

很容易检查，在非标准克里普克框架上，命题动态逻辑的所

有公理和规则(公理系统6.5)仍然是可靠的。其结果就是,从这个系统中推导出的所有定理和规则对非标准框架和标准框架都是有效的。特别地,在下面的引理7.6的证明中将使用定理6.18的结果。

设$\dot{N}$是一个非标准克里普克框架,令φ是一个命题。可以像以前一样构造有穷标准克里普克框架$\dot{N}/\mathrm{FL}(\varphi)$,$\dot{N}/\mathrm{FL}(\varphi)$的状态最多为$2^{|\varphi|}$个。注意:在$\dot{N}/\mathrm{FL}(\varphi)$中,$\alpha^*$的语义是使用式(7.3.1)的标准方式来定义的。

滤过引理(引理7.4)对于非标准克里普克框架以及标准克里普克框架都是成立的:

引理7.6(非标准模型的滤过):设$\dot{N}$是一个非标准克里普克框架,令u,υ是$\dot{N}$的状态。

(i)对于所有$\psi\in\mathrm{FL}(\varphi)$,$u\in m_{\mathfrak{R}}(\psi)$当且仅当$[u]\in m_{\dot{N}/\mathrm{FL}(\varphi)}(\psi)$。

(ii)对于所有$[\alpha]\psi\in\mathrm{FL}(\varphi)$,

a)如果$(u,\upsilon)\in m_{\dot{N}}(\alpha)$,那么$([u],[\upsilon])\in m_{\dot{N}/\mathrm{FL}(\varphi)}(\alpha)$;

b)如果$([u],[\upsilon])\in m_{\dot{N}/\mathrm{FL}(\varphi)}(\alpha)$且$u\in m_{\dot{N}}([\alpha]\psi)$,那么$\upsilon\in m_{\dot{N}}(\psi)$。

证明:除了涉及迭代算子*的情况外,该证明的讨论和前面有关标准框架(引理7.4)的版本是完全相同的。同样,对于$a=\beta^*$的情况,(ii)中的b)仅运用了“$\dot{N}/\mathrm{FL}(\varphi)$是标准的”这一事实,而没有使用“$\dot{N}$是标准的”这一事实,对于非标准的情况也是如此。所以对于非标准版本,唯一需要做的额外工作就是证明(ii)中的a)对于$\alpha=\beta^*$时的情况。

引理7.4中给出的标准克里普克框架$\mathfrak{R}$的证明依赖于这样一个事实,即$m_{\mathfrak{R}}(\alpha^*)$是$m_{\mathfrak{R}}(\alpha)$的自返传递闭包。一般而言,这点不适用于非标准克里普克框架,因此必须依赖较弱的归纳公理。

对于非标准克里普克框架$\dot{N}$,假设$(u,\upsilon)\in m_{\dot{N}}(\alpha^*)$。需要证明$([u],[\upsilon])\in m_{\dot{N}/\mathrm{FL}(\varphi)}(\alpha^*)$,或者等价证明$\upsilon\in E$,其中$E=_{\mathrm{def}}\{t\in\dot{N}|([u],[t])\in m_{\dot{N}/\mathrm{FL}(\varphi)}(\alpha^*)\}$。

存在一个在$\dot{N}$中定义E的命题动态逻辑的公式ψ_E,即$E=m_{\dot{N}}(\psi_E)$。这是因为E是对$\mathrm{FL}(\varphi)$的元素指派真值来定义的等价类的并(union)。公式ψ_E是合取公式$\psi_{[t]}$的一个析取式,对每个等价类$[t]$而言,每个析取式都是包含在E中的。对于所有的$\rho\in \mathrm{FL}(\varphi)$而言,合取式$\psi_{[t]}$要么包括$\rho$要么包括$\neg\rho$,这取决于定义$[t]$的真值赋值在$\rho$时的值是1还是0。

因为$([u],[u])\in m_{\dot{N}/\mathrm{FL}(j)}(\alpha^*)$,所以$u\in E$。另外,$E$在$m_{\dot{N}}(\alpha)$的行动(action)下是封闭的;也就是说,

$$s\in E\text{和}(s,t)\in m_{\dot{N}}(\alpha)\Rightarrow t\in E。\qquad(7.3.4)$$

这是因为:如果$s\in E$且$(s,t)\in m_{\dot{N}}(\alpha)$,那么根据(ii)的归纳假设可知:$([s],[t])\in m_{\dot{N}/\mathrm{FL}(\varphi)}(\alpha)$,并且根据$E$的定义有$([u],[s])\in m_{\dot{N}/\mathrm{FL}(\varphi)}(\alpha^*)$,因此$([u],[t])\in m_{\dot{N}/\mathrm{FL}(\varphi)}(\alpha^*)$。根据E的定义可知:$t\in E$。

这些事实并不直接意味着$\upsilon\in E$,因为$m_{\dot{N}}(\alpha^*)$不一定是$m_{\dot{N}}(\alpha)$的自返传递闭包。然而,因为$E=m_{\dot{N}}(\psi_E)$,(7.3.4)等价于$\dot{N}\vDash\psi_E\to[\alpha]\psi_E$。利用第6章6.6节中的循环不变性规则(LI)可知:$\dot{N}\vDash\psi_E\to[\alpha^*]\psi_E$。根据定理6.18,(LI)等价于归约公理(IND)。等价性的证明可以通过演绎得到,由于该证明不是语义上的证明,因此对于非标准模型也是有效的。根据假设$(u,\upsilon)\in m_{\dot{N}}(\alpha^*)$且$u\in E$可知:$\upsilon\in E$。根据$E$的定义可知:$([u],[\upsilon])\in m_{\dot{N}/\mathrm{FL}(\varphi)}(\alpha^*)$。证毕。

第8章　正则命题动态逻辑的演绎完全性及其复杂性

本书第6章6.5节中给出的形式演绎系统（公理系统6.5），可以用来表征正则命题动态逻辑语言中克里普克框架能够表达的性质。为了简便起见，这里只给出该系统的公理和推理规则。每一条公理或规则的右边给出了证明其可靠性的依据。本章命题动态逻辑的公理化可参见Segerberg（1977）。Parikh（1978a）独立证明了命题动态逻辑的完全性。Kozen与Parikh（1981）给出了一个简短的命题动态逻辑完全性证明。Pratt（1978，1980a）、Berman（1979）和Nishimura（1979）也证明了命题动态逻辑完全性。本章给出的完全性证明源于Kozen（1981a），且该证明借鉴了Berman（1979）和Pratt（1980a）的证明。本章的研究主要是以Harel等（2000，pp.203-209）为基础展开的。在本章中，如果没有特别说明，命题动态逻辑都是指的正则命题动态逻辑。

命题动态逻辑的公理：

（i）命题逻辑的所有公理都是命题动态逻辑的公理（根据命题逻辑）

（ii）$[\alpha](\varphi\rightarrow\psi)\rightarrow([\alpha]\varphi\rightarrow[\alpha]\psi)$　　（根据定理6.6（iv））

（iii）$[\alpha](\varphi\wedge\psi)\leftrightarrow[\alpha]\varphi\wedge[\alpha]\psi$　　（根据定理6.6（ii））

（iv）$[\alpha\cup\beta]\varphi\leftrightarrow[\alpha]\varphi\wedge[\beta]\psi$　　（根据定理6.8（ii））

（v）$[\alpha;\beta]\varphi\leftrightarrow[\alpha][\beta]\varphi$　　（根据定理6.10（ii））

（vi）$[\psi?]\varphi\leftrightarrow(\psi\rightarrow\varphi)$　　（根据定理6.11（ii））

（vii）$\varphi\wedge[\alpha][\alpha^{*}]\varphi\leftrightarrow[\alpha^{*}]\varphi$　　（根据定理6.15（ix））

（viii）$\varphi\wedge[\alpha^{*}](\varphi\rightarrow[\alpha]\varphi)\rightarrow[\alpha^{*}]\varphi$　　（根据定理6.15（xi））

在带有逆算子“⁻”的命题动态逻辑中，还包括如下两个公理：

（ix）$\varphi\rightarrow[\alpha]\langle\alpha^{-}\rangle\varphi$　　（根据定理6.13（i））

（x）$\varphi\rightarrow[\alpha^{-}]\langle\alpha\rangle\varphi$　　（根据定理6.13（ii））

推理规则：

$$(MP)\frac{\varphi,\varphi\to\psi}{\psi}$$　　（根据命题逻辑）

$$(GEN)\frac{\varphi}{[\alpha]\varphi}$$　　（根据定理6.7(i)）

如果公式φ在该演绎系统中是可证的，那么就记为$\vdash\varphi$。如果$\nvdash\neg\varphi$，即不存在$\vdash\neg\varphi$的情况，就称公式φ是一致的；如果一个有穷公式集Σ的合取$\wedge\Sigma$是一致的，那么Σ是一致的；如果一个无穷公式集的每个有穷子集都是一致的，那么该无穷公式集是一致的。

8.1　演绎完全性

"演绎系统是完全的"的意思是：所有的有效公式都是定理。为了证明这个事实，将采用命题逻辑的技巧，使用公式的极大一致集来构建一个非标准克里普克框架。然后采用非标准模型的滤过引理（定理7.6），使得该非标准模型坍塌为一个有穷标准模型。

因为这个演绎系统包含了命题逻辑作为子系统，所以如下引理成立。其证明与命题逻辑中相应引理的证明类似。

引理8.1　令Σ是命题动态逻辑的一个公式集，那么

(i)Σ是一致的，当且仅当，$\Sigma\cup\{\varphi\}$是一致的或$\Sigma\cup\{\neg\varphi\}$是一致的；

(ii)如果Σ是一致的，那么Σ包含在一个极大一致集中。

另外，如果Σ是一个极大一致的公式集，那么

(iii)Σ包含了所有的命题动态逻辑定理；

(iv)如果$\varphi\in\Sigma$且$\varphi\to\psi\in\Sigma$，那么$\psi\in\Sigma$；

(v)$\varphi\vee\psi\in\Sigma$，当且仅当，$\varphi\in\Sigma$或$\psi\in\Sigma$；

(vi)$\varphi\wedge\psi\in\Sigma$，当且仅当，$\varphi\in\Sigma$且$\psi\in\Sigma$；

(vii)$\varphi\in\Sigma$，当且仅当$\neg\varphi\notin\Sigma$；

(viii)$0\notin\Sigma$。

证明从略。

下面的引理是命题动态逻辑特有的。

引理 8.2 令Σ和Γ是极大一致公式集，并令α是一个程序。下面两个程序是等价的：

(a)对所有公式ψ而言，如果$\psi\in\Gamma$，那么$<\alpha>\psi\in\Sigma$。

(b)对所有公式ψ而言，如果$[\alpha]\psi\in\Sigma$，那么$\psi\in\Gamma$。

证明：(a)⇒(b)方向的证明：

$[\alpha]\psi\in\Sigma\Rightarrow<\alpha>\neg\psi\notin\Sigma$ （根据引理 8.1(vii)）

$\Rightarrow\neg\psi\notin\Gamma$ （根据(a)）

$\Rightarrow\psi\in\Gamma$ （根据引理 8.1(vii)）

(b)⇒(a)方向的证明：

$\psi\in\Gamma\Rightarrow\neg\psi\notin\Gamma$ （根据引理 8.1(vii)）

$\Rightarrow[\alpha]\neg\psi\notin\Sigma$ （根据(b)）

$\Rightarrow<\alpha>\psi\in\Sigma$ （根据引理 8.1(vii)）

证毕。

现在可以像第 7 章 7.3 节中所定义的那样建立一个非标准 Kripke 框架$\dot{N}=(N,m_{\dot{N}})$。状态N是一个极大一致公式集。N中元素称作状态，用 s，t，u… 表示。但需牢记所有$s\in N$都是极大一致公式集，因此可使用记法$\varphi\in s$。

通常，令$\dot{N}=(N,m_{\dot{N}})$定义如下：

$N=_{\text{def}}$\{命题动态逻辑的极大一致公式集\}

$m_{\dot{N}}(\varphi)=_{\text{def}}\{s|\varphi\in s\}$

$m_{\dot{N}}(\alpha)=_{\text{def}}\{(s,t)|$对所有的$\varphi$而言，如果$\varphi\in t$，那么$<\alpha>\varphi\in s\}$

$=\{(s,t)|$对所有的φ而言，如果$[\alpha]\varphi\in s$，那么$\varphi\in t\}$

根据引理 8.2 可知，$m_{\dot{N}}(\alpha)$的两种定义是相等的。需要注意的是，$m_{\dot{N}}(\varphi)$和$m_{\dot{N}}(\alpha)$的定义可以应用到所有的命题φ和程序α，而不是只能应用到原子命题和原子程序。因此，复合命题和复合程序的意义并不是像往常一样由原子命题和原子程序的意义归纳定义的。然而，$m_{\dot{N}}(\alpha^*)$能满足迭代算子*公理，并且其他所有的算子在$\dot{N}$中的作用就和它们在标准模型中一样，即它们看起来好像是被归纳定义的，现在对此加以证明，从而确保根据第 7 章 7.3 节定义的$\dot{N}$是非标准 Kripke 框架。

引理8.3：

(i)$m_{\dot N}(\varphi\to\psi)=(N-m_{\dot N}(\varphi))\cup m_{\dot N}(\psi)$

(ii)$m_{\dot N}(\mathbf{0})=\varnothing$

(iii)$m_{\dot N}([\alpha]\varphi)=N-m_{\dot N}(\alpha)\circ(N-m_{\dot N}(\varphi))$。

证明：根据引理8.1的(iv)和(viii)可以分别得到等式(i)和(ii)，因此$m_{\dot N}(\neg\varphi)=N-m_{\dot N}(\varphi)$，这同样是引理8.1的(vii)的推论。

对于(iii)，只需证明：$m_{\dot N}(<\alpha>\varphi)=m_{\dot N}(\alpha)\circ m_{\dot N}(\varphi)$。

这可以从两个包含方向分别进行证明。

$s\in m_{\dot N}(\alpha)\circ m_{\dot N}(\varphi)\Leftrightarrow\exists t(s,t)\in m_{\dot N}(\alpha)$ 且 $t\in m_{\dot N}(\varphi)$

$\Leftrightarrow\exists t(\forall\psi\in t\ <\alpha>\psi\in s)$ 且 $\varphi\in t$

$\Rightarrow<\alpha>\varphi\in s$

$\Leftrightarrow s\in m_{\dot N}(<\alpha>\varphi)$。

现证明相反方向，假定$s\in m_{\dot N}(<\alpha>\varphi)$，即$<\alpha>\varphi\in s$。现在构建$t$使得$(s,t)\in m_{\dot N}(\alpha)$且$t\in m_{\dot N}(\varphi)$。首先证明集合

$$\{\varphi\}\cup\{\psi|[\alpha]\psi\in s\} \qquad (8.1)$$

是一致的。令$\{\psi_1,\cdots,\psi_k\}$是$\{\psi|[\alpha]\psi\in s\}$的任意有穷子集。那么根据引理8.1的(vi)可得：$<\alpha>\varphi\wedge[\alpha]\psi_1\wedge\cdots\wedge[\alpha]\psi_k\in s$，因此根据“$<\alpha>\varphi\wedge[\alpha]\psi\to<\alpha>(\varphi\wedge\psi)$是命题动态逻辑的定理”和引理8.1的(iii)和(iv)可得：

$<\alpha>(\varphi\wedge\psi_1\wedge\cdots\wedge\psi_k)\in s$。

因为s是一致的，公式$<\alpha>(\varphi\wedge\psi_1\wedge\cdots\wedge\psi_k)$是一致的，所以根据规则(GEN)，公式$\varphi\wedge\psi_1\wedge\cdots\wedge\psi_k$也是一致的。这说明有穷集$\{\varphi,\psi_1,\cdots,\psi_k\}$是一致的。因为这些元素是从集合(8.1.1)中任意选择的，所以该有穷集是一致的。

与命题逻辑中的对应引理的证明类似，把集合(8.1.1)扩充为一个极大一致集t，t是$\dot N$的一个状态。那么根据$m_{\dot N}(\alpha)$和$m_{\dot N}(\varphi)$的定义可知，$(s,t)\in m_{\dot N}(\alpha)$且$t\in m_{\dot N}(\varphi)$，因此$s\in m_{\dot N}(\alpha)\circ m_{\dot N}(\varphi)$。证毕。

引理8.4：

(i)$m_{\dot N}(\alpha\cup\beta)=m_{\dot N}(\alpha)\cup m_{\dot N}(\beta)$

(ii)$m_{\dot N}(\alpha;\beta)=m_{\dot N}(\alpha)\circ m_{\dot N}(\beta)$

(iii)$m_{\dot N}(\psi?)=\{(s,s)|s\in m_{\dot N}(\psi)\}$。

在带有逆算子“⁻”的命题动态逻辑中，有

(iv) $m_{\dot{N}}(\alpha^-)=m_{\dot{N}}(\alpha)^-$。

证明：此处只给出(ii)和(iii)的详细证明，其他可类似得出。

对于(ii)的反包含“⊇”方向，

$$(u,\upsilon)\in m_{\dot{N}}(\alpha)\circ m_{\dot{N}}(\beta)\Leftrightarrow\exists w(u,w)\in m_{\dot{N}}(\alpha)\text{且}(w,\upsilon)\in m_{\dot{N}}(\beta)$$

$$\Leftrightarrow\exists w\forall\varphi<\beta>\varphi\in w\text{且}\forall\psi\in w<\alpha>\psi\in u$$

$$\Rightarrow\forall\varphi\in\upsilon<\alpha><\beta>\varphi\in u$$

$$\Leftrightarrow\forall\varphi\in\upsilon<\alpha;\beta>\varphi\in u$$

$$\Leftrightarrow(u,\upsilon)\in m_{\dot{N}}(\alpha;\beta)$$

对于(ii)的包含“⊆”方向，假定$(u,\upsilon)\in m_{\dot{N}}(\alpha;\beta)$。可断定集合

$$\{\varphi|[\alpha]\varphi\in u\}\cup\{<\beta>\psi|\psi\in\upsilon\} \qquad (8.1.2)$$

是一致的。令$\{\varphi_1,\cdots,\varphi_k\}\subseteq\{\varphi|[\alpha]\varphi\in u\}$且$\{<\beta>\psi_1,\cdots,<\beta>\psi_m\}\subseteq\{<\beta>\psi|\psi\in u\}$是任选有穷子集，并令$\varphi=\varphi_1\wedge\cdots.\wedge\varphi_k$，且$\psi=\psi_1\wedge\cdots\wedge\psi_m$。那么根据引理8.1的(vi)可得$\psi\in\upsilon$，并因为$(u,\upsilon)\in m_{\dot{N}}(\alpha;\beta)$，根据$m_{\dot{N}}(\alpha;\beta)$的定义得到$<\alpha;\beta>\psi\in u$。又因为$[\alpha]\varphi\leftrightarrow[\alpha]\varphi_1\wedge\cdots\wedge[\alpha]\varphi_k$是命题动态逻辑的一条定理，并且根据引理8.1的(vi)可知：$[\alpha]\varphi_1\wedge\cdots\wedge[\alpha]\varphi_k$在u中，所以$[\alpha]\varphi\in u$。随之可得$[\alpha]\varphi\wedge<\alpha><\beta>\psi\in u$。根据“$<\alpha>\varphi\wedge[\alpha]\psi\rightarrow<\alpha>(\varphi\wedge\psi)$是命题动态逻辑的定理”可知，$<\alpha>(\varphi\wedge<\beta>\psi)\in u$，因此根据规则(GEN)可得$\varphi\wedge<\beta>\psi$是一致的。但是：$\vdash\varphi\wedge<\beta>\psi\rightarrow\varphi_1\wedge\cdots\wedge\varphi_k\wedge<\beta>\psi_1\wedge\cdots\wedge<\beta>\psi_m$，所以蕴涵式的右边是一致的。因为这是(8.1.2)的一个任意有穷子集的合取，所以(8.1.2)是一致的，因此可扩充为一个极大一致集w。根据$m_{\dot{N}}(\alpha)$和$m_{\dot{N}}(\beta)$的定义可知，$(u,w)\in m_{\dot{N}}(\alpha)$且$(w,\upsilon)\in m_{\dot{N}}(\beta)$，因此$(u,\upsilon)\in m_{\dot{N}}(\alpha)\circ m_{\dot{N}}(\beta)$。

对于(iii)，

$(s,t)\in m_{\dot{N}}(\psi?)\Leftrightarrow\forall\varphi\in t<\psi?>\varphi\in s$ （根据$m_{\dot{N}}(\psi?)$的定义）

$\Leftrightarrow\forall\varphi\in t\ \psi\wedge\varphi\in s$ （根据$<\psi?>\varphi\leftrightarrow(\varphi\wedge\psi)$是命题动态逻辑的定理）

$\Leftrightarrow\forall\varphi\in t\ \psi\in s$且$\varphi\in s$ （根据引理8.1(vi)）

$\Leftrightarrow t\subseteq s$且$\psi\in s$

$\Leftrightarrow t=s$且$\psi\in s$ （因为t是极大的）

$\Leftrightarrow t=s$且$s\in m_{\dot{N}}(\psi)$。

证毕。

定理 8.5: 根据第 7 章 7.3 节定义的结构 $\dot{N}$ 是一个非标准 Kripke 框架。

证明:根据引理 8.3 和 8.4 可知,算子→、0、[ ]、;、∪、⁻和?在 $\dot{N}$ 中的行为与在标准模型中的行为一样。现在只需证明迭代算子*的如下性质在所有状态中都成立:

$[\alpha^*]\varphi\leftrightarrow\varphi\wedge[\alpha;\alpha^*]\varphi$

$[\alpha^*]\varphi\leftrightarrow\varphi\wedge[\alpha^*](\varphi\rightarrow[\alpha]\varphi)$

但这一点是显而易见的,因为这两条性质都是命题动态逻辑的定理,因此根据引理 8.1 的(iii)可知,这两条性质在所有的极大一致集中。这就保证了 $\dot{N}$ 满足非标准 Kripke 框架中的条件(7.3.2)和(7.3.3)。证毕。

非标准 Kripke 框架 $\dot{N}$ 的定义独立于任何特定的 φ。就"每个一致公式都会被 $\dot{N}$ 的某个状态满足"这一意义而言,这一非标准 Kripke 框架是一个通用模型。

定理 8.6(命题动态逻辑的完全性) 如果 $\vDash\varphi$,那么 $\vdash\varphi$。

证明:这可以等价地证明:如果 φ 是一致的,那么它就被一个标准 Kripke 模型所满足。如果 φ 是一致的,那么根据引理 8.1 的(ii),它包含在一个极大一致集 u 中,u 是上述构建的非标准 Kripke 模型 $\dot{N}$ 的一个状态。根据非标准模型的滤过引理(定理 7.6),φ 被有穷 Kripke 框架 $\dot{N}/FL(\varphi)$ 中的状态 $[u]$ 所满足,其中 $\dot{N}/FL(\varphi)$ 是根据定义所得的标准 Kripke 框架。证毕。

8.2　逻辑后承

在经典逻辑中,由于演绎定理 $\varphi\vdash\psi\Leftrightarrow\vdash\varphi\rightarrow\psi$ 的存在,定理 8.6 形式的完全性定理可以用于处理公式间的逻辑后承关系 $\varphi\vDash\psi$。不幸的是,正如 $\psi=[\alpha]p$ 和 $\varphi=p$ 所示的那样,演绎定理在命题动态逻辑中是失效的。然而,以下的结论允许定理 8.6(和本章的算法 8.9)经过扩张后,可以处理逻辑后承关系。

定理 8.7: 令 φ 和 ψ 是任意命题动态逻辑的公式。那么 $\varphi\vDash\psi\Leftrightarrow\vDash[(a_1\cup\cdots\cup a_n)^*]\varphi\rightarrow\psi$,其中 $a_1,\cdots,a_n$ 是出现在 φ 或 ψ 中的全部

原子程序。这里允许无穷合取，如果Σ是一个仅出现有穷多个原子程序的公式集，那么$\Sigma \vDash \psi \Leftrightarrow \vDash \wedge\{[(a_1 \cup \cdots \cup a_n)^*]\varphi | \varphi \in \Sigma\} \rightarrow \psi$，其中$a_1, \cdots, a_n$是出现在Σ或$\psi$中的全部原子程序。

此证明不难，故从略。

8.3 复杂性

现在要讨论的问题是："确定一个给定的正则命题动态逻辑公式φ是否可满足"的困难程度如何？这就是正则命题动态逻辑的可满足性问题。Fischer和Ladner(1977,1979)说明了如何利用命题动态逻辑公式，对以线性空间为界的交替图灵机的计算进行编码，从而给出了命题动态逻辑的指数时间下界。Pratt(1979b; 1980b)首次给出了命题动态逻辑确定性指数时间算法，本节给出的算法借鉴了Pratt的工作。Pratt执行了这一算法，并声称这一算法在简单公式上运行良好。本节定理8.8表明：如果Γ是命题动态逻辑公式的一个固定的递归可枚举的公式集，那么$\Gamma \vDash \psi$的判定性问题是Π_1^1-完全问题，这一定理归功于Meyer等(1981)的工作。本节的研究主要是以Harel等(2000, pp.211-225)的工作为基础展开的。

8.3.1 确定性指数时间算法

小模型定理(定理7.5)给出了可满足性问题的一种原始的确定性算法：构造最多$2^{|\varphi|}$个状态的所有Kripke框架，并检查其中任一框架中的任一状态下φ是否被满足。虽然在给定的Kripke框架的给定状态下检验给定的公式是否满足可以高效率进行，但是原始的可满足性算法效率极低。首先，所构造的模型在给定公式的长度上是指数大小的，其次就是所构建的模型有$2^{2^{O(|\varphi|)}}$个。因此，在最坏情况下，原始的可满足性算法需要双倍指数时间。

本节提出了一种在确定性单倍指数时间内运行的算法，由于存在相应的下界(参见推论8.13)，所以不能期望得到比这更有效的算法。实际上，这个问题是在确定性指数时间下完全的(参见定理8.12)。

该算法试图构造定理8.6的证明中描述的小模型：$\acute{M}$=(M，$m_{\acute{M}}$)=$\dot{N}$/FL(φ)。这里$\dot{N}$是在本章8.1节中构造的通用非标准Kripke框架，$\acute{M}$是通过相对于φ滤过后得到的小模型。根据公理系统6.5的可靠性可知：如果φ是可满足的，那么它是一致的，因此φ在$\dot{N}$中某种状态u下被满足，因此在$\acute{M}$状态[u]下也被满足。如果φ不能满足，那么尝试构建其模型将会失败；在这种情况下算法将停机并报告失败。

本节的方法就是从$\acute{M}$的状态集的超集开始，然后重复删除不一致的状态。这将得到如下的收敛到(converge to)$\acute{M}$的逼近序列(sequence of approximations)：$\acute{M}_0 \supseteq \acute{M}_1 \supseteq \acute{M}_2 \supseteq \cdots$。

现在从所有子集的集合$u \subseteq$FL(φ)∪$\{\neg\psi|\psi\in$FL(φ)$\}$开始讨论，其中对于每个$\psi\in$FL(φ)而言，正好只有一个ψ或$\neg\psi$在u中。或者可以取M_0作为FL(φ)的真值赋值集。根据引理8.1的(vii)，$\dot{N}$的每个状态s决定M_0的唯一元素，即$u_s =_{\text{def}} s \cap$(FL($\varphi$)∪$\{\neg\psi|\psi\in$FL($\varphi$)$\}$)。

此外，根据第7章7.2节中等价关系≡的定义可知：$[s]=[t] \Leftrightarrow s\equiv t \Leftrightarrow u_s=u_t$，因此，映射$s\rightarrow u$是在≡等价类上的唯一定义(well-defined)，并给出了一对一的嵌入$[s]\rightarrow u_s$：$M\rightarrow M_0$。从今以后，$\acute{M}$的状态[s]可以等同于在这个嵌入下M_0中映射u_s，因此可以把M看作是M_0的一个子集。但是，有一些M_0中的元素不对应于$\acute{M}$的任何状态，这些元素是需要删除的。

引理8.8：令$u\in M_0$，那么$u\in M$，当且仅当，u是一致的。

证明：根据第7章引理7.6的(i)，每个u_s是一致的，因为它有一个模型：在$\acute{M}$的状态[s]中u_s是满足的。相反，如果$u\in M_0$是一致的，那么根据引理8.1的(ii)可知，u可以扩展成一个极大一致集$\hat{u}$，该极大一致集是非标准Kripke框架$\dot{N}$的一个状态；根据第7章引理7.6的(i)可知，[$\hat{u}$]是满足u的一个$\acute{M}$中的状态。证毕。

现在构造一个逼近$\acute{M}$的结构序列$\acute{M}$=(M_i，$m_{\acute{M}i}$)(其中$i\geq 0$)。这些结构的定义域$\acute{M}_i$将根据下面的定义得到并且满足$M_0 \supseteq M_1 \supseteq M_2 \supseteq \cdots$。对所有$i$而言，$\acute{M}_i$中的原子公式和程序的解释将用如下相同的方式进行定义：

$$m_{\acute{M}i}(p)=_{\text{def}}\{u\in M_i|p\in u\} \quad (8.3.1)$$

$m_{\acute{M}i}(a)=_{\text{def}}\{(u,\upsilon)\in M_i^2|$对于所有$[a]\psi\in \text{FL}(\varphi)$，如果$[a]\psi\in u$，那么$\psi\in\upsilon\}$ (8.3.2)

映射$m_{\acute{M}i}$以通常的方式归纳地扩展到复合程序和命题，用以确定框架$\acute{M}_i$。现在构造框架$\acute{M}_i$的定义域M_i的算法。

算法8.9：

步骤1：构造M_0。

步骤2：对于每个$u\in M_0$，检查u是否遵从公理6.5(i)和(iv)-(vii)，这些都可以就地得到检查。例如，检查公理6.5(iv)：$[\alpha\cup\beta]\psi\leftrightarrow[\alpha]\psi\wedge[\beta]\psi$，对于形式$[\alpha\cup\beta]\psi\in\text{FL}(\varphi)$中的任意公式而言，就是检查"$[\alpha\cup\beta]\psi\in u$，当且仅当，$[\alpha]\psi\in u$且$[\beta]\psi\in u$"是否满足。令$M_1$是能够通过这种测试的所有$u\in M_0$组成的集合。模型$\acute{M}_i$由上面的(8.3.1)和(8.3.2)来定义。

步骤3：对于i=1，2，3…而言，重复以下步骤直到没有状态可以被删除。找到一个公式$[\alpha]\psi\in\text{FL}(\varphi)$和不满足如下性质的状态$u\in M_i$：

$$(\forall\upsilon((u,\upsilon)\in m_{\acute{M}i}(a)\Rightarrow\psi\in\upsilon))\Rightarrow[\alpha]\psi\in u; \quad (8.3.3)$$

也就是说，使得$\neg[\alpha]\psi\in u$，但是在$\neg\psi\in\upsilon$这种情况下，不存在使得$(u,\upsilon)\in m_{\acute{M}i}(\alpha)$的$\upsilon$。选取一个使得$|\alpha|$最小的$[\alpha]\psi$和$u$。从$M_i$中删除$u$可以得到$M_{i+1}$。

步骤3可以直观地证明如下。"u违反了条件(8.3.3)"的意思是：u在α下试图达到满足$\neg\psi$的状态，因为u包含了与$\langle\alpha\rangle\neg\psi$等价的公式$\neg[\alpha]\psi$。但是(8.3.3)的左边表示，目前不存在$\alpha$下试图满足$\neg\psi$的状态，因此$u$可能不在$\acute{M}$中，因为根据第7章引理7.6(i)可知，在$\acute{M}$中每个状态$w$都满足每个$\psi\in w$。但是，$u$可能违反性质(8.3.3)，这不是因为$u\notin\acute{M}$，而是因为有另一个状态$\upsilon\notin\acute{M}$的存在，影响了$[\alpha]\psi$的某些子公式的真值。这种情况可通过选择$|\alpha|$最小值来加以避免。

算法必须结束(terminate)，因为最初只有有穷多个状态，并且为了算法继续，必须在第3步的每次迭代中都至少删除一个状态。

该算法的正确性可由下面的引理加以证明。这个引理与引理7.4和7.6相似。

引理8.10：令 $i\geq 0$，假设 $M\subseteq M_i$，并令 $\rho\in FL(\varphi)$ 使得每个 $[\alpha]\psi\in FL(\rho)$ 且 $u\in M$ 都满足（8.3.3）。

（i）所有 $\psi\in FL(\rho)$ 和 $u\in M_i$, $\psi\in u$，当且仅当，$u\in m_{\acute{M}i}(\psi)$；

（ii）所有 $[\alpha]\psi\in FL(\rho)$ 和 $u,\upsilon\in M_i$，

（a）如果 $(u,\upsilon)\in m_{\acute{M}}(\alpha)$，那么 $(u,\upsilon)\in m_{\acute{M}i}(\alpha)$；

（b）如果 $(u,\upsilon)\in m_{\acute{M}i}(\alpha)$ 和 $[\alpha]\psi\in u$，那么 $\psi\in\upsilon$。

证明：通过对子项关系进行同时归纳法来加以证明。

（a）原子命题 p 的归纳基础可以像（8.3.1）那样通过定义给出。对于→和 $\mathbf{0}$ 的归纳步骤很简单，其证明从略。对于 $[\alpha]\psi$，

$[\alpha]\psi\in u$

$\Rightarrow\forall\upsilon(u,\upsilon)\in m_{\acute{M}i}(\alpha)\Rightarrow\psi\in\upsilon$　　根据（ii）中（b）的归纳假设

$\Rightarrow\forall\upsilon(u,\upsilon)\in m_{\acute{M}i}(\alpha)\Rightarrow\upsilon\in m_{\acute{M}i}(\psi)$　　根据（i）的归纳假设

$\Rightarrow u\in m_{\acute{M}i}([\alpha]\psi)$

相反地，

$u\in m_{\acute{M}i}([\alpha]\psi)$

$\Rightarrow\forall\upsilon(u,\upsilon)\in m_{\acute{M}i}(\alpha)\Rightarrow\upsilon\in m_{\acute{M}i}(\psi)$

$\Rightarrow\forall\upsilon(u,\upsilon)\in m_{\acute{M}i}(\alpha)\Rightarrow\psi\in\upsilon$　　根据（i）的归纳假设

$\Rightarrow[\alpha]\psi\in u$　　根据（8.3.3）

现在证明（ii）中（a），令 a 是原子程序，

$(u,\upsilon)\in m_{\acute{M}i}(\alpha)\Rightarrow\forall\psi([\alpha]\psi\in FL(\varphi)$ 和 $[\alpha]\psi\in u)\Rightarrow\psi\in\upsilon$

$\Rightarrow(u,\upsilon)\in m_{\acute{M}i}(\alpha)$　　根据（8.3.2）

$\alpha\cup\beta$ 时的证明从略。

对于 $\alpha;\beta$ 时的情况，

$(u,\upsilon)\in m_{\acute{M}}(\alpha,\beta)\Leftrightarrow\exists w\in M(u,w)\in m_{\acute{M}}(\alpha)$ 且 $(w,\upsilon)\in m_{\acute{M}}(\beta)$

$\Rightarrow\exists w\in M_i(u,w)\in m_{\acute{M}i}(\alpha)$ 且 $(w,\upsilon)\in m_{\acute{M}}(\beta)$

$\Leftrightarrow(u,\upsilon)\in m_{\acute{M}i}(\alpha;\beta)$

第二步采用的就是利用归纳假设和 $M\subseteq M_i$ 这一事实。这个归纳假设对于 α 和 β 也是成立的，因为根据引理7.2的（iv）可知：$[\alpha][\beta]\psi\in FL(\rho)$ 且 $[\beta]\psi\in FL(\rho)$。

对于α^*时的证明可以通过迭代时的情况来加以证明。

对于ψ? 时的情况，

$(u,\upsilon)\in m_{\acute{M}}(\psi?)\Leftrightarrow u=\upsilon$ 且 $u\in m_{\acute{M}}(\psi)$

$\Rightarrow u=\upsilon$ 且 $\psi\in u$　　　　　　根据第7章引理7.6(i)

$\Leftrightarrow u=\upsilon$ 且 $u\in m_{\acute{M}i}(\psi)$　　根据(i)的归纳假设

$\Leftrightarrow(u,\upsilon)\in m_{\acute{M}i}(\psi?)$

现在证明(ii)的(b)。令a是原子程序，那么根据(8.3.2)可知：$(u,\upsilon)\in m_{\acute{M}i}(a)$且$[\alpha]\psi\in u\Rightarrow\psi\in\upsilon$。

$\alpha\cup\beta$与$\alpha;\beta$时的证明从略。

现在证明α^*时的情况，假设$(u,\upsilon)\in m_{\acute{M}i}(\alpha^*)$且$[\alpha^*]\psi\in u$。那么存在$u_0,\ldots u_n$，$n\geq 0$使得$u=u_0$、$\upsilon=u_n$且$(u_i,u_{i+1})\in m_{\acute{M}i}(\alpha)(0\leq i\leq n\text{-}1)$。同时$[\alpha][\alpha^*]\psi\in u_0$，否则$u_0$将在第二步被删除。根据(ii)中(b)的归纳假设可知，$[\alpha^*]\psi\in u_1$。继续按照这种方式，在经过n步后，$[\alpha^*]\psi\in u_n=\upsilon$，故$\psi\in\upsilon$，否则$u$在第二步就被删除。

最后证明ψ?的情况。如果$(u,\upsilon)\in m_{\acute{M}i}(\psi?)$且$[\psi?]\sigma\in u$，那么$u=\upsilon$且$u\in M_i$。根据(i)的归纳假设可知，$\psi\in u$，因此$\sigma\in u$，否则$u$在第二步就被删除。证毕。

需要注意的是：引理8.10的(ii)中的(a)实际对$[\alpha]\psi\in\mathrm{FL}(\varphi)$也是成立的，即使存在违反性质(8.3.3)的$u\in M_i$，这里假设$|\alpha|$是最小值。这是因为引理陈述中关于(8.3.3)的条件在α的严格子公式上也是成立的，这就是(ii)中(a)对α而言的归纳证明所需全部条件，这说明在第三步没有删除任何$u\in M$，因为对于$u\in M$而言，

$\forall\upsilon\in M_i((u,\upsilon)\in m_{\acute{M}i}(\alpha)\Rightarrow\psi\in\upsilon)$

$\Rightarrow\forall\upsilon\in M((u,\upsilon)\in m_{\acute{M}}(\alpha)\Rightarrow\psi\in\upsilon)$　根据引理8.10的(ii)中(a)

$\Leftrightarrow\forall\upsilon\in M((u,\upsilon)\in m_{\acute{M}}(\alpha)\Rightarrow\upsilon\in m_{\acute{M}}(\psi))$　根据第7章引理7.6(i)

$\Leftrightarrow u\in m_{\acute{M}}([\alpha]\psi)$　　　　　　　　　　根据$m_{\acute{M}}$的定义

$\Rightarrow[\alpha]\psi\in u$　　　　　　　　　　　　根据第7章引理7.6(i)

因为每个$u\in M$都可以通过该算法第二步的测试，而且由于在第三步中没有任何$u\in M$被删除，所以对于所有的$i\geq 0$而言，有$M\subseteq M_i$。另外，根据引理8.10的(i)可知，当算法以某种模型$\acute{M}_n$被结束时，每个$u\in M_n$都是可满足的，因为该算法被模型$\acute{M}_n$中的状

态 u 满足；因此 $\acute{M}_n=\acute{M}$。可以通过检验"对于某个 $u\in M_n$ 时，$\varphi\in u$ 是否成立"来测试 φ 的可满足性。

算法 8.9 可以通过编程在指数时间内运行，这不是特别困难。这一算法可以加以改进，仔细观察就会发现：在步骤 3 中违反性质(8.3.3)的 $[\alpha]\psi$ 中的最小 α 必须是原子程序或是 β^* 的形式，因为它们在步骤 2 中已经预先处理过，可以进一步提高效率。

定理 8.11：存在一个指数时间算法来判定命题动态逻辑所给定的公式是否可满足。

根据引理 8.10 就可以轻易得到定理 8.11，证明从略。

如前所述，定理 8.7 允许把该算法用于测试一个公式是否是另一个公式的逻辑后承。

8.3.2　下　界

前面给出了判定命题动态逻辑中可满足性的指数时间算法，现在为其确立一个相应的下界。

定理 8.12：命题动态逻辑的可满足性问题是 EXPTIME-complete.

证明：根据定理 8.11 可知，只需证明 PDL 是 EXPTIME-hard（参见第 3 章 3.3 节）。为此需要构造一个命题动态逻辑公式，该公式的模型编码了给定的线性空间有界单带交替图灵机 M，在长度为 n 的给定输入 x 在 M 的输入字母表上的计算。对于在单带字母表 M 的每个符号 a，M 的有穷控制的状态 q 和原子命题 $ACCEPT_{M,x}$ 而言，如何给涉及单个原子程序 NEXT、原子命题 $SYMBOL_i^a$ 和 $STATE_i^q$（其中 $0\leq i\leq n$）的公式 $ACCEPT_{M,x}$ 下定义呢？现在对此加以说明。公式 $ACCEPT_{M,x}$ 具有如下特征：任意满足 Kripke 框架的性质编码了 M 在 x 上的接受计算（accepting computation）。在任何这样的 Kripke 框架中，状态 u 表示出现在输入 x 时 M 的计算树中 M 的格局（configuration）；符号 $SYMBOL_i^a$ 和 $STATE_i^q$ 在状态 u 时的真值将给出磁带上的内容，格局中的当前状态和读写头位置与 u 对应。根据交替图灵机的吸收规则可知：原子命题 ACCEPT 的真值在状态 u 时为 1，当且仅当，在状态 u

时开始的计算是一个接受计算(参见第3章第3.1节)。

令Γ是交替图灵机M的磁带字母表,Q是状态集。不失一般性,假定机器以$2^{O(n)}$-时间为界。这可以通过要求M对在单轨道执行的每一步进行计数,并在c^n步后停止运转(shut off),其中c^n就是在输入长度为n时M的可能格局的个数的上界。这里最多存在$\Gamma^{n+2}\times Q\times(n+2)$个这种格局,$c$可以选得足够大,使得$c^n$是这个的上界。

不失一般性,假定分别用左结束符⊢和右结束符⊣把输入围起来,这些符号不会被覆盖,而且也不会限制图灵机M向左结束符⊢和右结束符⊣移动。

现在对格局进行如下编码。原子命题SYMBOL_i^a的意思是,"当前把符号a写在磁带单元格i中"。原子命题STATE_i^q的意思是,"在状态q时带头当前扫描磁带单元格i"。允许STATE_i^l和STATE_i^r,其中$l,r\notin Q$分别表示带头当前正在朝单元格i左边或右边的单元格扫描。

•"每个磁带单元格正好被一个符号占据"形式化为:

$$\bigwedge_{0\leqslant i\leqslant n+1}\bigvee_{a\in\Gamma}(\mathrm{SYMBOL}_i^a\wedge\bigwedge_{\substack{b\in\Gamma\\ b\neq a}}\neg\mathrm{SYMBOL}_i^b)$$

•"占据第一个和最后一个磁带单元格的符号分别用结束符⊢和⊣来表示",即

$$\mathrm{SYMBOL}_0^{\vdash}\wedge\mathrm{SYMBOL}_{n+1}^{\dashv}$$

•"机器正处于恰好扫描一个磁带单元的状态"可以形式化为:

$$\bigvee_{0\leqslant i\leqslant n+1}\bigvee_{q\in Q}\mathrm{STATE}_i^q$$

$$\wedge\bigwedge_{0\leqslant i\leqslant n+1}\bigvee_{q\in Q\cup\{\ell,r\}}(\mathrm{STATE}_i^q\wedge\bigwedge_{\substack{p\in Q\cup\{\ell,r\}\\ p\neq q}}\neg\mathrm{STATE}_i^p)$$

$$\wedge\bigwedge_{0\leqslant i\leqslant n}\bigwedge_{q\in Q\cup\{\ell\}}(\mathrm{STATE}_i^q\to\neg\mathrm{STATE}_{i+1}^{\ell})$$

$$\wedge\bigwedge_{1\leqslant i\leqslant n+1}\bigwedge_{q\in Q\cup\{r\}}(\mathrm{STATE}_i^q\to\neg\mathrm{STATE}_{i+1}^{\ell})$$

令CONFIG是这三个公式的合取，那么$u \vDash$CONFIG，当且仅当，u表示在长度为n的输入上图灵机M的格局。现在可以写出能够说明图灵机M正确移动的公式。这里使用原子程序NEXT来表示二元next-格局关系。对于每个（状态，磁带符号）序对(q, a)，令$\Delta(q,a)$是描述图灵机M在扫描状态q下的符号a时，可能采取的行动的所有（状态、磁带符号、方向）三元组的集合。

例如，如果$(p,b,-1) \in \Delta(q,a)$，这意味着在状态q下扫描包含a磁带单元格时，图灵机M可以在该磁带单元上写下b，并将带头移向该单元格左侧，然后进入状态p。

•"如果带头当前没有扫描单元格i，则写入单元格i上的符号不会改变"可以形式化为：

$$\bigwedge_{0 \leqslant i \leqslant n+1} ((\mathrm{STATE}_i^{\ell} \vee \mathrm{STATE}_i^{r}) \to \bigwedge_{a \in \Gamma} (\mathrm{SYMBOL}_i^{a} \to [\mathrm{NBXT}]\mathrm{SYMBOL}_i^{a}))$$

•"机器根据转换关系进行移动"可以形式化为：

$$\bigwedge_{0 \leqslant i \leqslant n+1} \bigwedge_{\substack{a \in \Gamma \\ q \in Q}} (\mathrm{SYMBOL}_i^{a} \wedge \mathrm{STATE}_i^{a} \to$$

$$(\bigwedge_{(p,b,d) \in \Delta(q,a)} < \mathrm{NEXT} > (\mathrm{SYMBOL}_i^{b} \wedge \mathrm{STATE}_{i+d}^{p})) \quad (8.3.4)$$

$$\wedge [\mathrm{NEXT}](\bigvee_{(p,b,d) \in \Delta(q,a)} (\mathrm{SYMBOL}_i^{b} \wedge \mathrm{STATE}_{i+d}^{p})) \quad (8.3.5)$$

需要注意的是：当$\Delta=(q,a)=\varnothing$时，式(8.3.4)可以化归为**1**，式(8.3.5)可以化归为[Next]**0**。这可以用以下接受(acceptance)的定义来表示。

令MOVE是作为式(8.3.4)和(8.3.5)的合取，那么$u \vDash$MOVE的意思是：使得(u, υ)处于用NEXT所表示关系中的状态υ表示的格局，正好是根据图灵机M的转换关系，在某个步骤中从u所表示的格局可以推导出来的格局。

在输入x时图灵机M的初始格局可以描述为：

•"机器处于初始状态s时，其读写头扫描左结束符，并在磁带上写下$x=x_1 \cdots x_n$"可以表示为：

$$\mathrm{STATE}_i^{s} \wedge \bigwedge_{1 \leqslant i \leqslant n} \mathrm{SYMBOL}_i^{x_i}$$

这个公式称为START。

现在可以描述交替式图灵机的接受条件。令$U\subseteq Q$是图灵机M的全称状态(universal state)组成的集合,并令$U\subseteq Q$是M的特称状态(existential state)组成的集合,那么$Q=U\cup E$和$U\cap E=\varnothing$。

“如果q是一个特称状态,那么‘q导致(lead to)接受’的意思是:至少存在q的一个后继格局导致接受。”这可表示为:

$$\bigwedge_{1<i<n+1}\bigwedge_{q\in E}(\mathrm{SYMBOL}_i^q\to(\mathrm{ACCEPT})\leftrightarrow\langle\mathrm{NEXT}\rangle\mathrm{ACCEPT}))\tag{8.3.6}$$

“如果q是一个全称状态,那么‘q导致接受’的意思是:q的所有后继格局都会导致接受。”这可表示为:

$$\bigwedge_{0<i<n+1}\bigwedge_{q\in U}(\mathrm{SYMBOL}_i^q\to(\mathrm{ACCEPT})\leftrightarrow[\mathrm{NEXT}]\mathrm{ACCEPT}))\tag{8.3.7}$$

令$\mathrm{A}_{\mathrm{CCEPTANCE}}$表示式(8.3.6)和(8.3.7)这两个公式的合取。

图灵机M的接受格局是指没有next-格局的全称格局(universal configuration),拒绝(reject)格局是指没有next-格局的特称格局(existential configuration)。如上所述,当发生这种情况时,式(8.3.4)和(8.3.5)分别可以化归成到**1**和[Next]**0**。在带有$\mathrm{A}_{\mathrm{CCEPTANCE}}$的合取式中,这意味着$\mathrm{A}_{\mathrm{CCEPT}}$在接受格局中始终为真,在拒绝格局时则始终为假。

令$\mathrm{ACCEPTS}_{M,x}$是公式$\mathrm{START}\wedge[\mathrm{NEXT}^*](\mathrm{CONFIG}\wedge\mathrm{MOVE}\wedge\mathrm{ACCEPTANCE})\wedge\mathrm{ACCEPT}$。那么$M$接受$x$,当且仅当,$\mathrm{ACCEPTS}_{M,x}$是可满足的。

至此已经给出了“把从线性空间交替图灵机的成员问题(membership problem)到命题动态逻辑的可满足性问题”的有效化归方法。对于EXPTIME-hardness而言,需要给出从多项式空间交替图灵机的成员问题的化归,但本质上需要相同的构造工作。唯一的区别是,在公式的定义中,使用某个固定的常数k代替了界(bound)n,并对公式START进行了修改,使输入填充到带有空格的长度为n^k的如下符号中:

$$\mathrm{STATE}_0^s\wedge\bigwedge_{1\leqslant i\leqslant n}\mathrm{SYMBOL}_i^{x_i}\wedge\bigwedge_{n+1\leqslant i\leqslant n^k}\mathrm{SYMBOL}_i^{\sqcup}.$$

由于交替多项式空间图灵机的成员问题是EXPTIME-hard问题（参见Chandra等（1981）），命题动态逻辑的可满足性问题也是如此。证毕。

推论8.13：存在使得命题动态逻辑的可满足性问题在确定性时间$c^{n/\log n}$中不可解的一个常数$c>1$，其中n是输入公式的大小。

证明：分析定理8.12证明中$\mathrm{ACCEPTS}_{M,x}$的结构，可以发现：其长度超过了对于某个常数a而言的对数$\log n$的值，其中$n=|x|$，从x构造$\mathrm{ACCEPTS}_{M,x}$的时间在n中至多是多项式时间。Γ中的符号个数和q中的状态的个数都是常数，最多把一个常数因子指派给公式的长度。

Hopcroft和Ullman（1979）指出：复杂性类DTIME（2^n）包含了“不包含在任何复杂类DTIME（d^n）（任意的$d<2$）中”的集合A，我们可以利用这一事实。因为$A\in$DTIME（2^n），它可以被交替线性空间图灵机M所接受（参见Chandra等（1981））。可用定理8.12的化归将给定的输入x转换为公式$\mathrm{ACCEPTS}_{M,x}$，从而决定A中的成员，并决定$\mathrm{ACCEPTS}_{M,x}$是否可满足。因为$|\mathrm{ACCEPTS}_{M,x}|\leq \mathrm{an}\log n$，如果对于某些常数$c$而言，满足性问题在DTIME（$c^{n/\log n}$）中，那么可以在$n^k+c^{\mathrm{an}\ \log n/\log(\mathrm{an}\ \log n)}$时间内，确定$A$中的成员。项$n^k$就是将$x$转换为$\mathrm{ACCEPTS}_{M,x}$所需的时间，剩余项是决定$\mathrm{ACCEPTS}_{M,x}$可满足性所需的时间。但是假设$a\geq 1$，$n^k+c^{\mathrm{an}\ \log n/\log(\mathrm{an}\ \log n)}\leq n^k+c^{\mathrm{an}\ \log n/\log n}\leq n^k+c^{\mathrm{an}}$。对于$c<2^{1/a}$而言，这一时间则渐渐逼近小于$2^n$。这与$A$的选择相矛盾。证毕。

现在对正则命题动态逻辑中可满足性的复杂性与命题逻辑中可满足性的复杂性进行比较。在命题逻辑中，可满足性是NP-complete，但目前尚不清楚EXPTIME和NP这两个复杂类是否有区别。因此，就现有知识而言，命题逻辑在最坏情况下的可满足性问题，并不比带有更丰富超集（far richer superset）的命题动态逻辑更容易解决。

8.4　紧致性和逻辑后承

正如前面指出的那样，根据当前的知识，还无法弄清命题逻辑中可满足性的复杂性与命题动态逻辑之间的差异。但是，这二者之间的一个重要的差异就是：命题逻辑具有紧致性，而命题动态逻辑则不具有。

紧致性对于逻辑后承（logical consequence）关系而言有着重要的意义。如果命题公式φ是一个命题公式集Γ的后承，那么φ就是Γ的某个有穷子集的后承，但在命题动态逻辑中，这点不成立。

回想一下，φ是Γ的逻辑后承，写作$\Gamma\vDash\varphi$，意思是：如果φ满足任意Kripke结构$\mathfrak{R}$的任意状态，那么所有状态都满足Γ中所有公式。也就是说，如果$\mathfrak{R}\vDash\Gamma$，那么$\mathfrak{R}\vDash\varphi$。

逻辑后承的另一种与上述解释不等价的解释是，在任何Kripke框架中，公式φ在满足所有Γ中的所有公式的任何状态下都是成立的。如果允许无穷合取，就可以写成$\vDash\bigwedge\Gamma\to\varphi$。这与$\Gamma\vDash\varphi$不同，因为$\vDash\bigwedge\Gamma\to\varphi$蕴涵$\Gamma\vDash\varphi$，但反之则不一定成立。当$\Gamma=\{p\}$且$\varphi=[a]p$就是其反例。但是，如果$\Gamma$仅仅包含有穷多个原子程序，就可以将问题$\Gamma\vDash\varphi$化归成对于$\Gamma'$而言的$\vDash\bigwedge\Gamma'\to\varphi$问题，正如本章定理8.7所揭示的那样。

定理8.14：存在无穷公式集合Γ和公式φ，使得$\vDash\bigwedge\Gamma\to\varphi$（因此$\Gamma\vDash\varphi$），但是不存在$\Gamma$的真子集$\Gamma'\subseteq\Gamma$使得$\Gamma'\vDash\varphi$（因此也不存在$\Gamma$的真子集$\Gamma'\subseteq\Gamma$使得$\vDash\bigwedge\Gamma'\to\varphi$）。

证明：定义：

$$\varphi=_{\mathrm{def}}p\to[a^*]q$$

$$\Gamma=_{\mathrm{def}}\{p\to q,p\to[a]q,p\to[aa]q,\cdots,p\to[a^i]q,\cdots\}.$$

那么$\vDash\bigwedge\Gamma\to\varphi$。但是对于$\Gamma'\subsetneq\Gamma$与$p\to[a^i]q\in\Gamma-\Gamma'$而言，考虑带有状态$\omega$的结构，原子程序$a$被解释为后继关系，$p$仅在0处为真，$q$仅在$i$处为假。

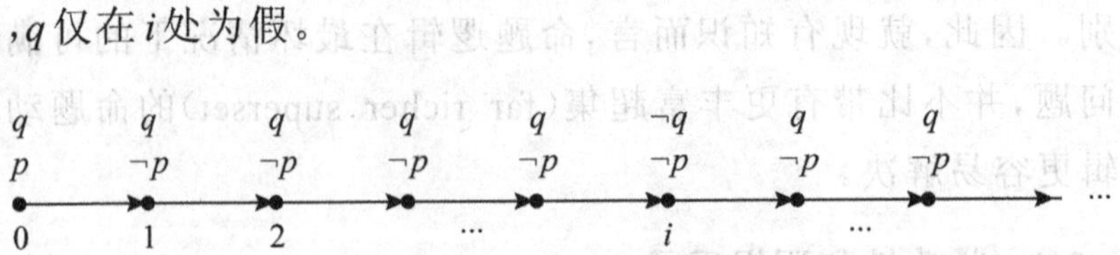

那么Γ'的所有公式在该模型的所有状态下都是真的，但是φ在状态0下是假的。证毕。

正如本章定理8.7所揭示的那样，有穷集合Γ'的逻辑后承$\Gamma\vDash\varphi$并不比单个公式的有效性更难判断。但如果集合Γ是无穷，结果又如何呢？这里紧致性就起了关键作用。如果Γ是递归可枚举的集合而且该逻辑是紧致的，那么后承问题就是递归可枚举的：为了检验$\Gamma\vDash\varphi$是否成立，只要检验Γ的有穷子集是否可以被有效地枚举，对于有穷集合而言，检验$\Gamma\vDash\varphi$是否成立的问题是一个可判定的问题。

由于命题动态逻辑不具有紧致性，即使已知Γ是递归可枚举的，研究命题动态逻辑的逻辑后承问题没有什么好处。定理8.15表明，情况比我们预期的要糟糕得多：即使把Γ看作命题动态逻辑的单个公式的替换实例（substitution instance）组成的集合，后承问题也是非常难以判定的。这是命题动态逻辑不具有紧致性的显著表现。

令φ是一个给定的公式。S_φ是φ的替换实例集，它是用φ中出现的每个原子命题，替换一个公式得到的所有公式组成的集合。

定理8.15：判定$S_\varphi\vDash\psi$是否成立的问题是Π_1^1-完全的。即使对于特别的固定φ而言，这一问题是Π_1^1-hard问题。

证明：对于该问题的上界而言，只需要考虑可数模型。这个问题就是判断：对于所有Kripke框架$\acute{M}$而言，“如果$\acute{M}\vDash S_\varphi$，那么$\acute{M}\vDash\psi$”是否成立。全称二阶量化首选Kripke框架$\acute{M}$，该框架决定了原子程序和命题符号的解释。一旦选定了框架$\acute{M}$，只需要检验“$\acute{M}\vDash S_\varphi\Rightarrow\acute{M}\vDash\psi$”是否是一阶的：在$\acute{M}$的所有状态$u$下或者$\acute{M},u\vDash\varphi$，或者存在$\varphi$的一个替换实例$\varphi'$和$\acute{M}$的状态$u$使得$\acute{M},u\vDash\neg\varphi'$。

对于该问题的下界而言，只需对第3章命题3.22的盖瓦问题（tiling problem）[①]及其补问题进行编码。固定模式（scheme）φ以保证任何模型本质上都是一个$\omega\times\omega$网格（grid）组成的。令NORTH和EAST是原子程序，并令p是原子命题。令φ为如下模式：

$[(\mathrm{NORTH})\cup\mathrm{EAST})^*](<\mathrm{NORTH}>\mathbf{1}\wedge<\mathrm{EAST}>\mathbf{1}$

①盖瓦问题也称作拼接问题。

$$\wedge(\langle \mathrm{NORTH}\rangle p\rightarrow[\mathrm{NORTH}]p)\wedge(\langle \mathrm{EAST}\rangle p\rightarrow[\mathrm{EAST}]p)$$

$$\wedge(\langle \mathrm{NORTH;EAST}\rangle P\rightarrow[\mathrm{EAST;NORTH}]P)).\qquad(8.4.1)$$

式(8.4.1)的第一行的意思是:从任何可到达的点出发,总是可以在NORTH和EAST这两个方向中任何方向上继续走网格。(8.4.1)的第二行的意思是,在NORTH时从任意状态出发可达到的任意两种状态,都不能用任何命题动态逻辑公式来区分(请注意,任何公式都可以代替p),在EAST时的情况与此类似。式(8.4.1)的第三行表示交换条件,其意思是:先向NORTH走然后向EAST走可达到的任何状态,与先向EAST走然后向NORTH走可达到的任何状态,是不可以区分的。通过归纳可以发现:如果σ和τ是原子程序"NORTH,EAST"上的任意有穷计算序列seqs,使得σ和τ包含每个原子程序相同个数的出现,也就是说,如果σ和τ是彼此的置换(permutation),那么式(8.4.1)的所有替换实例的任何模型,都必须满足如下公式的所有替换实例:

$$[(\mathrm{NORTH}\cup\mathrm{EAST})^{*}](\langle\delta\rangle p\rightarrow\langle\tau\rangle p)$$

现在使用如下两种方式来构造公式ψ:

(i)使用某个给定的盖瓦类型(tile type)集合T,对网格的合法拼接进行描述;

(ii)要求红色仅仅出现有穷多次。

对于(i),可以用类似于Harel等(2000)谓词逻辑定理3.60的证明方法[①]进行构造。每个颜色c的原子命题分别表示为NORTH_c,SOUTH_c,EAST_c和WEST_c。NORTH_{blue}的意思是:盖瓦北边的颜色是蓝色。对于每个盖瓦类型$A\in T$,可以由这些原子命题来构建公式TILE_A,该公式在一个状态下为真,当且仅当,NORTH_c,SOUTH_c,EAST_c和WEST_c的真值在该状态下描述了类型为A的一个盖瓦。例如,与Harel等(2000)谓词逻辑定理3.60证明中公式的相对应的公式如下:

$$\mathrm{TILE}_A\Leftrightarrow_{def}\mathrm{NORTH}_{blue}\wedge\bigwedge_{\substack{c\in C\\ c\neq blue}}\neg\mathrm{NORTH}_c$$

②参见Harel et al(2000, p.117)。定理3.60的内容是:一阶逻辑的有效问题是Σ_1^0-完全的。

$$\wedge \text{SOUTH}_{\text{black}} \wedge \bigwedge_{\substack{c \in C \\ c \neq \text{black}}} \neg \text{SOUTH}_c$$

$$\wedge \text{EAST}_{\text{red}} \wedge \bigwedge_{\substack{c \in C \\ c \neq \text{red}}} \neg \text{EAST}_c$$

$$\wedge \text{WEST}_{\text{green}} \wedge \bigwedge_{\substack{c \in C \\ c \neq \text{green}}} \neg \text{WEST}_c.$$

令 ψ_{T} 是如下析取式：

$$[(\text{NORTH} \cup \text{EAST})^*] \bigvee_{A \in T} \text{TILE}_{\text{A}}$$

$$\wedge [\text{EAST}^*] \text{SOUTH}_{\text{blue}}$$

$$\wedge [\text{NORTH}^*] \text{WEST}_{\text{blue}}$$

$$\wedge [(\text{NORTH} \cup \text{EAST})^*] \bigwedge_{c \in C} (\text{EAST}_c \rightarrow <\text{EAST}> \text{WEST}_c)$$

$$\wedge [(\text{NORTH} \cup \text{EAST})^*] \bigwedge_{c \in C} (\text{NORTH}_c \rightarrow <\text{NORTH}> \text{SOUTH}_c).$$

该公式对应于 Harel 等（2000）谓词逻辑定理 3.60 中的式（3.4.3）~（3.4.7）。正如在该定理中的那样，ψ_T任意模式一定是一个合法的盖瓦。

如下公式表示在一个盖瓦中红色仅仅出现有穷多次：

$$\text{RED} \Leftrightarrow_{\text{def}} \text{NORTH}_{\text{red}} \vee \text{SOUTH}_{\text{red}} \vee \text{WEST}_{\text{red}}$$

$$\psi_{\text{red}} \Leftrightarrow_{\text{def}} <\text{NORTH}^*> [(\text{NORTH}_{\text{red}} \cup \text{EAST})^*] \neg \text{RED}$$

$$\wedge <\text{EAST}^*> [(\text{NORTH} \cup \text{EAST})^*] \neg \text{RED}$$

因此所有有效盖瓦仅仅使用有穷多次带有红边的盖瓦，当且仅当，$S_\varphi \models \psi_T \rightarrow \psi_{\text{red}}$。证毕。

对定理8.15的证明进行提炼，可以得到第10章讨论的进行了更严格限制的变种命题动态逻辑的类似结果。具体地说，这些结果对于第10章10.1节的SDPDL和10.2节的$\text{PDL}^{(0)}$这两个变种命题动态逻辑也是成立的。当然，由于该结果具有否定的性质，因此，对于这些逻辑的任意扩张也是成立的。

第9章 非正则命题动态逻辑

本章通过引入一些“其控制结构超过一个有穷自动机的”程序，从而丰富命题动态逻辑的正则程序。例如，上下文无关程序（context - free program）类要求一个下推自动机（pushdown automata，PDA），而且从正则程序上移到（moving up）上下文无关程序的过程，实际上是从迭代程序到无参数递归程序的过程。在丰富命题动态逻辑的程序种类时出现了几个问题，例如逻辑的表达力是否增强；如果逻辑的表达力增强，那么得到的结果逻辑是否仍然是可判定的。

本章首先说明任意的非正则程序会增加命题动态逻辑的表达力，而且带有上下文无关程序的命题动态逻辑的有效性问题是不可判定的。本章的大部分内容都致力于解决如下难题：尝试描述可判定的扩张和不可判定的扩张之间的边界线。一方面，即使只添加了一个十分简单的非正则程序的命题动态逻辑的有效性问题，已经证明是Π_1^1-完全的问题；另一方面，当添加另一个相等的简单程序时，这个问题仍是可判定的。除了这些关于十分具体的扩张的结果外，本章还讨论了一些涉及多个语言（包括不是上下文无关的一些语言）的具有某种宽泛性的可判定性结果。因为不知道类似的普遍不可判定性结果，所以本章还需要讨论“非正则扩张是否具有有穷模型性质”这一更弱的问题，并给出了一个涉及许多情况的否定结果。

Harel等（1983）研究过本章所讨论的问题——非正则命题动态逻辑的有效性问题的计算难度，以及可判定与不可判定之间的边界线。定理9.3表明：任意非正则程序将增加命题动态逻辑PDL的表达力。该定理首次明确出现在Harel和Singerman（1996）中。

定理9.5和定理9.6都来自Harel等（1983），但是定理9.6使用的盖瓦证明则来自Harel(1985)。Harel等(1983)证明了命题动态逻辑的初始递归的单字母扩张是不可判定的。本章表明带有a^{2^*}的命题动态逻辑的不可判定性的定理9.7,则来自Harel和Paterson(1984)。定理9.8源自Harel和Singerman(1996)。

Koren和Pnueli(1983)证明了关于可判定性扩张的定理9.9。本章9.4节中的通用性结论,即定理9.13、9.24和9.25,都来自Harel和Raz(1993),这是一个简单智能下推自动机的概念。9.4节对于在树上的下推自动机和栈自动机(stack automata)的空性(emptiness)的可判定性所需的证明,来自Harel和Raz(1994)。空性结论(emptiness result)的复杂性的一个更好的界(bound)能够在Peng和Iyer(1995)中找到。定理9.29来自Harel和Singerman(1996)。本章主要以Harel等(2000,pp.227-256)的研究为基础展开论述的。

9.1　上下文无关程序

考虑下面这个自我解释程序:

while p do a ; now do b the same number of times　(9.1.1)

这个程序是为了表达下面这个计算序列集:$\{(p?;\ a)^i;\ \neg p?;\ b^i | i\geq 0\}$。该集合可视为在字母表$\{a,b,p,\neg p\}$上的语言,而且这个集合不是正则集合,因此不能在命题动态逻辑中程序化。然而,它能够用下面的无参数递归程序(parameterless recursive procedure)来表达:

```
proc V {
  If p then { a; call V; b }
    else return}
```

这个程序的计算序列的集合被上下文无关语法$V\to\neg p?|p?aV\ b$表征。

由此产生了在命题动态逻辑的box算子和diamond算子中允许上下文无关程序的想法。从实用主义角度来看,这相当于利用无参数的递归程序的推理能力对命题动态逻辑进行扩张。上下文无关程序的特定表示并不重要,可以使用下推自动机、上下文无关语法、递归过程或一些其他能被有效翻译成它们的形式系统来表示上下文无关程序。

本章剩余部分将关注一些具体的程序，并使用一些特殊的缩写来表示它们。例如，可定义：

$a^{\Delta}ba^{\Delta}=_{\mathrm{def}}\{a^{i}ba^{i}|i\geq 0\}$

$a^{\Delta}b^{\Delta}=_{\mathrm{def}}\{a^{i}b^{i}|i\geq 0\}$

$b^{\Delta}a^{\Delta}=_{\mathrm{def}}\{b^{i}a^{i}|i\geq 0\}$。

需注意的是：$a^{\Delta}b^{\Delta}$实际上只是程序(9.1.1)的一个非确定性版本，其中没有p来控制迭代。事实上，(9.1.1)能够在这个记法下表示为$(p?a)^{\Delta}\neg p?b^{\Delta}$。从程序设计术语的角度来看，通过观察"如果$a$是'购买一个面包'且$b$是'支付1美元'，可以对正则程序$(ab)^{*}$和非正则程序$a^{\Delta}b^{\Delta}$进行比较，那么程序$(ab)^{*}$表示在购买时支付每个面包的过程，而程序$a^{\Delta}b^{\Delta}$表示在月末为它们全部买单的过程。

9.2 非正则命题动态逻辑的基本结论

首先证明用单个任意的非正则程序对命题动态逻辑PDL进行扩张，可以增强命题动态逻辑的表达力。

定义9.1：如果L是在原子程序和测试上的任意语言，那么PDL+L可被定义为：除了能够说明任意公式φ的额外句法规则以及$\langle L\rangle\varphi$这类表达式外，其他与PDL相同。PDL+L的语义只是在PDL的语义基础上，增加了如下定义：

$$m_{\mathfrak{R}}(L)=_{\mathrm{def}}\bigcup_{\beta\in L}m_{\mathfrak{R}}(\beta)。$$

需要注意的是，PDL+L不允许L作为新程序的形成规则，也不允许L与其他程序结合。L仅仅被当做一个新的独立程序添加到程序设计语言(programming language)中。

定义9.2：如果PDL_1和PDL_2是PDL的两个扩张，"PDL_1与PDL_2具有同样的表达能力"的意思是：对于PDL_2的每个公式φ而言，都存在一个PDL_1的公式ψ使得$\vDash\varphi\leftrightarrow\psi$。如果$PDL_2$能够表达的公式$PDL_1$都能够表达，但存在$PDL_1$能够表达而$PDL_2$不能够表达的公式，那么就说$PDL_1$的表达力严格大于$PDL_2$的表达力。

如果一个语言是Π_0^*的子集，那么该语言就是无测试（test-free）语言，即它的有穷计算序列seqs不包括测试。

定理9.3：如果L是任意非正则无测试语言，那么PDL+L比PDL具有更强的表达力。

证明：把PDL嵌入k后继的一元二阶理论SkS（参见Rabin，1969），可以证明定理9.3。有可能证明“在SkS中可定义的节点（node）的任何集合都是正则的”，因此添加一个非正则谓词能够增加它的表达力。对此，下面给出一个更为直接的证明。

固定子集$\{a_0,\cdots,a_{k-1}\}\subseteq\Pi_0$，并定义Kripke框架$\mathfrak{R}=(K,m_{\mathfrak{R}})$如下：

$$K=_{\text{def}}\{a_0,\cdots,a_{k-1}\}^*$$

$$m_{\mathfrak{R}}(a_i)=_{\text{def}}\{(a_ix,x)|x\in\{a_0,\cdots,a_{k-1}\}^*\}$$

$$m_{\mathfrak{R}}(p)=_{\text{def}}\{\varepsilon\}。$$

框架$\mathfrak{R}$能够被视为一个完全的k-元树，只有在根部p才成立，而且每个节点有k个子节点；虽然每个子节点都是相对于每个原子程序a_i而言的，但是所有的边（edge）都指向上方。因此，从导向（lead to）满足p的一个状态的节点$x\in\{a_0,\cdots,a_{k-1}\}^*$出发所得到的唯一序列就是$x$本身。

对于命题动态逻辑的任意公式φ而言，集合$m_{\mathfrak{R}}(\varphi)$是$\{a_0,\cdots,a_{k-1}\}$上的词语集，它描述了从满足$\varphi$的状态到根节点的路径。施归纳于$\varphi$的结构，很容易证明$m_{\mathfrak{R}}(\varphi)$是字母表$\{a_0,\cdots,a_{k-1}\}$上的正则集。因为$m_{\mathfrak{R}}(<L>p)=L$是非正则的，所以$<L>p$不能等值于任何命题动态逻辑公式。证毕。

可以把正则命题动态逻辑PDL的可判定性视为：证明关于迭代程序的命题层面的推理是可计算的。现在需要知道的是：递归程序是否可以做类似看待。可将上下文无关的命题动态逻辑定义为“使用上下文无关程序对命题动态逻辑的扩张”，上下文无关程序就是其序列能够形成上下文无关语言的程序。在这里，一个精确的句法并不重要，但为了明确，可以将程序看作原子程序和测试上的上下文无关语法的集合G，并定义$m_{\mathfrak{R}}(G)=_{\text{def}}\bigcup_{\beta\in CS(G)}m_{\mathfrak{R}}(\beta)$，其中$CS(G)$是如同在第5章5.3节中描述的那样，是由$G$生成的计算序列集。

定理9.4：上下文无关的命题动态逻辑的有效性问题是不可判定的。

证明：对于上下文无关语法G、G'以及原子p而言，考虑公式$<G>p\leftrightarrow<G'>p$。可以证明：如果$CS(G)$和$CS(G')$是无测试的，那么：公式$<G>p\leftrightarrow<G'>p$是有效的，当且仅当，$CS(G)=CS(G')$。因此，可以将上下文无关语言的等值问题化归为上下文无关的命题动态逻辑的有效性问题。根据文献Hopcroft和Ullman（1979）或Kozen（1997a）可知：上下文无关语言的等值问题是不可判定的。证毕。

定理9.4留下了几个尚未解答的问题。上下文无关的命题动态逻辑PDL的不可判定性属于哪个层级？如果只添加少量几个具体的非正则程序，其判定性的情况如何？第一个问题源于如下事实：上下文无关语言的等值问题是：证明一个集合的补集是余递归可枚举的（co-r.e.），或者说在第3章3.2节的算术层级的记法中，这一等值问题是Π_1^0完全的。因此，定理9.4说明上下文无关的命题动态逻辑的有效性问题是Π_1^0-hard问题，虽然事实上可能更加糟糕。第二个问题更具有一般性。我们可能仅仅关注确定性或线性上下文无关程序的推理，或者关注诸如$a^{\Delta}ba^{\Delta}$或$a^{\Delta}b^{\Delta}$这样一些具体的上下文无关程序。把这些程序添加进命题动态逻辑PDL后得到的扩张系统，可能仍然是可判定的。一般性的问题就是：用更加丰富的程序类对命题动态逻辑进行扩张时，如何确定可判定和不可判定之间的分界线。

有趣的是，当研究PDL+$a^{\Delta}ba^{\Delta}$或PDL+$a^{\Delta}b^{\Delta}$这类简单的非正则扩张时，不能利用定理9.4中用于上下文无关的命题动态逻辑的技术，来证明这些扩张系统的不可判定性，因为对于上下文无关语言而言，诸如等值和包含这类标准的不可判定的问题，对于包含正则语言和诸如$a^{\Delta}ba^{\Delta}$及$a^{\Delta}b^{\Delta}$这类公式的命题动态逻辑是可判定的。所以不能采用第7章7.2节中用于命题动态逻辑的技术来证明可判定性，因为像PDL+$a^{\Delta}ba^{\Delta}$和PDL+$a^{\Delta}b^{\Delta}$的逻辑不能满足有穷模型性质。因此，如果想要确定这些命题动态逻辑的扩张的可判定性情况，必须做更多的工作。

定理9.5：存在PDL+$a^{\Delta}b^{\Delta}$中的一个可满足公式，不在任何有穷结构中被满足。

证明：令φ是公式$p\wedge[a^{*}]<ab^{*}>p\wedge[(a\cup b)^{*}ba]0\wedge[a^{*}a][a^{\Delta}b^{\Delta}]\neg p\wedge[a^{\Delta}b^{\Delta}][b]\mathbf{0}$。令$\mathfrak{R}_0$是在图9.1中说明的无穷结构，其中唯一满足$p$的状态是那些黑点。容易看出$\mathfrak{R}_0,u\vDash\varphi$。现在令$\mathfrak{R}$是一个带有状态$u$的有穷结构并使得$\mathfrak{R},u\vDash\varphi$。将Ķ视为一个有穷图(graph)，可以将路径和沿着路径的原子程序序列联系起来。考虑$\mathfrak{R}$中从u到满足p的状态的路径集合U。事实上，“$\mathfrak{R}$是有穷的”蕴涵“U是一个正则词语集”。但是，φ的第三个合取支消去了“包含b后有a的U路径”，并把U包含在$a^{*}b^{*}$中；第四和第五个合取支使得U是$\{a^ib^i|i\geqslant 0\}$的子集；对每个$i\geqslant 0$而言，前两个合取支使得U包含了a^ib^{*}中的一个词语(word)。因此，U一定是$\{a^ib^i|i\geqslant 0\}$，这与正则性相矛盾。证毕。

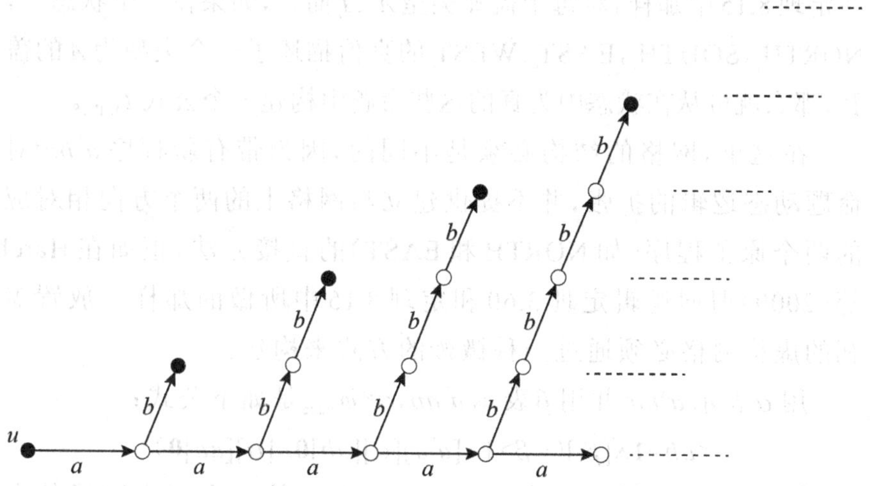

图9.1 无穷结构

9.3 不可判定的扩张

9.3.1 双字母程序(two-letter program)

对定理9.5的证明进行简单地修改，就可以证明PDL+$a^{\Delta}ba^{\Delta}$不具有有穷模型性质。然而，对这个扩张而言，新的问题要比纯粹的不可判定性更加难以处理。

定理9.6：PDL+a^{Δ}或ba^{Δ}的有效性问题是Π_1^1-完全的。

证明：为了证明PDL+$a^{\Delta}ba^{\Delta}$的有效性问题在Π_1^1中，可使用第4章4.4节的Löwenheim-Skolem定理（Hareletal.，2000，pp.116-117）把有效性概念表述为如下一般形式："对所有可计算结构而言……"，就会发现，在一个给定的可计算结构中一个给定的公式是否可满足的问题是算术性问题。

为了证明这个问题是Π_1^1-hard问题，可将第3章命题3.22的盖瓦问题（tiling problem）化归成这一问题。在盖瓦问题中，给定了一个盖瓦类型的集合T，需要证明$\omega\times\omega$网格能否放置盖瓦，使得红色能够出现无穷次。现在利用第8章定理8.15的下界证明的方法对此加以证明。

对每个颜色c而言，可使用相同的原子命题NORTH_c，SOUTH_c，EAST_c，WEST_c。例如，NORTH_c表示当前盖瓦的北边是颜色c。正如在定理8.15中那样，对每个盖瓦类型$A\in T$而言，如果在一个状态中，NORTH_c，SOUTH_c，EAST_c，WEST_c的真值描述了一个类型为A的盖瓦，那么就可从在状态中为真的这些命题中构建一个公式T_{ILEA}。

在这里，网格的结构必须是不同的，因为带有新程序$a^{\Delta}ba^{\Delta}$对命题动态逻辑的扩张，并不提供建立与网格上的两个方向相对应的两个原子程序（如NORTH和EAST）的直接方法，正如在Harel等（2000）谓词逻辑定理3.60和定理8.15中所做的那样。放置盖瓦的虚构网格必须通过一种微妙的方式来构建。

用α表示$a^{\Delta}ba^{\Delta}$并用β表示$a^{*}ab$，令φ_{snake}是如下公式：

$$<ab>\mathbf{1}\wedge[\beta^{*}](<\beta>\mathbf{1}\wedge[a^{*}a][\alpha][ab]\mathbf{0}\wedge[\alpha][aa]\mathbf{0})$$

这个公式使得形式为$\sigma=aba^2ba^3ba^4b\cdots$的一个无穷路径的存在。图9.2表示这个路径如何被想象为蛇形穿过网格$\omega\times\omega$，而且这个证明的细节正是基于这个对应关系展开。

现在必须说明，隐含在路径σ中的网格合法地用T中的盖瓦进行拼接，而且红色可以出现无穷次。对此可使用定理8.15中的公式RED：

$$\mathrm{RED}\Leftrightarrow_{\mathrm{def}}\mathrm{NORTH}_{\mathrm{red}}\vee\mathrm{SOUTH}_{\mathrm{red}}\vee\mathrm{EAST}_{\mathrm{red}}\vee\mathrm{WEST}_{\mathrm{red}}。$$

接下来建立与φ_{snake}的合取一样的通用公式φ_T和下式：

$$[(a\cup b)^*a]\bigvee_{A\in T}\mathrm{TILE}_A \tag{9.3.1}$$

$$[(\beta\beta)^*a^*a]\bigwedge_{c\in C}((\mathrm{EAST}_c\to[\alpha a]\mathrm{WEST}_c)\wedge(\mathrm{NORTH}_c\to[\alpha aa]\mathrm{SOUTH}_c)) \tag{9.3.2}$$

$$[(\beta\beta)^*\beta\alpha^*\alpha]\bigwedge_{c\in C}((\mathrm{EAST}_c\to[\alpha\mathrm{aa}]\mathrm{WEST}_c)\wedge(\mathrm{NORTH}_c\to[\alpha\mathrm{a}]\mathrm{SOUTH}_c)) \tag{9.3.3}$$

$$[\beta^*]\langle\beta^*a^*a\rangle_{\mathrm{RED}} \tag{9.3.4}$$

式(9.3.1)把T中的盖瓦和跟在a后的那些σ的点(准确地说是ω×ω的点)联系起来。式(9.3.2)和(9.3.3)通过使用$a^{\Delta}ba^{\Delta}$来找到正确相邻盖瓦，从而使得颜色得以匹配，是选择从上面开始匹配，还是从下面开始匹配，取决于β的奇偶性(parity)。式(9.3.4)可以保证红色的再次出现，这点不能直接加以证明。在定理8.15的后承问题中，任意公式具有替换原子命题p的能力，从而可以轻易加强网格中的性质的统一性(uniformity)。相反，公式的$<\beta^*>$部分能够满足主路径σ的不同分支路径。不过，一个König式论证能够用于证明：在沿着选定的路径σ的盖瓦中，存在一个红色的无穷次再现。

由此可见，φ_T是可满足的，当且仅当，可以无穷次出现红色来拼接网格$\omega\times\omega$。证毕。

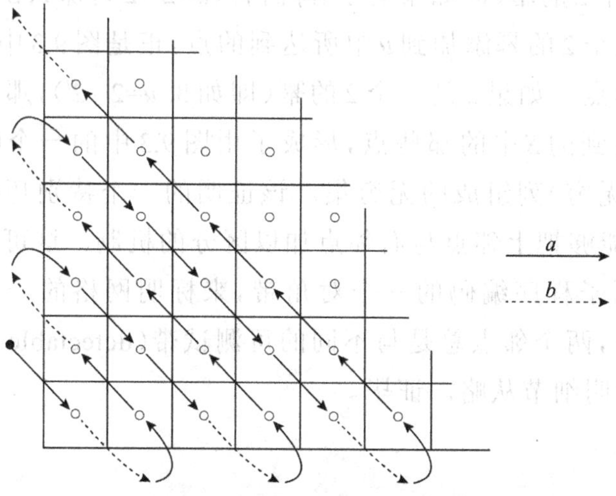

图9.2 无穷路径

使用$a^{\Delta}b^{\Delta}$和$b^{\Delta}a^{\Delta}$这两个程序对命题动态逻辑进行扩张得到的系统的有效性问题也是Π_1^1-complete。

容易证明：上下文无关的命题动态逻辑的有效性问题整体上仍然是Π_1^1-complete，加之$a^{\Delta}ba^{\Delta}$是一个上下文无关语言，由此就可以得到前面提过的第一个问题的答案：上下文无关的命题动态逻辑的有效性问题是Π_1^1-complete。关于第二个问题，定理9.6表明：即便只添加了一个十分简单的非正则程序，高度的不可判定性现象仍然会发生。

9.3.2　单字母程序

现在转向在一个单独字母之上的非正则程序。考虑2的幂的语言：$a^{2^*}=_{\text{def}}\{a^{2^i}|i\geq 0\}$。由此可得：

定理9.7：PDL+a^{2^*}的有效性问题是不可判定的。

证明概要：通过盖瓦问题的化归来对定理9.7加以证明，但这次是在$\omega\times\omega$网格的子集上进行，其本质就是利用了2的幂的简单属性。

证明的大致思路就是如图9.3所展示的那样，把集合$S=\{2^i+2^j|i,j\geq 0\}$的元素分配到一个网格中。这个集合的元素可以通过从起始状态中执行两次新程序a^{2^*}来达到。证明中最关键的一步就是：处理当a^{2^*}从S中的点u再次被执行时所达到的那些点。如果u不是一个2的幂（即如果对于$i\neq j$而言，$u=2^i+2^j$），那么S中能够通过把第三个2的幂添加到u中所达到的点，正是图9.3中u的上邻点和右邻点。如果u是一个2的幂（即如果$u=2^i+2^i$），那么通过这种方式达到的S中的那些点，形成了由图9.3中的一个（有穷）行和一个（无穷）列组成的无穷集。该证明的一个特别巧妙部分就是：具有能够把上邻点与右邻点加以区分的机制。这可以利用被三个新原子程序编码的三个对角带，来标明网格的一个周期标志。这样，两个邻点总是与不同的可测试带（detectable stripe）相关联。证明细节从略。证毕。

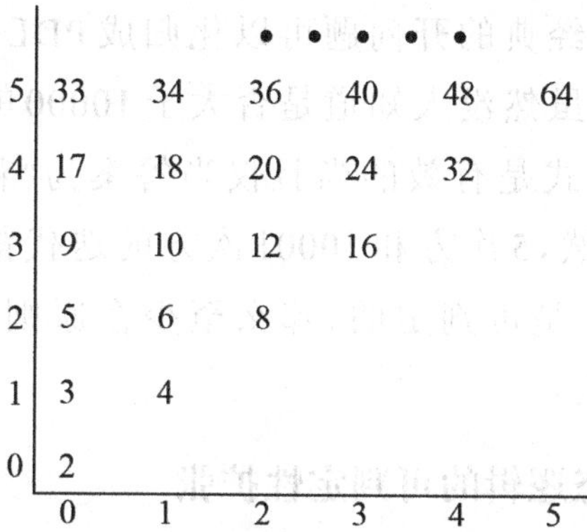

图9.3　集合S中的元素对应的点

事实上，对任意固定的$k\geqslant 2$的幂而言，证明这个结论是可能的。因此，对于固定的$k\geqslant 2$而言，添加了形式为$\{a^{k^i}|i\geqslant 0\}$的任意语言的PDL是不可判定的。其他能够证明不可判定的单字母扩张的种类包含了类似Fibonacci的序列：

定理9.8：令f_0,f_1是自然数集$\mathbb{N}$中满足$f_0<f_1$的任意元素，并令F是由递归（recurrence）$f_i=f_{i-1}+f_{i-2}$（对任意的$i\geqslant 2$而言）形成的序列$f_0,f_1,f_2,\cdots$。令$a^F=_{\mathrm{def}}\{a^{f_i}|i\geqslant 0\}$，那么PDL+$a^F$的有效性问题是不可判定的。

定理9.8的证明可遵循定理9.7证明的总思路进行，但定理9.8的证明更为复杂，这需要对F中元素之和的性质进行细致分析。

在这两个定理中，在呈指数时间增长的程序中的序列a对其证明而言是至关重要的。实际上，可以知道：对于a的序列长度呈子指数（subexponentially）增长的任意单字母扩张而言，没有不可判定性的结论。特别有趣的是平方（square）和立方（cube）的情形：

$$a^{*^2}=_{\mathrm{def}}\{a^{i^2}|i\geqslant 0\},$$

$$a^{*^3}=_{\mathrm{def}}\{a^{i^3}|i\geqslant 0\}。$$

PDL+a^{*^2}和PDL+a^{*^3}是不可判定的吗？

在9.5节中描述了平方的一个略加限制版本的可判定性结论，它似乎表明完全不受限版本PDL+a^{*^2}也是可判定的。然而，可以猜想：对于PDL+a^{*^3}而言，这个问题是不可判定的。有趣的是，在数论中几个经典的开问题可以化归成PDL+a^{*^3}的有效性问题的实例。例如，虽然没人知道是否大于10000的整数是五个立方之和，但下述公式是有效的当且仅当答案为“肯定的”：$[(a^{*^3})^5]p \to [a^{10001}a^*]p$。（当然，5次方和10001次方的迭代都必须全部写出来。）如果PDL+a^{*^3}是可判定的，那么至少在原则上，能够使用简单方法计算出答案。

9.4 命题动态逻辑的可判定性扩张

现在讨论关于可判定性的肯定结论。虽然定理9.5证明了PDL+$a^{\Delta}b^{\Delta}$不具有有穷模型性质，但是仍然可以得到以下结论：

定理9.9 PDL+$a^{\Delta}b^{\Delta}$的有效性问题是可判定的。

与定理9.6进行对比，就会发现：PDL+$a^{\Delta}b^{\Delta}$具有令人惊讶的可判定性。现在有两个十分类似的最简单的非正则语言——$a^{\Delta}ba^{\Delta}$和$a^{\Delta}b^{\Delta}$，但把其中一个添加到PDL就会产生高度不可判定性，另一个也随之不再是逻辑可判定的。

定理9.9的初步证明思路是：首先证明PDL+$a^{\Delta}b^{\Delta}$并不总是具有有穷模型，但是却具有有穷下推模型（finite pushdown models），该模型中的转换不仅可以由原子程序进行加标，还可以由一个特殊栈类的进栈指令和出栈指令（push and pop instruction）进行加标。严重依赖于语言$a^{\Delta}b^{\Delta}$的特性的证明表明，必须用一个自动机会接受所涉及语言的方式，来处理可判定性和不可判定性问题。例如，在接受$a^{\Delta}ba^{\Delta}$的通常方式中，一个下推自动机（PDA）读取a，是执行一个进栈指令，还是执行出栈指令，这依赖于输入词语所在的位置。然而，在接受$a^{\Delta}b^{\Delta}$的标准方式下，a总是被推进且b总是被推出，这与位置无关；输入的符号仅仅能够决定由什么自动机来处理。下面要谈到的工作能够证实这种直觉上的一般可判定性结果。因为这个工作不依赖具体的程序，正由于它的这种一般性，引起了更为浓厚的研究兴趣。

定义9.10：令$M=(Q,\Sigma,\Gamma,q_0,z_0,\delta)$是一个接受空栈（empty stack）的下推自动机。如果对于每个q'和γ'而言，只要$\delta(q,\sigma,\gamma)=(p,b)$，那么$\delta(q',\sigma,\gamma')=(p,b)$或$\delta(q',\sigma,\gamma')$是未定义的，这时

就称M是简单智能的(simple-minded)。如果存在一个简单智能的下推自动机接受一个上下文无关语言,那么就称该语言是一个简单智能的上下文无关语言。

换句话说,一个简单智能自动机的行动是由输入符号唯一决定的;状态和栈符号都仅仅用于帮助确定机器是否(拒绝输入时)停机或继续。需要注意的是,这样的自动机必然是确定型自动机。

简单智能下推自动机可以接受上下文无关语言的一个大片段,这包括接受$a^{\Delta}b^{\Delta}$和$b^{\Delta}a^{\Delta}$,也包括接受所有的平衡括号语言(balanced pareentesis lanuage,Dyck集)以及很多与正则语言交叉的语言。

例9.11:令$M=(\{q_0,q\},\Sigma,\Gamma,q_0,z_0,\delta)$是一个下推自动机,其中$\Sigma=\{a,b\}$,$\Gamma=\{z,z_0\}$,且转换函数$\delta$通过如下方式给出:

$\delta(q_0,a,z_0)=(q_0,\text{pop;push}(z))$

$\delta(q_0,a,z)=(q_0,\text{push}(z))$

$\delta(q_0,b,z)=(q,\text{pop})$

$\delta(q,b,z)=(q,\text{pop})$。

函数δ并未对于所有其他的可能性加以定义。因为下推自动机M接受空栈,被接受的语言恰好是$\{a^ib^i|i\geq 1\}$。自动机M是简单智能的,因为当输入a时,M总是执行push(z);当输入b时,M总是执行pop。

例9.12:令$M=(\{q\},\Sigma\cup\Sigma',\Gamma,q,z_0,\delta)$是一个下推自动机,其中$\Sigma=\{[,]\}$,$\Sigma'$是一些与$\Sigma$不相交的有穷字母表,$\Gamma=\{[,z_0\}$,且转换函数$\delta$给定如下:

$\delta(q,[,z_0)=(q,\text{pop;push}([))$

$\delta(q,a,[)=(q,\text{sp})$,对于$a\in\Sigma'$而言

$\delta(q,],[)=(q,\text{pop})$

这里sp代表"留在原地不动(stay put)"而且是push(ε)的缩写。对于所有其他的可能性而言,函数δ是未加以定义的。因为自动机仅接受空栈,被M接受的语言恰好是,在括号对称时开始(且结束)的$\Sigma\cup\Sigma'$之上的表达式的集合。自动机M是简单智能

的，因为当输入[时，它总是执行push([)；当输入]时，总是执行pop，且当输入的是Σ'中的字母时，总是执行sp。

本节的主要目的是证明如下定理。

定理9.13：若L是被一个简单智能下推自动机接受的语言，则PDL+L是可判定的。

首先，必须讨论命题动态逻辑的一个如下的特定模型类。

9.4.1 树模型

首先证明PDL+L有树模型性质(tree model property)。令ψ是一个PDL+L的公式，它包含n个在L中所使用到的不同的原子程序。在PDL+L中，ψ的一个树结构是一个Kripke框架$\mathfrak{R}=(K, m_{\mathfrak{R}})$，它满足：

(1)K是一个$[k]^*$的一个非空的前缀封闭子集(prefix-closed subset)，其中，$[k]=\{0,\cdots,k-1\}$是对于某个$k\geqslant 0$的n的倍数；

(2)对所有原子程序a而言，$m_{\mathfrak{R}}(a)\subseteq\{(x,x_i)|x\in[k]^*, i\in[k]\}$；

(3)如果a,b是原子程序，且$a\neq b$，那么$m_{\mathfrak{R}}(a)\cap m_{\mathfrak{R}}(b)=\varnothing$。

如果$\mathfrak{R},\varepsilon\vDash\psi$，其中$\varepsilon$是树根上的空串，那么树结构$\mathfrak{R}=(K, m_{\mathfrak{R}})$是$\psi$的一个树模型。

现在可以证明对任意L而言，如果一个PDL+L公式ψ是可满足的，那么它就有一个树模型。为了证明它，首先像Harel等(2000)多模态逻辑定理3.74那样，将ψ的任意模型展开为一个树模型，那么使用一个类似于Harel等(2000，p.143)的练习3.42的结构来构建一个子结构，其中每个状态都有有穷多个后继。为了能够继续进行证明，需要用到PDL+L中公式ψ的Fischer-Ladner闭包FL(ψ)。除了$FL^{\square}([L]\sigma)=\varnothing$外，第7章7.1节中的定义在这里同样适用。需注意的是，如果$[L]\sigma\in FL(\psi)$，那么$\sigma\in FL(\psi)$在这里也成立。

现在给出树结论：

命题9.14：PDL+L中的公式ψ是可满足的，当且仅当，它有一个树模型。

证明：假定对某个Kripke框架$\mathfrak{R}=(K, m_{\mathfrak{R}})$和$u\in K$而言，$\mathfrak{R},u\vDash$

ψ；并令对 $0\le i<2^{|FL(\psi)|}$ 而言，C_i 是 FL(ψ)的子集的一个枚举(enumeration)，并令 $k=n2^{|FL(\psi)|}$，令：$\mathbf{Th}_\psi(t)=_{\text{def}}\{\xi\in FL(\psi)|\mathfrak{R},t\models\xi\}$。

为了证明 ψ 有一个树模型，首先通过施归纳于$[k]^*$中的词语长度，定义一个部分映射 $\rho:[k]^*\to 2^K$：

$\rho(\varepsilon)=_{\text{def}}\{u\}$

$\rho(x(i+nj))=_{\text{def}}\{t\in K|\exists s\in\rho(x)(s,t)\in m_{\mathfrak{R}}(a_i)$ 且 $C_j=\mathbf{Th}_\psi(t)\}$

对所有 $0\leqslant i<n$ 和 $0\leqslant j<2^{|FL(\psi)|}$ 而言。需注意的是，如果 $\rho(x)$ 是空集，那么 $\rho(xi)$ 也是空集。

现在定义Kripke框架 $\mathfrak{R}'=(K',m_{\mathfrak{R}'})$ 如下：

$K'=_{\text{def}}\{x|\rho(x)\neq\varnothing\}$，

$m_{\mathfrak{R}'}(a_i)=_{\text{def}}\{(x,x(i+nj))|0\le j<2^{|FL(\psi)|},x(i+nj)\in K'\}$，

$m_{\mathfrak{R}'}(p)=_{\text{def}}\{x|\exists t\in\rho(x)$ 且 $t\in m_{\mathfrak{R}}(p)\}$。

需要注意的是，$m_{\mathfrak{R}'}$ 是根据 ρ 和 $m_{\mathfrak{R}}$ 来定义的。不难证明 $m_{\mathfrak{R}'}$ 是一个树结构，且如果 $x\in K'$ 和 $\xi\in FL(\psi)$，那么 $\mathfrak{R}',x\models\xi$，当且仅当，对于 $t\in\rho(x)$ 而言，$\mathfrak{R},t\models\xi$。特别有，$\mathfrak{R}',\varepsilon\models\psi$。

反方向的证明可立即得到。证毕。

令CL(ψ)是FL(ψ)中全部公式及其否定组成的集合。利用De Morgan律和命题动态逻辑同一性(identities)有：

$\neg[\alpha]\varphi\leftrightarrow<\alpha>\neg\varphi$

$\neg<\alpha>\varphi\leftrightarrow[\alpha]\neg\varphi$

$\neg\neg\varphi\leftrightarrow\varphi$

对于从左到右的证明，可以不失一般性地假定CL(ψ)中公式的否定仅仅应用到原子公式中。

令 $CL^\perp(\psi)=_{\text{def}}CL(\psi)\cup\{\perp\}$，现在将上面构造的树模型 $\mathfrak{R}'=(K',m_{\mathfrak{R}'})$ 嵌入到某个加标完全的 k 元树中。K' 中的所有节点由该节点满足的CL(ψ)公式加标，而且所有不在 K' 中的节点由特殊符号⊥加标。下面将说明这些树满足一些特殊性质。

定义9.15：对于带有原子程序 $a_0,\cdots,a_{n-1}$ 的一个 $PDL+L$ 公式 ψ 而言，唯一的diamond路径Hintikka树(简记为UDH树)包括：一个对于 n 的倍数 k 而言的 k 元树 $[k]^*$ 和如下两个加标函数(labeling function)：

$T:[k]^*\to 2^{\mathrm{CL}^{\perp}(\psi)}$

$\Phi:[k]^*\to \mathrm{CL}^{\perp}(\psi)$

其中 $\psi\in T(\varepsilon)$；对于所有 $x\in[k]^*$ 而言，$\Phi(x)$ 要么是一个单独的 diamond 公式，要么是特殊符号⊥；而且：

（1）要么 $T(x)=\{\perp\}$，要么 $\perp\notin T(x)$。而且在 $\perp\notin T(x)$ 时，对所有 $\xi\in \mathrm{FL}(\psi)$ 而言，$\xi\in T(x)$ 当且仅当 $\neg\xi\notin T(x)$；

（2）如果 $\xi\to\sigma\in T(x)$ 且 $\xi\in T(x)$，那么 $\sigma\in T(x)$ 且 $\xi\wedge\sigma\in T(x)$，当且仅当，$\xi\in T(x)$ 且 $\sigma\in T(x)$；

（3）如果 $<\gamma>\xi\in T(x)$，而且：

a）如果 γ 是一个原子程序 a_i，那么存在 j 使得 $i+nj<k$ 且 $\xi\in T(x(i+nj))$；

b）如果 $\gamma=\alpha;\beta$，那么 $<\alpha><\beta>\xi\in T(x)$；

c）如果 $\gamma=\alpha\cup\beta$，那么 $<\alpha>\xi\in T(x)$ 或 $<\beta>\xi\in T(x)$；

d）如果 $\gamma=\varphi?$，那么 $\varphi\in T(x)$ 且 $\xi\in T(x)$；

e）如果 $\gamma=\alpha^*$，那么存在一个词语（word）$w=w_1\cdots w_m\in \mathrm{CS}(\alpha^*)$ 且 $u_0,\cdots,u_m\in[k]^*$，使得 $u_0=x$，$\xi\in T(u_m)$，且对所有 $1\leqslant i\leqslant m$ 而言，$\Phi(u_i)=<\alpha^*>\xi$；此外，如果 w_i 是 $\varphi?$，那么 $\varphi\in T(u_{i-1})$ 且 $u_i=u_{i-1}$，同时，如果 w_i 是 $a_j\in\Pi_0$，那么 $u_i=u_{i-1}r$，其中对某些 ℓ 而言，$r=j+n\ell<k$；

f）如果 $\gamma=L$，那么存在一个词语 $w=w_1\cdots w_m\in L$ 且 $u_0,\cdots,u_m\in[k]^*$，使得 $u_0=x$，$\xi\in T(u_m)$，且对所有 $1\leqslant i\leqslant m$ 而言，$\Phi(u_i)=<L>\xi$；此外，如果 ω_i 是 $a_j\in\Pi_0$，那么 $u_i=u_{i-1}r$，其中对某些 ℓ 而言，$r=j+n\ell<k$；

（4）如果 $[\gamma]\xi\in T(x)$，而且：

a）如果 γ 是一个原子程序 a_j，那么对于所有的 $r=j+n\ell<k$ 而言，如果 $T(xr)\neq\{\perp\}$，那么 $\xi\in T(xr)$；

b）如果 $\gamma=\alpha;\beta$，那么 $[\alpha][\beta]\xi\in T(x)$；

c）如果 $\gamma=\alpha\cup\beta$，那么 $[\alpha]\xi\in T(x)$ 且 $[\beta]\xi\in T(x)$；

d）如果 $\gamma=\varphi?$ 且如果 $\varphi\in T(x)$，那么 $\xi\in T(x)$；

e）如果 $\gamma=\alpha^*$，那么 $\xi\in T(x)$ 且 $[\alpha][\alpha^*]\xi\in T(x)$；

f）如果 $\gamma=L$，那么对于所有的词语 $w=w_1\cdots w_m\in L$，和使得 $u_0=x$ 的 $u_0,\ldots,u_m\in[k]^*$，以及所有 $1\leq i\leq m$ 而言，如果 $w_i=a_j\in\Pi_0$，那么 $u_i=u_{i-1}r$，其中对某个 ℓ 而言，有 $r=j+n\ell<k$，那么就可以得到 $T(u_m)=\{\perp\}$

或$\xi \in T(u_m)$。

命题 9.16：PDL+L中的一个公式ψ有一个唯一diamond路径的Hintikka树UDH，当且仅当，该公式有一个模型。

此证明从略。

9.4.2　无穷树上的下推自动机

现在讨论无穷树上的下推自动机，后面会证明这样一个自动机会严格接受某个公式的Hintikka树的唯一的diamond路径。

一个下推k-元w-树自动机（PTA）是一个机器$M=(Q,\Sigma,\Gamma,q_0,z_0,\delta,F)$，其中$Q$是一个有穷状态集，$\Sigma$是一个有穷输入字母表，$\Gamma$是一个有穷栈字母表，$q_0 \in Q$是初始状态，$z_0 \in \Gamma$是初始栈符号，且$F \subseteq Q$是接受状态集。

转换函数δ具有类型$\delta: Q \times \Sigma \times \Gamma \to (2^{(Q \times B)^k} \cup 2^{Q \times B})$，其中$B=\{\mathrm{pop}\} \cup \{\mathrm{push}(w) \mid w \in \Gamma^*\}$。该转换函数反映了$M$作用在在由$\Sigma$加标且出度（outdegree）为$k$的树上。$\delta$中的规则数目记为$|\delta|$。

一种好的非形式方法就是将一个下推k-元w-树自动机PTA，视为一个在出度k的无穷树上运算的下推自动机。在树的每个节点u上，该自动机能够读取输入符号$T(u)$。它或者留在那个节点上，执行栈上的某个行动，并进入一个由$Q \times B$的元素所确定的新状态；或者分成k个拷贝（copy），每个拷贝都向下移动到由$(Q \times B)^k$的一个元素所确定的u的k个子节点中的一个节点上。

栈格局（stack configuration）集是$S=\{\gamma z_0 \mid \gamma \in \Gamma^*\}$。栈的顶部是向左的。初始栈格局是$z_0$。一个格局是一个序对$(q,\gamma) \in Q \times S$。初始格局是$(q_0,z_0)$。令栈头：$S \to \Gamma$是一个由$\mathrm{head}(z\gamma)=z$给定的函数，这描述了栈顶部的字母。如果栈是空的，那么头部就是未定义的。

为了表示δ对栈格局的影响，可定义偏函数（partial function）应用：$B \times S \to S$，从而为此栈提供了一个新内容：

$\mathrm{apply}(\mathrm{pop}, z\gamma) =_{\mathrm{def}} \gamma$;

$\mathrm{apply}(\mathrm{push}(w), \gamma) =_{\mathrm{def}} w\gamma$。

后者包括$w=\varepsilon$的情况，在这种情况下栈是不变的；可以将

push(ε)简写为sp。

自动机M在Σ上的完全加标的k元树上运行。即,输入是由带有加标函数T:$[k]^*\to\Sigma$的完全的k元树$[k]^*$组成。可用T指称加标树。在输入T上的一个M的计算,是一个带有格局序列的T的节点一个标签(labeling)C:$[k]^*\to(Q\times S)^+$,其中的格局序列满足下列条件:如果$u\in[k]^*$,$T(u)=a\in\Sigma$,且$C(u)=((p_0,\gamma_0),\cdots,(p_m,\gamma_m))$,那么:

(1)$(p_{i+1},b_{i+1})\in\delta(p_i,a,\text{head}(\gamma_i))$,且对于$0\le i<m$而言,apply$(b_{i+1},\gamma_i)=\gamma_{i+1}$;而且:(2)存在$((r_0,b_0),\cdots,(r_{k-1},b_{k-1}))\in\delta(p_m,a,\text{head}(\gamma_m))$,使得对所有$0\le j<k$而言,$C(uj)$的第一个元素是$(r_j$,apply$(b_j,\gamma_m))$。

从直觉上看,一个计算就是带有机器格局的树$[k]^*$的节点的一个归纳标签。一个节点标签是机器在访问该节点时所通过的格局序列。

如果$C(\varepsilon)$的第一个格局是初始格局(q_0,z_0),且树中的每条路径都包含了无穷多个节点u,使得对某个$(q,\gamma)\in C(u)$而言,有$q\in F$,那么就将计算C称为是Büchi接受的(accepting),或仅简言为接受的。如果树T上存在M的一个接受的计算,就说树T被M接受。

空问题(emptiness problem)就是确定一个给定的自动机M是否接受某个树的问题。仅仅使用B中的符号sp的一个下推k-元ω-树自动机PTA(即没有push或pop)就是一个在Vardi和Wolper(1986a)中所定义的Buchi-k-元ω-树自动机。本章的定义是Harel和Raz(1994)中堆栈树自动机的更一般定义的简化版本,而且类似于Saudi(1989)中的定义。如果k=1,无穷树就成为了无穷序列。主要结论如下。

定理9.17:一个下推k-元ω-树自动机PTA的空问题是可判定的。

Harel和Raz(1994)中的证明为STA建立了4倍指数时间的可判定性,并为一个下推k-元ω-树自动机PTA建立了3倍指数时间的可判定性。Peng和Iyer(1995)给出了PTA的单倍指数时间算法。

9.4.3 简单智能语言的可判定性

给定一个简单智能上下文无关语言L,现在描述PDL+L中每个ψ的一个下推k-元ω-树自动机的结构A_ψ。该下推k-元ω-树自动机正好接受公式ψ的唯一diamond路径的Hintikka树。该下推k-元ω-树自动机的结构A_ψ是如下三个机器的一个平行组合:第一个机器称为A_ℓ,是一个不带栈的树型自动机,对于局部一致性而言,该自动机能够测试输入树;A_ψ的第二个组件称为$A_\Box$,它是一个处理包含L的box公式的树型下推自动机;第三个组件称为$A_\Diamond$,是处理CL(ψ)的diamond公式的树型下推自动机。

令$M_L=(Q,\Sigma,\Gamma,q_0,z_0,\rho)$是一个接受语言$L$的简单智能下推自动机,并令$\psi$是PDL+$L$中的公式。如果存在$p,q\in Q$使得$\delta(p,a,z)=(q,\omega)$,那么就可以利用$\Omega(a,z)=\omega$定义函数$\Omega:\Sigma\times\Gamma\to\Gamma^*$。需注意的是:对一个简单智能下推自动机而言,$\Omega$是一个偏函数。

ψ的局部自动机是$A_\ell=_{\text{def}}(2^{\text{CL}^\perp(\psi)},2^{\text{CL}^\perp(\psi)},N_\psi,\delta,2^{\text{CL}^\perp(\psi)})$,其中:

•$\text{CL}^\perp(\psi)=\text{CL}(\psi)\cup\{\perp\}$;

•初始集N_ψ是由使得$\psi\in s$的所有集合s组成;

•$(s_0,\cdots,s_{k-1})\in\delta(s,a)$,当且仅当$s=a$,而且:

(1)$S=\{\perp\}$或$\perp\notin s$,且当$\perp\notin s$时,$\xi\in s$当且仅当$\neg\xi\notin s$;

(2)如果$\xi\to\sigma\in s$且$\xi\in s$,那么$\sigma\in s$;且$\xi\wedge\sigma\in s$当且仅当$\xi\in s$且$\sigma\in s$;

(3)如果$<\gamma>\xi\in s$,那么:

1)如果γ是一个原子程序a_j,那么对某个ℓ而言,存在$r=j+n\ell<k$使得$\xi\in s_r$;

2)如果$\gamma=\alpha;\beta$,那么$<\alpha><\beta>\xi\in s$;

3)如果$\gamma=\alpha\cup\beta$,那么$<\alpha>\xi\in s$或$<\beta>\xi\in s$;

4)如果$\gamma=\varphi?$,那么$\varphi\in s$且$\xi\in s$;

(4)如果$[\gamma]\xi\in s$,那么:

1)如果γ是一个原子程序a_j,那么对所有$r=j+n\ell<k$而言,若$s_r\neq$

$\{\bot\}$则$\xi\in s$；

2）如果$\gamma=\alpha;\beta$，那么$[\alpha][\beta]\xi\in s$；

3）如果$\gamma=\alpha\cup\beta$，那么$[\alpha]\xi\in s$且$[\beta]\xi\in s$；

4）如果$\gamma=\varphi?$且$\varphi\in s$，那么$\xi\in s$；

5）如果$\gamma=\alpha^*$，那么$\xi\in s$且$[\alpha][\alpha^*]\xi\in s$。

命题9.18：自动机A_ℓ正好接受满足定义9.15中条件1、条件2、条件3(a)~(d)和条件4(a)~(e)的树。

证明：无穷树$T:[k]^*\to\Sigma$上的一个自动机M的计算是一个无穷树$C:[k]^*\to Q'$，其中Q'是M的状态集。显然，如果T满足定义9.15中条件1、条件2、条件3(a)~(d)和条件4(a)~(e)，那么T也是T上A_ℓ的一个接受计算。

相反，如果C是某个树T上A_ℓ的一个接受计算，那么C本身就是$2^{\mathrm{CL}^\perp(\psi)}$上的一个满足所希望满足的条件的无穷树。根据$A_\ell$的第一条规则可知，对每个节点$a$而言，可以得到$a=s$，因此有$T=C$，而且$T$满足定义9.15中条件1、条件2、条件3(a)~(d)和条件4(a)~(e)。证毕。

A_ψ下一个组件的目的是检验定义9.15中条件4(*f*)的满足情况，该条件处理了包含符号L的box公式。

ψ的box自动机是$A_\Box=_{\mathrm{def}}(Q_\Box, 2^{\mathrm{CL}^\perp(\psi)}, \Gamma\times 2^{\mathrm{CL}^\perp(\psi)}, q_0, (z_0,\varnothing), \delta, Q_\Box)$，其中$Q_\Box=Q$，且$\delta$是通过如下方式给出：$((p_0,\omega_0),\cdots,(p_{k-1},\omega_{k-1}))\in\delta(q,a,(z,s))$，当且仅当：

1.$a=\bot$或$s\subseteq a$，而且

2.对所有$0\le j<n$和所有$i=j+n\ell<k$而言，有：

(1)如果$\rho(q,a_j,z)=(q',\varepsilon)$，那么$p_i=q'$且$w_i=\varepsilon$，

(2)如果$\rho(q,a_j,z)=(q',z)$，那么$p_i=q'$且$w_i=(z,s\cup s')$，

(3)如果$\rho(q,a_j,z)=(q',zz')$，那么$p_i=q'$且$w_i=(z,s\cup s'),(z',\varnothing)$，而且

(4)如果$\rho(q,a_j,z)$是无定义的，那么：

1)如果$\rho(q_0,a_j,z_0)$是未定义的，那么$p_i=q_0$且$w_i=(z_0,\varnothing)$；

2)如果$\rho(q_0,a_j,z_0)=(q',z_0)$，那么$p_i=q'$且$w_i=(z_0,s')$；且

3）如果 $\rho(q_0, a_j, z_0)=(q', z_0 z)$，那么 $p_i=q'$ 且 $w_i=(z_0, s')$，$(z', \varnothing)$。

这里，如果 $r(q_0, a_j, z_0)$ 被定义且 $[L]\xi\in a$，那么 $\xi'\in s'$，否则 $s'=\varnothing$。

子句1可以检验涉及语言 L 的旧的box前提是否继续保持，子句2是将栈上的新的这类box前提放到后面进行检验。需注意的是：$A_\square$ 的栈行为仅仅依赖树中的路径，而不依赖树节点的值。

引理9.19：令 $x\in[k]^*$ 且 $T:[k]^*\to 2^{\mathrm{CL}^{\perp}(\psi)}$，并令 $C_\square(x)=_{\mathrm{def}}(q,(z_0, s_0),\cdots,(z_m, s_m))$，其中 $C_\square$ 是 T 上一个 $A_\square$ 的计算。那么对于每个 $\omega=a_{j1}\cdots a_{j\ell}\in L$ 和 $r_m=j_m+n\ell_m<k$ 而言，下面两个条件成立：

• $C_\square(xr_1,\cdots,r_\ell)=(q',(z_0, s_0),\cdots,(z_{m-1}, s_{m-1}),(z_m, s_m'))$；

• s_m' 包含使得 $[L]\xi\in T(x)$ 的所有公式 ξ。

证明：通过 $\psi(q,(z_0, s_0)\cdots(z_m, s_m)\cdots(z_r, s_r))=_{\mathrm{def}}(q, z_m,\cdots, z_r)$ 定义：

$\psi_m: Q\times(\Gamma\times 2^{\mathrm{CL}^{\perp}(\psi)})^+\to Q_\square\times\Gamma^+$。

令 $(q_0,\gamma_0)\cdots(q_\ell,\gamma_\ell)$ 是接受 ω 的 M 的一个计算，因为 ω 在 L 中，对于所有 $r_1=j_1+n\ell_1<k$ 而言，$\delta(q_0, a_j, z_0)$ 是被定义的；因此根据 $A_\square$ 中 s' 的定义可得：

$C_\square(xr_1)=(q',(z_0, s_0),\cdots,(z_m, s_m'),\gamma')$，

其中 γ' 可能是空的且 s_m' 包含使得 $[L]\xi\in T(x)$ 的所有的公式 ξ。

施归纳于 i 可以证明：对于所有 $1\le i\le\ell$ 而言，$\psi_m(C_\square(xr_1\cdots r_i))=(q_i,\gamma_i)$。刚才已经给出了归纳基始的证明，一般情况的归纳证明可以从 $A_\square$ 的定义直接得到。由于 $i=\ell$，就证明了这个引理。证毕。

命题9.20：box自动机 $A_\square$ 正好接受满足定义9.15的条件4(*f*)的树。

证明：需要证明：$A_\square$ 在某个树 T 上有一个接受的计算，当且仅当，对于所有 $x\in[k]^*$ 而言，下述条件成立：如果 $[L]\xi\in T(x)$，那么对于所有 $r_m=j_m+n\ell_m<k$ 而言，有 $\xi\in T(x\mathrm{r}_1\cdots r_\ell)$ 或 $T(xr_1\cdots r_\ell)=\{\perp\}$。

先进行⇒方向的证明。使用反证法加以证明。为了得到矛盾，假设存在$x_0 \in [k]^*$，$[L]\xi \in T(x_0)$，且$w=a_{j1} \cdots a_{j\ell} \in L$使得$T(xr_1 \cdots r_\ell) \neq \{\perp\}$，而且对于某个$r_m=j_m+n\ell_m<k$而言，有$\xi \notin T(xr_1 \cdots r_\ell)$。令$C$是$A_\square$的任意计算。根据引理9.19可知，$C(xr_1 \cdots r_\ell)=(q',(z_0,s_0') \cdots (z_m,s_m'))$，且$\xi \in s_m'$。这与假设矛盾，因为$A_\square$定义中的公式1要求$s \subseteq a$，这蕴含了$\xi \in T(xr_1 \cdots r_\ell)$。

现在进行⇐方向的证明。如果T满足上面的条件，且在计算的每个阶段，如果$\delta(q_0,a_j,z_0)$被定义，那么就在s'中添加使得$[L]\xi \in T(x)$的所有的ξ；否则（即$\delta(q_0,a_j,z_0)$没有被定义）就添加$\varnothing$，这就可以得到T上$A_\square$的一个无穷计算。因为$F_\square=Q_\square$，所以这个计算就是可接受的。证毕。

A_ψ的第三部分处理diamond公式。需注意这与box公式的情况不同，一些diamond公式在本质上是非局部的，因此不能用局部自动机来处理。唯一diamond路径的Hintikka树的特征对接下来的构造很关键，因为它确保了每个diamond公式被唯一的路径满足。所有$A_\Diamond$必须做的是不确定地猜测哪个后继者位于合适的路径上，并检验是否的确存在一个满足diamond公式的后继者通过的有穷路径。

由于技术原因，对每个α而言，必须定义一个有穷自动机，使得对于某个ξ，有$<\alpha^*>\xi \in \mathrm{CL}(\psi)$。定义$\Sigma_\psi=\Pi \cup \{\varphi? | \varphi? \in \mathrm{CL}(\psi)\}$，并令$M_\alpha=(Q_\alpha,\Sigma_\psi,q_{0\alpha},\delta_\alpha,F_\alpha)$是$\mathrm{CS}(\alpha)$的一个自动机。

ψ的diamond自动机是$A_\Diamond=_{\mathrm{def}}(Q_\Diamond, 2^{\mathrm{CL}^\perp(\psi)}, \Gamma \times \{0,1\}, (1,\perp,\perp), (z_0,0), \delta, F_\Diamond)$。其中：

- $Q_\Diamond =_{\mathrm{def}} \{0,1\} \times \mathrm{CL}\perp(\psi) \times (Q \cup \bigcup\{Q_\alpha$|对某个$\xi$而言，$<\alpha^*>\xi \in \mathrm{CL}(\psi)\})$。第一部分用于表示接受；第二部分表明被证实的diamond公式，或者如果没有这样的公式存在就表明⊥；第三部分用于模拟M_L或M_α的计算。

- $F_\Diamond$是在第一部分包含1或在第二部分包含⊥的$Q_\Diamond$中所有三元组的集合。

•定义：$\psi_M(a_j,z) =_{\text{def}} \begin{cases} \varepsilon \text{ 当}\Omega(a_j,z)=\varepsilon\text{时} \\ (z,0) \text{ 当}\Omega(a_j,z)=z\text{时} \\ (z,0)(z',1)\text{当}\Omega(a_j,z)=zz'\text{时} \end{cases}$

且：

$$\psi_N(a_j,z) =_{\text{def}} \begin{cases} \varepsilon \text{ 当}\Omega(a_j,z)=\varepsilon\text{时} \\ (z,1) \text{ 当}\Omega(a_j,z)=z\text{时} \\ (z,1)(z',1)\text{当}\Omega(a_j,z)=zz'\text{时} \end{cases}$$

那么$((p_0,w_0),\cdots,(p_{k-1},w_{k-1}))\in\delta((c,g,q),a,(z,b))$，当且仅当，下述三个条件成立：

1.(a)对每个$<\alpha>^*\chi\in a$而言，$\chi\in a$或存在$i=j+n\ell<k$和一个词语$\upsilon=\varphi_1?\cdots\varphi_m?$使得$\{\varphi_1,\cdots,\varphi_m\}\subseteq a$，且$p_i=(c_i,<\alpha>\chi,p)$，$p\in\delta_\alpha(q_{0\alpha},\upsilon a_j)$，且$w_i=\psi_M(a_j,z)$；

(b)如果$<L>\chi\in a$，那么存在$i=j+n\ell<k$使得$p_i=(c_i,<L>\chi,p)$，$p=\rho(q_{0\alpha},a_j,z)$且$w_i=\psi_N(a_j,z)$；

2.(a)如果$\xi=<L>\chi$，那么或者处于一个接受状态中（即$c=1$，$b=0$且$\chi\in a$）；或者$c=0$，而且存在$i=j+n\ell<k$使得$p_i=(c_i,<L>\chi,p)$，$p\in\rho(q,a_j,z)$，$w_i=\psi_N(a_j,z)$，且如果$w_i=\varepsilon$，那么$b=1$；

(b)如果$\xi=<\alpha>\chi$，那么存在一个词语$\upsilon=\varphi_1?\cdots\varphi_m?$使得$\{\varphi_1,\cdots,\varphi_m\}\subseteq a$，而且或者处于一个接受状态中（即$c=1$，$\delta_\alpha(q,\upsilon)\in F_\alpha$且$\chi\in a$），或者$c=0$，并且存在$i=j+n\ell<k$使得$p_i=(c_i,<\alpha>\chi,p)$，$p\in\delta_\alpha(q_{0\alpha},\upsilon a_j)$，且$w_i=\psi_N(a_j,z)$。

3. 对所有$0\le j<n$和$i=j+n\ell<k$而言，有$w_i=\psi_N(a_j,z)$或$w_i=\psi_M(a_j,z)$。

这里的想法要比在详细构造中出现的想法简单得多。公式1处理了新的diamond的公式。每个这样的公式或在a中被满足，或在机器中记录下来而且之后将被满足。公式2关注旧的前提，它们或者被完成，或者作为机器中的前提被保留。公式3处理栈，以保证所有的栈运算（stack operations）与M_L中的栈运算一致，并使用栈上的二进制数去说明M_L新模拟的开始。

命题9.21：自动机$A_\Diamond$正好接受同时满足定义9.15中条件3(*e*)和3(*f*)的树。

此证明从略。

引理 9.22: 存在一个下推k元树型自动机A_ψ使得$L(A_\psi)=L(A_\ell)\cap L(A_\Box)\cap L(A_\Diamond)$，且$A_\psi$的大小至多为$|A_\ell|\times|A_\Box|\times|A_\Diamond|$。

证明：定义$A_\psi=_{\text{def}}(Q_\psi,2^{CL^\perp(\psi)},\Gamma_\psi,q_{0\psi},z_{0\psi},\delta_\psi,F_\psi)$如下：

$Q_\psi=_{\text{def}}Q_\ell\times Q_\Box\times Q_\Diamond$

$q_{0\psi}=_{\text{def}}N_\psi\times q_{0\Box}\times q_{0\Diamond}$

$F_\psi=_{\text{def}}Q_\ell\times Q_\Box\times F_\Diamond$

$\Gamma_\psi=_{\text{def}}\Gamma_\Box\times\Gamma_\Diamond$

$z_{0\psi}=_{\text{def}}z_{0\Box}\times z_{0\Diamond}$

且转换函数δ_ψ是局部自动机的适当δ函数的笛卡尔积。

因为局部自动机和box自动机的所有状态都是接受状态，而且因为将A_ψ的第三部分作为$A_\Diamond$，被接受的语言就是所期望的语言。这种大小的界很容易得到。现在仅仅证明了：这个定义实际上描述了一个树型下推自动机PDA；换句话说，就是必须证明转换函数δ_ψ是唯一定义的（well defined），这归因于语言L的简单智能性。更形式化地说，对每个$x\in[k]^*$和每个$i_m=j_m+n\ell_m<k$而言，$A_\Diamond$的栈运算与$A_\Box$的栈运算相同，因为它们都只依赖字母a_{j_m}。证毕。

引理9.22与前面的结论一起就可以得到下述结论：

命题 9.23: 给定一个$PDL+L$中的公式ψ，其中L是一个简单智能的上下文无关语法，可以构建一个下推k-元ω-树型自动机中的结构A_ψ，使得ψ有一个模型，当且仅当，存在被A_ψ所接受的某个树T。

根据定理9.13可以对此加以证明。

9.4.4 其他可判断的类

采用一种与之前证明中十分类似的技术，能够得到另一种通用的可判定性结论，这种结论涉及由可确定栈自动机所接受的语言。一个栈自动机（stack automation）是一个单向的下推自动机，它的头部能够上下移动读取其内容的栈，但仅能在栈的顶部进行变更。栈自动机能接受非上下文无关语言，例如，能够接受诸如$a^\Delta b^\Delta c^\Delta$及其推广形式（即对任意$n$而言）$a_1{}^\Delta a_2{}^\Delta\ldots a_n{}^\Delta$及其多种变种。但愿能够证明：使用这类机器能够接受的任意语言对命题动态逻辑进行扩张后的系统的可判定性，但是迄今为止还未能对此加以证明。目前只是证明了：如果在这样一个语言中的每个词语前面都有一个新的符号来标记它的初始状态，那么这种被扩张的命题动态逻辑PDL就是可判定的：

定理9.24：令$e\notin\Pi_0$，并令L是Π_0上的被一个确定性栈自动机所接受的语言。如果令eL表示语言$\{eu|u\in L\}$，那么$PDL+eL$是可判定的。

尽管定理9.13和定理9.24具有普适性，适用于很多语言，但它们无法证明$PDL+a^{\Delta}b^{\Delta}c^{\Delta}$的可判定性，这需要对PDL的最简单非上下文无关扩张进行研究。然而，根据证明这两个通用结论时所用的构造就可以证明：

定理9.25：$PDL+a^{\Delta}b^{\Delta}c^{\Delta}$是可判定的。

9.5 关于单字母程序的进一步研究

前面章节的结论给出带有一个非正则语言的PDL的扩张却仍然保持可判定的充分条件。如果考虑单字母语言（one-letter language），这些结论就不再适用。定理9.13涉及上下文无关语言，根据文献Kozen（1997a）中的Parikh定理可知：非正则单字母语言不能是上下文无关语言。定理9.24涉及把一个新字母添加到每个词语中，因此定理9.24对单字母语言是不适用的；定理9.25涉及一个具体的三字母语言。对于“使用词语呈指数增长的单字母语言对命题动态逻辑进行扩张”而得到的系统而言，定理9.7和定理9.8的结论不再适用；对于“使用词语呈子指数增长（subexponential growth）的单字母语言对命题动态逻辑进行扩张”而得到的系统而言，这两个定理的结论仍然适用。接下来对此加以说明。

现在主要目的是证明平方对命题动态逻辑的扩张——$PDL+a^{*^2}$是可判定的。证明的基本思路是利用如下事实：该平方语言（squares language）的不同序列是线性的，而且是十分简单的关系：$(n+1)^2-n^2=2n+1$。可以利用9.4节中的类似结构对此加以证明，只不过这里需要使用栈自动机来替换下推自动机。由于技术原因，所写出来的证明并不能应用到全部PDL+a^{*2}的证明中。因此不得不对出现在公式中的平方语言的语境加以某种约束，至此就得到PDL+a^{*2}的受限版本的定义，可称为受限的PDL+a^{*2}。

用L表示平方语言PDL+a^{*2}，容易看出$L^{*}=a^{*}$。同样，对于字母表$\{\alpha\}$之上的任意无穷正则语言α而言，$L\alpha$的串联(concatenation)是正则的。

给定一个公式φ，如果L不出现在φ中，就称φ是纯净的(clean)。"L在φ中(或在程序α中)简单出现"的意思是：如果L的所有出现或是单独的(即是带有一个box或diamond的唯一程序)，或是与$\{a\}$上一个有穷语言进行串联后，作为带有$\{a\}$上某个正则语言上的一个并(union)，例如$Laa\cup(aa)^{*}$。一个好的box公式是一个形式为$[\alpha]\varphi$的公式，其中φ是纯净的，且L在α中简单出现。"一个正则表达式是不受限的"意思是：$\alpha\subseteq\{a,L\}^{*}$。

现在归纳定义PDL的扩张——受限的PDL+a^{*2}中的公式集Φ。

•对所有原子命题p而言，$p,\neg p\in\Phi$；

•只要$[\alpha]\varphi\in\Phi$，则有$\varphi\in\Phi$，而且下述条件中至少有一个成立：

(1)α和φ都是纯净的；

(2)$[\alpha]\varphi$是一个合式的box公式；

(3)α是纯净的且φ是一个合式的box公式；

•只要$\varphi\in\Phi$且α是不受限的，则有$<\alpha>\varphi\in\Phi$；

•只要$\varphi,\psi\in\Phi$时，则有$\varphi\vee\psi\in\Phi$；

•只要$\varphi,\psi\in\Phi$，则有$\varphi\wedge\psi\in\Phi$，而且下列条件至少有一个成立：

(1)φ或ψ是纯净的；

(2)φ和ψ都是合式的box公式。

至此可得到：

定理9.26：受限的PDL+a^{*2}是可判定的。

现在讨论不具有有穷模型性质的命题动态逻辑。虽然可以猜想对命题动态逻辑PDL的立方扩张是不可判定，但是目前还不了解"使用呈多项式增长语言对命题动态逻辑进行扩张得到的系统的不可判定性"。因为这些扩张的可判定性情况似乎很难判断，现在给出一个较弱的概念：具有或不具有有穷模型性质。定理9.15中使用图表9.1的双字母梳状模型，证明了PDL+$a^{\Delta}b^{\Delta}$不具有有穷模型性，因此不能用于只包含单字母的字母表。不过，现在证明适用于不具有有穷模型性的多个单字母扩张的通用结论。特别的是，根据这一结论可以得到如下命题。

命题9.27（PDL的平方和立方扩张）：逻辑PDL+a^{*^2}和PDL+a^{*^3}不具有有穷模型性。

现在为这个定理的证明作准备。

定义9.28：对一个带有$a \in \Pi_0$的Π_0上的程序β而言，令$n(\beta)$表示集合$\{i|a^i \in \mathrm{CS}(\beta)\}$。对于$S \subseteq \mathbb{N}$而言，令$a^S$表示集合$\{a^i|i \in S\}$；因此$n(a^S)=S$。

定理9.29：令$S \subseteq \mathbb{N}$。假定对于满足$\mathrm{CS}(\beta) \subseteq a^*$的PDL+$a^S$中的某个程序$\beta$而言，下述条件均可以得到满足：

（i）存在n_0使得对所有$x \geq n_0$和$i \in n(\beta)$而言，$x \in S \Rightarrow x+i \notin S$；

（ii）对于所有$\ell, m>0$，存在$x, y \in S(x>y>\ell)$和$d \in n(\beta)$，使得$(x-y) \equiv d(\mathrm{mod} m)$。

那么PDL+a^S就不具有有穷模型性质。

证明：一个有穷模型中的每个无穷路径必须在一个循环方式中闭合（close up）。因此，沿着这样一个路径的被满足公式必须呈现出某种周期性（periodicity）。令S和β满足该定理的条件。可以利用定理9.29陈述中的条件（i）中给出的集合S的非周期性，来构建PDL+a^S中的不具有有穷模型的可满足公式φ。

令φ是下面三个公式的合取：

$\varphi_1 =_{\mathrm{def}} [a^*]\langle a\rangle 1$

$\varphi_2 =_{\mathrm{def}} [a^S]\mathrm{p}$

$\varphi_3 =_{\mathrm{def}} [a^{n_0}][a^*](p \to [\beta]\neg p)$

这里n_0是（i）中的常元，a^{n_0}是完整写出来的。

为了证明φ是可满足的，令无穷模型包含一个被原子程序α联结起来的状态$t_0, t_1, \cdots$的序列。在t_i中将p指派为真，当且仅当，$i \in S$。因为（i）保证了φ_3在t_0中为真，故$t_0 \vDash \varphi$。

现在证明φ不具有一个有穷模型。假定对于某个有穷模型$\mathfrak{R}$而言，$\mathfrak{R}, u_0 \vDash \varphi$。根据$\varphi_1$和$\mathfrak{R}$的有穷性，一定存在如图表9.4所示形式的$\mathfrak{R}$中一个路径，其中$m$表示圆圈的大小。对所有$z\in\mathbb{N}$而言，令$z'$是$(z-k)$除以$m$的余数。需注意的是，对于$z\geq k$而言，状态$t_{k+z'}$能够通过执行程序$a^z$从$t_0$达到。

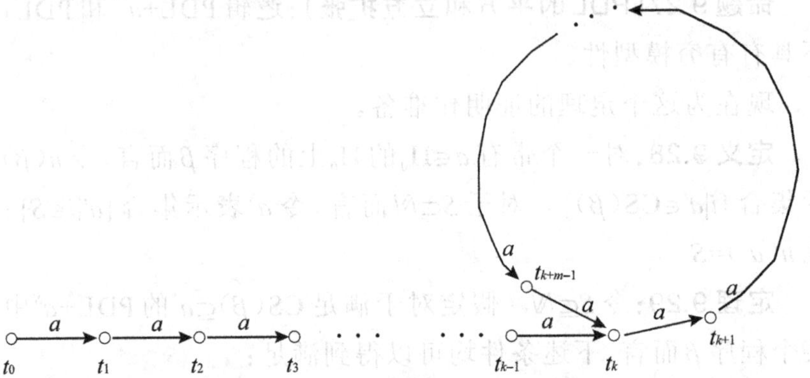

图 9.4　路径

根据定理9.29陈述中的条件(ii)可知，能够找到$x, y\in S$和$d\in n(\beta)$，使得$x>y>\max(n_0, k)$且$(x-y)\equiv d(\bmod\ m)$。"φ_2在t_0中成立"蕴含$t_{k+y'} \vDash p$且$t_{k+x'} \vDash p$。根据$t_{k+(y+d)'} \vDash \neg p$从$\varphi_3$可以得到$y>n_0$。此外，$(x-y)\equiv d(\bmod\ m)$蕴含$(y+d)'=x'$，据此可知$t_{k+x'} \vDash \neg p$，这就产生了矛盾。证毕。

用一个更弱的条件替换定理9.29的条件(ii)有时是可行的，可将此条件称为(ii′)，其中的结论并不必对所有模数(modulus)m成立，而只对某个固定的m_0而言，对所有$m>=m_0$成立。

现在看看定理9.29的一些推论。首先，证明命题9.27中的"平方"部分。

证明：令$S_{sqr}=\{i^2 | i\in\mathbb{N}\}$。为了满足定理9.29的(i)，令$n_0=1$且$\beta=a$；因此$n(\beta)=\{1\}$。关于定理的性质(ii)，给定$\ell, m>0$，令$d=1$并取$y=(qm)^2>\ell$且$x=(qm+1)^2$。那么$x, y\in S_{sqr}$，$x>y\geq\ell$，且$x-y=(qm+1)^2-(qm)^2\equiv d(\bmod\ m)$。证毕。

事实上，所有2次或更多次的多项式都具有如下相同的性质。

命题9.30(多项式)：对所有形式为$p(n)=c_i n^i+c_{i-1}n^{i-1}+\cdots+c_0\in\mathbb{Z}$

$[n]$($i\geq 2$)的多项式和正首项系数(positive leading coefficient)$c_i>0$而言，令 $S_p=\{p(m)|m\in\mathbb{N}\}\cap\mathbb{N}$，那么 PDL$+a^{S_p}$不具有有穷模型性质。

证明：为了满足定理9.29的条件，取j_0使得$p(j_0)-c_0>0$。取β使得$n(\beta)=\{p(j_0)-c_0\}$。找到某个n_0使得每个$x\geq n_0$都将满足$p(x+1)-p(x)>p(j_0)-c_0$。这满足了定理的性质(i)。

现在，给定$\ell, m>0$，对于$d=p(j_0)-c_0$，$y=p(qm)>\ell$和$x=p(q'm+j_0)>y$而言，有$x-y=p(q'm+j_0)-p(qm)\equiv p(j_0)-c_0(\mathrm{mod} m)$。证毕。

命题 9.31(素数之和)：令p_i是第i个素数(prime)而且$p_1=2$，定义：

$S_{sop}=_{\mathrm{def}}\{\sum_{i=1}^{n}p_i|n\geq 1\}$，那么PDL$+a^{S_{sop}}$不具有有穷模型性。

证明：显然，定理9.29的性质(i)在$n_0=3$和$\beta=a$时成立。为了证明(ii)成立，要使用一个著名的Dirichlet定理来证明：算术数列(arithmetic progression)$s+jt(j\geq 0)$中有无穷多的素数，当且仅当，$gcd(s,t)=1$。给定$\ell, m>0$，找到某个i_0使得$p_{i_0-1}>\ell$且$p_{i_0}\equiv 1$(mod m)。根据Dirichlet定理可知：存在这样一个p_{i_0}，它可以应用到算术数列$1+jm$，$(j\geq 0)$。

现在令$d=1$，$y=\sum_{i=1}^{i_0-1}p_i$且$x=\sum_{i=1}^{i_0}p_i$。那么$x, y\in S_{sop}$，$x>y\geq\ell$，且$x-y=p_{i_0}\equiv d(\mathrm{mod}\ m)$。证毕。

命题 9.32(阶乘(factorials))：令$S_{fac}=_{\mathrm{def}}\{n!|n\in\mathbb{N}\}$，那么PDL$+a^{Sfac}$不具有有穷模型性。

证明从略。

因为命题动态逻辑PDL的不可判定扩张不能满足有穷模型性，所以不需要证明一个固定的k的幂(powers)或Fibonacci数违反了有穷模型性质。

不仅仅是Fibonacci序列，对任意非常快速增长的整数线性递归而言，有穷模型性都是失效的，尽管不知道这些PDL的扩张是否也是不可判定的。一个k阶整数线性递归(k^{th}-order integer linear recurrence)是如下归纳定义序列：

$$\ell_n =_{\mathrm{def}} c_1\ell_{n-1}+\cdots+c_k\ell_{n-k}+c_0,\ n\geq k, \quad (9.5.1)$$

其中$k\geqslant 1$，$c_0,\cdots,c_k\in\mathbb{N}$，$c_k\neq 0$，$\ell_0,\cdots,\ell_{k-1}\in\mathbb{N}$是给定的。

命题9.33(线性递归)：令$S_{lr}=\{\ell_n|n\geq 0\}$是根据(9.5.1)归纳定义的集合。下述条件是等价的：

(i)$a^{S_{lr}}$是非正则的；

(ii)PDL+$a^{S_{lr}}$不具有有穷模型性；

(iii)并非所有$\ell_0,\cdots,\ell_{k-1}$是0且$\sum_{i=1}^{k}C_i>1$。

证明从略。

第10章　命题动态逻辑的一些变种

通过不同方式对标准命题动态逻辑PDL进行扩张或限制，就可以得到一些有趣的命题动态逻辑的变种。本章将考察这些变种，并阐释与相对表达力、复杂性和证明论相关的著名结论。这些研究旨在揭示在命题层面进行推理时，诸如递归、测试、并发（concurrency）和不确定性等编程特征（programming feature）的能力。

本章研究了多种命题动态逻辑扩张和限制的方式。具体地说，在10.1节要求程序是确定的，10.2节要求测试不出现或要求是简单测试，10.3节要求程序能够由有穷自动机来表达。由于在第9章中研究了非正则程序，10.4节和10.5节则是通过增加逆算子、交算子或补算子的方式对正则程序的语言进行扩张，10.6节则要求程序具备“能够断定一个程序不能永远执行”的能力，10.7节要求添加并发和通信（communication）形式的程序。本章还研究了这些命题动态逻辑变种的表达力问题、复杂性问题和公理完全性（axiomatic completeness）的问题。

Ben-Ari等（1982）和Valiev（1980）证明了DPDL的完全性和指数时间可判定性、定理10.1和定理10.2的上界。Parikh（1981）证明了定理10.2的下界。关于SDPDL的定理10.4和定理10.5则来自Halpern和Reif（1981，1983）。

Berman和Paterson（1981）的研究表明：测试可以增加命题动态逻辑PDL的表达力。Berman（1978）和Peterson（1978）证明了定理10.7。Peterson（1978）、Berman（1978）、Berman和Paterson（1981）的研究表明：富测试（rich test）PDL比穷测试（poor test）PDL的表达力更强。这些结论在SDPDL中也成立（参见本章10.1节）。

Pratt（1981b）给出了作为自动机的程序的结论（即定理10.10

和10.11)，但其证明梗概来自Harel和Sherman(1985)。10.4节关于程序的交运算的材料来自Harel等(1982)。Parikh(1978a)的研究表明：利用10.5节中的公理，可以证明CPDL的完全性。

Vardi(1985b)研究了带有逆运算和多种形式的良基结构的PDL的复杂性。在命题和一阶层面研究过带有最小不动点算子的逻辑文献有：Scott和de Bakker(1969)、Hitchcock和Park(1972)、Park(1976)；Pratt(1981a)、Kozen(1982，1983，1988)、Kozen和Parikh(1983)、Niwinski(1984)、Streett(1985b)、Vardi和Stockmeyer(1985)。而Kozen(1982，1983)对本章的带有命题μ演算版本有所研究。

Niwinski(1984)和Streett(1985b)证明了命题μ演算的表达力，严格强于带有wf的PDL的表达力。Harel和Sherman(1982)证明了：带有halt的PDL的表达力，严格强于"带有wf的PDL的表达力"。Streett(1981)则证明了：带有halt的PDL的表达力，严格强于PDL的表达力。

Streett(1981，1982)研究了wf结构(它的补运算是repeat)，并证明了本章定理10.16(实际上这归功于Pratt)和定理10.18~10.20。Harel和Pratt(1978)探讨了halt结构(它的补运算是loop)，定理10.17来自于Harel和Sherman(1982)。在Streett(1981，1982)和Kozen(1988)中证明了逻辑LPDL、RPDL、CLPDL、CRPDL和命题μ演算的有穷模型性质。Streett(1981，1982)、Kozen和Parikh(1983)；Vardi和Stockmeyer(1985)和Vardi(1985b)给出了一些可判定性结论。Emerson和Jutla(1988)和Safra(1988)中建立了确定性指数时间完全性。Vardi(1998b)给出了最强版本CRPDL指数时间可判定性。

Peleg(1987b)定义了并发命题动态逻辑，并证明了本章10.7节的结论。Peleg(1987a，1987c)把各种通信(communication)机制应用到一个程序的并发部分，得到了并发命题动态逻辑的其他版本。这些文献给出了诸多关于带有通信的并发命题动态逻辑的表达力、可判定性和不可判定性的结论。

本章涉及的非标准模型的工作可以参见Berman(1979,1982)和Parikh(1981);Abrahamson(1980)研究了带有布尔赋值的PDL;Parikh(1981)研究了后承问题的严格形式。本章的论述主要以Harel等(2000,pp.259-279)的研究为基础展开。

10.1 确定性命题动态逻辑和while程序

命题动态逻辑中的不确定性以如下两种方式出现:

(1)原子程序可以在状态上的(不必是单值的)二元关系的结构中解释;

(2)编程结构(programming constructs)$\alpha \cup \beta$和α^*涉及不确定选择。

很多现代编程语言都具有并发计算和分布计算(distributed computation)的能力,它们的某些方面还能够被非确定性模型化。尽管如此,实际编写的大多数程序仍然具有确定性。本节将说明从PDL中删除非确定性的一个或所有源头造成的影响。

一个程序α在一个Kripke框架$\mathfrak{R}$中是(语义上)确定的,其意思是:该程序的跟踪(trace或轨迹)能够被这些跟踪的初始状态唯一确定。如果α是一个原子程序a,这其实要求$m_{\mathfrak{R}}(a)$是偏函数(partial function),即如果$(s,t)\in m_{\mathfrak{R}}(a)$且$(s,t')\in m_{\mathfrak{R}}(a)$,那么$t=t'$。一个确定的Kripke框架$\mathfrak{R}=(K,m_{\mathfrak{R}})$就是其所有原子$a$都是语义上确定的框架。

确定的while程序类(记为DWP)是如下的程序类:

(1)算子$\cup$、?和*可能只出现在条件测试、while循环、skip或者fail这些语境中;

(2)在条件测试和while循环中的测试都是纯命题性的,即不会出现<>算子或[ ]算子。

除了允许不加限制地使用非确定性选择结构$\cup$外,非确定的while程序类(记为WP)的其他方面与确定的while程序类一样。容易证明,如果α和β在$\mathfrak{R}$中是语义上确定的,那么在if φ then α else β和while φ do α中也是语义上确定的。

通过限制句法或语义或者同时对二者加以限制,可以得到下列逻辑：

（1）确定的（deterministic）命题动态逻辑 DPDL，其句法与命题动态逻辑 PDL 的句法一样，但是 DPDL 仅仅在确定的结构上解释；

（2）严格的（strict）命题动态逻辑 SPDL，其中只允许确定的 while 程序；

（3）严格确定的命题动态逻辑 SDPDL，其中只允许确定的 while 程序，而且只在确定的结构上解释。

DPDL 和 SDPDL 中的确定性和可满足性的定义与命题动态逻辑 PDL 中相应定义一样，只是这些定义仅仅是相对于确定的结构而言的。如果 φ 是在 PDL 中有效的，那么 φ 也在 DPDL 中有效，但其逆命题不成立。例如公式：

$$<a>\varphi\rightarrow[a]\varphi \tag{10.1.1}$$

在 DPDL 中是有效的，但在 PDL 中却是无效的。同样，SPDL 和 SDPDL 的表达力严格弱于 PDL 或 DPDL 的表达力，因为公式：

$$<(a\cup b)^{*}>\varphi \tag{10.1.2}$$

在 SPDL 中不是可表达的，其证明请参见 Halpern 和 Reif（1983）。

定理 10.1：如果公理模式

$$<a>\varphi\rightarrow[a]\varphi,a\in\Pi_0 \tag{10.1.3}$$

被添加到公理系统 6.5 中，那么其结果系统对于 DPDL 而言是可靠且完全的。

证明梗概：被扩张的系统显然是可靠的，因为（10.1.3）可以从语义确定性直接推出。

通过用确定性的某些特殊条款对第 8 章 8.1 节的结构进行修改，就可以得到完全性证明。例如，在证明第 8 章引理 8.3 的结构中，定义了一个非标准 Kripke 框架 $\mathfrak{R}$，其中的状态都是公式的极大一致集，使得

$$m_{\mathfrak{R}}(a)=_{\text{def}}\{(s,t)\mid\forall\varphi\ \ \varphi\in t\rightarrow<a>\varphi\in s\}$$
$$=\{(s,t)\mid\forall\varphi\ \ [a]\varphi\in s\rightarrow\varphi\in t\}。$$

由这种方式得到的结构 N 不必具有确定性，但这种结构可以"被展开（unwound）"到满足给定的可满足公式的树状的确定性

结构。证毕。

根据上述证明梗概可以得到：

定理10.2：确定的命题动态逻辑DPDL中的有效性在确定的指数时间内是完全的。

证明梗概：Ben-Ari等（1982）证明了这一有效性问题的上界。对于下界，一个公式φ在命题动态逻辑PDL中是有效的，当且仅当，φ'在DPDL中是有效的，其中φ'是用ab^*替换φ中所有的原子程序a所得，其中的b是某个新的原子程序。从PDL中的某个状态s通过a到达许多新状态的可能性，可以由"在DPDL中从某个s通过a所到达的单个状态，需要执行b的可能性"来模型化。这点可以根据该转换的线性得到。证毕。

现在研究严格命题动态逻辑SPDL，其中的原子程序可以是非确定性的，但仅仅可以由确定性结构组成更大的程序。

定理10.3：严格的命题动态逻辑SPDL中的有效性在确定的指数时间内是完全的。

证明梗概：因为仅仅对SPDL的句法加以了限制，所以这一有效性问题的上界可以直接从命题动态逻辑PDL的上界推出。现在研究这一有效性问题的下界，PDL的一个公式φ是有效的，当且仅当，φ'在SPDL中是有效的，其中φ'涉及新的非确定性原子程序，在判断"控制if-then-else确定性的测试和while-do命题的真假"时，这些程序扮演着"开关（switch）"的角色。例如，非确定性程序α^*在SPDL中能够由程序b; while p do（α; b）来模拟。证毕。

现在讨论严格确定的命题动态逻辑SDPDL，该逻辑同时具有SPDL的句法限制和DPDL的语义限制。需注意的是，出现在9.2节中的交替式图灵机中的模拟的关键部分[NEXT*]不能再按照原样写出来，因为现在并没有使用*结构，而且[NEXT*]显然无法用上述的任何一个非确定性原子程序来模拟。事实上，这里有效性问题的下界不是指数时间，因此可以得到如下定理。

定理10.4：严格确定的命题动态逻辑SDPDL的有效性问题在多项式时间内是完全的。

证明梗概：为了得到这一有效性问题的上界，可利用SDPDL的如下两个足道的性质：

(i)如果φ是可满足的，那么φ在每层都带有多项式多个节点的树状结构中也是可满足的。(在定理10.5中给出了DPDL和PDL的一个反例。)

(ii)如果φ在一个树状结构Å中是可满足的，那么通过“弯曲(bending)”某个边(edges)回到原始状态，Å就能够坍塌到一个有穷结构，其结果就是：在没有嵌套或交叉后缘(crossing backedge)且带有深度后缘的树状结构中，SDPDL的有效性问题的上界最多是$|\varphi|$中的指数级上界。

多项式空间过程通过潜在结构的深度优先搜索(depth-first search)，试图为一个给定的公式构建一个树状模型，并非确定性地判断是否拆分节点(split node)、是否把边向后弯曲。对于这样一个过程而言，栈的大小是关于公式的大小的一个多项式，因为存在一个指数深度而不仅仅是多项式深度的树状对象，因此SDPDL的有效性问题的上界是指数级的。根据Savitch的定理，在探讨这一问题时，可以消去非确定性而保留多项式空间。

现在讨论严格确定的命题动态逻辑SDPDL的有效性问题的下界，这可以使用类似于第9章定理9.5对命题动态逻辑PDL的下界证明中的方法。给定一个多项式空间约束的单带(polynomial space-bounded one-tape)确定型图灵机M，它接受一个集合L(M)，对于每个词语x而言，SDPDL的公式φ_x是通过模拟x上M的计算来构建的。公式φ_x将是多项式时间可计算的和可满足的，当且仅当，$x\in K$。因为现在并没有程序NEXT*，在定理9.5的证明中所构建的全部公式必须采取如下形式被重构：

$$\langle \mathrm{while}\ \neg\sigma\ \mathrm{do}\ (\mathrm{NEXT};\psi?)\rangle \mathbf{1}$$

其中，σ描述了M的一个可接受格局，且ψ可以验证该格局和转换的行为正确。该公式的这些部分可采用类似于第9章定理9.5的证明中公式的方式来构建。证毕。

现在关注相对表达力(relative power of expression)问题。DPDL的表达力<PDL的表达力吗？SDPDL的表达力<DPDL的

表达力吗？第一个问题是不成立的，因为两个语言的句法都是相同的，它们只是在不同的结构类上进行解释。对于第二个问题，可得到如下定理。

定理 10.5：SDPDL 的表达力<DPDL 的表达力，且 SPDL 的表达力<PDL 的表达力。

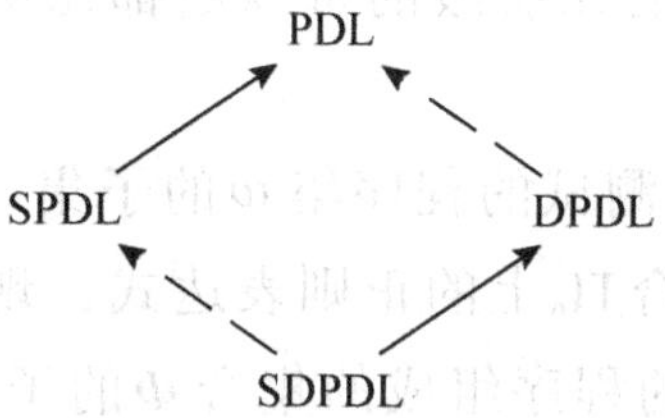

证明：确定的命题动态逻辑 DPDL 公式

$$[(a\cup b)^*](\langle a\rangle 1\wedge\langle b\rangle 1) \tag{10.1.4}$$

在全无穷二叉树（full infinite binary tree）中是可满足的，例如：该公式在带有被左转换模型化的 a 和被右转换模型化的 b 的全无穷二叉树（full infinite binary tree）中是可满足的，但在每一层都带有多项式多个节点的树结构上不满足。这与定理 10.4 的证明中 SDPDL 的性质（i）相矛盾。即使式（10.1.4）被认为是一个命题动态逻辑 PDL 的公式，与 SPDL 的表达力相比，PDL 的表达力要强一些。证毕。

综上所述，上面的图表描述了这些逻辑之间的表达力关系。实线箭头表示增加了表达力，而虚线箭头表示语义上的不同。除 SDPDL 外，有效性问题对于其他三个逻辑系统而言是指数时间完全的，SDPDL 是 PSPACE 完全的。公理系统 6.5 的直接变种对于这四个版本的逻辑系统而言都是完全的。

10.2　受限测试

在命题动态逻辑 PDL 中，可以定义任意命题 φ 的测试 φ?，这种测试有时被称之为富测试（rich test）PDL。总体说来，富测试比传统程序设计语言中的测试有更强的表达力。例如，如果 φ 是公式 $[\alpha]\varphi$，那么测试 φ? 在不需要实际上运行 α 的情况下的实际效果就是：允许一个程序在计算过程中停机，并询问“现在运行程序

α，ψ在程序结束时正确吗？”。例如，公式$[([\alpha]p)?;\alpha]p$是有效的。然而，一般而言，这类问题是不可判定的。

一个更现实的模型就是只允许带有原子公式的布尔组合的测试，这称为穷测试(poor test)PDL。为了准确地区分穷测试，可以引入一种由测试嵌套深度所确定的程序组成的集合Φ的子集的层级。接下来证明该层级的每一层都比所有的下方层级具有更强的表达力。

令$\Phi^{(0)}$是不包含测试的程序集Φ的子集。这实际上意味着程序都是原子程序集合Π_0上的正则表达式。现在令$\Phi^{(i+1)}$是由仅包含测试$\varphi?(\varphi\in\Phi^{(i)})$的程序组成的集合$\Phi$的子集。受限于公式$\Phi^{(i)}$的逻辑被称为$\mathrm{PDL}^{(i)}$。显然，$\Phi=\bigcup_i\Phi^{(i)}$，并且表示为：$\mathrm{PDL}=\bigcup_i\mathrm{PDL}^{(i)}$。逻辑$\mathrm{PDL}^{(0)}$有时被称为无测试的PDL。

语言片段$\mathrm{PDL}^{(1)}$能测试命题动态逻辑PDL中无测试的公式，且这些公式本身就可包含无测试(test-free)程序。穷测试PDL介于$\mathrm{PDL}^{(0)}$和$\mathrm{PDL}^{(1)}$之间(可以称之为$\mathrm{PDL}^{(0.5)}$)，仅能测试原子公式的布尔组合。

因为第9章定理9.5的下界证明根本没有使用测试，所以指数时间下界对$\mathrm{PDL}^{(0)}$和更弱的PDL版本也是适用的，而且第9章9.1节的上界对这些版本的PDL也是适用的。同样，根据第6章公理6.5(vi)的省略公理，可以得到$\mathrm{PDL}^{(0)}$的一个完全公理系统。

定理10.6：$\mathrm{PDL}^{(0)}$的表达力<穷测试PDL的表达力。

证明梗概：根据公理6.5(iv)、(v)和(vi)，就可以从公式中消去所有不在a^*算子下出现的测试。因此，定理的证明必须使用迭代测试。对于原子a和p而言，令φ是穷测试PDL的公式$\varphi=_{\mathrm{def}}\langle(p?a)^*(\neg p)?a\rangle p$。

考虑下面图表中所展现的结构$\mathrm{\AA}_m$，其中箭头表示a-转换。

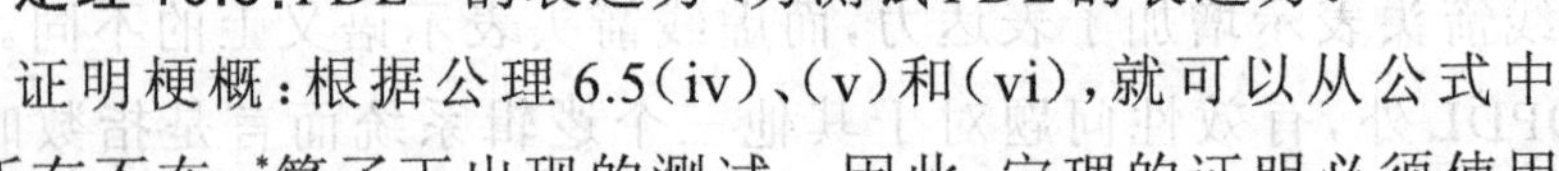

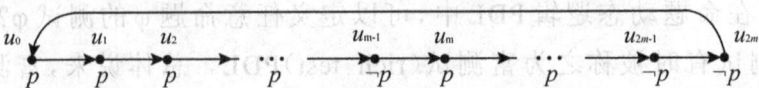

对于$0\leqslant k<m$而言，$\mathrm{\AA}_m,u_k\models\varphi$，但$\mathrm{\AA}_m,u_{k+m}\not\models\varphi$。

下面的证明致力于对下述直觉进行形式化：一个循环中不具

有测试 p 的能力，通常也就无法判断当前的状态是否属于上面的结构中的左边部分或右边部分，因为当前状态很可能继续，而且最终可以在其他部分找到自己。

为此，需要明白：一个无测试 a^* 或 $(a^i)^*$ 程序不能区分这些可能性。考虑到单字母正则集合最终的周期性(periodicity)，因此要小心选择常元 m 和 k。具体地说，能够证明：对于任意无测试公式 ψ 而言，存在 m 和 k 使得 $\mathring{A}_m, u_k \models \psi$，当且仅当，$\mathring{A}_m, u_{k+m} \models \psi$，因此 φ 不能等值于任何 $\mathrm{PDL}^{(0)}$ 的公式。证毕。

定理10.6能够被如下推广。

定理 10.7：对于所有 $i \geq 0$ 而言，$\mathrm{PDL}^{(i)}$ 的表达力 < $\mathrm{PDL}^{(i+1)}$ 的表达力。

证明梗概：该证明本质上与定理10.6的证明类似。特别地，令 φ_0 是在定理10.6的证明 φ 中用 a_0 替换 a 所得到的公式，并令 φ_{j+1} 是用 a_{j+1} 替换 φ 中 a 得到的公式，且用 φ_j 替换 φ 中的原子公式 p。显然，$\varphi_i \in \Phi^{(i+1)} - \Phi^{(i)}$。

证明大致思路是：建立一个定理10.6中的结构 $\mathring{A}_m$ 的精巧多层次结构，使得满足 $\mathring{A}_m$ 的 p 或 $\neg p$ 的状态具有"可以归结为下层结构中适当的不同点的"转换。该结构的最低层级等同于 $\mathring{A}_m$。从直觉上看，下降该结构中的一个层级，就对应于在公式中嵌套的一个测试。第 $i+1$ 次嵌套的深度要求能够区分适当选择的状态 u_k 和 u_{k+m}，对这一结论进行证明需要涉及更多的知识，但该证明与定理10.6的证明类似。证毕。

这些结果的证明实际上并没有使用非确定性。可以类似地对测试深度进行提炼，容易证明这些结论对于10.1节中的确定性命题动态逻辑PDL版本也是成立的。

推论 10.8：对于所有 $i \geq 0$ 而言，有：

$\mathrm{DPDL}^{(i)}$ 的表达力 < $\mathrm{DPDL}^{(i+1)}$ 的表达力；

$\mathrm{SPDL}^{(i)}$ 的表达力 < $\mathrm{SPDL}^{(i+1)}$ 的表达力；

$\mathrm{SDPDL}^{(i)}$ 的表达力 < $\mathrm{SDPDL}^{(i+1)}$ 的表达力。

事实上，从某种意义上讲，测试的能力似乎独立于非确定性分支的能力。定理10.5的证明没有使用测试，因此实际上可以得到一个更强的结论：

定理10.9：

(1)存在不能够在SDPDL中表达的DPDL$^{(0)}$的公式；

(2)存在不能够在DPDL中表达的PDL$^{(0)}$的公式。

因此，在如下情景中，对于非确定性结构而言：

SPDL$^{(0)}$的表达力<SPDL$^{(1)}$的表达力<···<SPDL的表达力，

PDL$^{(0)}$的表达力<PDL$^{(1)}$的表达力<···<PDL的表达力，

且对于确定性结构而言，

SDPDL$^{(0)}$的表达力<SDPDL$^{(1)}$的表达力<···<SDPDL的表达力，

DPDL$^{(0)}$的表达力<DPDL$^{(1)}$的表达力<···<DPDL的表达力。

10.3 自动机表示

一个命题动态逻辑PDL程序表示计算序列的一个正则集合，该正则集可以由一个有穷自动机在指数级内进行更简洁的表示。这两种表示之间的区别大致上对应于while程序和流程图(flowchart)之间的区别。因为一般而言，有穷自动机是更为简洁的指数级表示。如果允许有穷自动机作为程序，那么第9章9.1节中的上界就不再适用了，那就必须重建第6章6.5节的演绎系统。

但是，Pratt(1979b，1981b)与Harel和Sherman(1985)的研究表明：假设对第6章6.5节的演绎系统、第8章和第9章9.1节的技术进行适当的修订，命题动态逻辑PDL的完全性和指数时间的可判定性结论，都对这种表示不敏感，且在有穷自动机作为程序的情况下依然成立。

近年来，程序逻辑的自动机理论方法使人们对比PDL更强的命题逻辑有了深刻的认识，并大大降低了决策程序的复杂性。特别有启发意义的是：无穷字符串(infinite string)的自动机与无穷树相关联。通过把一个公式看作是自动机并把一个树状模型看作是该自动机上的输入，那么一个给定公式的可满足性问题，就变成一个给定自动机的空问题(emptiness problem)。逻辑的问题因此转换成了纯粹的自动机理论问题。

这种联系促使人们重新研究无穷对象上自动机的复杂性，并取得了相当大的成功，相关文献有：Courcoubetis 和 Yannakakis（1988）、Emerson（1985）、Emerson 和 Jutla（1988）、Emerson 和 Sistla（1984）、Manna 和 Pnueli（1987）、Muller 等（1988）、Pecuchet（1986）、Safra（1988）、Sistla 等（1987）、Streett（1982）、Vardi（1985a，1985b，1987）、Vardi 和 Stockmeyer（1985）、Vardi 和 Wolper（1986c，1986b）Arnold（1997a，1997b）和 Thomas（1997）。其中特别值得一提的是，Safra（1988）将一个无穷字符串上的非确定性自动机的复杂性，转换为一个与之等值的确定性自动机的复杂性，该结论为研究几个程序逻辑的判定程序复杂性产生了重要影响，相关文献可参见 Courcoubetis 和 Yannakakis（1988）、Emerson 和 Jutla（1988，1989）与 Safra（1988）。

可以假定非确定性有穷自动机具有如下形式：

$$M=(\bar{n},i,j,\delta) \tag{10.3.1}$$

其中，$\bar{n}=\{0,\cdots,n-1\}$是状态集，$i,j\in\bar{n}$分别是初始状态和终止状态，且δ把$\Pi_0\cup\{\varphi?\mid\varphi\in\Phi\}$的子集指派给状态上的每个序对。从直觉上看，当访问状态ℓ且看到符号a时，如果$a\in\delta(\ell,k)$，自动机就可以到达状态k。

虽然自动机（10.3.1）仅有一个接受状态，但这不失一般性。如果M是带有接受状态F的一个任意的非确定性有穷自动机，那么被M所接受的集合是被$M_k(k\in F)$所接受的集合的并（union），其中M_k除了只有唯一的接受状态k外，其余与M相同。一个理想的公式$[M]\varphi$可以写为一个最多按照二次方增长的合取$\bigwedge_{k\in F}[M_k]\varphi$。

现在使用第6章6.1节中Φ的相应条款对Φ和Π进行归纳定义，得到了一个新的逻辑 APDL（自动机 PDL），其中的$\Pi=\Pi_0\cup\{\varphi?\mid\varphi\in\Phi\}\cup F$，而且$F$是形式为式（10.3.1）的自动机集合。

指数时间可判定性和完全性，能够通过采用和推广第8章和第9章9.1节中关于命题动态逻辑PDL的技术得到证明。除了对相应改变加以说明，并给出一些评论外，本章将省略一些证明细节。

现在给出与“第7章7.1节中所定义的公式φ的Fischer-Ladner闭包FL(φ)”相似的AFL(φ)。而$\alpha;\beta$、$\alpha\cup\beta$和α^*的归纳公式可替代为：

(1)如果$[n,i,j,\delta]\psi\in$AFL(φ)，那么对所有$k\in\bar{n}$和$\alpha\in\delta(i,k)$而言，$[\alpha][n,k,j,\delta]\psi\in$AFL($\varphi$)；

(2)此外，如果$i=j$，那么$\psi\in$AFL(φ)。

第6章公理6.5(iv)、(v)和(vii)分别替代为：

$$[n,i,j,\delta]\varphi\leftrightarrow \bigwedge_{\substack{k\in\bar{n}\\ \alpha\in\delta(i,k)}}[a][n,i,j,\delta]\varphi, i\neq j。\qquad(10.3.2)$$

$$[n,i,j,\delta]\varphi\leftrightarrow\varphi\wedge \bigwedge_{\substack{k\in\bar{n}\\ \alpha\in\delta(i,k)}}[a][n,k,j,\delta]\varphi。\qquad(10.3.3)$$

第6章归纳公理6.5(viii)变成：

$$(\bigwedge_{k\in\bar{n}}[\bar{n},i,j,\delta](\varphi_k\rightarrow \bigwedge_{\substack{m\in\bar{n}\\ \alpha\in\delta(k,m)}}[\alpha]\varphi_m))\rightarrow(\varphi_i\rightarrow[\bar{n},i,j,\delta]\varphi_j)。\qquad(10.3.4)$$

这些和其他类似的改变都可以用于证明如下定理。

定理10.10：有穷自动机命题动态逻辑APDL的有效性在指数时间内是可判定的。

定理10.11：本节所描述的公理系统对于有穷自动机命题动态逻辑APDL而言是完全的。

10.4 补运算和交运算

前面的章节已经指出：命题动态逻辑PDL的程序是正则表达式，可用来表示有穷自动机可识别的计算集。因此，程序上的那些运算不会超出正则集的类，如shuffle算子$\alpha\|\beta$不需要被明确地添加到PDL中，该算子在并行程序(concurrent program)的推理中具有重要作用。因此利用作为正则运算的这些运算，程序的交运算和程序的补运算在PDL中都是可以表达的。

但是，只有当这些运算被视为可以应用到由程序所表示的语言中时，程序的交运算和程序的补运算在PDL中才是可以表达的。例如：α和β的交运算包含了原子程序的全部执行序列而且α和β都含有测试时，就是这种情况。本节会关注这些运算的更精致的概念。具体地说，就是考虑程序所表示的状态之间的二元关系的补运算和交运算。令$-\alpha$和$\alpha\cap\beta$表示具有如下语义的新程序：

$$m_{\mathfrak{R}}(-\alpha)=_{\mathrm{def}}(K\times K)-m_{\mathfrak{R}}(\alpha)$$
$$m_{\mathfrak{R}}(\alpha\cap\beta)=_{\mathrm{def}}m_{\mathfrak{R}}(\alpha)\cap m_{\mathfrak{R}}(\beta)。$$

显然，$\alpha\cap\beta$可以定义为$-(-\alpha\cup-\beta)$，因此可以只考虑添加补运算。对此，可以直接得到如下结果。

定理10.12：带有补运算的命题动态逻辑PDL的有效性问题是不可判定的。

证明：根据带补运算的二元关系代数的等值问题的不可判定性，可以直接得到定理10.12的证明。证毕。

把“对于每个α、$\beta\in\Pi$而言，Π中带有$\alpha\cap\beta$的命题动态逻辑PDL”记为IPDL。在IPDL中所对应的二元关系等值问题的可判定性尚且不知，而且可以证明其复杂性在算术层级中不会高于Π_1^0。这与下述的定理10.14的结论相反。首先，可以得到如下定理：

定理10.13：存在不具有有穷模型的可满足的IPDL公式。

证明梗概：令α是$[a^*](\langle a\rangle\mathbf{1}\wedge[a^*a\cap\mathbf{1}?]\mathbf{0})$。可满足性似乎在一个无穷的$a$-路径中成立。但是第二个合取表示$a$路径的非空部分不向后弯曲；因此在这样一个无穷路径上不存在两个相同的状态。证毕。

由此可以得到如下关于结构是确定性的IPDL版本IDPDL的结论。

定理10.14：IDPDL的有效性问题以及带有程序的补运算的DPDL的有效性问题都是Π_1^1完全的。

证明梗概：可将第3章命题3.22的递归盖瓦问题化归为IDPDL中公式的可满足性问题。首先构造一个公式，它要求其模型包含一个(可能循环的)二维网格(two-dimensional grid)。使用如下原子程序NORTH和EAST可完成对z的构造：

$$[(\mathrm{NORTH}\cup\mathrm{EAST})^*](\langle(\mathrm{NORTH};\mathrm{EAST})\cap(\mathrm{EAST};\mathrm{NORTH})\rangle\mathbf{1})。$$

继续沿着第9章定理9.6的证明路径就可以完成此证明。证毕。

有趣的是：证明定理10.14中使用的技巧似乎不能应用到非确定性的情况。目前还不知道IPDL是否是可判定的，如果它具有可判定性的话，将会令人惊讶。

10.5 逆运算

逆算子“$^-$”（converse operator）是允许程序“向后运行（run backwards）”的程序算子：$m_{\mathfrak{R}}(\alpha^-)=_{\text{def}}\{(s,t)\,|\,(t,s)\in m_{\mathfrak{R}}(\alpha)\}$。带有逆算子的PDL称为CPDL。

第6章定理6.12已经对如下等值公式的有效性加以了证明。不失一般性，允许假定逆算子能够只应用到原子程序中。

$$(\alpha;\beta)^-\leftrightarrow\beta^-;\alpha^-$$
$$(\alpha\cup\beta)^-\leftrightarrow\alpha^-\cup\beta^-$$
$$\alpha^{*-}\leftrightarrow\alpha^{-*}。$$

逆算子严格增加了命题动态逻辑PDL的表达力，因为公式$<\alpha^->1$在没有逆算子的PDL中是不可表达的。

定理10.15：PDL的表达力<CPDL的表达力。

证明：考虑如图10.1所描述的结构：

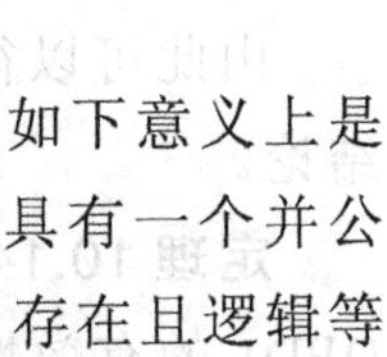

图10.1 结构实例

在该结构中，$s\models<a^->1$但$u\not\models<a^->1$。另一方面，施归纳于公式结构可证明：如果s和u满足所有的原子公式，那么没有PDL的公式能够区分s和u。证毕。

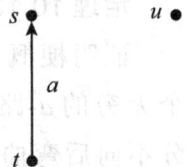

更有趣的是，逆算子的出现蕴涵了算子$<\alpha>$在如下意义上是连续的（continuous）：如果A是任意（可能无穷的）具有一个并公式$\vee A$的一组公式，那么根据定理6.14可知：$\vee<\alpha>A$存在且逻辑等价于$<\alpha>\vee A$。在逆算子不出现时，可以构造非标准模型使得这一结论失效。

把下面两个公理扩充到带逆算子的命题动态逻辑CPDL中，就可以使得第8章和第9章9.1节的完全性和指数时间可判定性的结论仍然成立：

$$\varphi\to[\alpha]<\alpha^->\varphi$$
$$\varphi\to[\alpha^-]<\alpha>\varphi。$$

在带逆算子“⁻”的命题动态逻辑CPDL中，滤过引理（即第7章引理7.4）和有穷模型性仍然成立。

10.6 良基和完全正确性

如果α是一个确定性程序，公式$\varphi\to<\alpha>\psi$分别断定了相对于前置条件（precondition）φ和后置条件（postcondition）ψ而言的α的完全正确性（total correctness）。然而，对于非确定性程序而言，该公式不能准确表达出完全正确性的概念，而是断定φ蕴涵：存在一个能够得到ψ的α的停机计算序列，而这里则希望该公式断定φ蕴涵：α的所有计算序列结束并得到ψ，这一希望断定可用TC(φ,α,ψ)表示。不幸的是，该断定在命题动态逻辑PDL中是不可表达的。

该问题与良基（well-foundedness）的概念息息相关。“程序α在状态u_0下是良基的”，意思是：不存在无穷序列状态$u_0,u_1,u_2,\cdots$满足$(u_i,u_{i+1})\in m_{\mathfrak{R}}(\alpha)$（其中$i\geq 0$）。下面将说明良基在PDL中也不是可表达的。

可以使用几个非常强的逻辑来处理这一问题，其中最强的或许就是命题μ演算，它本质上就是添加了一个最小不动点算子μ的命题模态逻辑。利用此算子，可以表示“由PDL的算子所定义的状态集上的单调转换的最小不动点”所表达的任意性质。例如，一个程序α的良基可以在此逻辑中表示为：

$$\mu X.[\alpha]X \tag{10.6.1}$$

Harel等（2000，pp.415-418）对命题μ演算有更详细的讨论。

在不借助完全μ演算的情况下，可以通过两种更弱的方式获得良基。一种方式是在PDL中为良基添加一个显式谓词（explicit predicate）wf：

$$m_{\mathfrak{R}}(\text{wf }\alpha)=\text{def}\{s_0 \mid \neg\exists s_1,s_2,\cdots\forall i\geq 0(s_i,s_{i+1})\in m_{\mathfrak{R}}(\alpha)\}$$

另一种方式就是添加一个能够断定论证α的所有计算终止的显式谓词halt。谓词halt能够从wf作如下归纳定义：

$$\text{halt }\alpha\Leftrightarrow_{\text{def}}\mathbf{1}\text{，其中}a\text{是一个原子程序或测试，} \tag{10.6.2}$$

$$\text{halt }\alpha;\beta\Leftrightarrow_{\text{def}}\text{halt }\alpha\wedge[\alpha]\text{halt }\beta\text{，} \tag{10.6.3}$$

$$\text{halt}\ \alpha\cup\beta\Leftrightarrow_{\text{def}}\text{halt}\ \alpha\wedge\text{halt}\ \beta,\qquad(10.6.4)$$

$$\text{halt}\ \alpha^{*}\Leftrightarrow_{\text{def}}\text{wf}\ \alpha\wedge[\alpha^{*}]\text{halt}\ \alpha。\qquad(10.6.5)$$

文献 Harel 和 Pratt（1978）、Harel 和 Sherman（1982）、Niwinski（1984）和 Streett（1981，1982，1985b）在 loop，repeat 和 Δ 等多种名字下，研究过这些结构。谓词 loop 和 repeat 分别是 halt 和 wf 的补运算：

$$\text{loop}\ \alpha\Leftrightarrow_{\text{def}}\neg\text{halt}\ \alpha$$

$$\text{repeat}\ \alpha\Leftrightarrow_{\text{def}}\neg\text{wf}\ \alpha$$

式（10.6.5）等价于如下断定：$\text{loop}\ \alpha^{*}\Leftrightarrow_{\text{def}}\text{repeat}\ \alpha\vee\langle\alpha^{*}\rangle\text{loop}\ \alpha$。

它断定了 α^{*} 的非停机计算（nonhalting computation），或者是由 α 的一个停机计算（halting computation）的无穷序列组成，或者是由“后面跟着一个 α 的不停机计算”的 α 停机计算的有穷序列组成。

令 RPDL 和 LPDL 分别表示在命题动态逻辑 PDL 中添加了谓词 wf 和 halt 所得到的逻辑。根据之前的讨论可知：

PDL 的表达力≤LPDL 的表达力≤RPDL 的表达力≤命题 μ 演算的表达力。

事实上，把这里的“≤”换成“<”，结论仍然成立，即前一个逻辑系统的表达力严格小于后一个逻辑系统的表达力。

添加了谓词 wf 的命题动态逻辑 LPDL，有足够的能力去表达非确定性程序的完全正确性。α 相对于前置条件 φ 和后置条件 ψ 的完全正确性可以表示为：

$$\text{TC}(\varphi,\alpha,\psi)\Leftrightarrow_{\text{def}}\varphi\to\text{halt}\ \alpha\wedge[\alpha]\psi。$$

反之，halt 可以根据 TC 表示为：$\text{halt}\ \alpha\Leftrightarrow\text{TC}(\mathbf{1},\alpha,\mathbf{1})$。

滤过引理在 LPDL、RPDL 和命题 μ 演算中不成立，除了在某个强句法约束下，使得像（10.6.1）那样公式无法表达（参见 Pratt（1981a））。这可以通过研究如下模型 $\mathfrak{R}=(K,m_{\mathfrak{R}})$ 和原子程序 a 得到。其中：

$$K=_{\text{def}}\{(i,j)\in\mathbb{N}^{2}\mid 0\leqslant j\leqslant i\}\cup\{u\}$$

$$m_{\mathfrak{R}}(\alpha)=_{\text{def}}\{((i,j),(i,j-1))\mid 1\leqslant j\leqslant i\}\cup\{(u,(i,i))\mid i\in\mathbb{N}\}。$$

状态u(见图10.2)满足halt α^*和wf α,但它在任意有穷滤子中的等价类都不满足这两个公式,由此得到如下定理。

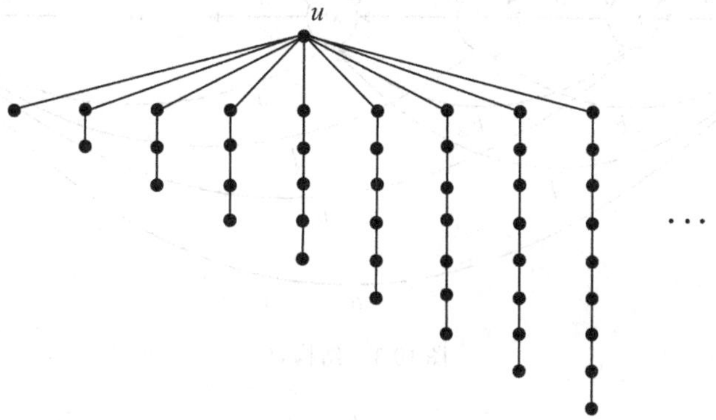

图10.2　状态u

定理10.16:PDL的表达力<LPDL的表达力。

证明:根据前面论述和第7章引理7.4可知,halt α^*和wf α都不与任何PDL公式等值。证毕。

定理10.17:LPDL的表达力<RPDL的表达力。

证明梗概:对于任意i而言,令$\ddot{U}_n$和$\mathcal{B}_n$分别是图10.3和10.4的结构。$\mathcal{B}_n$的状态t_i等值于$\ddot{U}_n$的拷贝(copy)中的状态s_0。对于任意n和$i \le n$而言,$\ddot{U}_n, s_i \vDash$wf a^*b,但$\mathcal{B}_n, t_i \vDash \neg$wf a^*b。然而,对于每个LPDL的公式φ而言,有可能找到一个足够大的n使得对于所有$i \le n$而言,$\mathcal{B}_n, t_i \vDash \varphi$,当且仅当,$\ddot{U}_n, s_0 \vDash \varphi$。可以通过施归纳于$\varphi$的结构来证明这一点。对于halt α的情况,可以利用这样一个事实:为了用一个$\neg$halt α公式表达$\mathcal{B}_n$中a和b的无穷路径,例如,对$\neg$halt$(a^*b)^*$而言,就必须存在一个α的无穷计算,该计算在某个有穷界的长度后只由a组成。因此,对于足够大的n而言,这个特殊的$\neg$halt α公式在$\ddot{U}_n$中是可满足的。该证明类似于文献Hopcroft和Ullman(1979)或Kozen(1997a)中的正则语言的泵引理(pumping lemma)的证明。证毕。

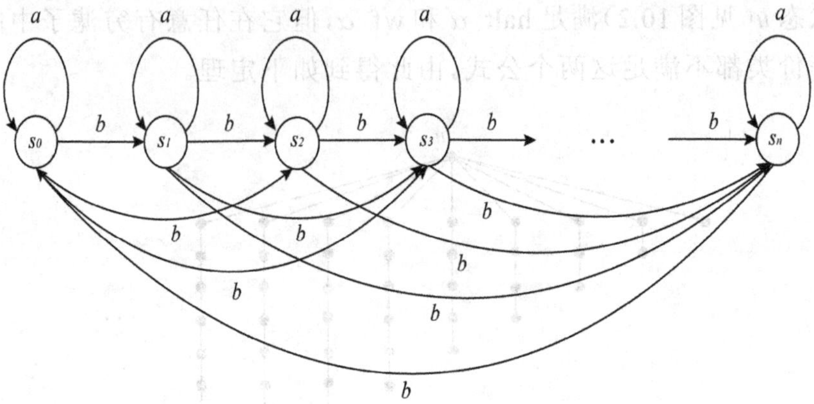

图 10.3 结构 $\ddot{U}_n$

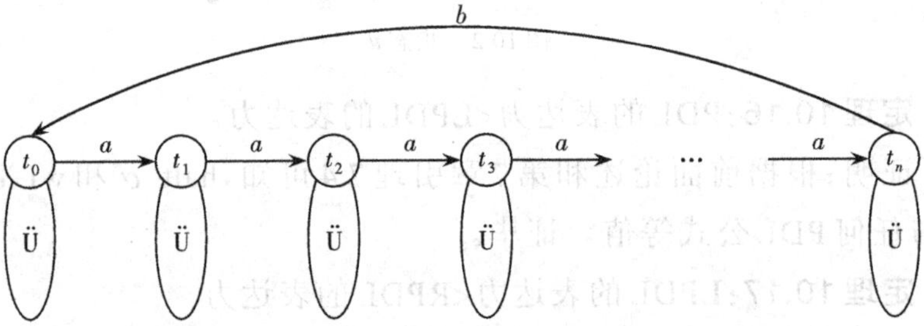

图 10.4 结构 B_n

将定理 10.17 扩充到包含显式谓词 wf 或 halt 以及逆算子的 CRPDL 和 CLPDL 版本中是可能的。定理 10.15 也适用于 LPDL 和 RPDL，因此$\langle a^{-}\rangle\mathbf{1}$在二者中都不是可表达的。定理 10.16 也可用于包含逆算子的命题动态逻辑版本中。可得到如图 10.5 所示说明的情况，箭头表示前一个逻辑的表达力<(小于)后一个逻辑的表达力，且在两个逻辑之间的路径意味着它们每个逻辑都能表达另一个无法表达的性质。

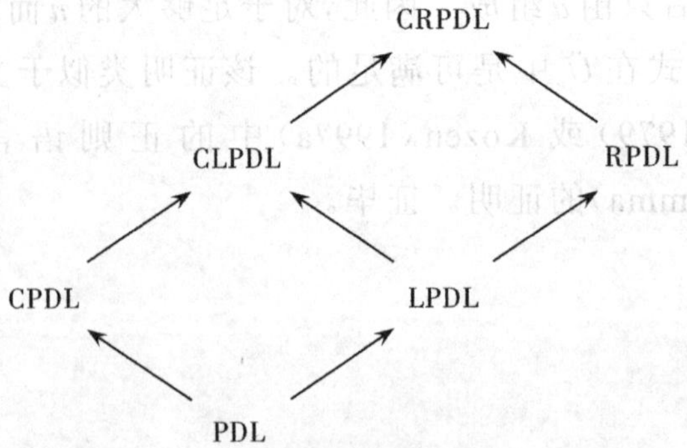

图 10.5 表达力比较

正如定理10.16所证明的那样，滤过引理在所有带有halt和wf的命题动态逻辑版中不成立。然而，μ演算的（也是RPDL和LPDL的）可满足公式确实存在有穷模型，但是CLPDL或CRPDL并不具有该有穷模型性质。

定理 10.18：CLPDL公式$\neg \mathrm{halt}\ a^* \wedge [a^*]\mathrm{halt}\ a^{*-}$是可满足的，但它不具有有穷模型。

证明：令φ是公式$\neg \mathrm{halt}\ a^* \wedge [a^*]\mathrm{halt}\ a^{*-}$。该公式在如下无穷模型中被满足：

为了证明它不被有穷模型所满足，假定$\mathfrak{R}, s \vDash \varphi$。根据式（10.6.2）和（10.6.5）可知：

$$\begin{aligned}\mathrm{halt}\ a^* &\Leftrightarrow \mathrm{wf}\ a \wedge [a^*]\mathrm{halt}\ a\\ &\Leftrightarrow \mathrm{wf}\ a \wedge [a^*]\mathbf{1}\\ &\Leftrightarrow \mathrm{wf}\ a\end{aligned}$$

因此，$\mathfrak{R}, s \vDash \neg \mathrm{wf}\ a$。这说明必须存在一个始于$s$的无穷$a$-路径。然而，在不违反$\varphi$的公式$[a^*]\mathrm{halt}\ a^{*-}$的情况下，沿着该路径的两个状态是不同的，因此$\mathfrak{R}$是无穷的。证毕。

可以证明，根据定理10.18可以得到CRPDL具有可判定性。

定理 10.19：CRPDL、CLPDL、RPDL、LPDL和命题μ演算的有效性问题，在确定性指数时间内都是可判定的。

显然，逻辑越简单，所需证明指数时间可判定性的论证就越简单。多年来，多位研究者使用不同技术证明了这几种逻辑在指数时间内是可判定的。Vardi（1998b）为无穷树上的双向交替自动机给出了一个指数时间判定程序，从而证明了：带有向前和向后模态的命题μ演算的指数时间可判定性；根据该结论可以轻易证明这里其他几种逻辑的判定性。

综上所述，RPDL具有有穷（但不必然是小的也不是坍塌的）模型性质。

定理 10.20：RPDL、LPDL和命题μ演算的每个可满足公式都有一个有穷模型。

证明梗概：该证明可使用如下事实：在接受某个树的无穷树上的所有自动机，都接受通过展开（unwinding）一个有穷图（graph）得到的树。对于这些逻辑中的一个可满足公式φ而言，“把通过此方式中从φ的自动机得到的有穷图转换到φ的有穷模型中”是可能的。证毕。

与第9章定理9.5和9.9中的PDL+$a^{\Delta}b^{\Delta}$一样，CRPDL和CLPDL都是PDL的扩张，尽管它们不具有穷模型性质，但都是可判定的。RPDL和LPDL的完全公理化能够通过将它们嵌入到μ演算得到，详情可参见Harel等（2000，pp.415-418）对命题μ演算的详细讨论。

10.7 并发性和通信

PDL的另一个有趣的扩张涉及并发程序（concurrent program）。10.4节中介绍的交算子∩：对应于程序$\alpha\cap\beta$的状态上的二元关系，对应于α和β的二元关系的交运算。这可以看作是一种并发算子，它允许转换到那些α和β都能被接受的状态。

本节将研究并发性（concurrency）的一个不同但或许更自然的概念。一个程序不会被解释为“将初始状态与可能的终结状态联系起来的”二元关系，而是解释为“一个状态和状态集之间的关系”。因此，$m_{\mathfrak{R}}(\alpha)$把一个初始状态u和一个状态集U的聚合（collection）联系起来。从直觉上看，在状态u中开始启动，在终结状态U的集合中的并发程序线程结束（concurrent execution threads ending）时，执行（并发）程序α。虽然Peleg（1987a，1987b，1987c）关于并发动态逻辑的最初工作，基本并发算子使用∩来表示，但是本章采用“$\wedge$”来表示基本并发算子。

并发PDL的句法与命题动态逻辑PDL的句法相同的，但需要加上如下条款：

- 如果α、$\beta\in\Pi$，那么$\alpha\wedge\beta\in\Pi$。

从直觉上看，程序$\alpha\wedge\beta$的意思是：并行执行a和b。

并发PDL的语义与命题动态逻辑PDL的语义一样，都是在Kripke框架$\mathfrak{R}=(K, m_{\mathfrak{R}})$上定义的，只是要求：对于程序$\alpha$而言，$m_{\mathfrak{R}}$

$(\alpha) \subseteq K \times 2^K$。因此α的意义是形式为$(u, U)$的可及序对(reachability pair)的聚合，其中$u \in K$且$U \subseteq K$。在对并发PDL进行简洁阐释时，要求结构具有原子程序有序的且非并行的意义，即：对于每个$a \in \Pi_0$而言，要求：如果$(u, U) \in m_{\mathfrak{R}}(a)$，那么$\#U=1$。正确的并行结构源于将并发算子用于在复合程序的可及有序对中建立更大的集合U。具体细节可参考Peleg(1987b，1987c)。

并发PDL的相关结论如下：

定理10.21：PDL的表达力<并发PDL的表达力。

定理10.22：并发PDL的有效性问题在确定性指数时间内是可判定的。

并发PDL对于"利用公理$<\alpha \wedge \beta>\varphi \leftrightarrow <\alpha>\varphi \wedge <\beta>\beta$对第6章公理系统6.5进行扩张后得到的"公理系统而言，是完全的。

第11章 带有程序量词的命题动态逻辑

本章研究了带有程序量词的命题动态逻辑QPDL及其表达力和复杂性，该逻辑是Segerberg-Pratt命题动态逻辑的一个扩展版本。使用递归程序（recursive procedures），即上下文无关的程序，对命题动态逻辑进行扩张，可以得到Π_1^1-完全的μPDL演算，利用这种演算可以得到温和的程序量化形式。不受限的程序量化导致其复杂性等同于二阶逻辑（和二阶算术）的复杂性，即其复杂性在所分析层级之外，但是带有程序量化的命题动态逻辑QPDL的确定性变种具有Π_1^1复杂性。

11.1 引 言

研究命题模态逻辑的一个原因就是抽取所研究问题的逻辑本质，如时间、确定性、知识，或者命令式程序的效果；另一个原因就是为推理和实践开发实用工具，其他原因还包括研究可判定性（最好是可处理的复杂性）。将程序量词添加到命题动态逻辑PDL中作为一个强大的概念框架是一个有趣的课题。然而，它的复杂性与完全二阶逻辑相当，其复杂性远远超过其他命题形式的复杂性。

一个隐式和受限形式的高阶量化已经出现在不动点（fixpoint）中。将Pratt（1981）和Kozen（1983）的命题不动点逻辑（propostional fixpoint logics）整合进命题上的不动点，得到的逻辑都是可判定的。David等（1983）首次提出使用上下文无关程序对命题动态逻辑进行扩展，在其后续工作中对可判定性和不可判定性的研究都取得了显著成果。本章在句法上使用统一形式来研究命题动态逻辑PDL及μPDL的扩展，其中μ算子作用于程序。虽然μPDL是Π_1^1-完全的，但它非常有趣，因为它表征了递归程序的本质。

本章主要阐释了Leivant(2008)[①]的研究成果，该成果重点研究了μPDL的进一步推广，即带有不受限的程序量化的PDL的扩展QPDL。使用命题上的量词对命题模态逻辑扩展的文献可以追溯到Sistla等(1987)，该文献研究了时间逻辑中的量化；Kesten和Pnueli(2002)提出了该逻辑的演绎系统。

正如Shilov(1997)指出的那样，用命题量化来增强PDL会产生一个不可判定的形式系统。本章将证明，对程序进行量化的最差情景就是：所得到的系统具有不可判定性，即有效公式集不在所分析层级中(即在二阶算术中是不可定义的)。本章还将顺带说明：如何在QPDL中解释形式系统μPDL，以及命题量化和全域box算子，如果再利用Shilov(1997)所提方案就可以解释Kozen的μ-演算。

本章还定义了QPDL的一个确定性变种，其有效性问题是Π_1^1。相比之下，不确定的命题动态逻辑PDL或Kozen的μ-演算都付出了复杂性方面的代价。

11.2 带有递归程序的命题动态逻辑

11.2.1 μPDL的句法和语义

μPDL这一形式系统是通过(简单的)递归对程序加以定义的Segerberg-Pratt命题动态逻辑PDL的扩展版本，即每个程序的可能跟踪集(set of possible traces)是原子程序之上的上下文无关语言。上下文无关程序已经得到了广泛的研究(参见Harel等(2000))，尽管迄今为止还不知道它们是否存在通用的句法框架。

μPDL的句法与命题动态逻辑PDL的句法仅仅在程序的形成规则上有所不同。在PDL中，原子程序标识符(atomic-program identifier)用a，b，… 来表示，对于每个命题公式φ而言的程序“test φ”，写成“?φ”。程序是由原子标识符和测试通过合成算子(composition)、并(union)算子和不动点(fixpoint)算子这三个运算归纳生成。也就是说，如果α和β是程序，那么$\alpha;\beta$，$\alpha\cup\beta$和$\mu a.$

①Leivant D. Propositional Dynamic logic with program quantifiers[J]. Electronic Notes in Theoretical Computer Science，2008(218)：231-240.

α也是程序，其中a是一个原子程序标识符。例如，程序$\mu a.(?\top\cup(\alpha;\beta))$与$\beta^*$在期望的语义下可以暂时定义成是一样的。类似地，$\mu c.(?\top\cup a;c;b)$与$a^{\Delta}b^{\Delta}=\{a^n b^n|n\geq 0\}$是一样的程序。

更一般地说，可以考虑同时递归（simultaneous recursion）$\mu a_1\ldots a_m.(\alpha_1\ldots\alpha_m).i(i=1,2,\ldots,m)$。[①]同时递归可用于定义（在Harel等(2000)的意义上的）任何上下文无关程序；例如，"$\mu s,a,b.(?\top\cup Ab\cup Ba,As\cup Baa,Bs\cup Abb).1$"是由带有相同数目的$A$和$B$的跟踪（trace）组成的程序$P\subseteq\{A,B\}^*$。

在命题动态逻辑PDL中，可以对上述定义进行推广，允许任意PDL公式作为测试，而不是把纯粹的命题公式作为测试。这样的测试通常称为富测试（rich test，可参见Harel等(2000)）。因此，公式和程序是由一个联合结构递归（joint structural recurrence）来定义的。然而，由于μ-binding $\mu a.\alpha$仅仅应用于"当α相对于a是单调时"的情况，因此需要定义（作为递归的一部分的）正的程序标识符和负的程序标识符。需要注意的是，在不是富测试的情况下，原子程序在程序中总是正数，因此就没有必要讨论正负程序标识符的定义。如果e是一个程序或公式，用$P(e)$表示e中出现的正的原子程序标识符组成的集合，用$N(e)$表示在e中出现的负的原子程序标识符组成的集合。

因此，可以通过联合句法递归（joint syntactic recurrence）来定义程序和公式e、集合$P(e)$和$N(e)$。

(1)对于一个命题标识符p而言，$P(p)=N(p)=\varnothing$。对于一个程序标识符a而言，$P(a)=\{a\}$且$N(a)=\varnothing$。

(2)$P(\psi\to\varphi)=N(\psi)\cup P(\varphi)$，$N(\psi\to\varphi)=P(\psi)\cup N(\varphi)$。

(3)如果ψ是一个公式，那么$?\psi$是一个程序，并且$P(?\psi)=P(\psi)$，$N(?\psi)=N(\psi)$。

(4)如果α是一个程序并且φ是一个公式，那么$[\alpha]\varphi$是一个公式，并且$P([\alpha]\varphi)=N(\alpha)\cup P(\varphi)$且$N([\alpha]\varphi)=P(\alpha)\cup N(\varphi)$。

(5)如果α是一个程序，并且$a\notin N(\alpha)$，那么$\mu a.\alpha$是一个程序，

①当然，在具体的句法中需要括号，通常的优先级约定需要显示所有的括号。

并且$P(\mu a.\alpha)=P(\alpha)-\{a\}$且$N(\mu a.\alpha)=N(\alpha)$。

更一般地说，如果$\breve{\alpha}=\alpha_1\ldots\alpha_m$是程序，并且$\bar{a}=a_1\ldots a_m$，其中$a_i\notin\bigcup_j N(a_j)$，那么$\mu\bar{a}.\breve{\alpha}.i$是一个程序（其中$i=1,2,\ldots,m$）。

μPDL在Kripke转换结构K中的语义定义类似于命题动态逻辑PDL，并且把$\mu\vec{a}.\breve{a}$定义成Knaster-Tarski不动点$\bigcup_n\alpha^n$，其中$\alpha^0=\varnothing$并且$\alpha^{n+1}=\alpha(\alpha^n)\equiv[\alpha^n/a]\alpha$。更一般地说，$\mu\vec{a}.\breve{a}\equiv\mu a_1\ldots a_m.(\alpha_1\ldots\alpha_m)$是"作为不动点$\bigcup_n\breve{a}^n$在状态集$|K|$上得到的"第$2m$-元关系。当然，$\mu\vec{a}.\breve{a}i$是"分别作为第$i$个变元和第$(m+i)$变元上的第$2m$-元$\mu\vec{a}.\breve{a}$投影而得来的"二元关系。

11.2.2　μPDL的表达力

定理2.1：μ-演算在μPDL中是可以解释的。

证明：证明的大致思路是，通过一个程序不动点来表征命题不动点$\mu p.\varphi$，通过程序标识符a来表示命题标识符p（其语义只是一个简单的状态集）。假设p在$\varphi=\varphi(p)$中为正命题，令$\varphi^0=\bot$且$\varphi^{n+1}=\varphi(\varphi^n)$。因此$\mu p.\varphi$在句法上等值于$\bigvee_n\varphi^n$的无穷析取。用公式$\langle a\rangle\top$（其中$a$是一个新的程序标识符）来表示$p$，并且$p$为真的状态集对应于$a$活跃的(active)状态集。

令$\alpha(a)$为程序$?\varphi(\langle a\rangle\top)$。令$\alpha^0=\varnothing,\alpha^{n+1}=\alpha(\alpha^n)$，因此$\mu\vec{a}.\breve{a}$在语义上等值于无穷并集$\bigcup_n\alpha^n$。通过对$n$进行归纳，可以证明公式$\varphi^n$语义上等值于$\langle\alpha^n\rangle\top$。$n=0$的情况可以直接证明。假设$\langle\alpha^n\rangle\top\equiv\varphi^n$，有

$\langle\alpha^{n+1}\rangle\top\equiv\langle\alpha(\alpha^n)\rangle\top$

$\equiv\langle?\varphi(\langle\alpha^n\rangle\top)\rangle\top$　　（根据α的定义）

$\equiv\varphi(\langle\alpha^n\rangle\top)$　　（根据测试的语义）

$\equiv\varphi(\varphi^n)$　　（根据IH）

$\equiv\varphi^{n+1}$

因此，如下语义等式成立：

$\mu p\varphi\equiv\bigvee_n\varphi^n$

$\equiv\bigvee_n\langle\alpha^n\rangle\top$

$\equiv\langle\bigcup\alpha^n\rangle\top$

$\equiv\langle\mu\vec{a}.\breve{a}(a)\rangle\top$

证毕。

与可判定的Kozen μ-演算形成鲜明对比的是，μPDL是高度不可判定的：

定理2.2（参见David（1983））：μPDL公式的有效性问题是Π_1^1-完全的。

然而，μPDL的这种高度不可判定性并不会使μPDL的演绎计算失去价值，就像算术和高阶逻辑（两者都是高度不可判定的）的演绎计算仍然具有实践上和概念上的价值一样。

11.3 程序量化

11.3.1 QPDL的句法和语义

如果允许量词在程序上取值，就可以从命题动态逻辑PDL中得到QPDL。本章研究的原子程序不带程序结构。因此，QPDL公式可以通过命题联结词、模态算子$[a]$和$\langle a\rangle$（其中a是一个程序标识符）和量化来得到。从命题标识符归纳得到：如果φ是一个公式，那么$\forall a\varphi(a)$以及$\exists a\varphi(a)$也是一个公式。本章还研究了QPDL的一个更有用的变种QPDL$^+$，该变种具有"使用合成算子、并算子、和μ演算从原子程序和测试中生成的程序"。下面将说明：在QPDL中QPDL$^+$是可解释的。

区分原子程序常元和变元是很方便的，在（Kripke）转换结构K中，可以把程序常元的语义解释成结构的一部分。程序变元的语义是由一个行动环境（action environment）η给出的，其中η是把状态上的二元关系指派给当前的每个自由程序变元的映射。

在转换结构K和相对于行动环境η的状态s中公式φ的语义，可以明确给出，特别地（如下$|K|$表示K的状态集）：

对于所有$A\subseteq|K|^2$而言，$K,s,\eta\vDash\forall a\varphi$，当且仅当，$K,s,\eta[a:=A]\vDash\varphi$。

11.3.2 程序量化的表达力

Shilov（1997）对带有命题量化的命题动态逻辑进行了研究，其中也使用了全域真值（global truth）的模态算子□，用于对命题

μ算子加以定义。在转换结构K的s状态下$\Box\varphi$为真，当且仅当，φ在所有状态下为真。

命题3.1:命题上的量化以及全域算子$\Box$，在QPDL中是可解释的。

证明：公式$\forall p\varphi(p)$在语义上等值于$\forall a\varphi(\langle a\rangle\top)$，并且$\Box\varphi$在语义上等值于$\forall a[a]\varphi$。证毕。

为了解释程序μ算子，可把程序之间的包含关系$\alpha\subseteq\beta$表达为：$\Box\forall p\langle\alpha\rangle p\rightarrow\langle\beta\rangle p$。事实上，如果$\alpha\subseteq\beta$，那么以上公式显然是成立的。为了证明相反方向，需要得到矛盾，假设s,t是转换结构K的状态，使得$S\xrightarrow{\alpha}t$，但不是$S\xrightarrow{\beta}t$。令p_0只在t中为真命题，那么$\langle\alpha\rangle p_0\rightarrow\langle\beta\rangle p_0$在$s$中失效，因此上述所有的公式在$K$中失效。证毕。

引理3.2:假设a在$\alpha=\alpha(a)$中为正，如果$\beta\subseteq\gamma$，那么$\alpha(\beta)\subseteq\alpha(\gamma)$。

证明：直接施归纳于α即可得证。证毕。

引理3.3:假设a在$\alpha=\alpha(a)$中为正，如果d是一个程序而且在所有状态中$\alpha(d)\subseteq d$，那么$\mu a.\alpha\subseteq d$。

证明：需要证明，对于所有的n而言，$\alpha^n\subseteq d$成立，其中$\alpha^0=\varnothing$并且$\alpha^{n+1}=\alpha(\alpha^n)$。施归纳于$n$。对于$n=0$，显然有$\varnothing\subseteq d$。假设$\alpha^n\subseteq d$，根据引理3.2可知：$\alpha^{n+1}=\alpha(\alpha^n)\subseteq\alpha(d)$，根据假设$\alpha(d)\subseteq d$，可知$\alpha^{n+1}\subseteq d$。证毕。

11.3.3 在QPDL中可解释的μPDL

定理3.4:QPDL$^+$以及μPDL在QPDL中是可解释的。

证明：需要证明：对QPDL$^+$中每个公式φ句法上的归纳在语义上等值于QPDL中的一个公式。

唯一足道的证明的是：φ是形式为$\langle\alpha\rangle\varphi$时的情况。因为如果$\varphi$和$\alpha$中的所有测试在QPDL是可表达的，那么公式$\langle\alpha\rangle\varphi$也是可表达的，所以如果$\langle\alpha\rangle\varphi$的所有子公式在QPDL中是可表达的，那么公式$\langle\alpha\rangle\varphi$本身也是可表达的，现在施归纳于$\alpha$可以对此加以证明。

根据QPDL的定义可知：带有程序标识符α的归纳基础是显然成立。复合α具有如下几种情况。

（1）测试：公式$\langle ?\psi\rangle\varphi$等值于公式$\psi\wedge\varphi$，根据假设可知：$\psi\wedge\varphi$在QPDL是可以表达的。

（2）合成：$\langle\beta;\gamma\rangle\varphi$等值于$\langle\beta\rangle\langle\gamma\rangle\varphi$。把IH（即$\langle\alpha^{n+1}\rangle(\equiv\varphi(\varphi^{n}))$）应用于$\gamma$可知$\langle\gamma\rangle\varphi$是可以表达的，所以把IH应用于$\beta$可知，$\langle\beta\rangle\langle\gamma\rangle\varphi$是可表达的。

（3）并（union）：$\langle\beta\cup\gamma\rangle\varphi$等值于$\langle\beta\rangle\varphi\vee\langle\gamma\rangle\varphi$；根据IH，$\langle\beta\rangle\varphi\vee\langle\gamma\rangle\varphi$是可表达的。

（4）递归：公式$\langle\mu a.\alpha(a)\rangle\varphi$在语义上等值于下式：

$$\forall d((\alpha(d)\subseteq d)\rightarrow\langle d\rangle\varphi) \tag{1}$$

一方面，用$\mu a.\alpha(a)$代替（1）式中的d，可以得到$(\alpha(\mu a.\alpha)\subseteq\mu a.\alpha)\rightarrow\langle\mu a.\alpha\rangle\varphi$。根据$\mu a.\alpha$的定义可知，前提成立，所以$\langle\mu a.\alpha(a)\rangle\varphi$。

现在证明相反方向，如果d满足$\alpha(d)\subseteq d$，那么根据引理3.3可知$\mu a.\alpha\subseteq d$，所以$\langle\mu a.\alpha(a)\rangle\varphi$蕴涵$\langle d\rangle\varphi$。证毕。

11.4 超过分析层级的QPDL复杂性

11.4.1 通用语法的解释

在字母Σ上的一个（通用）语法$G=(A,S,R)$由“字母表$A\supset\Sigma$、一个特殊的$S\in A-\Sigma$以及一个规则集R组成的”序对(w,υ)，其中$w\in A^{+}-\Sigma^{+}$且$\upsilon\in A^{*}$。（$N=A-\Sigma$是一个非终止（non-terminals）符组成的集合。A^{*}上的生成关系（yield relation）$\Rightarrow_{G}$由R归纳生成的：如果$w\rightarrow\upsilon$是在R中的一个规则，那么对于所有的$x,y\in A^{*}$而言，$xwy\Rightarrow x\upsilon y$。由$G$生成的语言是$\mathcal{L}(G)=\{w\in\Sigma^{*}\mid S\Rightarrow^{*}_{G}w\}$。根据Hopcroft和Ullman（1979），可知：由一个语法生成一个语言，当且仅当，该语言是半可判定性的（即RE）。特别是，图灵接收器（Turning acceptor）M的接受（acceptance）[①]可被模拟成：通过语法G，从接受状态M出发的一个推导，这里用到的规则是反向（backwards）进行的，即：对于$C'\Rightarrow_{M}C$而言，从M的每个局部格局

①可以不失一般性地认为，在进入接受状态之前，图灵接受器擦除磁带上的内容。

C到局部格局C'方向运用规则。

如上给定字母表$A=\Sigma\cup N$，其符号是原子程序标识符，每个字符串$w=\zeta_1\cdots\zeta_k\in A^*$视为程序$\zeta_1;\cdots;\zeta_k$。特别是空字符串$\lambda$被理解为skip程序，即?⊤。

令p是一个命题标识符。对于在A上的重写规则$\rho=(w\rightarrow\upsilon)$而言，令$\varphi_\rho$为QPDF$^+$的公式$\forall a,b\langle a\upsilon b\rangle p\rightarrow\langle awb\rangle p$，并且研究公式$\varphi_G\equiv(\bigwedge_{\rho\in G}\varphi_\rho)\rightarrow p\rightarrow\langle S\rangle p$。

命题4.1：对于每个通用语法G而言，有$\lambda\in\mathcal{L}(G)$，当且仅当，φ_G是有效的。

证明：假设$w\Rightarrow^n_G\upsilon$。考察一个转换结构K和其中的状态s。通过对n进行简单的归纳可知，如果前提φ_G在s处成立，那么$\langle\upsilon\rangle p\rightarrow\langle w\rangle p$也成立。假设$\lambda\in\mathcal{L}(G)$，即$S\rightarrow^*_G\lambda$，因此在$s$中有：$\langle\lambda\rangle p\rightarrow\langle S\rangle p$。由于$\langle\lambda\rangle p$等值于$p$，即$\varphi_G$的结论是$p\rightarrow\langle S\rangle p$。因此$K,s\vDash\varphi_G$。

现在对相反方向进行证明，假设$\lambda\notin\mathcal{L}(G)$。考虑一个转换结构$F$，其状态是字符串$w\in A^*$，并且每个程序标识符$\zeta\in A$被解释为映射$w\mapsto\zeta w$，而且$p$在$w$上为真，当且仅当，$w\Rightarrow^*_G\lambda$。由于$\bigwedge_{\rho\in G}\varphi_\rho$和$p$在$w$上为真，但$\langle S\rangle p$在$w$上不是真的，所以$\varphi_G$在$\lambda$上不真。证毕。

11.4.2 Oracle语法

当然，根据Harel等(2000)定理2.2[①]可知，命题4.1的意思是QPDL是不可判定的。但是命题4.1的优点在于，它可以很容易地被推广到相关运算中。通用语法可以配备一个如下符号版本的Oracles。将Oracle语法定义为：带有额外特殊非终止符P和N的语法，其中P和N分别表示肯定和否定的查询-回答(quary-answer)。在有关G的任意规则中，并没有用到这两个非终止符。可以通过如下方式对上面的生成关系$\Rightarrow G$进行扩张：给定一个Oracle语言$W\subseteq\Sigma^*$，并且关系$\Rightarrow_{G,W}$由上面的规则生成，对于$w\in W$而言，有$xPy\Rightarrow_{G,L}xwy$；对于$w\notin W$而言，有$xNy\Rightarrow_{G,L}xwy$。

由G模Orcale W生成的语言为$\mathcal{L}^P(W)=\{w\in\Sigma^*\mid S\Rightarrow^*_{G,W}w\}$。

①参见Harel et al.(2000，pp.37-38)。定理2.2：HP集合是递归可枚举的，但不是递归的，其中HP$=_{\text{def}}\{x_M,y)|M$在输入y上停机$\}$。

根据上面概述的通用语法对图灵接受器的“反向”模拟，可以很容易地扩展到通过Oracle语法对Oracle图灵接受器的模拟。带有$k>1$个Oracle的Oracle语法可以使用非终止符P_i和N_i(i=1，2，…，k)进行类似定义。

命题4.2：判定给定的k-oracle语法G是否满足$\forall W_1 \exists W_2 \cdots W_K (\lambda \in \mathcal{L}^W(G))$的问题是$\Pi_K^1$-complete问题。

在QPDL中，使用程序标识符P_i和N_i代表Oracle W_i，对命题4.1进行推广，就可以为Oracle语法的表示奠定基础，即需要证明：与原子程序的合成一样，当w在P_i中，$w \in W_j$，当且仅当，$w=\zeta_1$，…，ζ_n；而且当ω是N_i中时，$w \notin W_i$。但是，由于程序比原子程序的执行跟踪集更为普遍，因此在建立这种表示时需要小心。

11.4.3 QPDL中结构和程序的表达性质

使用以下缩写，其中A=$\{\zeta_1, \cdots, \zeta_m\}$(Oracle标识符除外)；

$\alpha \subseteq \beta$表示$\forall p \Box(\langle\alpha\rangle p \to \langle\beta\rangle p)$；

Det(α)表示$\forall p \Box(\langle\alpha\rangle p \to [\alpha]p)$；

Det(A)表示$\wedge_i$Det(ζ_i)；

$\langle A\rangle\varphi$表示$\langle\zeta_1 \cup \cdots \cup \zeta_m\rangle\varphi$；

$\equiv \vee_i \langle\zeta_i\rangle\varphi$；

$[A]\varphi$表示$\wedge_i[\zeta_i]\varphi$；

$\alpha \subseteq A^*$表示$\forall p((\Box(p \to [A]p) \to \Box(p \to [\alpha]p)$；

$\alpha \lhd A^*$表示$(\alpha \subseteq A^*) \wedge$Det($\alpha$)；

$\alpha \oplus \beta = A^*$表示$(\alpha \subseteq A^*) \wedge (\beta \subseteq A^*) \wedge \forall a(a \lhd A^*) \to (a \subseteq \alpha) \overline{\vee} (a \subseteq \beta)$

(其中$\oplus$和$\overline{\vee}$分别表示不相交的并和不相交的析取)

对于$W=(W_1, W_2, \cdots, W_k)$而言，其中$W_i \subseteq A^*$，令$\eta^W$是由$\eta^W(P_i)=[\![W_i]\!]$和$\eta^W(N_i)=[\![\bar{w}_i]\!]_K$定义的环境(environment)。

引理4.3：令G是一个k-oracle语法，$W_1, W_2, \cdots, W_k \subseteq A^*$。如果$\lambda \in \mathcal{L}^W(G)$，那么$\mathcal{K}, \eta^W \models (\wedge_{\rho \in G}\varphi_\rho) \to p \to \langle S\rangle p$

证明：一般而言，施归纳于n来证明。如果$w \Rightarrow^n_{G,W} \upsilon$，那么：

$$\mathcal{K}, \eta^W \models (\wedge_{\rho \in G}\varphi_\rho) \to \langle\upsilon\rangle p \to \langle w\rangle p$$

需要注意的是：不能够在φ_G的上下文中(textually)表示诸如

$xPy \Rightarrow xwy(w \in W)$这样的oracle-产品，但是在"$\langle xwy \rangle p$语义上蕴涵$\langle xPy \rangle p$"的环境$\eta^W$中则可以表示它们。

现在研究命题4.1的证明中定义的典范结构(canonical structure)F。

引理4.4：令G是k-oracle语法。如果$F, \eta \vDash (P_i \oplus N_i = A^* \wedge (\bigwedge_{p \in G} \varphi_p) \wedge \forall p\ p \to \langle S \rangle p)$，那么$\lambda \in \mathcal{L}^W(G)$，其中$W_i = \eta(P_i)$。

结合两个引理，施归纳于k可知：$\forall W_1 \exists W_2 \cdots W_K (\lambda \in \mathcal{L}^W(G))$为真，当且仅当，QPDL公式$\forall P_1, N_1, (P_1 \oplus N_1 = A^* \to \exists P_2, N_2 (P_2 \oplus N_2 = A^* \wedge \cdots (\bigwedge_{p \in G} \varphi_p) \to \forall p\ p \to \langle S \rangle p \cdots))$有效。根据这一结论和命题4.2可知：

命题4.5：对于QPDL的有效性问题超越了分析层级。

11.4.4 确定性QPDL

命题动态逻辑PDL的一个著名的确定性变种，可以通过将分支∪和迭代命令*分别替换成各自的保护变种(guarded variants) case和while来得到的，并从语义上假设原子程序是确定性的，即它们是状态上的偏函数，而不是关系上的偏函数。如果规定程序标识符是确定性的，就可以得到QPDL的确定性变种DQPDL。如果还可以使用程序结构case代替∪，就可以得到比QPDL⁺更友好的形式系统DQPDL⁺。不难看出，复制本章定理3.4的证明，就可以在DQPDL中得到DQPDL⁺的解释。

对于命题动态逻辑PDL来说，对它的确定性变种加以限制没有多大价值，因为它的不受限变种是可判定的，而且提供了概念上的纯粹且精妙的公理化方法。但是，程序量化的引入改变了这种状况，这是因为确定性程序不能用于执行跟踪集的编码，因此对程序上的量化并不比对个体状态上量化的表达力强。

定理4.6：确定性QPDL的有效性问题在Π_1^1中。

证明：对于任意给定的可数确定性结构K而言，Σ_kDQPDL公式φ的真值在算术层级Σ_k层上，因此是Π_1^1。使用集合上的量化证明普遍有效性，可以得到：在确定性结构中公式的有效性问题是Π_1^1。证毕。

11.5 猜想与未来的工作

当μ受到极大限制时，μPDL是可判定的。例如，将μ限制为正则语法，可以得到唯一正则程序，即命题动态逻辑PDL。但是Harel与Raz（1993）的研究表明：使用上下文无关程序对PDL进行扩展后得到的系统是可判定的；这些上下文无关程序能够被简单智能的（simple-minded）PDAs所接受，其中（push或pop）操作仅由扫描的符号决定，而不考虑状态和栈（stack）。对简单智能的CFLs（或对PDL而言仍然是可判定的更广泛的类）的描述可能会对μ程序产生一个有趣的限制。

我们猜测μPDL等价于QPDL的一个限制变种，该变种公式中量词不会出现在另一个量词的辖域中。

高阶量化可以进行分支（ramified），这一概念可以追溯至Whitehead和Russell的类型论以及Parson的集合论。对程序量词进行分支也同样是可能的。我们推测：所得到的系统是可判定的，这对本章的演绎演算进行相应修正而得到的系统是完全的。

全部（一阶）动态逻辑中的有效结束断定（valid termination assertion）可以构成一个RE集。类似地，μPDL的结束断定的有效性也是可判定的（命题量化的类似结果可参见Shilov（1997））。这里允许结束断定中的所有公式只包含正的diamond算子和负的box算子。这些结论是否可以推广到QPDL中？本章的不可判定性证明很大程度上取决于出现的diamond算子的正负性，而带有diamond算子和box算子的量化公式是否需要加以类似的限制？这些问题有待进一步研究。

第12章 命题动态逻辑中互模拟程序和逻辑等值程序

在 Harel 等(2000)、Blackburn 等(2001)和 Goldblatt(1992)中给出的标准命题动态逻辑(PDL)的语义是由加标转换系统(labeled transition system)给出的,其中每个程序π都与一个二元关系R_π有关。文献 Bergstra 等(2001)、Fokkink(2000)、Milner(1989)和 Glabbleek(2001)给出的过程代数(process algebras)还通过加标转换系统为过程(词项)提供语义。在命题动态逻辑和过程代数的两种形式系统中,对过程进行比较的关键概念是互模拟(bisimulation)。本章相关阐释主要以 Benevides(2014)①的研究为基础。

在命题动态逻辑中,也有逻辑等值的概念,可以用来证明两个程序π_1和π_2在逻辑上是等值的,即$\vdash\langle\pi_1\rangle\varphi\leftrightarrow\langle\pi_2\rangle\varphi$。遗憾的是,逻辑等值和互模拟在命题动态逻辑中不匹配。互模拟程序是逻辑等值程序,但其逆命题却不成立。本章提出了一种命题动态逻辑语义和公理化的方法,使得逻辑等值程序也是互模拟程序,并证明了该系统具有可靠性、完全性和有穷模型性质。

12.1 研究动机

Harel 等(2000)、Blackburn 等(2001)和 Goldblatt(1992)给出的标准命题动态逻辑的语义是由加标转换系统给出的,其中每个程序π都与一个二元关系R_π有关。序列合成(sequential composition)和非确定性选择算子分别定义为关系的合成算子和并(union)算子。

$$R_{\pi_1;\pi_2}=R_{\pi_1}\circ R_{\pi_2}\qquad R_{\pi_1\cup\pi_2}=R_{\pi_1}\cup R_{\pi_2}$$

① Benevides M R F. Bisimilar and logically equivalent programs in PDL[J]. Electronic Notes in Theoretical Computer Science, 2014(305): 5-18.

Bergstra等(2001)、Fokkink(2000)、Milner(1989)和Glabbleek(2001)给出的过程代数还通过加标转换系统为过程(词项)提供语义。在命题动态逻辑和过程代数这两种形式系统中,比较过程的关键概念是互模拟。在命题动态逻辑中,也有逻辑等值的概念,可以用来证明两个程序π_1和π_2在逻辑上是等值的,即$\vdash\langle\pi_1\rangle\varphi\leftrightarrow\langle\pi_2\rangle\varphi$,其中$\langle\pi_i\rangle\varphi$表示在执行程序$\pi_i$后公式$\varphi$成立。遗憾的是,逻辑等值和互模拟在命题动态逻辑中不匹配。互模拟程序是逻辑等值程序,但其逆命题却不成立。例如,对于程序$\pi_1=a;(\pi_3\cup\pi_4)$和$\pi_2=a;\pi_3\cup a;\pi_4$而言,有:

$$\begin{aligned}\langle a;\ (\pi_3\cup\pi_4)\rangle\varphi &\leftrightarrow\langle a\rangle\langle(\pi_3\cup\pi_4)\rangle\varphi\\ &\leftrightarrow\langle a\rangle(\langle\pi_3\rangle\varphi\vee\langle\pi_4\rangle\varphi)\\ &\leftrightarrow\langle a\rangle\langle\pi_3\rangle\varphi\vee\langle a\rangle\langle\pi_4\rangle\varphi\\ &\leftrightarrow\langle a;\ \pi_3\rangle\varphi\vee\langle a;\ \pi_4\rangle\varphi\\ &\leftrightarrow\langle a;\ \pi_3\cup a;\ \pi_4\rangle\varphi\end{aligned}$$

但不难看出π_1和π_2是非互模拟程序,因为在π_1时经过执行第一个a步后,可以到达$\pi_3\cup\pi_4$,这和π_2:π_3或π_4两者的可能性都不匹配(见图12.1)。

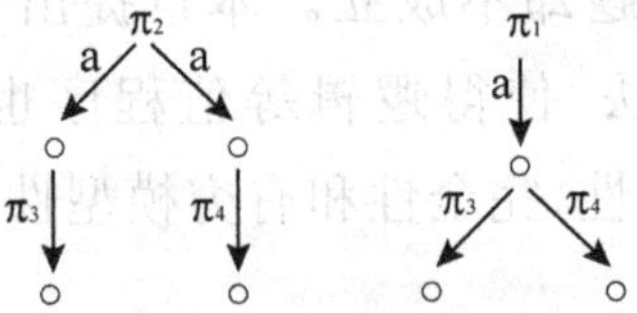

图12.1 非互模拟程序

Glabbleek(2001)对跟踪语义进行了讨论,并对具体的序列过程加以了定义,并比较了它们的各种语义,从而对它们进行了代数公理化和语义模态表征,但没有进行模态公理化。

这项基于语境跟踪工作的主要动机是提出一种新的命题动态逻辑语义学,使之符合逻辑等值和互模拟的概念。换句话说:两个程序π_1和π_2在逻辑上是等值的(即$\vdash\langle\pi_1\rangle\varphi\leftrightarrow\langle\pi_2\rangle\varphi$),当且仅当,这两个程序是互模拟。本章对这种新的语义进行了公理化并且证明了其完全性。完全性证明的副产品是证明了该语义具有有穷模型性和可判定性。需要说明的是，本章主要讨论命题动态逻辑，而不是讨论过程论（process theory）。

12.2　命题动态逻辑的相关基础

本节将给出命题动态逻辑的语法和语义。

定义2.1：命题动态逻辑语言包括：一个可数多个命题符号集合Φ，一个可数多个基本程序组成的集合∏，布尔联结词¬和∧，程序构造算子;、∪和迭代算子*以及每个程序π的一个模态⟨π⟩。命题动态逻辑公式可定义如下：

$\varphi::=p|\top|\neg\varphi|\varphi_1\wedge\varphi_2|\langle\pi\rangle\varphi$，且$\pi::=a|\pi_1;\pi_2|\pi_1\cup\pi_2|\pi^*$，其中$p\in\Phi$且$a\in\prod$。

在本章出现的所有逻辑中，都使用标准缩写$\bot\equiv\neg\top$，$\varphi\vee\phi\equiv\neg(\neg\varphi\wedge\neg\phi)$，$\varphi\rightarrow\phi\equiv\neg(\varphi\wedge\neg\phi)$和$[\pi]\varphi\equiv\neg\langle\pi\rangle\neg\varphi$。

定义2.2：命题动态逻辑的框架是一个二元组$F=(W,R)$，其中：

（1）W是一个非空状态集合；

（2）$R=\{R_a|a\in\prod\}$，对于每个基本程序$a\in\prod$而言，R_a是W上的二元关系；（3）对于每个非基本程序π而言，可以归纳地定义如下的一个二元关系R_π：

• $R_{\pi_1;\pi_2}=R_{\pi_1}\circ R_{\pi_2}$；

• $R_{\pi_1\cup\pi_2}=R_{\pi_1}\cup R_{\pi_2}$；

• $R_{\pi^*}=R_\pi^*$，其中R_π^*是R_π的自返传递闭包。

定义2.3：命题动态逻辑的模型是一个序对$M=(F,V)$，其中F是一个命题动态逻辑框架且V是一个赋值函数$V:\Phi\rightarrow 2^W$。

定义2.4：令$M=(F,V)$是一个模型。模型M中的公式φ在一个状态w时是满足的，记作$M,w\Vdash\varphi$，可归纳定义如下：

（1）$M,w\Vdash p$当且仅当$w\in V(p)$；

（2）$M,w\Vdash\top$恒成立；

（3）$M,w\Vdash\neg\varphi$当且仅当$M,w\nVdash\varphi$；

（4）$M,w\Vdash\varphi_1\wedge\varphi_2$当且仅当，$M,w\Vdash\varphi_1$且$M,w\Vdash\varphi_2$；

(5)$M,w\Vdash\langle\pi\rangle\varphi$，当且仅当，存在 $w'\in W$ 使得 $wR_{\pi}w'$ 且 $M,w'\Vdash\varphi$。

例 2.5：$M,w\Vdash\langle(\pi_1;\pi_2)\rangle p$，当且仅当，存在 $w'\in W$ 使得 $wR_{\pi_1;\pi_2}w'$ 且 $M,w'\Vdash p$，当且仅当，存在 $w'\in W$ 使得 $wR_{\pi_1}\circ R_{\pi_2}w'$ 且 $M,w'\Vdash p$（见图 12.2）。

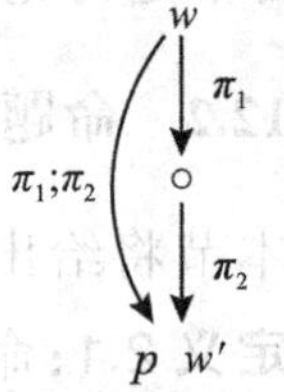

图 12.2　w 和 w′之间的关系

12.3　过程演算

本节将为 12.2 节中的命题动态逻辑程序提出一个小型的过程（程序）演算，并证明两个过程（process）是互模拟的，当且仅当，它们有着相同的有穷多个带语境的可能行动集（参见文献 Glabbleek（2001））。

令 $\mathcal{N}=\{a,b,c,\cdots\}$ 是一组用 α、β 等表示的名称或行动集。该语言可以定义如下：$\pi::=\alpha|\pi_1;\pi_2|\pi_1+\pi_2|\pi^*$，其中 $\alpha\in N$。这里用 π 和 τ 表示过程（程序），用 α、β 和 γ 表示行动。用 $\pi\xrightarrow{\alpha}\pi'$ 来表示过程 π 可以执行 α 的行动且之后的行为与 π' 一样。用 $\pi\xrightarrow{\alpha}\surd$ 来表示在执行行动 α 后过程 π 成功完成。当不存在可能的行动要执行时，过程结束。例如 $\beta\xrightarrow{\beta}\surd$。

过程演算（process calculus）的语义可以通过表 12.1 中的转换规则给出。互模拟的概念是任何过程代数中的一个关键概念，其意思是：具有相似行为的过程之间具有等值关系。从直觉上来看，两个互模拟过程是不能通过外部观察加以区分的。

表 12.1　转换关系

$\alpha\xrightarrow{\alpha}\surd$	$a.\pi\xrightarrow{\alpha}\pi$	$\dfrac{\pi\xrightarrow{\alpha}\pi'}{\pi;\tau\xrightarrow{\alpha}\pi';\tau}$
$\dfrac{\pi\xrightarrow{\alpha}\pi'}{\pi+\tau\xrightarrow{\alpha}\pi'}$	$\dfrac{\tau\xrightarrow{\beta}\tau'}{\pi+\tau\xrightarrow{\beta}\tau'}$	$\dfrac{\pi\xrightarrow{\alpha}\pi'}{\pi^*\xrightarrow{\alpha}\pi';\pi^*}$

定义 3.1：令 P 是所有过程的集合。"集合 $Z\subseteq P\times P$ 是一个强

(strong)互模拟”的意思是：$(\pi,\tau)\in Z$蕴涵如下性质成立：

- 如果$\pi\xrightarrow{\alpha}\pi'$，那么存在$\tau'\in P$使得$\tau\xrightarrow{\alpha}\tau'$且$(\pi',\tau')\in Z$；
- 如果$\tau\xrightarrow{\alpha}\tau'$，那么存在$\tau'\in P$使得$\pi\xrightarrow{\alpha}\pi'$且$(\pi',\tau')\in Z$；
- $\pi\xrightarrow{\alpha}\surd$当且仅当$\tau\xrightarrow{\alpha}\surd$。

定义3.2：两个过程π和τ是强互模拟（或简单互模拟，用$\pi\sim\tau$表示）的意思是：存在一个形如$(\pi,\tau)\in Z$的强互模拟Z。

命题3.3：$\pi_1;(\pi_2+\pi_3)\sim\pi_1;\pi_{2+}\pi_1;\pi_3$，参见表12.1。

12.3.1　带语境运行

本节将引入一个过程的带语境的有穷可能运行(finite possible runs with context)概念，这个概念在本节的逻辑语义中起着核心作用。

定义3.4：用$\vec{\alpha}^c$表示带有语境的一个行动序列，它是一个行动序列，而且是具有如下形式的有穷行动集合：$\alpha_1\{\beta_1^1\cdots\beta_{k_1}^1\}.\alpha_2\{\beta_1^2\cdots\beta_{k_2}^2\},\cdots.\alpha_n\{\beta_1^n\cdots\beta_{k_n}^n\}.\cdots$，其中$\alpha_i\notin\{\beta_1^i\cdots\beta_{k_i}^i\}$且$1\leqslant i\leqslant n$。如果$\vec{\alpha}^c=\alpha_1C_1.\alpha_2C_2.\cdots.\alpha_nC_n$是一个带语境的有穷行动序列，就称$\vec{\alpha}^c$的长度是$n$。

定义3.5：令$\vec{\alpha}^c=\alpha_1C_1.\alpha_2C_2.\cdots.\alpha_nC_n$且$\vec{\beta}^c=\beta_1D_1.\beta_2D_2.\cdots.\beta_nD_n$是一个长度为$n$的带有语境的行动序列。带有语境的行动序列上的严格偏序定义如下：$\vec{\alpha}^c<\vec{\beta}^c$，当且仅当，对于所有的$i$（其中$1\leqslant i\leqslant n$）而言，$\alpha_i=\beta_i$，$C_i\subseteq D_i$，而且至少存在一个$i$，使得$C_i\subset D_i$。

定义3.6：令$\vec{\alpha}^c=\alpha_1\{\beta_1^1\cdots\beta_{k_1}^1\}\alpha_2\{\beta_1^2\cdots\beta_{k_2}^2\}\cdots\alpha_n\{\beta_1^n\cdots\beta_{k_n}^n\}$是一个带有语境行动序列。“$\vec{\alpha}^c$与过程$\pi_0$匹配”的意思是：$\pi_0\xrightarrow{\alpha_1}\pi_1\xrightarrow{\alpha_2}\pi_2\cdots\pi_{n-1}\xrightarrow{\alpha_n}\pi_n$，而且对于所有的$i$（其中$1\leq i<n$）而言，$\{\alpha_i,\beta_1^i\cdots\beta_{k_i}^i\}$是$\pi_i$可以执行的所有行动。

用$\pi\overset{\vec{\alpha}^c}{\Rightarrow}\pi'$来表示$\vec{\alpha}^c$与$\pi$相匹配，且过程$\pi$在执行行动序列$\vec{\alpha}^c$之后的行为与$\pi'$一样。用$\pi\overset{\vec{\alpha}^c}{\Rightarrow}\surd$来表示$\vec{\alpha}^c$与$\pi$相匹配，且过程$\pi$在执行行动序列$\vec{\alpha}^c$后可以成功完成(特别地，这意味着$\vec{\alpha}^c$是有穷的)。

定义3.7：把过程π的带有语境的有穷可能运行集定义为$\overrightarrow{R_f^c}$

$(\pi)=\{\vec{\alpha}^c:\pi\overset{\vec{\alpha}^c}{\Rightarrow}\surd\}$，记作$\vec{\check{R}}_f^c(\pi)$。

为了获得互模拟与逻辑等值之间的期望关系，可以引入"过程的带有语境的有穷可能运行"的概念，即过程成功完成的情景(situation)。因此，可以提出关于"带有语境的有穷可能运行(finite possible runs with context)"的有用结果。需要特别注意的是：在过程演算中的所有过程在其执行的任何状态下，都只能执行一个有穷行动集，即这些程序是有穷像(image)。

定义 3.8：令R和S是带有语境的有穷行动序列集，可以在这些集合上定义以下运算：

(i)$R\circ S=\{\vec{\alpha}^c.\vec{\beta}^c:\vec{\alpha}^c\in R$ 且 $\vec{\beta}^c\in S\}$；

(ii)$R\cup S=\{\vec{\alpha}^c:\vec{\alpha}^c\in R$ 或 $\vec{\alpha}^c\in S\}$；

(iii)$R^0=\{\vec{\varepsilon}\}$，$R^n=R\circ R^{n-1}$（其中$n\geq 1$）；

(iv)$R^*=\bigcup_{n\in\mathbb{N}}R^n$。

引理 3.9：如果$\pi\sim\tau$，那么对于每个$\vec{\alpha}^c$而言，$\pi\overset{\vec{\alpha}^c}{\Rightarrow}\surd$，当且仅当，$\tau\overset{\vec{\alpha}^c}{\Rightarrow}\surd$。

引理3.9的证明方法来源于Benevides和Schechter(2008)。

证明：施归纳于$\vec{\alpha}^c$的长度n即可证明。

(1)当$n=1$时，对于某个行动α而言，$\vec{\alpha}^c=\alpha\{\beta_1^1\cdots\beta_{k_1}^1\}$，因此$\pi\overset{\vec{\alpha}^c}{\Rightarrow}\surd\Leftrightarrow\pi\overset{\alpha}{\rightarrow}\surd$。根据假设$\pi\sim\tau$可知，$\{\alpha,\beta_1^1\cdots\beta_{k_1}^1\}$是$\pi$和$\tau$唯一可以执行的行动，并且$\pi\overset{\alpha}{\rightarrow}\surd\Leftrightarrow\tau\overset{\alpha}{\rightarrow}\surd$。于是有$\pi\overset{\alpha}{\rightarrow}\surd\Leftrightarrow\pi\overset{\vec{\alpha}^c}{\Rightarrow}\surd$。

(2)归纳假设：假设引理3.9对所有的$n<k$都成立。令$\vec{\alpha}^c$是一个长度为k的序列，并令$\alpha\{\beta_1^1\cdots\beta_{k_1}^1\}$是该序列的第一个行动，而且令$\vec{\gamma}^C$是一个长度为$k$-1的序列，使得$\vec{\alpha}^c=\alpha\{\beta_1^1\cdots\beta_{k_1}^1\}\times\vec{\gamma}^C$，那么$\pi\overset{\vec{\alpha}^c}{\Rightarrow}\surd$，当且仅当，存在一个过程(process)$\pi'$，使得$\pi\overset{\alpha}{\rightarrow}\pi'$且$\pi'\overset{\vec{\gamma}^c}{\Rightarrow}\surd$。但是如果$\pi\overset{\alpha}{\rightarrow}\pi'$且$\pi\sim\tau$，那么存在一个过程$\tau'$使得$\tau\overset{\alpha}{\rightarrow}\tau'$且$\pi'\sim\tau'$。而且，由$\pi\sim\tau$可知，$\{\alpha,\beta_1^1\cdots\beta_{k_1}^1\}$是$\pi$和$\tau$唯一可以执行的行动。因此，$\vec{\gamma}^C$是一个长度短于$k$的序列，所以根据归纳假设、$\pi'\sim\tau'$与$\pi'$

$\overset{\vec{\gamma}^c}{\Rightarrow}\surd$可知：$\tau'\overset{\vec{\gamma}^c}{\Rightarrow}\surd$。也就是说$\tau\overset{\vec{a}^c}{\Rightarrow}\surd$。证毕。

引理3.10：如果对于每个$\vec{\alpha}^c$而言，$\pi\overset{\vec{a}^c}{\Rightarrow}\surd$，当且仅当，$\tau\overset{\vec{a}^c}{\Rightarrow}\surd$，那么$\pi\sim\tau$。

证明：$\pi\overset{\vec{a}^c}{\Rightarrow}\surd$，当且仅当，$\pi\overset{\vec{a}^c}{\Rightarrow}\surd$且$\pi\nsim\tau$，则存在$\alpha_1$，使得$\pi\overset{\alpha_1}{\longrightarrow}\pi_1$且对所有的$\tau_1$，要么$\tau\overset{\alpha_1}{\not\rightarrow}\tau_1$要么$\pi_1\nsim\tau_1$。但是$\tau\overset{\alpha_1}{\not\rightarrow}\tau_1$不可能是真的，这是由于它与"$\pi$和$\tau$都能够执行相同行动集"的假设相矛盾。因为如果$\alpha_1$是某个行动序列$\vec{\alpha}^c$中的第一个行动，那么它的语境包含$\pi$和$\tau$都可以执行的所有行动。现在唯一剩下的可能性是$\pi_1\nsim\tau_1$。如果对$\pi_2\nsim\tau_2,\cdots,\pi_i\nsim\tau_i$进行同样的推理，那么$\pi_i$和$\tau_i$能够执行相同的行动集。当所有过程最终结束时，最终一定能够得到一个序对π_n和τ_n，使得$\pi_n\nsim\tau_n$，而且π_n和τ_n一定能够执行相同行动集$\gamma_n^1,\cdots\gamma_n^{k_n}$，并且要么$\pi_n=\surd$要么$\tau_n=\surd$，要么$\pi_n=\tau_n=\surd$。前两种情况是不可能的，因为$\pi_n$和$\tau_n$必须能够执行一个相同的行动集，并且$\surd$不执行任何行动，任何不同的$\surd$过程必须能够至少执行一个行动。因此，唯一的可能性是$\pi_n=\tau_n=\surd$，于是有$\pi_n\sim\tau_n$，这就产生了一个矛盾。因此，$\pi\sim\tau$。证毕。

定理3.11：$\pi\sim\tau$当且仅当$\overrightarrow{\breve{R}}_f^c(\pi)=\overrightarrow{\breve{R}}_f^c(\tau)$。

证明：先证明充分性。假令$\vec{\alpha}^c\in\overrightarrow{\breve{R}}_f^c(\pi)$，那么$\pi\overset{\vec{a}^c}{\Rightarrow}\surd$。根据引理3.9，$\pi\sim\tau$蕴涵$\tau\overset{\vec{a}^c}{\Rightarrow}\surd$，也就是说$\vec{\alpha}^c\in\overrightarrow{\breve{R}}_f^c(\pi)$。因此$\overrightarrow{\breve{R}}_f^c(\pi)\subseteq\overrightarrow{\breve{R}}_f^c(\tau)$。对$\overrightarrow{\breve{R}}_f^c(\tau)\subseteq\overrightarrow{\breve{R}}_f^c(\pi)$的证明与此完全类似的。现在证明必要性。假令$\overrightarrow{\breve{R}}_f^c(\pi)=\overrightarrow{\breve{R}}_f^c(\tau)$，根据$\overrightarrow{\breve{R}}_f^c(\pi)$和$\overrightarrow{\breve{R}}_f^c(\tau)$的定义可知，$\pi\overset{\vec{a}^c}{\Rightarrow}\surd$当且仅当$\tau\overset{\vec{a}^c}{\Rightarrow}\surd$。于是根据引理3.10，有$\pi\sim\tau$。证毕。

接下来给出有穷可能运行集之间的一些等式，这些等式可以用于公理化过程中的可靠性证明。

定义3.12：令$\vec{\alpha}^c=\alpha_1C_1.\alpha_2C_2\cdots.\alpha_nC_n\in\overrightarrow{\breve{R}}_f^c(\pi_1)$，且$\{\gamma_1,\cdots,\gamma_m\}$是$\pi_2$可以执行的所有行动组成的集合，并令$C_1'=C_1\cup\{\gamma_1,\cdots,\gamma_m\}$且$C_1''=C_1\backslash\{\gamma_1,\cdots,\gamma_m\}$。现在定义：

(1) $\vec{\alpha}^{c}|^{+\pi_2} = \alpha_1 C_1'.\alpha_2 C_2\cdot\cdot\cdot.\alpha_n C_n$

(2) $\vec{\alpha}^{c}|^{-\pi_2} = \alpha_1 C_1''.\alpha_2 C_2\cdot\cdot\cdot.\alpha_n C_n$

(3) $\overrightarrow{\breve{R}_f^c}(\pi)|^{+\pi_2}=\{\vec{\alpha}^{c}|^{+\pi_2}|\vec{\alpha}^{c}\in\overrightarrow{\breve{R}_f^c}(\pi_1)\}$

(4) $\overrightarrow{\breve{R}_f^c}(\pi_1)|^{-\pi_2}=\{\vec{\alpha}^{c}|^{-\pi_2}|\vec{\alpha}^{c}\in\overrightarrow{\breve{R}_f^c}(\pi_1)\}$

定理 3.13：下列的等式集是真的：

(1) $\overrightarrow{\breve{R}_f^c}(\alpha)=\{\alpha\}$；

(2) $\overrightarrow{\breve{R}_f^c}(\pi_1;\pi_2)=\overrightarrow{\breve{R}_f^c}(\pi_1)\circ\overrightarrow{\breve{R}_f^c}(\pi_2)$；

(3) $\overrightarrow{\breve{R}_f^c}(\pi_{1+}\pi_2)=\overrightarrow{\breve{R}_f^c}(\pi_1)|^{+\pi_2}\bigcup\overrightarrow{\breve{R}_f^c}(\pi_2)|^{+\pi_1}$；

(4) $\overrightarrow{\breve{R}_f^c}(\pi^*)=\overrightarrow{\breve{R}_f^c}(\pi))^*$。

证明：此证明可以直接从表12.1中得到。证毕。

12.4 命题动态逻辑 PDL⁺

这部分将给出带有一个不确定的选择算子的命题动态逻辑（记为 PDL⁺）的语言、语义和公理系统。

12.4.1 命题动态逻辑 PDL⁺的语言和语义

该语言与定义2.1给出的语言类似，这里用+替换∪。

$\varphi::=p|\top|\neg\varphi|\varphi_1\wedge\varphi_2|\langle\pi\rangle\varphi$，且 $\pi::=a|\pi_1;\pi_2|\pi_1+\pi_2|\pi^*$，其中 $p\in\Phi$ 且 $a\in N$。

定义 4.1：命题动态逻辑 PDL⁺的框架是一个二元组 $F=(W, R_a)$，其中：

(1) W 是一个非空状态集；

(2) 对于每个基本程序 $a\in\Pi$，R_a 是 w 的二元关系；

(3) 对于每个非基本程序 π 而言，可以归纳地定义一个二元关系 R_π 如下：

① $R_{\pi_1;\pi_2}=R_{\pi_1}\circ R_{\pi_2}$；

② $R_{\pi_1+\pi_2}=\{(s,t)|[(s,t)\in R_{\pi_1}$ 且 $\exists r(s,r)\in R_{\pi_2}]$ 或 $[(s,t)\in R_{\pi_2}$ 且 $\exists r(s,r)\in R_{\pi_1}]\}$；

③$R_{\pi^*}=R^*_\pi$，其中R^*_π是R_π的自返传递闭包。

命题动态逻辑PDL⁺模型的语义概念和满足性概念与本章定义2.3和2.4中的命题动态逻辑PDL的定义是一样的。如果对于每个状态w而言，都有$M,w\Vdash\varphi$，就称在模型M中φ是全域满足的(globally satisfied)，记作$M\Vdash\varphi$。如果φ在一个框架的所有模型M中都是全域满足的，就称φ在框架F中是有效的，记作$F\Vdash\varphi$。最后，如果φ在所有框架中都有效，就说φ是有效的，记作$\Vdash\varphi$。如果$\Vdash\varphi\leftrightarrow\psi$，那么$\varphi$和$\psi$这两个公式在语义上是等值的。

命题4.2：$\nVdash\langle\pi_1;\ (\pi_2+\pi_3)\rangle p\leftrightarrow\langle\pi_1;\ \pi_2+\pi_1;\ \pi_3)\rangle p$

证明：令M是框架$V(P)=\{v\}$上的一个模型。容易验证：$M,w\nVdash\langle\pi_1;(\pi_2+\pi_3)\rangle p$且$M,w\Vdash\langle\pi_1;\pi_2+\pi_1;\pi_3)\rangle \mathrm{p}$

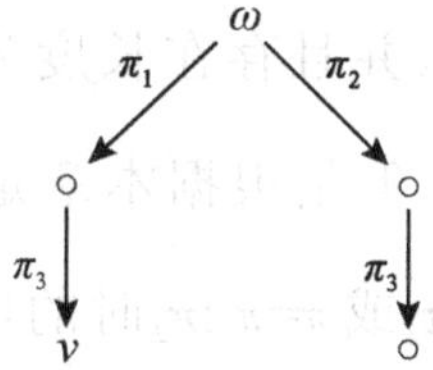

证毕。

下面的定义和引理将语义与带有语境的可能运行联系起来。

定义4.3：令$F=(W,R_\alpha)$是一个框架，$(v_0,v_1,\cdots,v_n)(n\geqslant1)$是$F$和$\vec{\alpha}^c\in\vec{\breve{R}}^c_f(\pi)$中一个长度为$n$的有穷路径，该路径是过程$\pi$中一个带有语境的行动序列。$\vec{\alpha}^c$与相对于过程$\pi$而言的路径$(v_0,v_1,\cdots,v_n)$匹配(match)，当且仅当，对于所有的$i$(其中$1\leq i\leq n$)而言，$(\vec{\alpha}^c)_i=\alpha_i\{\beta^i_1\cdots\beta^i_{k_i}\}$且$(v_{i-1},v_i)\in R_{\alpha_i}$，并且对于所有的$\beta_j$(其中$1\leq j\leq k_i$)而言，存在一个$w$使得$(v_{i-1},w)\in R_{\beta_j}$。"$\vec{\alpha}^c$与路径$(v_0,v_1,\ldots,v_n)$完全匹配"的意思是：对所有的$\gamma\in\{\beta^i_1\cdots\beta^i_{k_i}\}$且$i$(其中$1\leq i\leq n$)而言，存在一个唯一的$w$使得$(v_{i-1},w)\in R_\gamma$。

一个框架F与状态w下的过程π匹配，其意思是：对于所有的$\vec{\alpha}^c\in\vec{\breve{R}}^c_f(\pi)$而言，存在$F$中的一个路径$\rho$，使得$\vec{\alpha}^c$与$\rho$匹配。

引理4.4：$M,w\Vdash\langle\pi\rangle\varphi$，当且仅当，$F$与状态$w$下的过程$\pi$匹配，也就是说，存在一个有穷路径$(v_0,v_1,\cdots,v_n)$(其中$n\geqslant1$)，使得$v_0=$

$w,M,v_n\Vdash\varphi$，并且存在长度为n的$\vec{\alpha}^c\in\overrightarrow{\breve{R}}_f^c(\pi)$使得$\vec{\alpha}^c$与路径$(v_0,v_1,\cdots,v_n)$匹配。

证明：施归纳于π的结构即可证明。

（1）归纳基础是$|\pi|=1$时的情况。对于原子程序而言，这显然成立。

（2）假设引理4.4对$|\pi|\leq n$都成立，那么有如下三种可能：$\pi=\langle\pi^*\rangle$或$\pi=\pi_1+\pi_2$或$\pi=\pi_1;\pi_2$。

当$\pi=\langle\pi^*\rangle$时，假设$M,w\Vdash\langle\pi^*\rangle\varphi$，当且仅当，存在$v\in w$使得$wR_{\pi^*}v$且$M,w\Vdash\varphi$。但是根据$R_{\pi^*}=R_\pi^*$就可以得到一个路径$wR_\pi v_1R_\pi\cdots R_\pi v$。由于$R_\pi^*$是传递的，那么$wR_\pi v$且$M,w\Vdash\varphi$，当且仅当，$M,w\Vdash\langle\pi\rangle\varphi$。根据归纳假设可知：存在一个有穷路径$(v_0,v_1,\cdots,v_n)$（其中$n\geqslant1$），使得$v_0=w,v_n=v,M,v_n\Vdash\varphi$，并且存在长度为$n$的$\vec{\alpha}^c\in\overrightarrow{\breve{R}}_f^c(\pi)$使得$\vec{\alpha}^c$与路径$(v_0,v_1,\cdots,v_n)$匹配。但是根据本章定理3.13可知：$\overrightarrow{\breve{R}}_f^c(\pi)\subseteq(\overrightarrow{\breve{R}}_f^c(\pi))^*=\overrightarrow{\breve{R}}_f^c(\pi^*)$。当$\pi=\pi_1+\pi_2$或$\pi=\pi_1;\pi_2$时的证明与$\pi=\langle\pi^*\rangle$时的证明类似。证毕。

下面将给出了本节的主要定理，它为互模拟程序和逻辑等值程序之间建立起了等值关系。

定理4.5：$\overrightarrow{\breve{R}}_f^c(\pi)=\overrightarrow{\breve{R}}_f^c(\tau)$，当且仅当，$\Vdash\langle\pi\rangle p\leftrightarrow\langle\tau\rangle p$。

证明：首先证明充分性。假设$\overrightarrow{\breve{R}}_f^c(\pi)=\overrightarrow{\breve{R}}_f^c(\tau)$，但是$\nVdash\langle\pi\rangle p\leftrightarrow\langle\tau\rangle p$，那么不失一般性，可以假定存在一个模型$M$以及在该模型中的一个状态$v_0$，使得$M,v_0\Vdash\langle\pi\rangle p$但是$M,v_0\nVdash\langle\tau\rangle p$。根据引理4.4和$M,v_0\Vdash\langle\pi\rangle p$可知：存在模型$M$中的一个路径$(v_0,v_1,\cdots,v_n)$（其中$n\geqslant1$），使得$M,v_n\Vdash p$，而且存在与该路径匹配的$\vec{\alpha}^c\in\overrightarrow{\breve{R}}_f^c(\pi)$。但是因为$\overrightarrow{\breve{R}}_f^c(\pi)=\overrightarrow{\breve{R}}_f^c(\tau)$，所以$\vec{\alpha}^c\in\overrightarrow{\breve{R}}_f^c(\tau)$。根据本章定义4.4、$\vec{\alpha}^c\in\overrightarrow{\breve{R}}_f^c(\tau)$和$M,v_n\Vdash p$可知：$M,v_0\Vdash\langle\tau\rangle p$，这与$M,v_0\nVdash\langle\tau\rangle p$矛盾。

现在证明必要性。假设$\Vdash\langle\pi\rangle p\leftrightarrow\langle\tau\rangle p$，但是$\overrightarrow{\breve{R}}_f^c(\pi)\neq\overrightarrow{\breve{R}}_f^c(\tau)$，那么不失一般性，可以假设存在$\vec{\alpha}^c$使得$\vec{\alpha}^c\in\overrightarrow{\breve{R}}_f^c(\pi)$，但是$\vec{\alpha}^c\notin\overrightarrow{\breve{R}}_f^c(\tau)$，并且

不存在$\vec{\beta}^c \in \overrightarrow{\breve{R}_f^c}(\tau)$使得$\vec{\beta}^c < \vec{\alpha}^c$。

现在构建一个与π匹配的框架F，这个框架由一个有穷树和一个路径$(v_0, v_1, \cdots, v_n)$（其中$n \geqslant 1$）组成：该路径使得$\vec{\alpha}^c$与过程π的路径$(v_0, v_1, \cdots, v_n)$完全匹配。

令$M=(F, V)$是一个模型，使得$V(p)$是仅包含v_n的一个单子集（singleton），因此$v_n \in V(p)$，那么就可以得到一个路径$(v_0, v_1, \cdots, v_n)$使得$M, v_n \Vdash p$，并且$\vec{\alpha}^c \in \overrightarrow{\breve{R}_f^c}(\pi)$与该路径匹配。根据本章引理4.4，$M, v_0 \Vdash \langle \pi \rangle p$。

因为$\vec{\alpha}^c \notin \overrightarrow{\breve{R}_f^c}(\tau)$，并且不存在$\vec{\beta}^c \in \overrightarrow{\breve{R}_f^c}(\tau)$使得$\vec{\beta}^c < \vec{\alpha}^c$，因此$\vec{\alpha}^c$与路径$(v_0, v_1, \cdots, v_n)$完全匹配，那么$(v_0, v_1, \cdots, v_n)$不与过程$\tau$的任何其他序列匹配。而且由于$F$是一个树，所以在模型$M$中不存在其他的路径$(v_0, v_1, \cdots, v_m)$（其中$m \geqslant 1$），使得$M, v_m \Vdash p$。所以，根据本章引理4.4，$M, v_0 \nVdash \langle \tau \rangle p$，这与$\Vdash \langle \pi \rangle p \leftrightarrow \langle \tau \rangle p$矛盾。证毕。

推论4.6：$\pi \sim \tau$，当且仅当，$\Vdash \langle \pi \rangle p \leftrightarrow \langle \tau \rangle p$。

证明：这个推论可以直接从本章定理3.11和定理4.5推出。证毕。

12.4.2　命题动态逻辑PDL$^+$的公理化

本节将使用标准布尔（Boolean）联结词$\bot$、$\vee$、$\rightarrow$和$\leftrightarrow$的缩写以及如下对偶的缩写：$[\pi]\varphi := \neg \langle \pi \rangle \neg \varphi$。命题动态逻辑PDL$^+$的公理化系统是在标准的命题动态逻辑的证明论的基础上，通过添加一个非确定性选择的新公理而得到的扩张系统。

（1）命题动态逻辑PDL$^+$的公理

①所有标准的命题动态逻辑中的重言式都是该扩张系统的公理；

②$[\pi](\varphi \rightarrow \psi) \rightarrow ([\pi]\varphi \rightarrow [\pi]\psi)$；

③$[\pi_1;\pi_2]\varphi \leftrightarrow [\pi_1][\pi_2]\varphi$；

④$\langle \pi_1+\pi_2 \rangle p \leftrightarrow (\langle \pi_1 \rangle p \vee \langle \pi_2 \rangle p) \wedge (\langle \pi_1 \rangle \top \vee \langle \pi_2 \rangle \top)$；

⑤$[\pi^*]\varphi \leftrightarrow \varphi \wedge [\pi][\pi^*]\varphi$；

⑥$[\pi^*](\varphi \rightarrow [\pi]\varphi) \rightarrow ([\pi]\varphi \rightarrow [\pi^*]\varphi)$。

(2)命题动态逻辑PDL⁺的推理规则

分离规则:如果φ且$\varphi\to\psi$,那么ψ。

全称概括规则:如果φ,那么$[\pi]\varphi$。

替换规则:如果φ,那么$\sigma\varphi$,其中σ是对命题变元中的公式进行统一替换的一个映射。

这里的公理①、②、③、⑤和⑥以及这些推理规则,也是Harel等(2000)、Blackburn等(2001)和Goldblatt(1992)给出的带有正则程序的标准命题动态逻辑PDL中的公理和推理规则。为了对这里的公理④进行解释,可以把它重写为:$\langle\pi_1+\pi_2\rangle p\leftrightarrow(\langle\pi_1\rangle p\wedge\langle\pi_2\rangle\top)\vee(\langle\pi_1\rangle\top\wedge\langle\pi_2\rangle p)$

公理④的直观的意思是:"每当执行一个非确定性的选择$\pi_1+\pi_2$时,必须要么能够执行π_1,要么能够执行π_2,而且二者中必须有一个需要执行"。这是因为$\langle\pi_i\rangle\top$(其中$i=1,2$),即:执行程序π_i是可能的。

例4.7:$M,w\Vdash\langle(\pi_1+\pi_2)\rangle p$且$M,v\nVdash\langle(\pi_1+\pi_2)\rangle p$

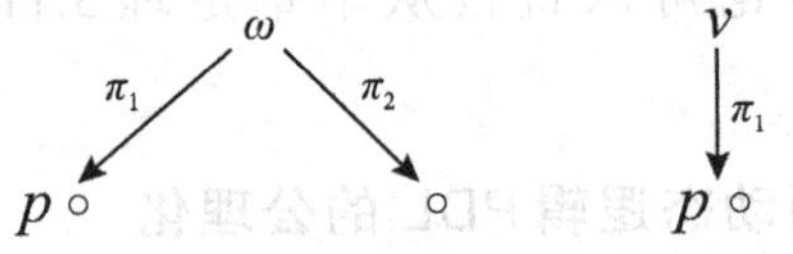

12.4.3 命题动态逻辑PDL⁺的可靠性和完全性

为了证明可靠性,必须证明:这类框架中的每个公理都是有效的,并且推理规则也保持了有效性。Harel等(2000)、Blackburn等(2001)和Goldblatt(1992)也有公理①、②、③、⑤和公理⑥以及推理规则的有效性。这里只需要证明公理④的有效性。

引理4.8:如下公式是有效的:

$$\Vdash\langle\pi_1+\pi_2\rangle p\leftrightarrow(\langle\pi_1\rangle p\vee\langle\pi_2\rangle p)\wedge(\langle\pi_1\rangle\top\wedge\langle\pi_2\rangle\top)$$

证明:首先证明充分性。假设对某个模型$M=(F,V)$和该模型中的某个状态w而言,$M,w\Vdash\langle\pi_1+\pi_2\rangle p$。根据本章引理4.4可知,$F$与状态$w$下的$\pi_1+\pi_2$匹配,并且存在一个有穷路径$(v_0,v_1,\ldots,v_n)$(其中$n\geqslant1$),使得$v_0=w,M,v_n\Vdash p$,并且存在一个序列$\vec{\alpha}^c\in\vec{R}_f^c(\pi_1+\pi_2)$与该路径匹配。

根据本章定理3.13的第三个等式可知，要么$\vec{\alpha}^c\in\overrightarrow{\breve{R}_f^c}(\pi_1)|^{+\pi_2}$要么$\vec{\alpha}^c\in\overrightarrow{\breve{R}_f^c}(\pi_2)|^{+\pi_1}$，这可根据本章定义3.12中的$\vec{\alpha}^c|^{-\pi_2}\in\overrightarrow{\breve{R}_f^c}(\pi_1)$或$\vec{\alpha}^c|^{-\pi_1}\in\overrightarrow{\breve{R}_f^c}(\pi_2)$得到。

除此之外，$\vec{\alpha}^c|^{-\pi_2}$和$\vec{\alpha}^c|^{-\pi_1}$与路径$(v_0,v_1,\cdots,v_n)$匹配，这蕴含着$M,w\Vdash\langle\pi_1\rangle p$或$M,w\Vdash\langle\pi_2\rangle p$。所以，$M,w\Vdash\langle\pi_1\rangle p\vee\langle\pi_2\rangle p(1)$。

由于F与状态w下的$\pi_1+\pi_2$匹配，因此F与状态w下的π_1和π_2匹配。所以，存在$\overrightarrow{\alpha_1}^c\in\overrightarrow{\breve{R}_f^c}(\pi_1)$与路径$(w_0,v_1,\cdots,w_k)$匹配、存在$\overrightarrow{\alpha_2}^c\in\overrightarrow{\breve{R}_f^c}(\pi_2)$与路径$(u_0,v_1,\cdots,u_l)$匹配，并且$w=w_0=u_0$；这蕴含着$M,w\Vdash\langle\pi_1\rangle\top$且$M,w\Vdash\langle\pi_2\rangle\top$，所以，$M,w\Vdash\langle\pi_1\rangle\top\wedge\langle\pi_2\rangle\top(2)$。根据$M,w\Vdash\langle\pi_1\rangle p\vee\langle\pi_2\rangle p(1)$和$M,w\Vdash\langle\pi_1\rangle\top\wedge\langle\pi_2\rangle\top(2)$，可得$M,w\Vdash(\langle\pi_1\rangle p\vee\langle\pi_2\rangle p)\wedge(\langle\pi_1\rangle\top\wedge\langle\pi_2\rangle\top)$。

下面证明必要性。假设$M,w\Vdash\langle\pi_1\rangle p\vee\langle\pi_2\rangle p(1)$并且$M,w\Vdash\langle\pi_1\rangle\top\wedge\langle\pi_2\rangle\top(2)$。根据$M,w\Vdash\langle\pi_1\rangle\top\wedge\langle\pi_2\rangle\top(2)$可知：$F$与状态$w$下的$\pi_1$和$\pi_2$匹配。根据$M,w\Vdash\langle\pi_1\rangle p\vee\langle\pi_2\rangle p(1)$可知：$M,w\Vdash\langle\pi_1\rangle p(3)$或$M,w\Vdash\langle\pi_2\rangle p(4)$。这里的$M,w\Vdash\langle\pi_1\rangle p(3)$蕴含着：$F$与状态$w$下的$\pi_1$匹配，并且存在一个有穷路径$(v_0,v_1,\cdots,v_n)$(其中$n\geqslant1$)，使得$v_0=w,M,v_n\Vdash p$；并且存在一个序列$\vec{\alpha}^c\in\overrightarrow{\breve{R}_f^c}(\pi_1)$与该路径匹配。由于$\overrightarrow{\alpha_1}^c\in\overrightarrow{\breve{R}_f^c}(\pi_1)$，由本章定理3.13(3)可知：

$$\overrightarrow{\alpha_1}^c|^{+\pi_2}\in\overrightarrow{\breve{R}_f^c}(\pi_1)|^{+\pi_2}\subseteq\overrightarrow{\breve{R}_f^c}(\pi_1)|^{+\pi_2}\cup\overrightarrow{\breve{R}_f^c}(\pi_2)|^{+\pi_1}=\overrightarrow{\breve{R}_f^c}(\pi_1+\pi_2)。$$

因此，$\overrightarrow{\alpha_1}^c|^{+\pi_2}\in\overrightarrow{\breve{R}_f^c}(\pi_1+\pi_2)$。由$M,w\Vdash\langle\pi_1\rangle\top\wedge\langle\pi_2\rangle\top(2)$可知，$\overrightarrow{\alpha_1}^c|^{+\pi_2}$与路径$(v_0,v_1,\cdots,v_n)$匹配，所以$M,w\Vdash\langle\pi_1+\pi_2\rangle p$。根据类似方法，根据$M,w\Vdash\langle\pi_2\rangle p(4)$可得到$M,w\Vdash\langle\pi_1+\pi_2\rangle$p。证毕。

定理4.9(可靠性)：命题动态逻辑PDL$^+$是可靠的。

定理4.10(有穷命题动态逻辑PDL$^+$模型的完全性)：相对于有穷命题动态逻辑PDL$^+$的模型类而言，命题动态逻辑PDL$^+$是完全的。

该定理证明很难，要证明它需要做很多准备工作。为了不打断读者的整体思路，将其证明作为附录放在了本章末。

12.4.4 命题动态逻辑 PDL^+ 的可判定性和复杂性

本章4.3节证明了命题动态逻辑 PDL^+，相对于有穷命题动态逻辑 PDL^+ 模型类而言是完全的。因此，它具有有穷模型性质，而且每个一致公式 ψ 最多被 $2^{|\psi|}$ 个模型状态满足，其中 $|\psi|$ 表示符号 ψ 的个数。命题动态逻辑 PDL^+ 的可满足性问题的初始判定过程是：给出一个公式 ψ，构造最多带有 $2^{|\psi|}$ 个状态的所有克里普克模型，验证这些模型是否是适当的类，并测试 ψ 是否在这些模型的某个状态下被满足。这种模型大约有 $2^{2^{|\psi|}}$ 个，因此，命题动态逻辑 PDL^+ 的可满足性问题以双倍指数时间作为上界。Harel等（2000）已经证明：命题动态逻辑的可满足性问题是EXPTIME-完全的，这就为命题动态逻辑 PDL^+ 的可满足性问题提供了一个指数时间的下界。

12.5 结论与未来的工作

本章首先给出了“带有语境的有穷运行（finite runs）的命题动态逻辑”的新的语义，从而为探讨命题动态逻辑和其他模态逻辑提供了新的可能性；然后对命题动态逻辑 PDL^+ 进行了公理化，并证明了它的可靠性、完全性和有穷模型性质。本章主要证明了：①互模拟程序等价于逻辑等值程序；②命题动态逻辑 PDL^+ 相对于有穷 PDL^+ 的模型类而言，是完全的；③PDL^+ 复杂度与正则PDL的复杂度相同。

命题动态逻辑 PDL^+ 为研究命题动态逻辑的新变种提供了可能性，其中的程序是某个过程代数中的过程项（process term）。Benevides和Schechter（2008）提出了关于CCS程序的动态逻辑，但并没有证明“互模拟过程与等值程序在逻辑上是等价的”，该问题可以运用本章给出的语义进行彻底解决，但是本章提出的逻辑使用递归代替了Benevides和Schechter（2008）的迭代。但是为了保持可判定性，必须限制递归等式的使用。本章使用迭代和有穷运行仅仅处理了结束程序。

后续的研究可以考虑：①将使用递归对本章提出的逻辑进行

扩张，并研究更具表达力的语义；②建立命题动态逻辑 PDL$^+$可满足性问题的精确复杂性；③由于命题动态逻辑 PDL 是 EXPTIME-hardness，可以猜测 PDL$^+$与 PDL 一样，是 EXPTIME-complete；④为 PDL$^+$满足性问题提供一个指数时间（EXPTIME）算法。

附　录

PDL$^+$的完全性证明：

如下证明中的典范模型（canonical model）结构，是 Harel 等（2000）、Blackburn 等（2001）和 Goldblatt（1992）用于正则命题动态逻辑 PDL 的标准典范模型结构。

定义 D.1（Fischer 与 Ladner 闭包）：令 Γ 是一个公式集。Γ 的闭包（记作 $C_{FL}(\Gamma)$）是满足如下条件的最小公式集：

（1）$C_{FL}(\Gamma)$在子公式集下是封闭的；

（2）如果 $\langle\pi^*\rangle\varphi\in C_{FL}(\Gamma)$，那么 $\langle\pi\rangle\langle\pi^*\rangle\varphi\in C_{FL}(\Gamma)$；

（3）如果 $\langle\pi_1;\pi_2\rangle\varphi\in C_{FL}(\Gamma)$，那么 $\langle\pi_1\rangle\langle\pi_2\rangle\varphi\in C_{FL}(\Gamma)$；

（4）如果 $\langle\pi_1\cup\pi_2\rangle\varphi\in C_{FL}(\Gamma)$，那么 $\langle\pi_1\rangle\varphi\vee\langle\pi_2\rangle\varphi\in C_{FL}(\Gamma)$；

（5）如果 $\langle\pi_1\cup\pi_2\rangle\varphi\in C_{FL}(\Gamma)$，那么 $\langle\pi_1\rangle\top$和 $\langle\pi_2\rangle\top\in C_{FL}(\Gamma)$；

（6）如果 $\varphi\in C_{FL}(\Gamma)$和 φ 不是形如 $\neg\psi$ 的公式，那么 $\neg\varphi\in C_{FL}(\Gamma)$。

需要证明的是：如果 Γ 是一个有穷公式集，那么 Γ 的闭包 $C_{FL}(\Gamma)$也是有穷的。从现在开始，假定 Γ 是有穷的。

定义 D.2：令 Γ 是一个公式集，如果一个公式集 $\tilde{A}$ 是闭包 $C_{FL}(\Gamma)$的最大一致子集，那么就称 $\tilde{A}$ 是 Γ 的一个原子公式集。将 Γ 的所有原子公式集组成的集合记为 $At(\Gamma)$。

引理 D.3：令 Γ 是一个公式集，如果 $\varphi\in C_{FL}(\Gamma)$并且 φ 是一致的，那么存在一个原子公式集 $\tilde{A}\in At(G)$使得 $\varphi\in\tilde{A}$。

证明：可以构造如下的原子公式集 $\tilde{A}$。首先，枚举出 $C_{FL}(G)$的元素 $\phi_1,\cdots,\phi_n$。构造 $\tilde{A}_1=\{\varphi\}$，那么当 $1<i<n$ 时，有$\vdash\bigwedge\tilde{A}_i(\bigwedge\tilde{A}_i\wedge\phi_{i+1})\vee(\bigwedge\tilde{A}_i\wedge\neg\phi_{i+1})$是一个重言式，因此要么 $\tilde{A}_i\wedge\phi_{i+1}$ 是一致的，要么 $\tilde{A}_i\wedge\neg\phi_{i+1}$ 是一致的。将 $\tilde{A}_{i+1}$ 视为“带有$(\bigwedge\tilde{A}_i\wedge\phi_{i+1})\vee(\bigwedge\tilde{A}_i\wedge\neg\phi_{i+1})$的一致成员”的 $\tilde{A}_i$的并（union），因此 $\tilde{A}=\tilde{A}_n$。证毕。

定理 D.4：令 G 是一个公式集，在 $At(G)$上的典范关系 GS^{Γ}_{π} 定

义如下：$\tilde{A}S^{\Gamma}_{\pi}B$，当且仅当，$\Lambda\tilde{A}\vee<\pi>\Lambda B$是一致的。

定理 D.5：令Γ是一个公式集，Γ上的典范模型是一个三元组$M\Gamma=<At(\Gamma), S^{\Gamma}_{\pi}, v^{\Gamma}>$，其中对于所有的命题符号$p$和对所有原子公式集$\tilde{A}\in At(\Gamma)$而言，有：

(1)$v^{\Gamma}(p)=\{\tilde{A}\in At(\Gamma)|p\in\tilde{A}\}$称为典范赋值；

(2)S^{Γ}_{π}和$S^{\Gamma+}_{\pi}$是典范关系。

引理 D.6：令$\tilde{A}\in At(\Gamma)$，那么对所有的基本程序a而言，$\langle a\rangle\varphi\in\tilde{A}$，当且仅当，存在一个$B\in At(\Gamma)$，使得$\tilde{A}S_{\alpha}B$且$\varphi\in B$。

证明：首先证明充分性。假设$<\alpha>\varphi\in\tilde{A}$，根据定义D.2可知，$\Lambda\tilde{A}\wedge<\alpha>\varphi$是一致的。利用重言式$\varphi\leftrightarrow((\varphi\wedge\phi)\vee(\varphi\wedge\neg\phi))$可得：要么$\Lambda\tilde{A}\wedge<\alpha>(\varphi\wedge\phi)$是一致的，要么$\Lambda\tilde{A}\wedge<\alpha>(\varphi\wedge\neg\phi)$是一致的。所以，通过对每个$\phi\in C_{FL}$进行适当选择，可以构造一个原子公式集$B$，使得$\phi\in B$并且$\Lambda\tilde{A}\wedge\langle a\rangle(\varphi\wedge\Lambda B)$是一致的，根据定义D.4可知：$\tilde{A}S_{\alpha}B$。现在证明必要性。假设存在一个$B$使得$\phi\in B$且$\tilde{A}S_{\alpha}B$。那么$\Lambda\tilde{A}\wedge<\alpha>\wedge B$是一致的，并且$\Lambda\tilde{A}\wedge<\alpha>\varphi$也是一致的。但是$<\alpha>\varphi\in C_{FL}$，根据极大性$<\alpha>\varphi\in\tilde{A}$。证毕。

引理 D.7：令$\tilde{A}, B\in At(\Gamma)$，如果$\tilde{A}S_{\pi^*}B$，那么$\tilde{A}S^*_{\pi}B$。

证明：假设$\tilde{A}S_{\pi^*}B$，令$C=\{\hat{C}\in At(\Gamma)|\tilde{A}S_{\pi^*}\hat{C}\}$，只需证明$B\in C$。令$C^{\wedge}_{\vee}=(\Lambda\hat{C}_1\vee...\vee\Lambda\hat{C}_n)$，不难看出$C^{\wedge}_{\vee}\wedge\langle\pi\rangle\neg C^{\wedge}_{\vee}$是不一致的，否则，对不能从$\tilde{A}$可及的某个$D$而言，$C^{\wedge}_{\vee}\wedge\langle\pi\rangle\Lambda D$是一致的，且对某个$\hat{C}_i$，$\Lambda\hat{C}_i\wedge\langle\pi\rangle\Lambda D$也是一致的，这就意味着$D\in C$，这就出现了矛盾。通过类似推理可得，$\Lambda\tilde{A}\wedge\langle\pi\rangle\neg C^{\wedge}_{\vee}$也是不一致的。因此，$\vdash\Lambda\tilde{A}\to[\pi]C^{\wedge}_{\vee}$是一个定理。

因为$C^{\wedge}_{\vee}\wedge\langle\pi\rangle\neg C^{\wedge}_{\vee}$是不一致的，所以它的否定$\vdash\neg(C^{\wedge}_{\vee}\wedge\langle\pi\rangle\neg C^{\wedge}_{\vee})$并且$\vdash C^{\wedge}_{\vee}\to[\pi]C^{\wedge}_{\vee}$是一个定理(1)，应用推广可得：$\vdash[\pi^*](C^{\wedge}_{\vee}\to[\pi]C^{\wedge}_{\vee})$。根据Segerberg公理（即公理6）可知：$\vdash([\pi]C^{\wedge}_{\vee}\to[\pi^*]C^{\wedge}_{\vee})$，并且根据$C^{\wedge}_{\vee}\to[\pi]C^{\wedge}_{\vee}$(1)可知：$\vdash(C^{\wedge}_{\vee}\to[\pi^*]C^{\wedge}_{\vee})$。因为$\vdash\Lambda\tilde{A}\to[\pi]C^{\wedge}_{\vee}$是一个定理，那么$\vdash\Lambda\tilde{A}\to[\pi^*]C^{\wedge}_{\vee}$。根据假设可知，$\Lambda\tilde{A}\wedge\langle\pi^*\rangle\wedge B$是一致的，而且$\Lambda B\wedge C^{\wedge}_{\vee}$也是一致的。因此，至少存在一个$\hat{C}\in C$，使得$\Lambda B\wedge\Lambda\hat{C}$是一致的。根据极大性可得，$B=\hat{C}$。根据$C^{\wedge}_{\vee}$的定义，可得$\tilde{A}S_{\pi^*}B$。证毕。

定义D.8：令Γ是一个公式集。Γ上的命题动态逻辑PDL⁺的模型是一个三元组$M=<At(\Gamma), R_\pi, V>$，其中对于所有的命题符号p和所有的原子公式集$\tilde{A}\in At(\Gamma)$，有：

(1)$V(p)=\{\tilde{A}\in At(\Gamma)|p\in\tilde{A}\}$；

(2)对于所有的基本程序α，$R_\alpha=S_\alpha$；

(3)R_π可像本章定义4.1那样进行归纳定义。

引理D.9：$S_\pi\subseteq R_\pi$。

证明：施归纳于π的结构即可证明。

归纳基础是$R_\alpha=S_\alpha$情况，其中的α是基本程序。此时引理D.9显然成立。

假设引理D.9对"使得$|\pi|\leqslant n$"的程序π成立。这里只需证明当$\pi=\pi_1+\pi_2$时的情况即可。当$\pi=\pi_1;\pi_2$和$\pi=\pi^*$时的证明与Harel等(2000)中的正则命题动态逻辑PDL的证明一样。

假设$\tilde{A}S_{\pi_1+\pi_2}B$，当且仅当，$\wedge\tilde{A}\wedge\langle\pi_1+\pi_2\rangle\wedge B$是一致的。根据本章公理(4)可知：$\wedge\tilde{A}\wedge((\langle\pi_1\rangle\wedge B\wedge\langle\pi_2\rangle\top)\vee(\langle\pi_2\rangle\wedge B\wedge\langle\pi_1\rangle\top)$是一致的，要么$\wedge\tilde{A}\wedge((\langle\pi_1\rangle\wedge B\wedge\langle\pi_2\rangle\top)$(1)是一致的，要么$(\langle\pi_2\rangle\wedge B\wedge\langle\pi_1\rangle\top)$(2)是一致的。根据$\wedge\tilde{A}\wedge((\langle\pi_1\rangle\wedge B\wedge\langle\pi_2\rangle\top)$(1)的一致性可知：$\wedge\tilde{A}\wedge(\langle\pi_1\rangle\wedge B)$(3)是一致的，且$\wedge\tilde{A}\wedge(\langle\pi_2\rangle\top)$(4)是一致的。根据$\wedge\tilde{A}\wedge(\langle\pi_1\rangle\wedge B)$(3)的一致性和$\wedge\tilde{A}\wedge(\langle\pi_2\rangle\top)$(4)的一致性可知：$\tilde{A}S_{\pi_1}B$，并且存在一个原子$\hat{C}$使得$\tilde{A}S_{\pi_1}\hat{C}$。根据归纳假设可知：$\tilde{A}R_{\pi_1}B$，并且存在$\hat{C}$使得$\tilde{A}R_{\pi_1}\hat{C}$(5)。同理，根据$(\langle\pi_2\rangle\wedge B\wedge\langle\pi_1\rangle\top)$的一致性可得：$\tilde{A}R_{\pi_1}B$，并且存在$\hat{C}$使得$\tilde{A}R_{\pi_1}\hat{C}$。根据$\tilde{A}R_{\pi_1}\hat{C}$(5)可得$\tilde{A}S_{\pi_1+\pi_2}B$。证毕。

引理D.10(存在性引理)：令$\tilde{A}\in At(G)$，那么$<\pi>\varphi\in\tilde{A}$，当且仅当，存在$B\in At(\Gamma)$使得：$\tilde{A}R_\pi B$且$\varphi\in B$。

证明：首先证明充分性。充分性的证明类似于引理D.6中对$S_\pi\subseteq R_\pi$在基本程序的情况下的证明。

现在证明必要性。施归纳于π的结构即可证明。

归纳基础是π为基本程序α时的情况。根据引理D.6可以直接得证。

现在假设引理D.10对"使得$|\pi|\leq n$"的程序π成立。这里只需证明当$\pi=\pi_1+\pi_2$时的情况即可。当$\pi=\pi_1;\pi_2$和$\pi=\pi^*$时的证明与Harel等(2000)中正则命题动态逻辑PDL的证明一样。

假设$\tilde{A}R_{\pi_1+\pi_2}B$(1)且$\varphi\in B$(2),也就是说,要么$\tilde{A}R_{\pi_1}B$且存在$\hat{C}$使得$\tilde{A}R_{\pi_2}\hat{C}$(3),要么$\tilde{A}R_{\pi_2}B$且存在$\hat{C}$使得$\tilde{A}R_{\pi_1}\hat{C}$(4)。根据$\varphi\in B$(2)、$\tilde{A}R_{\pi_2}\hat{C}$(3)和$\tilde{A}R_{\pi_1}\hat{C}$(4)以及归纳假设可知:要么$\langle\pi_1\rangle\varphi\in\tilde{A}$且$\langle\pi_2\rangle\top\in\tilde{A}$(5),要么$\langle\pi_2\rangle\varphi\in\tilde{A}$且$\langle\pi_1\rangle\top\in\tilde{A}$(6)。根据$\langle\pi_1>\varphi\in\tilde{A}$且$\langle\pi_2\rangle\top\in\tilde{A}$(5)、$\langle\pi_2>\varphi\in\tilde{A}$且$\langle\pi_1\rangle\top\in\tilde{A}$(6)和公理(4)可得:$\bigwedge\tilde{A}\wedge\langle\pi_1+\pi_2\rangle\varphi$是一致的。再根据极大性可得$\langle\pi_1+\pi_2\rangle\varphi\in\tilde{A}$。证毕。

引理D.11(真引理):令$M=(W,S_\pi,V)$是对于ϕ而言的一个有穷典范模型。对所有的原子公式集$\tilde{A}$和所有的$\varphi\in C_{FL}(\phi)$而言,$M,\tilde{A}\Vdash\varphi$,当且仅当,$\varphi\in\tilde{A}$。

证明:施归纳于φ的结构。

(1)根据V的定义可知,当φ是原子公式和布尔算子时的证明显然成立。

(2)对于$x\in\{\alpha,\pi_1;\pi_2,\pi_1+\pi_2,\pi^*\}$,当$\varphi$是模态词$\langle x\rangle$时。首先证明充分性。假设$M,\tilde{A}\Vdash\langle x\rangle\varphi$,那么存在$\tilde{A}'$,使得$\tilde{A}S_x\tilde{A}'$且$M,\tilde{A}'\Vdash\tilde{A}$。根据归纳假设可知$\varphi\in\tilde{A}'$,再根据引理D.10可得到$\langle x\rangle\varphi\in\tilde{A}$。现在证明必要性。假设$M,\tilde{A}\nVdash\langle x\rangle\varphi$,根据满足性的定义可知,$M,\tilde{A}\Vdash\neg\langle x\rangle\varphi$,也就是说对于所有的$\tilde{A}'$而言,由$AS_x\tilde{A}'$可推出$M,\tilde{A}'\nVdash\varphi$。根据归纳假设可知$\varphi\notin\tilde{A}'$,根据引理D.10可得到$\langle x\rangle\varphi\notin\tilde{A}$。证毕。

定理D.12(有穷命题动态逻辑PDL$^+$模型的完全性):命题动态逻辑PDL$^+$相对于有穷PDL$^+$的模型类而言,是完全的。

证明:对于每个一致的公式φ,可以建立一个有穷命题动态逻辑PDL$^+$典范模型M_φ。根据引理D.3可知,存在一个原子公式集$\tilde{A}\in At(\varphi)$使得$\varphi\in\tilde{A}$,并且根据真引理D.11可知:$M,\tilde{A}\Vdash\varphi$。因此命题动态逻辑PDL$^+$相对于有穷PDL$^+$的模型类而言,是完全的。证毕。

第13章　关于Petri网的命题动态逻辑扩展

命题动态逻辑(propositional dynamic logic,PDL)是能够对序列程序(sequential program)进行描述和推理的一种多模态逻辑(multi-modal logic)。Petri网(Petri Net)是一种广泛用于描述和分析并发程序的形式系统,这种并发程序带有非常直观的图形表示(graphical representation)。Petri-PDL是正则命题动态逻辑PDL的一个扩展,其程序是Petri网,Petri-PDL同时具备使用组合方法和结构方法的形式系统的优点,可以用于对Petri网的处理。

本章主要阐释了Lopes等(2014)提出的DS_3逻辑,该逻辑是用来"处理随机(stochastic)Petri网"的一个扩展的Petri-PDL。该系统是在组合方法和结构方法中的一种模型性能评估(model performance evaluation)。本章将证明DS_3逻辑相对于所给出的语义的可靠性、可判定性和完全性,并证明了该逻辑的可满足性问题是EXPTime-完全性,并利用一个例子对此加以说明。

13.1　引　言

随机现象在日常生活中无处不在,例如天气变化和设备故障。实时(real-time)且容错(fault-tolerant)的计算机系统必须考虑这些随机现象,而且在设计时应该考虑一些环境参数(environmental parameters)。旧的多用户备份(backuping)系统的设计者考虑了硬盘逻辑组件(如:磁道(track)和扇区)和物理组件(如:读写头(write head))的故障概率,建立了一个容错驱动程序,从而根据需求提供高质量服务。当然,这只是建模和性能评估领域最简单的例子之一①。

Lopes等(2014)把动态模态逻辑与数学建模工具进行融合,用于描述随机Petri网的随机现象。具体地说,就是允许使用一

①这是"研究和开发工具和方法"的计算机科学的一个子领域,从而对"需要考虑随机现象的"计算机系统进行建模和评估。

个带标识的随机Petri网π和一个属性α来描述$\langle\pi\rangle\alpha$或$[\pi]\alpha$这样的需求；这里的$\langle\pi\rangle\alpha$表示：至少存在一个π的预期行为满足α；$[\pi]\alpha$表示：π的所有行为都满足α。这些性质的验证可以看作是对π在设计阶段确定的概率参数的一种定性评估。

在本章中：①用DS_3表示这里提出的逻辑，其中普通Petri网程序被随机Petri网程序取代；②讨论了DS_3逻辑相对于本章给出的语义的可靠性、可判定性和完全性问题；③把双人通道盖瓦游戏(tiling game)的多项式可满足性问题，化归为DS_3逻辑的可满足性问题，从而证明了该逻辑是EXTime-完全的。

本章结构如下：13.2节给出了本章研究的理论背景和概念背景，并与其他方法进行了简要比较；13.3节给出了Petri网的技术背景；13.4节研究了DS_3逻辑及其相对于本章给出的语义而言的可靠性、可判定性和完全性；13.5节研究了双人通道盖瓦游戏的化归；13.6节给出了一个应用实例；13.7节是结论和未来工作。

13.2 理论背景

随机过程(stochastic process)是一种数学建模工具，主要用于将作为时间函数的概率现象描述为硬性规定的参数(mandatory parameter)(Marsan(1990))。根据Kolmogorov(1956)给出的概率空间和随机变元(random variable)的定义可知，一个随机过程$\{Y(t): t\in[0,\infty)\}$是在相同概率空间上定义并在相同状态空间上取值的一组随机变元。因此，一个随机过程可以理解为“能够增加样本路径(sample path)”的一系列时间函数，即样本路径在状态空间上的轨迹(trajectories)。

一般随机过程可能非常复杂。其中，“对达到当前状态的轨迹不进行存储”的一般随机过程，称为马尔可夫过程(Markov process)。马尔可夫过程已被广泛用于计算过程的建模。状态离散空间的马尔可夫过程称为马尔可夫链。如果时间是连续的，则通常使用连续时间马尔可夫链(CTMC)这一术语。CTMC是研究“环境从属于(内在的或外在的)随机性”的计算系统的自然模型。CMTC与队列网络(queueing network)都可以作为建模和性能评估的工具。但是,队列网络并没有提供清晰的机制来描述系统的同步(synchronization)、阻塞(blocking)和分叉(forking,即用户分裂(consumer splitting)),而Petri网则可以很好地描述系统中的这些问题。随机Petri网(Stochastic Petri Nets,SPN)为系统设计阶段的建模和性能评估建立了平衡。为了避免把"在建模阶段定义的队列网络"翻译为"评估阶段的复杂的连续时间马尔可夫链CTMC",Lopes等(2014)提出了SPN。Marsan等(1984)提出了随机Petri网SPN。13.3节给出的SPN定义需要一个"根据一个负指数概率分布"的转换。这一要求可以确保"由一个随机Petri网自然推导出来的一个随机过程就是一个连续时间马尔可夫链(Marsan & Chiola,1987)"。

动态逻辑(dynamic logic)常被用来处理程序推理(Harel et al., 2000),命题动态逻辑(PDL)是动态逻辑的最为基础也最为著名的系统(Fischer和Ladner,1979)。在PDL中,每个程序P对应一个模态词$[P]$。公式$[P]\alpha$表示,在每次P的运行后,α成立。$\neg[P]\neg\alpha$缩写为$\langle P\rangle\alpha$,其意思是:在P的某个可能运行之后,α成立。动态逻辑提供了大量的"可用于模型检验(model checking)"的系统和工具,详情请参见Giacomo和Masscci(1998)、Göller和Lohrey(2006)和Lange(2006)。

Petri网不仅是一种广泛用于处理并发程序的形式系统,而且还具有直观的图形表示。Benevides等(2011)和Lopes等(2014)在给出的Petri-PDL中,利用这一优势,用带有标识的Petri网程序取代了传统的PDL程序。因此,如果π是一个带有标识(markup) s的程序,那么公式$\langle s,\pi\rangle\varphi$的意思是:在运行由Petri网设计的初始标识为$s$的程序之后,$\varphi$最终为真。

前面已经指出:普通的Petri网不能精确地表达随机现象。例如,一个具有共享内存(shared memory)的双处理器系统不能通过普通Petri网来建模,其中每个处理器都有不同的时钟(clock)。这种情况可以视为实时(real time)问题,也可能被视为多产性(productiveness)问题。多产性问题是一个概率问题,可以用连续时间马尔可夫链或随机Petri网,以更精巧的方式为多产性问题进行建模。Haas(2000)与Marsan和Chiola(1987)的研究表明:把一个指数分布随机变元与每个普通的Petri网转换(transition)关联起来,就可以得到随机Petri网。该随机变元将控制其转换的触发速率(firing rate)。当可实施转换并且计时达到零时,才会触发转换。这种形式系统已经被用于处理非线性时间的建模,详情请参见Coleman等(1996)、Henderson等(2009)和Martin等(2012)。

虽然还有其他一些著名的命题动态逻辑PDL的随机方法,但是其共同特征就是:在这些形式中所表征的概率特征都添加了非结构化成分。当一种概率形式系统比另一种概率形式系统具有更清晰的马尔可夫结构,就说前者比后者更具有结构性。从这种意义上讲,Feldman(1983)和Feldman和Harel(1984)提出的不具有有穷公理化性质的命题概率动态逻辑(propostional probabilistic dynamic logic)P-Pr(DL),不允许命题变元的布尔组合,而且仅为正则程序定义的这种系统结构较少。Lopes(2014)提出的概率动态逻辑(probabilistic dynamic logic)Pr(DL)与P-Pr(DL)逻辑具有相同的局限性,与P-Pr(DL)相比,Pr(DL)不具有可判定性。Kozen(1983)提出的概率命题动态逻辑(probabilistic propostional dynamic logic,PPDL),能够计算一个命题在某种状态下为真的概率,但程序被一个可测函数(measurable function)所代替,即可测函数的随机成分不具有组合性。最后,Tiomkin与Makowsky(1985)提出的带有局部赋值的命题动态逻辑PPDL>r,只能描述某些概率大于常数$r \in R$的情况,Tiomkin和Makowsky(1985)提出PPDL>0只能描述某些概率大于零的情况,并说明了建模参数如何在查询中施加限制,以及如何完全恢复一个模型在形式验证中的作用。

13.3 研究背景

本节主要阐释Petri网系统,并对随机Petri网进行简要介绍。

13.3.1 Petri网约定系统

Petri-PDL使用了Almeida和Haeusler(1999)定义的Petri网模

型。在这个模型中只有3种转换(transition)类型,根据转换类型的组成方式,可以定义所有有效的Petri网。这些基本Petri网如图13-1所示。

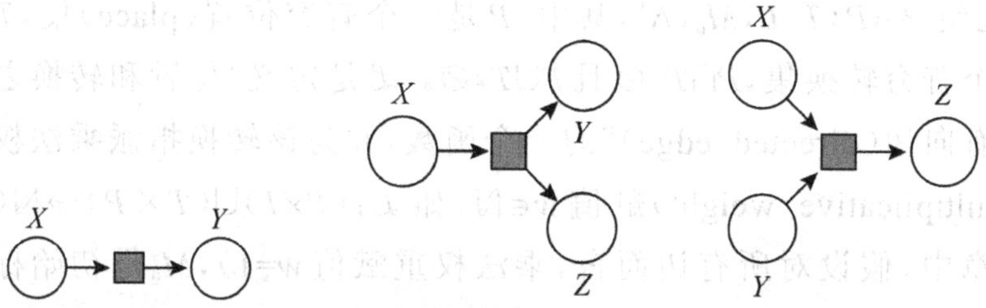

(a)类型1:t_1　　(b)类型2:t_2　　(c)类型3:t_3

图13.1　基本Petri网

为了由这三种基本Petri网组成更复杂的Petri网,采用了黏合工序(gluing procedure)(Almeida & Haeusler,1999)。以图13.2(a)中的Petri网为例。它是图13.2(b)、2(c)和2(d)这三个基本Petri网组成的,其中相同的位置名称表示它们在黏合时会重叠。

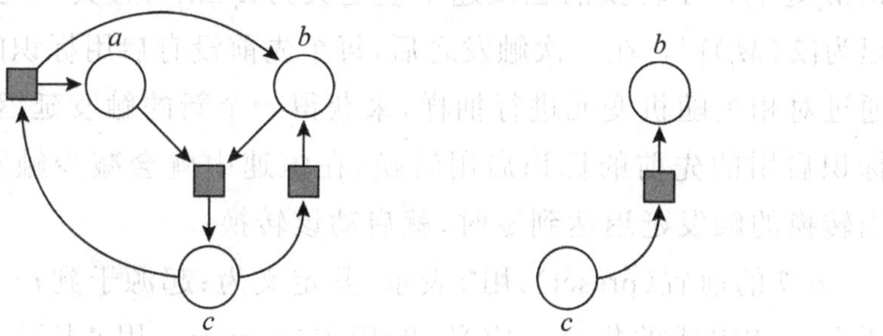

(a)组合Petri网　　(b)基本Petri网类型1

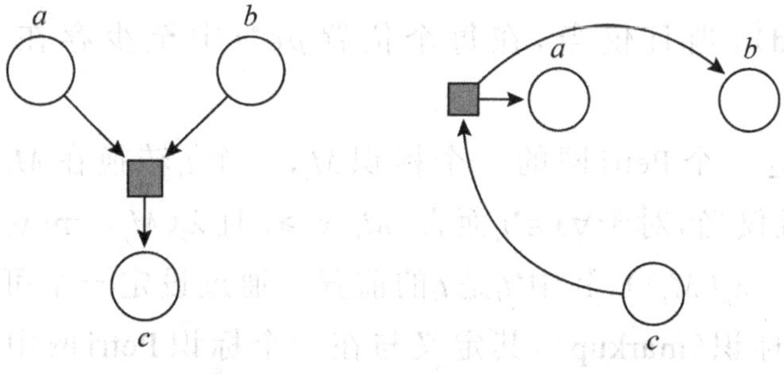

(c)基本Petri网类型2　　(d)基本Petri网类型3

图13.2:用基本Petri网合成的复杂Petri网的实例

13.3.2 随机Petri网

Marson和Chiola(1987)、Marson(1990)、Lyon(1995)和Haass(2002)等都研究过随机Petri网。一个随机Petri网(SPN)是一个5元组$P=\langle P, T, L, M_0, \Lambda\rangle$,其中,$P$是一个有穷位置(place)集,$T$是一个有穷转换集,$P\cap T=\varnothing$且$P\cup T\neq\varnothing$。$\mathcal{L}$是定义“位置和转换之间的有向边(directed edge)”的一个函数,并为该转换指派乘法权重(multiplicative weight)赋值$w\in\mathbb{N}$,如$\mathcal{L}:(P\times T)\cup(T\times P)\rightarrow\mathbb{N}$(在本章中,假设对所有边而言,乘法权重赋值$w=1$),$M_0$是初始标识且$\Lambda=\lambda_1, \lambda_2, \cdots, \lambda_n$是每次转换的触发速率(firing rate)。

在一个随机Petri网中,触发是由标识和触发速率决定。每次转换$t_i\in T$都与一个“带有参数$\lambda_i\in\Lambda$的一个指数分布”的唯一随机变元相关联。

每次转换通过“与初始标识M_0关联的”随机变元的出现,而得到触发延迟(firing delay)。每一次触发延迟都依赖于标识,在标识M_j处的$t_i\in T$转换的触发速率被定义为$\lambda_i(M_j)$,且其平均触发延迟为$[\lambda_i(M_j)]^{-1}$。在一次触发之后,每个先前没有启用标识的转换,通过对相关随机变元进行抽样,来获得一个新的触发延迟。保持标识启用的先前的标识启用转换,在恒速中就会减少触发延迟。当转换的触发延迟达到零时,就启动该转换。

$t\in T$的前置(preset),用$^{\bullet}t$表示,其定义为:起源于到t一条边的所有$s_k\in S$组成的集合。定义t的后置(postset),用$t^{\bullet}$表示,其定义为:源于t的一条边的所有$s_1\in S$组成的集合。一个t转换是可行的(enabled),当且仅当,在每个位置$p\in{}^{\bullet}t$中至少存在一个令牌(token)。

给定一个Petri网的一个标识M_j,一个t_i转换在M_j上是可行的,当且仅当,对于$\forall x\in{}^{\bullet}t_i$而言,$M_j(x)\geqslant 1$且$\lambda_i(M_j)=\min(\lambda_1(M_j), \lambda_2(M_j), \cdots, \lambda_n(M_j))$,其中$^{\bullet}t_i$是$t_i$的前置。通过设定一个可行转换生成新的标识(markup),其定义与在一个标识Petri网中的定义一样,即:

$$M_{j+1(x)}\begin{cases}M_j(x)-1 & (\forall x\in {}^\bullet t\backslash t^\bullet)\\ M_j(x)+1 & (\forall x\in t^\bullet\backslash {}^\bullet t)\\ M_j(x)-1 & (\text{其他情况})\end{cases} \tag{13.1}$$

一个标识M_j的转换t_i的新的触发延迟定义为：

（1）如果触发t_i，那么与之相关的随机变元的一个新的出现，就是一个新的触发延迟；

（2）如果t_i不可行但之前可行，那么与之相关的随机变元的一个新的出现，就是一个新的触发延迟；

（3）在其他情况下，t_i的触发延迟的值一定会减少。即：

$$\lambda_i(M_{j+1})\begin{cases}=\text{new}(\lambda_i)\ \text{当}\begin{cases}\begin{cases}\forall x\in {}^\bullet t, M_j(x)\geqslant 1\\ \lambda_i(M_j)\leqslant \min(\lambda_1(M_j),\cdots,\lambda_n(M_j))\end{cases}\\ \text{或者}\\ \begin{cases}\exists x\in {}^\bullet t_i, M_j(x)<1\\ \forall x\in {}^\bullet t_i, M_{j+1}(x)\geqslant 1\end{cases}\end{cases}\\ <\lambda_i(M_j)\qquad \text{其他情况}\end{cases} \tag{13.2}$$

其中，$\text{new}_e(\lambda)$表示“带有与t_i相关的参数λ且是指数分布的随机变元”的一次新的出现。

分别带有参数λ_1和λ_2的两个随机变元的最小值，是带有指数分布的参数$\lambda_1+\lambda_2$的最小随机变元。在一个标识M_j中的滞留时间(sojourn time)，是具有如下意思的且是指数分布的一个随机变元：

$$\left[\sum_{i:\forall k\in {}^\bullet t_i, M_j(k)>0}\right]^{-1} \tag{13.3}$$

因为所有的随机变元都是指数分布的，所以计算“一个可行转换t_i在标识M_j处的最小触发延迟的概率（即立刻触发t_i的概率）”是可能的，其概率为：

$$\Pr\left[t_i|M_j\right]=\frac{\lambda_i(M_j)}{\sum_{k:\forall \ell\in {}^\bullet t_k, M_j(\ell)>0}} \tag{13.4}$$

为了说明随机Petri网的用法，可以对两个共享资源的过程系统(processes system)进行建模。过程1与I/O绑定，过程2与CPU绑定，如图13.3(a)所示。输入请求量的巨大差异可以通过设定Λ值(即$\lambda_1>\lambda_3$)来建模。图3(b)给出了在一个"用令牌(token)表示过程"的随机Petri网中简单并行的建模系统。Λ值决定了过程在某些方式下是否会更快。"从q_1达到q_2而非q_4"的一个过程的概率可以根据式(13.4)来计算。

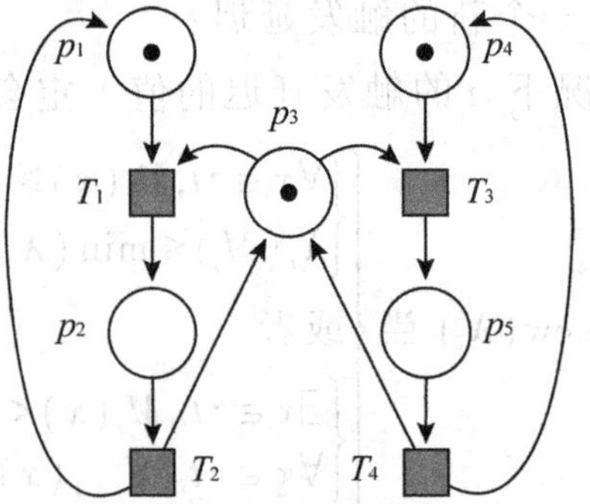

(a)一个双过程系统

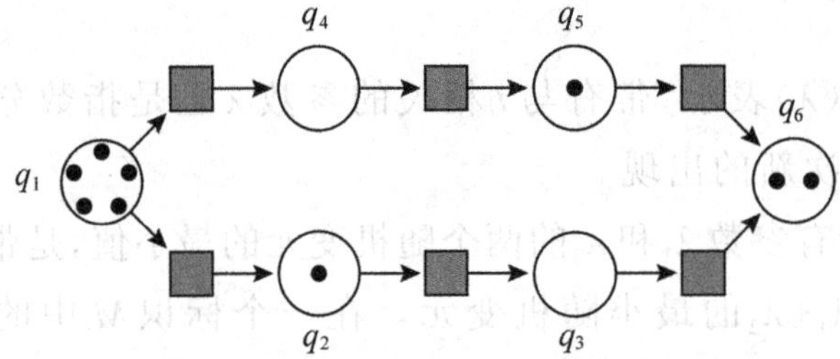

(b)一个简单并行系统

图13.3 随机Petri网实例

13.4 DS_3逻辑

除了"普通的Petri网程序将被一个随机Petri网程序取代"之外，DS_3语言与Petri-PDL语言无异；如何处理DS_3语言在框架中的行为，详情请参见本章定义4.4。

DS_3语言包括：

(1)命题符号：p，q…，而且Φ是所有命题符号集；

(2)位置名称：a，b，c，d…；

(3)转换类型：$T_1: at_1b; T_2: abt_2c; T_3: at_3bc$。每次转换都有唯一的类型。

(4)Petri网合成符号：$\odot$

(5)名称序列：$S=\{\epsilon, s_1, s_2, \ldots\}$，其中$\epsilon$是空序列，并使用$s<s'$表示那些既出现在$s$也出现在$s'$中的所有名称。

定义4.1(程序)：

使用π表示一个随机Petri网程序，且用s表示一个名称序列(π的标识)。

基本程序：$\pi_b ::= at_1b | at_2bc | abt_3c$，其中$t_1$是$T_i$(其中$i$=1，2，3)类型。

随机Petri网程序：$\pi ::= s, \pi_b | \pi \odot \pi$

定义4.2(公式)：

定义一个DS_3公式：$\varphi = p | \top | \neg\varphi | \varphi \wedge \varphi | \langle s, \pi \rangle \varphi$。

本章使用标准缩写$\bot \equiv \neg\top$，$\varphi \vee \phi \equiv \neg(\neg\varphi \wedge \neg\phi)$，$\varphi \rightarrow \phi \equiv \neg(\varphi \wedge \neg\phi)$且$[s, \pi]\varphi \equiv \neg\langle s, \pi \rangle \neg\varphi$，其中$\pi$是一个带有标识$s$的随机Petri网程序。

在DS_3中的一个转换触发(firing)可以根据如下定义4.3的触发函数来定义。

定义4.3：定义触发函数$f: S \times \pi_b \rightarrow S$如下：

$$f(s, at_1b)=\begin{cases} s_1bs_2, 当s=s_1as_2时； \\ \epsilon, \quad 当a \nless s时。\end{cases}$$

$$f(s, abt_2c)=\begin{cases} s_1cs_2s_3, 当s=s_1as_2bs_3时； \\ \epsilon, \quad 当a, b \nless s时。\end{cases}$$

$$f(s, at_3bc)=\begin{cases} s_1s_2bc, 当s=s_1as_2时； \\ \epsilon, \quad 当a \nless s时。\end{cases}$$

对于所有Petri网程序η而言，$f(\epsilon, \eta)=\epsilon$。

定义4.4(DS_3框架)：

一个DS_3框架是一个5元组$F_3=\langle W, R_\pi, M, \Pi, \Lambda, \delta \rangle$，其中，

(1)W是一个非空状态集；

(2)$M: W \rightarrow S$；

(3)Π是一个有穷随机Petri网，使得：对于“在一个模态词中使用”的任何程序π而言，$\pi\in\Pi$，即π是Π的一个子网(subnet)；

(4)$\Lambda(\pi)=\langle\lambda_1,\lambda_2,\cdots,\lambda_n\rangle$是$\mathbb{R}^+$值序列，表示$\pi_1\odot\pi_2\odot\cdots\odot\pi_n=\pi\in\Pi$的每次转换的触发速率；

(5)$\delta(w,\pi)=\langle d_1,d_2,\cdots,d_n\rangle$表示“每个程序$\pi_1\odot\pi_2\odot\cdots\odot\pi_n=\pi$分别在$w\in W$世界中”的程序$\pi\in\Pi$触发延迟序列，该序列满足如下三个条件，令$s=M(w)$且$r=M(\upsilon)$：

①如果$wR_{\pi_b}\upsilon, f(r,\pi_b)=\epsilon$，那么$\delta(w,\pi_b)=\delta(\upsilon,\pi_b)$；

②如果$f(s,\pi_b)=\epsilon, f(r,\pi_b)\neq\epsilon$且$wR_{\pi_b}\upsilon$，那么$\delta(\upsilon,\pi_b)$是一个带参数$\Lambda(\pi_b)$的指数分布的随机变量的一次出现，根据逆转定理，$\delta(\upsilon,\pi_b)=\dfrac{ln(1-u)}{-\Lambda(\pi_b)}$，其中$u$是一个统一随机变量的一次出现；

③如果$f(s,\pi_b)\neq\epsilon, f(r,\pi_b)\neq\epsilon$且$wR_{\pi_b}\upsilon$，那么$\delta(\upsilon,\pi_b)<\delta(w,\pi_b)$。

(6)R_α是W上的一个二元关系，对于每个程序$\alpha\in\pi_b$而言，满足如下两个条件，令$s=M(w)$：

①如果$f(s,\alpha)\neq\epsilon$且$\delta(w,\alpha)=\min(\delta(w,\Pi))$，那么$wR_\alpha\upsilon$当且仅当$f(s,\alpha)<M(\upsilon)$；

②如果$f(s,\alpha)=\epsilon$或$\delta(w,\alpha)\neq\min(\delta(w,\Pi))$，那么$wR_\alpha\upsilon$当且仅当$w=\upsilon$。

(7)为每个Petri网程序$\eta_1\odot\eta_2\odot\cdots\odot\eta_n$归纳定义如下的一个二元关系$R_\eta$：

$R_\eta=\{(w,\upsilon)|\exists\eta_i,\exists u$使得$s_i<M(u), wR_{\eta_i}u$且$\delta(w,\eta_i)=\min(\delta(w,\Pi))$且$uR_\eta\upsilon\}$，其中对于所有$1\leqslant i\leqslant n$而言，$s_i=f(s,\eta_i)$。

引理4.5(空出现(empty occurrences)的自返性)

对于任何Petri网程序π而言，$f(\epsilon,\pi)=\epsilon$且$R_{\epsilon,\pi}$是自返的。

证明：根据本章定义4.3和4.4可以直接得证。证毕。

定义4.6(DS_3模型)：

一个DS_3模型是一个序对$M=\langle F_3,V\rangle$，其中F_3是一个DS_3框架，且V是一个赋值函数$V:\Phi\rightarrow 2^W$。

定义4.7(DS_3的语义概念)：

令M_3是一个DS_3模型。公式φ在M_3中的w状态下的满足的概念用$M_3, w\Vdash\varphi$表示，该概念可归纳定义如下：

(1)$M_3, w\Vdash p$，当且仅当，$w\in V(p)$；

(2)$M_3, w\Vdash\top$；

(3)$M_3, w\Vdash\neg\varphi$，当且仅当，$M_3, w\nVdash\varphi$；

(4)$M_3, w\Vdash\varphi_1\wedge\varphi_2$，当且仅当，$M_3, w\Vdash\varphi_1$且$M_3, w\Vdash\varphi_2$；

(5)$M_3, w\Vdash\langle s,\eta\rangle\varphi$，如果存在$\upsilon\in W$，那么$wR_\eta\upsilon$且$Pr(M_3, \upsilon\Vdash\langle s,\eta_b\rangle\varphi|\delta(\upsilon,\Pi))>0$，其中$\eta_b$是$\eta$的某个基本程序。

这里的(5)表达的意思是：在可能世界w中启动η的运行之后，如果存在一个通过R_η从w到υ的可及世界，那么正如本章定义4.4所述：η停止时，φ成立。如果φ满足M_3的所有状态，那么φ在M_3中有效，记为$M_3\Vdash\varphi$；如果φ在任何模型中有效，那么φ是有效的，记为$\Vdash\varphi$。

引理4.8(模态词的为真概率)：

令$s=M(w)$，$M_3, w\Vdash\langle s,\pi_b\rangle\varphi$的概率是：

$$Pr(M_3, w\Vdash\langle s,\pi_b\rangle\varphi|\delta(w,\Pi)=\frac{\delta(w,\pi_b)}{\sum_{\pi_b\in\Pi:f(s,\pi_b)\neq\varepsilon}\delta(w,\pi_b)}$$

证明：根据本章关系(13.4)和定义4.4可直接得证。证毕。

13.4.1　DS_3逻辑的公理化系统

在下面的公理集和规则集中，p和q是命题符号，φ和ψ是公式，$\eta=\eta_1\odot\eta_2\odot\cdots\odot\eta_n$是一个Petri网程序，且$\pi$是一个标识Petri网程序。

(PL)　每个命题逻辑重言式都是DS_3逻辑的公理；

(K)　$[s,\pi](p\to q)\to([s,\pi]p\to[s,\pi]q)$；

(Du)　$[s,\pi]p\leftrightarrow\neg\langle s,\pi\rangle\neg p$；

(PC_3)　$\langle s,\eta\rangle\varphi\leftrightarrow\langle s,\eta_1\rangle\langle s_1,\eta\rangle\varphi\vee\langle s,\eta_2\rangle\langle s_2,\eta\rangle\varphi\vee\cdots\vee\langle s,\eta_n\rangle\langle s_n,\eta\rangle\varphi$，其中对于所有$1\leqslant i\leqslant n$而言，$s_i=f(s,\eta_i)$；

($R_{\epsilon 3}$)如果$f(s,\eta)=\epsilon$，那么$\langle s,\eta\rangle\varphi\leftrightarrow\varphi$；

(Sub)如果$\Vdash\varphi$,那么$\Vdash\varphi^{\sigma}$,其中σ表示用任意公式对命题符号的统一替换;

(MP)如果$\Vdash\varphi$且$\Vdash\varphi\rightarrow\psi$,那么$\Vdash\psi$;

(Gen)如果$\Vdash\varphi$,那么$\Vdash[s,\pi]\varphi$。

13.4.2 DS_3逻辑的可靠性

本章13.4.1节的公理(PL)、(K)、(Du)和规则(Sub)、(MP)、(Gen)也是模态逻辑中的公理或规则。

引理4.9(DS_3公理的有效性)

(1)$\Vdash PC_3$;

(2)$\Vdash R_{\varepsilon 3}$。

证明:首先证明(i)$\Vdash PC_3$。假设在模型$M_3=\langle W',R_\eta,M,\Pi,\Lambda,\delta,V\rangle$中,存在一个可能世界$w$,使得$PC_3$为假。$PC_3$在可能世界$w$中为假,有如下两种情形:

①假设$M_3,w\Vdash\langle s,\eta\rangle\varphi$(1)且$M_3,w\nVdash\langle s,\eta_1\rangle\langle s_1,\eta\rangle\varphi\vee\langle s,\eta_2\rangle\langle s_2,\eta\rangle\varphi\vee\cdots\vee\langle s,\eta_n\rangle\langle s_n,\eta\rangle\varphi$(2);$M_3,w\Vdash\langle s,\eta\rangle\varphi$(1)成立,当且仅当,存在一个可能世界$\upsilon$使得$wR_\eta\upsilon$且$Pr(M_3,\upsilon\Vdash\langle s,\eta_b\rangle\varphi|\delta(\upsilon,\Pi))>0$(3)。根据本章定义4.4可知,$R_\eta=\{(w,\upsilon)|\exists\eta_i,\exists u$使得$s_i<M(u),wR_{\eta_i}u,\delta(w,\eta_i)=\min(\delta(w,\Pi))$且$uR_\eta\upsilon\}$可得:$M_3,u\Vdash\langle s_i,\eta_b\rangle\varphi$且$M_3,w\Vdash\langle s_i,\eta\rangle\varphi$,这蕴含了$Pr(M_3,w\Vdash\langle s,\eta_1\rangle\langle s_1,\eta\rangle\varphi\vee\langle s,\eta_2\rangle\langle s_2,\eta\rangle\varphi\vee\cdots\vee\langle s,\eta_n\rangle\langle s_n,\eta\rangle\varphi|\delta(w,\Pi))>0$(4),因此根据(4)可知:$M_3,w\Vdash\langle s,\eta_1\rangle\langle s_1,\eta\rangle\varphi\vee\langle s,\eta_2\rangle\langle s_2,\eta\rangle\varphi\vee\cdots\vee\langle s,\eta_n\rangle\langle s_n,\eta\rangle\varphi$,这与前面的(2)矛盾。

②假设$M_3,w\Vdash\langle s,\eta_1\rangle\langle s_1,\eta\rangle\varphi\vee\langle s,\eta_2\rangle\langle s_2,\eta\rangle\varphi\vee\cdots\vee\langle s,\eta_n\rangle\langle s_n,\eta\rangle\varphi$(2),当且仅当,对于某个$i$(其中$1\leqslant i\leqslant n$)而言,$M,w\Vdash\langle s,\eta_i\rangle\langle s_i,\eta\rangle\varphi$,当且仅当,存在一个$u$使得$wR_{\eta_i}u$;$Pr(M_3,w\Vdash\langle s,\eta_1\rangle\langle s_1,\eta\rangle\varphi\vee\langle s,\eta_2\rangle\langle s_2,\eta\rangle\varphi\vee\cdots\vee\langle s,\eta_n\rangle\langle s_n,\eta\rangle\varphi|\delta(w,\Pi))>0$(3)成立,当且仅当,存在一个$\upsilon$使得$uR_\eta\upsilon$且$M_3,\upsilon\Vdash\varphi$(4)。根据本章定义4.4、(3)和(4)可得:$wR_\eta u,Pr(M_3,w\Vdash\langle s,\eta_1\rangle\langle s_1,\eta\rangle\varphi\vee\langle s,\eta_2\rangle\langle s_2,\eta\rangle\varphi\vee\cdots\vee\langle s,\eta_n\rangle\langle s_n,\eta\rangle\varphi|\delta(w,\Pi))>0$且$M_3,\upsilon\Vdash\varphi$,因此$M_3,w\Vdash\langle s,\eta\rangle\varphi$。

综上可知,PC_3有效。

现在证明(ii)$\Vdash R_{\varepsilon 3}$。假设在模型$M_3=\langle W',R_\eta,M,\Pi,\Lambda,\delta,V\rangle$中,

存在一个可能世界w，使得R_ϵ为假。R_ϵ在可能世界w中为假，有如下两种情形：

①假设$M_3, w\Vdash\langle\epsilon,\eta\rangle\varphi$(1)且$M_3, w\nVdash\varphi$(2)，当且仅当，存在一个$\upsilon$使得$wR_{\epsilon,\eta}\upsilon$且$Pr(M_3, w\Vdash\langle\epsilon,\eta\rangle\varphi|\delta(w,\Pi))>0$。又因为$f(\epsilon,\eta)=\epsilon$，根据引理4.5可得，$w=\upsilon$，$wR_\eta w$且$M_3, w\nVdash\varphi$，这与$M_3, w\Vdash\varphi$(2)矛盾。

②假设$M_3, w\nVdash\langle\epsilon,\eta\rangle\varphi$(1)且$M_3, w\Vdash\varphi$(2)。$M_3, w\nVdash\langle\epsilon,\eta\rangle\varphi$(1)成立，当且仅当，$Pr(M_3, w\Vdash\langle\epsilon,\eta\rangle\varphi|\delta(w,\Pi))=0$。又因为$f(\epsilon,\eta)=\epsilon$，根据引理4.5可得$wR_\eta w$，根据定义4.4可得$M_3, w\nVdash\varphi$，这与$M_3$，$w\Vdash\varphi$(2)矛盾。

综上可知：$R_{\epsilon3}$有效。证毕。

13.4.3　DS_3逻辑的完全性

正如Mazurkiewicz（1987；1989）指出的那样：用于处理Petri网的逻辑通常是不完全的，因为一个位置的多种可能性常常会增加令牌的数量（直到需要可数无穷多个令牌）。为了得到可判定性和完全性结果，就需要把研究对象限制在一个Petri网的子集上，将其称之为正规（normalised）Petri网。一个正规Petri网基本上是由满足14.3.1节所述Petri网组成，只是一个正规Petri网所需的令牌不会累积到可数无穷多个。从现在开始，只研究正规Petri网。

可以利用Blackburn等（2001）、Harel等（2000）和Goldblatt（1992）中证明完全性的方式，来证明DS_3逻辑的完全性。

定理4.10：DS_3逻辑相对于正规随机Petri网程序而言是完全的。

证明梗概：首先定义FL（Fisher-Ladner）闭包，$FL(\varphi)$表示包含“在子公式下封闭的”φ的最小集合。现在给定一个DS_3公式φ和一个DS_3模型$\mathcal{K}_3=\langle W, R_\eta, M, \Pi, \Lambda, \delta, V\rangle$，定义一个新的模型$\mathcal{K}_3^\varphi=\langle W^\varphi, R_\eta^\varphi, M^\varphi, \Pi^\varphi, \Lambda^\varphi, \delta^\varphi, V^\varphi\rangle$，根据$FL(\varphi)$可得$\mathcal{K}_3$的滤过（filtration）如下：

在$\mathcal{K}_3$世界中的关系≡可定义为：$u\equiv\upsilon\leftrightarrow\forall\phi\in FL(\varphi)$，$Pr(\mathcal{K}_3, u\Vdash$

$\phi|\delta(u,\Pi))=Pr(K_3,\upsilon\Vdash\phi|\delta(\upsilon,\Pi))$；而且关系$R_\eta^\varphi$可定义为：$[u]R_\eta^\varphi[\upsilon]\leftrightarrow(\exists u'\in[u]\wedge\exists\upsilon'\in[\upsilon]\wedge u'R_\eta\upsilon')$。

（1）$[u]=\{\upsilon|\upsilon\equiv u\}$；

（2）$W^\varphi=\{[u]|u\in W\}$；

（3）$[u]\in V^\varphi(p)$，当且仅当，$u\in V(p)$；

（4）$M^\varphi([u])=\langle s_1,s_2,\cdots\rangle$，其中，对所有$j\geq1$而言，$\upsilon_j\in[u]$当且仅当$M(\upsilon_j)=s_j$；

（5）$\Pi^\varphi=\Pi$；

（6）$\Lambda^\varphi=\Lambda$；

（7）$\delta^\varphi([u],\pi)=\langle d_1,d_2,\cdots,d_n\rangle$，其中$\pi=\pi_1\odot\pi_2\odot\cdots\odot\pi_n$且$d_i=\int_0^i h(\delta(u,\Pi))du$，其中$h$是能够减少触发延迟的函数。这里是根据Haas（2002）中的稳定性过程。

需要证明：一个滤过模型中的可能世界（状态）的数量是有穷的，因此DS_3逻辑是可判定的。令$C_3^L=\langle W^L,R_\pi^L R,M^L,\Pi^L,\Lambda^L,\delta^L,V^L\rangle$是语言$L$中的$DS_3$逻辑的典范模型。在典范模型中，可能世界的集合是公式的所有极大一致集组成的集合。如果证明了："$[s,\pi]\varphi\in u$，当且仅当，在所有使得$uR_\pi^L\upsilon$的υ中，$\varphi\in\upsilon$"，就可以证明：对于任一$w\in W^L$而言，$w\Vdash\varphi$当且仅当$\varphi\in w$。因此，就可以证明：如果$\Vdash\varphi$，那么$\vdash\varphi$。完整的证明请参见http://www.tecmf.inf.puc-rio.br/Brunolopes/Proofs。证毕。

推论4.11（Petri-PDL完全性）：

由于Petri-PDL都包含在"所有转换都具有相同触发速率"的DS_3逻辑中，因此Petri-PDL相对于正规Petri网来说也是完全的。

13.5 DS_3逻辑可满足性的计算复杂性

本节将利用双人通道盖瓦游戏（two-person corridor tiling game）来阐释：如何把一个著名的EXPTime-complete问题，多项式化归成DS_3逻辑的可满足问题。DS_3逻辑的可满足性问题涉及：判断是否存在满足一个DS_3逻辑公式的一个解释。

引理5.1：DS_3逻辑的可满足性问题是EXPTime-hard问题。

证明：该证明就是利用Blackburn等（2001）中的方法，将双人通道盖瓦问题化归为DS_3逻辑的可满足性问题。

在双人通道盖瓦游戏中，两个玩家Eloise和Abelard必须将正方形盖瓦（tile）放在一个网格中，使颜色匹配（每个盖瓦的旁边可能有不同颜色的盖瓦）。玩家从有穷多个盖瓦开始（颜色随机定义），网格的开头有一种特殊颜色（比如白色），并且Eloise有一个特殊盖瓦，如果放在第1列，那么Eloise会赢。当游戏开始时，Eloise应该在第0列中放置一个盖瓦；轮到Abelard时，他必须在网格的以下位置放置盖瓦：每行结束后（例如游戏的n个实例，游戏有n列），Abelard必须在下一行第0列放置一个盖瓦。如果没有玩家能够进行有效的移动，或者没有盖瓦，那么Abelard获胜。

给定一个双人通道盖瓦游戏实例$\mathcal{T}=(n,\{T_0,\cdots,T_{s+1}\})$，其中$n$是通道宽度，$T_i$是盖瓦类型，构造一个公式$\varphi^T$使得：

（1）如果Eloise有一个获胜策略，那么，φ^T在$\mathcal{T}$的某个游戏树的根上是可以满足的。这可视为满足如下条件的一个正则DS_3模型：对一个大小为n的公式而言，该模型的大小是a^n（其中$a>1$）。

（2）如果φ^T是可满足的，那么Eloise在游戏$\mathcal{T}$中有一个获胜策略。

（3）公式φ^T在n和s中被多项式时间计算。

公式φ^T描述了盖瓦游戏，并说明了：对于Eloise来说获胜的必要和充分条件。为了构造φ^T，将使用以下命题字母：

①$t_0,\cdots,t_{s+1}$代表盖瓦，其中t_0是白色的；

②$p_1,\cdots,p_n$表示在当前回合中必须放置盖瓦的位置；

③$c_i(t)$，其中$0\leqslant i\leqslant n+1$，$\forall t\in\{t_0,\cdots,t_{s+1}\}$表示先前在第$i$列中放置的盖瓦类型$t$；

④w表示当前位置是Eloise的获胜位置。

模拟游戏的Petri网（η）的一般模式如图13.4所示，其中对于每行r，有一个类似于$R^\#$的转换，使得$1<r<n$表示新的一行已经开始。序列s表示Petri网的初始标识，即第1行Row_1中的一个令牌和用于表示Eloise和Abelard初始集的令牌。

现在给出不同符号表示的意思：

AP：Abelard 玩

EP：Eloise 玩

EC：Eloise 能玩

AC：Abelard 能玩

EH：Eloise 有盖瓦

AH：Abelard 有盖瓦

$Col_1,\cdots,Col_n$：游戏的每一列

$Row_1,\cdots,Row_n$：游戏的每一行

现在可以把游戏的开始描述为：$e\wedge p_1\wedge c_0$（白色）$\wedge c_1(t_{I1})\wedge\cdots\wedge C_n(t_{In})\wedge C_{n+1}$（白色），其中$I_i(1\leqslant i\leqslant n)$表示初始盖瓦。

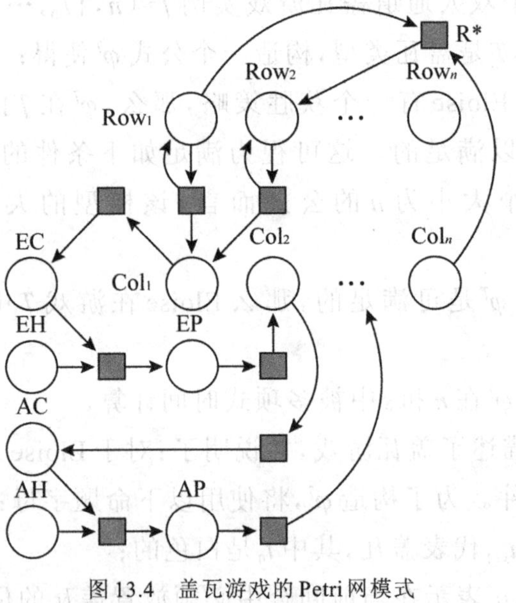

图13.4 盖瓦游戏的Petri网模式

游戏规则的公式集如下。

（1）当Eloise没有盖瓦来玩游戏时，就轮到Abelard玩：$(([s,\eta]\phi\leftrightarrow\phi)\wedge\neg([s',\eta]\phi\leftrightarrow\phi)\rightarrow[s',\eta]\phi$，其中$s'$是一个不同于$s$的序列，二者之间的区别仅仅在于：$s'$是通过把$s$中的EC和AC、EH和AH进行逆转而得到的，即Eloise能玩逆转为Abelard能玩，Eloise有盖瓦逆转为Abelard有盖瓦。

（2）当Abelard没有盖瓦来玩游戏时，就轮到Eloise玩：$(([s',$

$\eta]\phi\leftrightarrow\phi)\wedge\neg([s,\eta]\phi\leftrightarrow\phi)\rightarrow[s',\eta]\phi$(从现在起所有公式省略了一个与公式$\rho$的析取，使得：在这个规则的枚举中，$\rho$与相对应的公式的区别：仅仅在于将$s$转变为$s'$)；

(3)裁判已在第0列和第n+1列中放置了白色盖瓦：$[s,\eta]\mathrm{col}_0(\mathrm{white})\wedge\mathrm{col}_{n+1}(\mathrm{white})$；

(4)玩家必须遵守盖瓦颜色规则：$C(t',t,t'')\leftrightarrow\mathrm{right}(t')=\mathrm{left}(T)$，且$\mathrm{down}(T')=\mathrm{up}(T'')$(例如，如果盖瓦$t$可以放置在$t'$的右边和$t''$的上方时，那么$C$成立，其中，$t,t'$和$t''$是与$T,T'$和$T''$相对应的命题)。

(5)确保盖瓦向左边和向下进行匹配：$[s,\eta]((p_i\wedge c_{i-1}(t')\wedge c(t''))\rightarrow[s',\eta]\bigvee\{c_i(t)|C(t',t,t'')\})$，其中$0\leq i\leq n$，根据约定：$\bigvee\varnothing=\bot$。

(6)确保第n列上的盖瓦与白色通道相匹配：$[s,\eta](p_n\rightarrow[s',\eta]\bigvee\{c_n(t)|\mathrm{right}(T)=\mathrm{white}\})$。

(7)第一个位置是Eloise的获胜位置：w。

因为Eloise有一个获胜策略，所以$[s,\eta](w\rightarrow(c_1(t_{s+1})\vee([s',\eta]\neg w)\vee([s',\eta]w)$。

为了确保游戏在有穷步骤内结束(例如，如果该游戏永远都不会结束，那么Abelard获胜)，将游戏限制为没有重复的$N=n^{s+2}$步内结束，因此：$[s,\eta](\mathrm{counter}=N)\rightarrow[s',\eta]\neg w$。那么，$\varphi^T$是这里所有公式的合取。

如果Eloise有一个获胜策略，那么就存在一个游戏树，使得φ^T在树根处满足一个DS_3模型。所以，如果Eloise有一个获胜策略，那么她最多在N步内获胜。对于"与此最多在N步内获胜策略相对应"的DS_3模型M而言，很容易检验φ^T在M的根部处的可满足性。

否则，如果$M,\upsilon\Vdash\varphi^T$，那么在游戏$T$中，Eloise有一个在$M$中编码的获胜策略。由于$w$在$\upsilon$中是可满足的，因此Eloise可以继续通过她可以选择的获胜位置，从而保证可以移动。因此，如果计数器(counter)$=N$(例如计数器已达到N)，那么$[s,\eta]\neg w$是可满足的，因此不存在更多的获胜位置，但是由于$c_1(t_{s+1})$是可满足的，因此获胜的盖瓦在第一步就已经放好了，而且Eloise已经获胜。每种情况下是否满足的公式的详细列表可从http://www.tecmf.inf.puc-rio.br/brunol-lopes/proofs获取。

由于可以对“在O($\log_{m+1}$)二进制数字(binary digit)中”的任意$m\geq 2$进行编码，因此可以在O($\log n^{s+2}$)中对N进行编码，而且这一编码与“在n和s中的多项式”$(s+2)\log n \leq (s+2)n$对应。因此，二人通道盖瓦问题可多项式化归为DS_3逻辑的可满足性问题。因此，DS_3的可满足性问题是EXPTime-hard问题。证毕。

定理5.2：DS_3逻辑的可满足性问题是EXPTime-完全的。

证明：在双人通道盖瓦游戏中，可以跟踪已经出现的当前赋值。对于n个盖瓦而言，至多存在$2n$个回合，因此存在一个在多项式空间中进行运行的交替式图灵机，该图灵机可以判断：是Eloise还是Abelard在这一给定游戏实例中获胜。由于交替图灵机上的任何多项式时间上的执行，都可以在普通的图灵机中使用多项式空间来完成，因此这一时间是指数时间(Papadimitriou，1994)。这表明这一时间上界是EXPTime。现在研究这一时间的下界，Blackburn 等(2001)的研究表明，盖瓦放置方式是EXPTime-完全的，并且本章引理5.1中说明：从盖瓦放置方式到DS_3逻辑的可满足性问题的多项式化归方法，所以DS_3逻辑的可满足性问题是EXPTime问题并且是EXPTime-完全的。

推论5.3：Petri-PDL的可满足性问题是EXPTime-完全的。

证明：由于本章引理5.1和定理5.2对所有转换都使用了相同的触发速率，因此它们对Petri-PDL是有效的。所以Petri-PDL的可满足性问题是EXPTime-可满足的。

13.6 DS_3逻辑的应用实例

本节给出的应用实例采取了“基于实时(just-in-time)”的流动控制方法，这一方法源于Marsan等于1995年在“广义随机Petri网的建模”(Marsan et al.，1995)中提出的Kanban系统。图13.5中设计的随机Petri网表示：Kanban小方格(cell)出现故障时的资源控制卡流(cards flow)，其中，Kanban小方格是指可能与其他单位(unit)通信的过程单位,卡指的是位置BB处的K令牌。IB位置表示输入缓冲器(input buffer),其中(已经有卡的)资源在处理之前会得到存储。如果一切正常(即位置OK处有一个令牌)并且过程系统空闲(即在位置ID处存在一个令牌),则资源就会得到处理(在位置ID处的令牌就会转到B处),然后资源转到输出缓冲器(output buffer,即在OB处)。触发F意味着:出现了某个失败。触发R意味着:系统被修复了。处理该资源的故障率和时间由"与各个转换相关联的随机变量"的参数控制。

现在在DS_3模型$M=\langle W, R_\pi, M, \Pi, \Lambda, \delta\rangle$中构建一个场景,此时有公式$\langle (s), Kt_1IB\odot IB, Idt_2B\odot B, OKt_2l\odot lt_3OK, x\odot xt_3Id, OB\odot OBt_1BB\odot OKt_1Error\odot Errort_1Ok\rangle\varphi$,其中:$s$是"由$BB$和$OK$"的$K$次重复组成的一个名称序列;$\varphi$表示在运行此随机Petri网之后成立的某个属性。如果该公式φ在一个模型M的一个w世界中成立,即可以触发某个转换,那么,验证就等价于"计算触发一些基本程序的概率是否大于零",这可化归为本章引理4.8中的等式。为了验证是否可能并行处理两个资源,其中一些资源开始处理(即一个在B处的令牌)之后,Id将不会出现在名称序列中,因此其他资源无法开始处理,除非可以把一个转换重新表述为"一个令牌到Id的触发"。

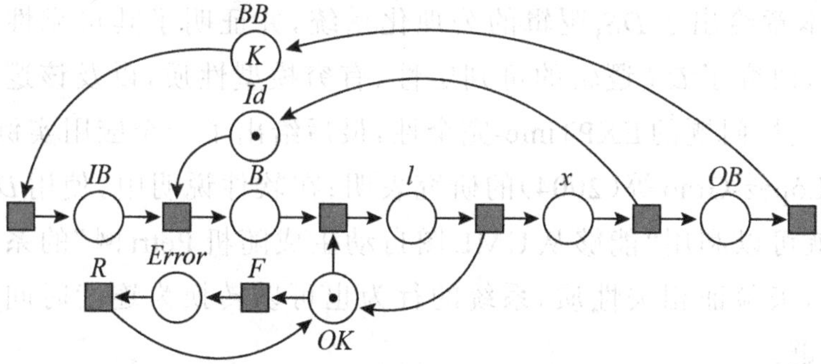

图13.5　一个失败的Kanban小方格

在一个可能世界$w\in W$中的验证就是验证:"开始处理某个资源是否等价于判断如下计算是否成立:$Pr(M,w)\Vdash\langle r, IB, Idt_2B\odot B\rangle\top|\delta(w, Kt_1IB\odot IB, Idt_2B\odot B, OKt_2l\odot lt_3OK, x\odot xt_3Id, OB\odot$

$OBt_1BB \odot OKt_1Error \odot Errort_1Ok$))>0，其中 $r=M(\omega)$”。根据本章引理4.8可知，该验证等价于验证如下不等式是否成立：

$$\frac{\delta(Idt_2B \odot B)}{\sum_{\pi_b \in \Pi: f(r,\pi_b) \neq c} \delta(\omega, \pi_b)} > 0$$

其中，$\Pi = Kt_1IB \odot IB, Idt_2B \odot B, OKt_2l \odot lt_3OK, x \odot xt_3Id, OB \odot OBt_1BB \odot OKt_1Error \odot Errort_1Ok$，且 π_b 是 Π 的一个基本转换。

13.7 结论与未来的工作

Lopes 等（2014）对 Petri-PDL 进行了扩展，从而得到了一种“能够对标识 Petri 网进行推理的动态逻辑”，对这一新颖的动态逻辑进行限制后，就可以对标识随机 Petri 网进行推理，这不仅增加了该逻辑的表达力，而且还为概率模态逻辑提供了一种模块化和组合性的处理方法。本章提出的 DS_3 逻辑系统旨在找出模型性能评估的替代方案。

Lopes 等（2014）使用“作为标识随机 Petri 网的程序”对命题动态逻辑 PDL 进行扩展。与之前“将 Petri 网翻译为动态逻辑”的方法的不同之处在于：Lopes 等（2014）将随机 Petri 网作为 PDL 程序进行编码，从而得到一个新的受限动态逻辑，以更自然的方式对 Petri 网进行了推理。

本章给出了 DS_3 逻辑的公理化系统，并证明了其可靠性和完全性，研究了 DS_3 逻辑的可判定性、有穷模型性质，以及该逻辑的可满足性问题的 EXPTime-完全性，最后给出了一个应用实例。

López-Grao 等（2004）的研究表明：在软件说明中，使用 DS_3 逻辑，就可以利用“能够从 UML 图自动生成随机 Petri 网”的系统的优点，来验证相关性质，系统的行为也可以转换为连续时间马尔科夫链。

至于进一步的研究工作，可以考虑：本章的研究方法应用到各类具体情境中，并为 DS_3 逻辑提出一个自然演绎和解析系统（resolution system），并研究其模型检测和定理的自动化证明。

第14章 命题动态逻辑的无缩并无切割规则的矢列演算

本章通过使用树-超矢列(tree-hypersequent)方法的扩张版本和迭代算子的无穷规则,构造了命题动态逻辑的矢列演算(sequent calculus),并证明了该矢列演算和对应的希尔伯特式(Hilbert-style)系统在理论上等值,还证明了该矢列演算无缩并(contraction-free)且无切割(cut-free)规则。本章相关内容主要以Hill与Poggiolesi(2010)[①]为基础进行阐释,而且所有结论都用纯粹的句法方式加以证明。

14.1 引 言

早在20世纪60年代末,Engeler(1967)、Hoare(1969)和Yanov(1959)等研究的命题动态逻辑(简称PDL)是具有如下特征的模态逻辑:把程序设计语言的每个程序项(program term)a与一个模态词$[a]$联系起来。这意味着:在命题动态逻辑PDL中仍然需要像在模态逻辑中那样,处理带有box的公式,只是在PDL中的box不再是空的,而是用程序项来填充。本章在不引起歧义的情况下,"程序"和"程序项"可以相互替换。

那么我们自然会问:哪些种类的程序可以用来填充模态逻辑中的box? 可以填充box的程序除了原子程序($a_0, a_1, a_2, \cdots$)外,还可以是通过四类程序算子构造出来的复杂程序:①并(union)算子:$\alpha \cup \beta$表示"不确定地执行程序α或β";②合成算子(composition operator):$\alpha \otimes \beta$表示"先执行程序α,然后执行程序β";③测试算子:$A?$表示"验证A是否为真";④迭代算子:α^*表示"有穷次数内重复执行程序α"。

这里需要特别说明的是:在本书前面几章中:标准的程序合

①Hill B and Poggiolesi F. A Contraction-free and cut-free sequent calculus for propositional dynamic logic[J]. Studia Logica, 2010(94): 47-72.

成算子用分号“;”表示，但是由于在本章中，分号“;”将在下文的树-超矢列演算当中扮演重要的作用。为了避免歧义，选择用⊗表示合成算子。

在命题动态逻辑中，处理如下形式的公式：$[a]A$，$[\alpha\cup\beta]A$，$[\alpha\otimes\beta]A$，$[B?]A$，$[\alpha^{*}]A$的公式，意思是：在每一次结束执行box中的程序后，公式A为真。

从希尔伯特系统的观点来看，命题动态逻辑是唯一定义的(well-defined)。Harel等(2000)和Knijnenburg(2007)已经给出了命题动态逻辑PDL的几个等价的公理化系统，这些等价的公理化系统是在经典命题逻辑的基础上添加如下内容所得：①分配公理模式(即对每个程序α而言，形如$[\alpha](A\rightarrow B)\rightarrow([\alpha]A\rightarrow[\alpha]B)$的公理模式)；②分离规则和必然化规则；(iii)每个程序算子(至少一个)的公理模式或推理规则。

命题动态逻辑的Gentzen演算的情况如何？其情况并不乐观。截至21世纪初，只有Nishimura(1979)和Wanshing(1998)提出的两个矢列演算。Nishimura矢列演算利用经典矢列，处理了带有一个有穷规则的迭代算子，而且该演算并非无切割规则。相反地，Wanshing矢列演算利用显示矢列(display sequent)，该演算带有无切割规则而且没有处理迭代算子α^{*}。这时，很自然地产生了一个问题：如果一个矢列演算既无切割规则并具有迭代算子规则，结果又将如何呢？本章在阐释Hill和Poggiolesi(2010)研究成果的基础上，为该问题提供答案。

Hill和Poggiolesi(2010)利用Poggiolesi(2008)中引入的树-超矢列方法，为完全的命题动态逻辑PDL系统构造了一个无切割的树-超矢列演算。但事情往往是这样：为了获得该结果，就必须付出演算的有穷性作为代价。事实上，在矢列的右边引入程序算子*的规则有无穷多个前提。稍加思考就能够发现：该事实并不令人惊奇。虽然确实存在不包括无穷规则的PDL的公理化系统，但是从语义的角度看，迭代算子*可能是无穷的。虽然纯粹的句法方法不会使用任何明显的语义元素，但是树-超矢列方法可以充分利用Kripke语义学，所以程序算子*的无穷性很自然地在这样的框架中显现出来。另一方面，树-超矢列方法在模态逻辑中也是很有用的：可用于切割消去定理（cut-elimination theorem）的句法证明。把树-超矢列方法应用到命题动态逻辑PDL中，可从句法上简洁地证明切割消去定理。

本章内容安排如下：14.2节阐述了如何把树-超矢列方法应用到命题动态逻辑中，并引入了命题动态逻辑的无切割矢列演算（Cut-free Sequent Calculus for Propositional Dynamic Logic, CSPDL）；14.3节阐释了哪些结构规则在CSPDL演算中是可容许的（admissible）；14.4节证明了CSPDL演算对于Hilbert系统HPDL而言是有效且完全的；14.5节证明了CSPDL演算的切割消去定理。

14.2　命题动态逻辑的无切割的矢列演算——CSPDL演算

树-超矢列方法是经典矢列演算的推广，最初构造经典矢列演算的目的是：为模态命题逻辑的主要系统生成矢列演算。先简单地了解这个方法是如何自然地扩充到命题动态逻辑中的。

隐含在树-超矢列演算后的直觉是：在Gentzen演算框架中的内化（internalising）是Kripke语义学的树-框架结构[①]。为了说明该内化工作机理，可考虑如图14-1所示的简单树：

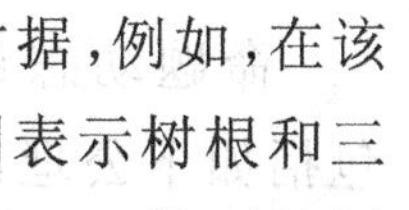

图14-1　简单树

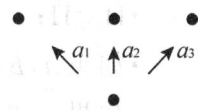

使用如下方式对树-框架结构进行内化，该方法也可以用于其他的树-框架结构。可能世界的位置由经典矢列占据，例如，在该情况下有4个矢列Γ_1，Γ_2，Γ_3和Γ_4，这四个矢列分别表示树根和三个在远处的可能世界。可及关系（accessibility relation）简要地用斜线（slash）表示，如：$\Gamma_1/\Gamma_2\Gamma_3\Gamma_4$。处于相同距离的可能世界之间的分隔用分号“;”表示，这样就可以更精确地把$\Gamma_1/\Gamma_2\Gamma_3\Gamma_4$表示为：$\Gamma_1/\Gamma_2;\Gamma_3;\Gamma_4$。

Poggiolesi（2009；2010）引入了树-超矢列，用于为模态逻辑的这一大家庭发展矢列演算。在这些模态逻辑的大家庭中还包括

①根据Blackburn（2001）中的观点，本章不对树-框架加以限制，详细内容可参见Poggiolesi（2008）。

“与不同的框架性质(例如自返性、传递性和对称性)相对应的”模态逻辑。在命题动态逻辑PDL中,需要内化与可及关系有关的程序a_1、a_2和a_3,其具体操作过程表示为:$\Gamma_1/a_1:\Gamma_2;a_2:\Gamma_3;a_3:\Gamma_4$。

现在介绍命题动态逻辑的无切割的矢列演算CSPDL的重要记法和相关定义(详细内容参见本书第6章或Harel等(2000)),动态命题逻辑语言L_{PDL}的语言包括:

(1)原子命题集合Φ_0;

(2)原子程序集合Π_0;

(3)命题算子:$\wedge,\neg$;

(4)程序算子:$\otimes,\cup,{}^*$;

(5)混合算子:?,[]。

其他联结词和混合算子< >的定义如常。本章使用命题动态逻辑标准句法约定:$p,q\cdots$表示原子公式;$A,B\cdots$表示公式;$a,b\cdots$表示原子程序;$\alpha,\beta\cdots$表示程序。公式集Φ和L_{PDL}的程序集Π定义是满足如下条件的最小的集合:

- $\Phi_0\subseteq\Phi$;
- $\Pi_0\subseteq\Pi$;
- 如果$A,B\in\Phi$,那么$A\wedge B$和$\neg A\in\Phi$;
- 如果$\alpha,\beta\in\Pi$,那么$\alpha\otimes\beta$,$\alpha\cup\beta$和$\alpha^*\in\Pi$;
- 如果$A\in\Phi$,那么$A?\in\Pi$;
- 如果$\alpha\in\Pi$且$A\in\Phi$,那么$[\alpha]A\in\Phi$。

命题动态逻辑PDL的一个公理化系统,称之为HPDL系统,包括如下公理:

(1)命题逻辑的所有公理;

(2)$[\alpha](A\to B)\to([\alpha]A\to[\alpha]B)$ (分配公理)

(3)$[\alpha\cup\beta]A\leftrightarrow[\alpha]A\wedge[\beta]A$;

(4)$[\alpha\otimes\beta]A\leftrightarrow[\alpha][\beta]A$

(5)$[B?]A\leftrightarrow(B\to A)$

(6)$A\wedge[\alpha][\alpha^*]A\leftrightarrow[\alpha^*]A$ (混合公理)

(7)$A\wedge[\alpha^*](A\to[\alpha]A)\to[\alpha^*]A$ (归纳公理)

HPDL系统还包括如下推理规则：

（分离规则）：根据A和$A \to B$，可以推出B。

（必然化规则Nec）：根据A，可以推出$[\alpha]A$。

为了引入树-超矢列，本章采用下列句法约定：公式的多重集(multiset)记为为$M, N, \cdots$；矢列记为$\Gamma, \Delta, \cdots$；树-超矢列记为G，$H, \cdots$；为了简洁，本章使用以下记法：根据给定的$\Gamma \equiv M \Rightarrow N$和$\Pi \equiv P \Rightarrow Q$，有以下写法：

（1）把$B, M \Rightarrow N, A$写作B, Γ, A；

（2）把$M, P \Rightarrow N, Q$写作$\Gamma.\Pi$；

（3）把$B, M, P \Rightarrow N, Q, A$写作$B, \Gamma.\Pi, A$。

定义2.1：矢列集（SEQ）按照标准定义，树-超矢列集（THS）通过归纳方式定义如下：

（1）如果$\Gamma \in \mathrm{SEQ}$，那么$\Gamma \in \mathrm{THS}$。

（2）如果$\Gamma \in \mathrm{SEQ}$，$a_1, \cdots, a_n$是原子程序，$G_1, \cdots, G_n$是树-超矢列，那么：$\Gamma / a_1 : G_1; \cdots; a_n : G_n \in \mathrm{THS}$。

在本章中通常使用更为简短的记法$\underline{X}$来表示$a_1 : G_1; \cdots; a_n : G_n$。

定义2.2：本章中的树-超矢列的通过归纳方式定义如下：

$$(M \Rightarrow N)^{\tau} := \wedge M \to \vee N$$

$$(\Gamma / a_1 : G_1; \cdots; a_n : G_n)^{\tau} := \Gamma^{\tau} \vee [a_1] G_1^{\tau} \vee \cdots \vee [a_n] G_n^{\tau}$$

为了表示该演算的规则，将记法$G[^*]$定义如下：

定义2.3：zoom树-超矢列集合（ZTHS）通过归纳方式定义如下：

（1）$[-] \in \mathrm{ZTHS}$，

（2）如果$G_1, \cdots, G_n \in \mathrm{THS}$，并且$a_1, \cdots, a_n$是原子程序，那么，$[-] / a_1 : G_1; \cdots; a_n : G_n \in \mathrm{ZTHS}$；

（3）如果$\Gamma \in \mathrm{SEQ}$，$G_1, \cdots, G_n \in \mathrm{THS}$，$a_1, \cdots, a_n$是原子程序，并且$G_1[-] \in \mathrm{ZTHS}$，那么$\Gamma / a_1 : G_1[-]; \cdots; a_n : G_n \in \mathrm{ZTHS}$。

定义2.4：对于任意zoom树-超矢列$G[-]$和树-超矢列H，用H替换$G[-]$当中的“–”得到的$G[H]$可以定义如下：

（1）如果$G[-]=[-]$，那么$G[H]=H$；

（2）如果 $G[-]=[-]/a_1:G_1;\cdots;a_n:G_n$ 并且 $H=\Delta/b_1:J_1;\cdots;b_m:J_m$，那么 $G[H]=\Delta/a_1:G_1;\cdots;a_n:G_n;b_1:J_1;\cdots;b_m:J_m$；

（3）如果 $G[-]=\Gamma/a_1:G_1[-],\cdots,a_n:G_n$，那么 $G[H]=\Gamma/a_1:G_1[H],\cdots,a_n:G_n$。

需要注意的是：因为矢列是一个树-超矢列，所以定义2.4也可以应用到把矢列替换到zoom树-超矢列的情况中。

本章到目前为止，读者也许会疑惑：①定义2.3和2.4的直观意义是什么？②本章将会如何使用这两个定义？首先回答第一个问题。直观地讲，$G[-]$可以看作是带有一个孔（hole）[–]的树-超矢列G；值得关注的是G中的特别部分"–"，可以把这里的孔[–]比喻地看作是一个zoom。替换运算就是用矢列或者是树-超矢列来填充这个孔，因此需要明确树-超矢列中特别关注的"–"部分，对于第二个问题，需要对演算CSPDL进行说明，以弄清定义2.3和定义2.4的重要性。演算CSPDL的一些公设（postulate）如下：

初始树-超矢列：$G[p,\Gamma,p]$

命题规则：

$$\frac{G[\Gamma,A]}{G[\neg A,\Gamma]}\neg A \qquad \frac{G[\Gamma,A]}{G[\neg A,\Gamma]}\neg K$$

$$\frac{G[A,B,\Gamma]}{G[A\wedge B,\Gamma]}\wedge A \qquad \frac{G[\Gamma,A]\quad G[\Gamma,B]}{G[\Gamma,A\wedge B]}\wedge K$$

模态规则：

$$\frac{G[[b]A,\Gamma/(b:A,\Sigma/\underline{X})]}{G[[b]A,\Gamma/(b;\Sigma/\underline{X})]}\Box A \qquad \frac{G[\Gamma/b:\Rightarrow A]}{G[\Gamma,[b]A]}\Box K$$

程序规则：

$$\frac{G[[\beta]A,[\gamma]A,\Gamma]}{G[[\beta\cup\gamma]A,\Gamma]}\cup A \qquad \frac{G[\Gamma,[\beta]A]\quad G[\Gamma,[\gamma]A]}{G[\Gamma,[\beta\cup\gamma]A]}\cup K$$

$$\frac{G[[\beta][\gamma]A,\Gamma]}{G[[\beta\otimes\gamma]A,\Gamma]}\otimes A \qquad \frac{G[\Gamma,[\beta][\gamma]A]}{G[\Gamma,[\beta\otimes\gamma]A]}\otimes K$$

$$\frac{G[\Gamma,A]\quad G[B,\Gamma]}{G[[A?]B,\Gamma]}?A \qquad \frac{G[A,\Gamma,B]}{G[\Gamma,[A?]B]}?K$$

$$\frac{G[[\beta^*]A,[\beta]^n,A,\Gamma]}{G[[\beta^*]A,\Gamma}{}^*A \qquad \frac{\text{对于每个}n<\omega,G[\Gamma,[\beta]^n,A]}{G[\Gamma,[\beta^*]A]}{}^*K$$

切割规则：

$$\frac{G[\Gamma,A] \quad G[A,\Gamma]}{G[\Gamma]}\mathrm{Cut}_A$$

值得注意的是：在$^*A$和$^*K$规则当中使用了记法$[\beta]^nA$，通过归纳方式定义如下：

(1)$[\alpha]^0A:=A+0$

(2)$[\alpha]^{k+1}A:=[\alpha][\alpha]^kA$

因此$[\alpha]^nA\equiv\overbrace{[\alpha]\ldots[\alpha]}^{n}A$

这里需要说明两点：①这里的模态规则仅能够应用于“出现在box中的程序是原子程序”的box公式；②$^*K$规则有ω-多个前提。

14.3 结构规则的可容许性

本节将证明哪些结构规则在CSPDL演算(即无切割矢列演算的命题动态逻辑)中是可容许的。此外，为了证明这两条缩并规则(rules of contraction)是高度保持可容许的(height preserving admissible)，本节将证明14.2节给出的所有逻辑规则、模态规则和程序规则是高度保持可逆的(invertible)。本章14.5节将证明14.2节给出的切割规则是可容许的。

定义3.1：A的复杂性可以通过归纳方式定义如下：

(1)cmp(p)=1，

(2)cmp($\neg A$)=cmp($[\alpha]A$)=cmp(A)+1，

(3)cmp($A\wedge B$)=cmp($[A?]B$)=max(cmp(A)，com(B))+1，

(4)cmp($[\alpha\cup\beta]A$)=max(cmp$[\alpha]A$，com$[\alpha]B$)+1，

(5)cmp($[\alpha\otimes\beta]A$)=cmp($[\alpha][\beta]A$)+1，

(6)cmp($[\alpha^*]A$)=cmp($[\alpha]A$)+ω。

定义3.2：将CSPDL演算中的每个证明d用标准方式与表示高度的序数$h(d)$联系起来。也就是说，h可以通过归纳方式定义

如下：

$d=G[p,\Gamma,p]:h(d)=0$

$$d=\cfrac{\cdots\overset{\vdots\, d_i}{G'[\Gamma']}\cdots}{G[\Gamma]}$$，其中 $i\in I:h(d)=\sup_{i\in I}(h(d_i)+1)$。

值得注意的是：其中的 I 一般有1或2或者是 ω 多个元素。

定义 3.3：对于任意序数 k，“存在 G 的证明 d 使得 $h(d)\leq k$”记为 $\vdash^{\langle k\rangle}G$，“存在 G 的证明 d 使得 $h(d)<k$”记为 $\vdash^{\langle <k\rangle}G$。

定义 3.4：如果 R 是使得“从 G' 可以推出 G”的规则，那么把 R 的逆规则记为 R^{-1}，规则 R^{-1} 使得“从 G 可以推出 G'”。

在经典逻辑的矢列演算中，当一个规则应用于一个公式时，就说该公式在该规则的前提中是辅助公式。类似地，当一个规则应用于一个矢列时，就说该公式在该矢列的前提中是辅助公式。更准确地说，把这些在树-超矢列演算规则的前提中出现的矢列看作是辅助矢列。

在结构规则的（高度保持）可容许性以及逻辑规则、模态规则和程序规则①的可逆性证明中，只考虑最后一个应用规则在“需要其可容许性或者是可逆性”的规则的辅助矢列上的运算情况。正如本节末尾证明的引理 3.13 和 3.14 那样，其他的情况很容易证明。

引理 3.5：形如 $G[A,\Gamma,A]$（即带有任意公式 A）的树-超矢列在 CSPDL 演算中，是可推导的。

证明：施归纳于公式 A 的复杂性即可得证。证毕。

引理 3.6（结构规则的可容许性）：在 CSPDL 演算当中，如下规则是高度保持可容许的。

（1）必然规则：

$$\frac{G}{\Rightarrow /a:G}\,rn$$

①对于这些记法更详细的定义，可参见 Troelstra（1996，pp.65-68）。

(2)弱化规则:

$$\frac{G[\Gamma]}{G[A,\Gamma]}WA \qquad \frac{G[\Gamma]}{G[\Gamma,A]}WK$$

(3)外部弱化规则:

$$\frac{G[\Gamma]}{G[\Gamma/b:\Sigma]}EA$$

(4)并入规则(merge rule):

$$\frac{G[\Delta/(b:\Gamma/\underline{X});(b:\Pi/\underline{X'})}{G[\Delta/(b:\Gamma\cdot\Pi)/\underline{X};\underline{X'}]}\text{merge}$$

证明:直接施归纳于该前提的推导的高度即可得证。证毕。

引理3.7:CSPDL演算的逻辑规则是高度保持可逆的。

证明:施归纳于所讨论规则前提的推导的高度,用经典的方式即可证明该引理。事实上,这里唯一的区别就是:这里处理的是树-超矢列。逻辑规则之前的模态规则或程序规则,都是很容易证明的。证毕。

引理3.8:CSPDL演算的$\Box A$规则和$^{*}A$规则是高度保持可逆的。

证明:根据弱化规则的高度保持的可容许性即可得证。证毕。

引理3.9:CSPDL演算的$\cup A$规则、$\cup K$规则、$?A$规则和$?K$规则都是高度保持可逆的。

证明:施归纳于所涉及规则前提的推导高度即可得证。该证明类似于经典逻辑的联结词$\vee$和$\to$的证明。证毕。

引理3.10:$\otimes A$规则和$\otimes K$规则是高度保持可逆的。

证明:施归纳于所涉及规则前提的推导高度即可得证。这里只证明$\otimes K$规则的可逆性,$\otimes A$规则的可逆性证明和$\otimes K$规则的可逆性证明与此类似。

如果$G[\Gamma,[\beta\otimes\gamma]A]$是初始树-超矢列,那么$G[\Gamma,[\beta][\gamma]A]$也是初始树一超矢列。如果$G[\Gamma,[\beta\otimes\gamma]A]$前面有一逻辑规则$R$,把归纳假设应用到前提$G[\Gamma',[\beta\otimes\gamma]A]$($G[\Gamma'',[\beta\otimes\gamma]A]$)上,就可以得到

$G[\Gamma',[\beta][\gamma]A]$（$G[\Gamma'',[\beta][\gamma]A]$）的高度小于$k$的推导。通过应用规则$R$，可以得到$G[\Gamma,[\beta][\gamma]A]$的推导高度至多为$k$的推导。

如果$G[\Gamma,[\beta\otimes\gamma]A]$形如$G[\Gamma',[\beta\otimes\gamma]A,[b]B]$，并且$G[\Gamma,[\beta\otimes\gamma]A]$是根据模态规则$\square K$得出的结论（对于模态规则$\square A$，其推导过程类似），那么可以把归纳假设应用到$G[\Gamma',[\beta\otimes\gamma]A/b:\Rightarrow B]$上，就可以得到$G[\Gamma',[\beta][\gamma]A/b:\Rightarrow B]$的推导高度小于$k$的推导。通过应用规则$\square K$，可以得到$G[\Gamma',[\beta][\gamma]A,[b]B]$的推导高度至多为$k$的推导。

如果根据（包括"不把公式$[\beta\otimes\gamma]A$作为主要公式（principal formula）"的规则$\otimes K$在内的）某个程序规则，可以得出$G[\Gamma,[\beta\otimes\gamma]A]$，那么推导过程与该逻辑规则的推导过程类似。

最后，如果$G[\Gamma,[\beta\otimes\gamma]A]$前面有"把$[\beta\otimes\gamma]A$作为主要公式"的程序规则$\otimes K$，那么最后一个步骤的前提就是所要证明的结论。证毕。

引理 3.11：$\square K$规则和$^*K$规则是高度保持可逆的。

证明：施归纳于所涉及规则前提的推导高度即可得证。这里只给出$^*K$规则的可逆性证明，$\square K$规则的可逆性证明于此类似。

如果$G[\Gamma,[\beta^*]A]$是初始树-超矢列，前提$G[\Gamma,[\beta]^nA]$（其中$n\geq 0$）也是初始树-超矢列。如果$G[\Gamma,[\beta^*]A]$前面有一逻辑规则R，把归纳假设应用到该规则的前提$G[\Gamma',[\beta^*]A]$（或$G[\Gamma'',[\beta^*]A]$）上，那么就可以得到$G[\Gamma',[\beta]^nA]$（或$G[\Gamma'',[\beta]^nA]$）（其中$n\geqslant 0$）推导高度小于k的推导。通过应用规则R，就可以得到$G[\Gamma,[\beta]^nA]$（其中$n\geq 0$）的高度至多为k的推导。

如果$G[\Gamma,[\beta^*]A]$形如$G[\Gamma',[\beta^*]A,[b]B]$，并且$G[\Gamma,[\beta^*]A]$是根据模态规则$\square K$得出的结论（对于模态规则$\square A$，该推导过程与此类似），将归纳假设应用到$G[\Gamma',[\beta^*]A/b:\Rightarrow B]$上，那么就可以得到$G[\Gamma',[\beta]^nA/b:\Rightarrow B]$（其中$n\geqslant 0$）的推导高度小于$k$的推导。通过应用规则$\square K$，就可以得到$G[\Gamma',[\beta]^nA,[b]B]$（其中$n\geqslant 0$）的推导高度至多为$k$的推导。

如果根据（包括$[\beta^*]$A不是主要公式的规则$^*K$在内的）某个程序规则，可以得到$G[\Gamma,[\beta^*]A]$，那么该推导过程与该逻辑规则的推导过程类似。

最后，如果$G[\Gamma,[\beta^*]A]$前面有“$[\beta^*]$A是主要公式”的程序规则$*K$，那么最后一个步骤的前提就是需要证明的结论。证毕。

引理3.12(缩并规则)：

$\frac{G[A,A,\Gamma]}{G[A,\Gamma]}CA$和$\frac{G[\Gamma,A,A]}{G[\Gamma,A]}CK$在CSPDL演算中是高度保持可容许的。

证明：施归纳于$G[\Gamma,A,A]$前提的推导即可得证。这里只给出规则CK的证明，规则CA的证明与此类似。

如果$G[\Gamma,A,A]$是初始树-超矢列，那么$G[\Gamma,A]$也是初始树-超矢列。如果$G[\Gamma,A,A]$前面有规则R，该规则不把公式A中有两次出现的任意公式作为主要公式。把归纳假设应用到$G[\Gamma',A,A]$（或$G[\Gamma'',A,A]$或者规则$^*K$的无穷前提）上，就可以得到$G[\Gamma',A]$（或$G[\Gamma'',A]$或者是规则$^*K$的无穷前提）的推导高度小于k的推导。通过应用规则R，就可以得到$G[\Gamma,A]$的推导高度至多为k的推导。

现在考虑$G[\Gamma,A,A]$前面是一个逻辑规则、模态规则或者程序规则的情况，并且把公式A中有两次出现的公式中的一个公式作为主要公式。因为能够推出$G[\Gamma,A,A]$的规则是K-规则，所以必须考虑如下几种情况：$\neg K,\wedge K,\Box K,\cup K,\otimes K,?K,{}^*K$。因为这里所有情况的推导过程类似，所以本节只给出如下最复杂的三种情况的证明。

(1)当$G[\Gamma,A,A]$前面是$[\wedge K]$时：

$$\frac{{}^{\langle<k\rangle}G[\Gamma,B,B\wedge C]\quad {}^{\langle<k\rangle}G[\Gamma,C,B\wedge C]}{{}^{\langle<k\rangle}G[\Gamma,B\wedge C,B\wedge C]}\wedge K \quad \dashrightarrow$$

$$\frac{\dfrac{{}^{\langle<k\rangle}G[\Gamma,B,B]}{{}^{\langle<k\rangle}G[\Gamma,B]}i.h.\quad \dfrac{{}^{\langle<k\rangle}G[\Gamma,C,C]}{{}^{\langle<k\rangle}G[\Gamma,C]}i.h}{{}^{\langle k\rangle}G[\Gamma,B\wedge C]}\wedge K$$

(2)当$G[\Gamma,A,A]$前面是$[\Box K]$时：

$$\frac{{}^{\langle<k\rangle}G[\Gamma,[b]B/b:\Rightarrow B]}{{}^{\langle<k\rangle}G[\Gamma,[b]B,[b]B]}\Box K \quad \dashrightarrow$$

$$\cfrac{\cfrac{\cfrac{^{\langle<k\rangle}G[\Gamma/b:\Rightarrow B;b:\Rightarrow B)}{^{\langle<k\rangle}G[\Gamma/b:\Rightarrow B,B)}\text{merge}}{^{\langle<k\rangle}G[\Gamma/b:\Rightarrow B)}i.h.}{^{\langle k\rangle}G[\Gamma,[b]B]}\Box K$$

(3)当$G[\Gamma,A,A]$前面是$[^*K]$:

$$\cfrac{^{\langle<k\rangle}\vdots\ G[\Gamma,[\beta^*]B,[\beta]^nB]\ \ \vdots}{^{\langle<k\rangle}G[\Gamma,[\beta^*]B,[\beta^*]B)}{}^*K \quad --\to \quad \cfrac{\cfrac{^{\langle<k\rangle}G[\Gamma,[\beta]^nB,[\beta]^nB]}{\vdots\ ^{\langle<k\rangle}G[\Gamma,[\beta]^nB]\ \ \vdots}i.h.}{^{\langle k\rangle}G[\Gamma,[\beta]^n\ B}{}^*K$$

其中的$i.h.$表示归纳假设。证毕。

引理 3.13:令$G[H]$是CSPDL演算中“有树-超矢列的一次出现”的任意树-超矢列,而且$G'[H]$是某个高度保持可容许性的规则(如rn规则、WA规则、WK规则、EW规则、merge规则、CA规则和CK规则)在$G[H]$上应用的结果。如果对于规则R有:$\dfrac{G[H']}{G[H]}R$,那么规则R对于$\dfrac{G'[H']}{G'[H]}R$也成立。

证明:施归纳于树-超矢列$G[H]$的形式即可得证。证毕。

引理 3.14:令$G[H]$是CSPDL演算中“有树-超矢列的一次出现”的任意树-超矢列,而且$G'[H]$是逻辑规则、模态规则或者程序规则在$G[H]$上应用的结果。如果对于规则R而言有$\dfrac{G'[H']}{G[H']}R$,那么对于规则R而言$\dfrac{G'[H]}{G[H]}R$也成立。

证明:施归纳于树-超矢列G[H']的形式即可得证。证毕。

14.4 充足性定理

本节主要证明了CSPDL演算能够证明的公式与“它对应的希尔伯特式系统HPDL能够证明的公式”完全相同。

首先从该证明可靠性着手。除了规则$^*K$的情况外,都可以直接进行证明。为了对规则$^*K$情况进行证明，需要引入如下定义和引理。

定义4.1：令F是满足如下条件的命题函数的集合：

（1）$F_0=\{-\}$

（2）$F_{i+1}=\{B\vee[b]C|B\in\Phi, b\in\Pi_0, C\in F_i\}$

（3）$F=\bigcup_{i<\omega}F_i$

对于命题函数$f\in F$和公式$A\in\Phi$而言，$f(A)$是用A替换短标记符“–”之后得到的公式。直观地讲，在L_{PDL}中，集合F可以看作是与zoom树–超矢列ZTHS的集合等值的集合。事实上，任意zoom树–超矢列的翻译都是F中的元素。

引理4.21：如下规则在HPDL中是可推导的：

$$\frac{\vdash f(B\to[\alpha]^n A)\text{对每个}n<\omega\text{而言}}{\vdash f(B\to[\alpha^*]A)}$$

证明：这个证明需要利用命题动态逻辑PDL关于标准语义学（参见Harel等（2000）①）的完全性。事实上需要证明：对于任意f、A、B、α、任意模态m中的任意状态i和所有的$n<\omega$而言，如果$i\vDash_m f(B\to[\alpha]^n A)$，那么$i\vDash_m f(B\to[\alpha^*]A)$。施归纳于$f$的构造即可证明。根据算子*的解释，得到归纳基础：对于任意模型中的任意状态i和所有的$n<\omega$而言，如果$i\vDash_m B\to[\alpha]^n A$，那么$i\vDash_m B\to[\alpha^*]A$。现在假设对于$f$而言的归纳假设成立，考虑$C\vee[b]f(B\to[\alpha]^n A)$的情况。对于每个$n<\omega$而言，如果$i\vDash_m C\vee[b]f(B\to[\alpha]^n A)$，那么$i\vDash_m C$；或者根据$b$的可容许性关系，对于“与$i$有关的每个状态$j$”和所有的$n<\omega$而言，有$i\vDash_m f(B\to[\alpha]^n A)$。因此，根据归纳假设，要么$i\vDash_m C$成立，要么根据$b$的可容许性关系，对于“与$i$有关的每个状态$j$”而言，有$j\vDash_m f(B\to[\alpha^*]A)$成立，所以$i\vDash_m C\vee[b]f(B\to[\alpha^*]A)$成立。

因为对于所有$n<\omega$而言，如果$i\vDash_m f(B\to[\alpha]^n A)$成立，那么$i\vDash_m f(B\to[\alpha^*]A)$，可以得到：对于所有$n<\omega$，如果$\vDash_m f(B\to[\alpha]^n A)$成立，那么$\vDash_m f(B\to[\alpha^*]A)$。根据完全性可知，对于所有$n<\omega$而言，如果$\vdash f(B\to[\alpha]^n A)$成立，那么$\vdash f(B\to[\alpha^*]A)$成立。证毕。

①Harel D, Kozen D and Tiuryn J. Dynamic Logic[M].Cambridge: MIT Press, 2000.

定理 4.3: 如果在CSPDL中$\vdash G$,那么在HPDL中$\vdash (G)^{\tau}$。

证明:施归纳于CSPDL中的推导高度即可得证。容易证明有穷规则时的情况,其证明包括如下两个步骤:首先,分离运用有穷规则的矢列并且证明对应的蕴涵,然后把蕴涵沿着树由下至上传送,根据分离规则,就能很快得到想要证明的结果。本章引理4.2处理了使用无穷规则$^{*}K$的情况。证毕。

为了简化相当复杂的完全性证明,首先需要证明如下两条引理。

引理 4.4: 令$\breve{A},\breve{B},\ldots$表示程序模态词的序列,如下两条规则在CSPDL中是可容许的:

$$\frac{G[\breve{A}[\alpha]^{n}A,\Gamma]}{G[\breve{A}[\alpha^{*}]A,\Gamma]}PA \qquad \frac{\vdots \quad G[\Gamma,\breve{A}[\alpha]^{n}A] \quad \vdots}{G[\Gamma,\breve{A}[a^{*}]A]}PK$$

证明:施归纳于前提的推导高度即可得证。这里只给出规则PK时的证明,规则PA的证明与此类似。

如果$\breve{A}$为空,那么引理4.4显然成立。现在考虑$\breve{A}$非空的情况,根据应用在规则PK前提上的最后规则来区分情况。

情况1:对于所有$i\geq 0$而言,$G[\Gamma,\breve{A}[\alpha]^{i}A]$是初始树-超矢列,在这种情况下,结论也是一个初始树-超矢列。

情况2:每个$G[\Gamma,\breve{A}[\alpha]^{i}A]$是从一个"把$\breve{A}[\alpha]^{i}A$作为主要公式"的规则推导出来的,所以这些规则是相同的。因为$\breve{A}$表示模态词的序列,所以应用在规则PK前提上的最后规则把$\breve{A}[\alpha]^{i}A$作为主要公式,这一最后规则只能够是一个程序规则或者是一个模态规则,这时有如下子情况。

子情况(2a):假设序列$\breve{A}$的第一个程序是一个原子程序b,并且应用在规则PK前提上的最后规则是$\Box K$,那么可以得到如下情景:

$$\cdots\frac{G[\Gamma/b:\Rightarrow\breve{A}'[\alpha]^{i}A]}{G[\Gamma,[b]\breve{A}'[\alpha]^{i}A]}\Box K \quad \cdots \quad \leadsto$$

$$\frac{G[\Gamma/b:\Rightarrow\breve{A}'[a^{*}]A]}{G[\Gamma,[b]\breve{A}'[a^{*}]A]}\Box K$$

子情况（2b）：假设序列$\breve{A}$的第一个程序是一个测试程序，并且应用在规则 PK 前提上的最后规则是?K，那么可以得到如下情景：

$$\cdots\quad \frac{G[B.\Gamma,\breve{A}'[\alpha]^{i}A]}{G[\Gamma,[B?]\breve{A}'[\alpha]^{i}A]}?K \quad \cdots \quad \rightsquigarrow$$

$$\frac{G[B,\Gamma,\breve{A}'[a^{*}]A]}{G[\Gamma,[B?]\breve{A}'[a^{*}]A]}?K$$

子情况（2c）：假设序列$\breve{A}$的第一个程序是一个合成程序（并程序的证明过程与此类似），并且应用在规则 PK 前提上的最后规则是$\otimes K$，那么可以得到如下情景：

$$\cdots\quad \frac{G[\Gamma,[\beta][\gamma]\breve{A}'[\alpha]^{i}A]}{G[\Gamma,[\beta\otimes\gamma]\breve{A}'[\alpha]^{i}A]}\otimes K \quad \cdots \quad \rightsquigarrow$$

$$\frac{G[\Gamma,[\beta][\gamma]\breve{A}'[a^{*}]A]}{G[\Gamma,[\beta\otimes\gamma]\breve{A}'[\alpha^{*}]A]}\otimes K$$

子情况（2d）：假设序列$\breve{A}$的第一个程序是一个迭代程序，并且应用在规则 PK 前提上的最后规则是$^{*}K$，那么可以得到如下情景：

$$\cdots\quad \frac{\vdots\quad G[\Gamma,[\beta]^{k}\breve{A}'[\alpha]^{i}A]\quad \vdots}{G[\Gamma,[\beta^{*}]\breve{A}'[\alpha]^{i}A]}{}^{*}K \quad \cdots \quad \rightsquigarrow$$

$$\frac{\vdots\quad G[\Gamma,[\beta]^{k}\breve{A}'[\alpha^{*}]A]\quad \vdots}{G[\Gamma,[\beta^{*}]\breve{A}'[\alpha^{*}]A]}{}^{*}K$$

情况 3：$\breve{A}[\alpha]^{i}A$不是主要公式，但是相同规则可以应用到前提中相同矢列中的相同公式上，这种情况的证明容易给出。

情况 4：应用在规则 PK 前提上的最后规则不尽相同，或者应用到前提中相同矢列中的相同公式不全是相同的规则。这种情况时的证明按照如下方式进行：

定义自然数上的等值关系“~”如下：$i\sim j$，当且仅当，应用在$G[\Gamma,\breve{A}[\alpha]^{i}A]$上的最后一条规则和应用在$G[\Gamma,\breve{A}[\alpha]^{j}A]$上的最后一条规则是相同的，并且这些规则已经在相同矢列的相同公式中应用过。

令$S_1, \cdots, S_m$是等值关系"~"下的等值类，因为规则的数量是有穷的，树-超矢列是有穷的对象，因此等价类的数量是有穷的。而且：每个S_k（其中$1 \le k \le m$）都自然地与一个规则以及这个规则应用过的公式相关联，令R_k表示与S_k相关联的规则。

对于每个S_k和每个$i \in S_k$而且$l \ne k$而言，把规则R_l的逆规则应用到树-超矢列$G[\Gamma, \breve{A}[\alpha]^i A]$上，也即，这个树-超矢列和自然数$i$相关联。根据本章引理3.10~3.14可知，每个树-超矢列的推导高度可以得到保持。

现在所有的前提都有相同的形式，这些前提的推导高度和之前的推导高度一样。把归纳假设应用到这些前提上，然后应用规则$R_1, \cdots, R_k$，就可以得到$G[\Gamma, \breve{A}[\alpha^*]A]$的推导。证毕。

引理4.5：如下规则在CSPDL演算中是可容许的：

$$\frac{A_1, \cdots, A_n \Rightarrow A}{[\alpha]A_1, \cdots [\alpha]A_n \Rightarrow [\alpha]A}RN$$

证明：施归纳于公式的复杂性即可得证。证毕。

引理4.6：如果在HPDL中$\vdash \alpha$，那么在CSPDL中$\vdash \Rightarrow \alpha$。

证明：首先施归纳于公式α的复杂性，然后施归纳于证明高度即可得证。经典公理和分离规则的证明如常。这里只证明：

①分配公理；

②程序公理；

③必然性规则。

(i)首先证明分配公理。根据出现在box中的程序α区分相关情况。

1)当α是原子程序a时，其证明如下：

$$\cfrac{\cfrac{\cfrac{\cfrac{\cfrac{\cfrac{[a](A \to B),[a]A \Rightarrow /a{:}A \Rightarrow A \quad [a](A \to B),[a]A \Rightarrow /a{:}B \Rightarrow B}{[a](A \to B),[a]A \Rightarrow /a{:}A, A \to B \Rightarrow B} \to A}{[a](A \to B),[a]A \Rightarrow /a{:}A, \Rightarrow B} \square A}{[a](A \to B),[a]A \Rightarrow /a{:} \Rightarrow B} \square A}{[a](A \to B),[a]A \Rightarrow [a]B} \square K}{[a](A \to B) \Rightarrow [a]A \to [a]B} \to K}{\Rightarrow [a](A \to B) \to ([a]A \to [a]B)} \to K$$

2)当 α 是测试程序 B? 时,其证明如下:

$$\dfrac{\dfrac{C,[C?](A\rightarrow B)\Rightarrow B,C \qquad \dfrac{A,C\Rightarrow B,C \qquad \dfrac{A,C\Rightarrow B,A \quad B,A,C\Rightarrow B}{A\rightarrow B,A,C\Rightarrow B}\rightarrow A}{A,C,[C?](A\rightarrow B)\Rightarrow B}?A}{\dfrac{C,[C?](A\rightarrow B),[C?]A\Rightarrow B}{\dfrac{[C?](A\rightarrow B),[C?]A\Rightarrow[C?]B}{\dfrac{[C?](A\rightarrow B)\Rightarrow[C?]A\rightarrow[C?]B}{\Rightarrow[C?](A\rightarrow B)\rightarrow([C?]A\rightarrow[C?]B)}\rightarrow K}\rightarrow K}?K}?A$$

3)当α是并(union)程序、合成(composition)程序或迭代程序时,那么就需要使用归纳假设。这里只给出合成程序的证明(并程序和迭代程序的证明与此类似)。假设 $\alpha\equiv\beta\otimes\gamma$,其证明过程如下:

$$\dfrac{\dfrac{\dfrac{\dfrac{\dfrac{\dfrac{\dfrac{\Rightarrow[\beta][\gamma](A\rightarrow B)\rightarrow([\beta][\gamma]A\rightarrow[\beta][\gamma]B)}{[\beta][\gamma](A\rightarrow B)\Rightarrow([\beta][\gamma]A\rightarrow[\beta][\gamma]B)}\overleftarrow{\rightarrow K}}{[\beta][\gamma](A\rightarrow B),[\beta][\gamma]A,\Rightarrow[\beta][\gamma]B}\overleftarrow{\rightarrow K}}{[\beta\otimes\gamma](A\rightarrow B),[\beta][\gamma]A\Rightarrow[\beta][\gamma]B}\otimes A}{[\beta\otimes\gamma](A\rightarrow B),[\beta\otimes\gamma]A\Rightarrow[\beta][\gamma]B}\otimes A}{[\beta\otimes\gamma](A\rightarrow B),[\beta\otimes\gamma]A\Rightarrow[\beta\otimes\gamma]B}\otimes K}{[\beta\otimes\gamma](A\rightarrow B)\Rightarrow[\beta\otimes\gamma]A\rightarrow[\beta\otimes\gamma]B}\rightarrow K}{\Rightarrow[\beta\otimes\gamma](A\rightarrow B)\rightarrow[\beta\otimes\gamma]A\rightarrow[\beta\otimes\gamma]B}\rightarrow K$$

自下而上来看整个证明,最后两个推理中使用了规则→K的逆,并且最后的树-超矢列可以通过归纳假设得到证明。

(ii)$[\alpha\cup\beta]A\leftrightarrow[\alpha]A\wedge[\beta]A$,$[\alpha\cup\beta]A\leftrightarrow[\alpha]A\wedge[\beta]A$ 和 $[A?]B\leftrightarrow A\rightarrow B$ 这些公理的证明是不足道的。这里只给出混合公理和归纳公理的证明,本章引理4.4和引理4.5分别在这些证明中发挥了关键作用。

1)混合公理的证明过程如下:

$$\dfrac{\dfrac{\dfrac{A\Rightarrow A}{[\alpha^*]A\Rightarrow A}{}^*A \qquad \dfrac{\dfrac{[\alpha]^{n+1}A\Rightarrow[\alpha][\alpha]^nA}{[\alpha^*]A\Rightarrow[\alpha][\alpha]^nA}{}^*A}{[\alpha^*]A\Rightarrow[\alpha][\alpha^*]A}PK}{[\alpha^*]A\Rightarrow A\wedge[\alpha][\alpha^*]A}\wedge K}{\Rightarrow[\alpha^*]A\rightarrow A\wedge[\alpha][\alpha^*]A}\rightarrow K$$

2)归纳公理的证明过程如下：

$$\cfrac{\cfrac{A,A\to[\alpha]A,[\alpha](A\to[\alpha]A),\cdots,[\alpha]^{n-1}(A\to[\alpha]A)\Rightarrow[\alpha]^{n}A}{A,A\to[\alpha]A,[\alpha](A\to[\alpha]A),\cdots,[\alpha]^{n-1}(A\to[\alpha]A),[\alpha^{*}](A\to[\alpha]A)\Rightarrow[\alpha]^{n}A}\,WA}{}\,{}^{*}A$$

$$\cfrac{\cfrac{\cfrac{\vdots\quad\cfrac{\vdots}{A,[\alpha^{*}](A\to[\alpha]A)\Rightarrow[\alpha]^{n}A}\,{}^{*}A\quad\vdots}{A,[\alpha^{*}](A\to[\alpha]A)\Rightarrow[\alpha^{*}]A}\,{}^{*}K}{A\wedge[\alpha^{*}](A\to[\alpha]A)\Rightarrow[\alpha^{*}]A}\,\wedge A}{\Rightarrow A\wedge[\alpha^{*}](A\to[\alpha]A)\Rightarrow[\alpha^{*}]A}\,\to K$$

自下而上来看整个证明，通过重复应用规则$^{*}A$，可以得到倒数第二个矢列。这是点（⋮）表达的内容。为了继续证明，需要把出现在box中的程序区分为如下几种情况。

①当α是原子程序a时，把规则$\to A$应用到$A,A\to[a]A,[a](A\to[a]A),\cdots,[a]^{n-1}(A\to[a]A)\Rightarrow[a]^{n}A$上，可以得到公理$A\Rightarrow A$和树-超矢列：$[a]A,[a](A\to[a]A),\cdots,[a]^{n-1}(A\to[a]A)\Rightarrow[a]^{n}A$。现在继续进行这一证明如下：

$$\cfrac{\cfrac{\cfrac{\cfrac{\Rightarrow /a{:}A\Rightarrow A\quad [a]A,[a](A\to[a]A),\cdots,[a]^{n-1}(A\to[a]A)\Rightarrow /a{:}A,[a]A\Rightarrow[a]^{n-1}A}{[a]A,[a](A\to[a]A),\cdots,[a]^{n-1}(A\to[a]A)\Rightarrow /a{:}A,A\to[a]A\Rightarrow[a]^{n-1}A}\,\to A}{[a]A,[a](A\to[a]A),\cdots,[a]^{n-1}(A\to[a]A)\Rightarrow /a{:}A\Rightarrow[a]^{n-1}A}\,\Box A}{[a]A,[a](A\to[a]A),\cdots,[a]^{n-1}(A\to[a]A)\Rightarrow /a{:}\Rightarrow[a]^{n-1}A}\,\Box A}{[a]A,[a](A\to[a]A),\cdots,[a]^{n-1}(A\to[a]A)\Rightarrow[a]^{n}A}$$

通过（n-次）重复应用和上文相似的内容，可以得到如下公理：

$$[a]A,\cdots,[a]^{n-1}(A\to[a]A)\Rightarrow\overbrace{/a;A,\cdots,[a]^{n-2}(A\to[a]A)\Rightarrow/\cdots/a{:}A}^{n}\Rightarrow A$$

②当α是一个测试程序$B?$时，就需要证明树-超矢列：$A,A\to[B?]A,\cdots,[B?]^{n-1}(A\to[B?]A)\Rightarrow[B?]^{n}A$。施归纳于$n$来证明。当$n=1$时，易得：

$$\cfrac{A\Rightarrow A\quad [B?]A\Rightarrow[B?]A}{A,A\to[B?]A\Rightarrow[B?]A}\,\to A$$

假定该引理在n时成立，那么就需要证明该引理在$n+1$时成立，其证明如下：

$$\cfrac{\cfrac{\cfrac{A,A\to[B?]A,\cdots,[B?]^{n-1}(A\to[B?]A)\Rightarrow[B?]^{n}A}{A,A\to[B?]A,\cdots,[B?]^{n-1}(A\to[B?]A),[B?]^{n}(A\to[B?]A)\Rightarrow[B?]^{n}A}\,WA}{B,A,A\to[B?]A,\cdots,[B?]^{n}(A\to[B?]A)\Rightarrow[B?]^{n}A}\,WA}{A,A\to[B?]A,\cdots,[B?]^{n}(A\to[B?]A)\Rightarrow[B?]^{n+1}A}\,?K$$

③当α是合成程序$\beta\otimes\gamma$时（并程序和迭代程序的证明与此类似），就需要证明树–超矢列：$A, A\to[\beta\otimes\gamma]A, \cdots, [\beta\otimes\gamma]^{n-1}(A\to[\beta\otimes\gamma]A)\Rightarrow[\beta\otimes\gamma]^nA$。施归纳于$n$施来证明。当$n$=1时，易得：

$$\dfrac{A\Rightarrow A\qquad [\beta\otimes\gamma]A\Rightarrow[\beta\otimes\gamma]A}{A, A\to[\beta\otimes\gamma]A\Rightarrow[\beta\otimes\gamma]A}\to A$$

假定该引理在n时成立，那么就需要证明该引理在n+1时也成立。有：

$$\dfrac{A\Rightarrow A\quad \dfrac{\begin{matrix}\dfrac{\dfrac{\dfrac{\dfrac{A, A\to[\beta\otimes\gamma]A,\cdots,[\beta\otimes\gamma]^{n-1}(A\to[\beta\otimes\gamma]A)\Rightarrow[\beta\otimes\gamma]^nA}{[\gamma]A,[\gamma](A\to[\beta\otimes\gamma]A),\cdots,[\gamma][\beta\otimes\gamma]^{n-1}(A\to[\beta\otimes\gamma]A)\Rightarrow[\gamma][\beta\otimes\gamma]^nA}RN}{[\beta][\gamma]A,[\beta][\gamma](A\to[\beta\otimes\gamma]A),\cdots,[\beta][\gamma][\beta\otimes\gamma]^{n-1}(A\to[\beta\otimes\gamma]A)\Rightarrow[\beta][\gamma][\beta\otimes\gamma]^nA}RN}{[\beta][\gamma]A,[\beta][\gamma](A\to[\beta\otimes\gamma]A),\cdots,[\beta][\gamma][\beta\otimes\gamma]^{n-1}(A\to[\beta\otimes\gamma]A)\Rightarrow[\beta\otimes\gamma]^{n+1}A}\otimes K}{\vdots}\otimes A\end{matrix}}{[\beta\otimes\gamma]A,[\beta\otimes\gamma](A\to[\beta\otimes\gamma]A),\cdots,[\beta\otimes\gamma]^{n}(A\to[\beta\otimes\gamma]A)\Rightarrow[\beta\otimes\gamma]^{n+1}A}\otimes A}{A, A\to[\beta\otimes\gamma]A,\cdots,[\beta\otimes\gamma]^{n}(A\to[\beta\otimes\gamma]A)\Rightarrow[\beta\otimes\gamma]^{n+1}A}\to A$$

其中点（$\vdots$）表示规则$\otimes A$的重复使用。

（ii）现在证明必然化规则。根据出现在box中的程序α来区分相关情况。

1）当程序α是原子程序a时，其证明如下：

$$\dfrac{\dfrac{\Rightarrow A}{\Rightarrow /a:\Rightarrow A}rn}{\Rightarrow[a]A}\Box K$$

2）当程序α是测试程序$B?$时，其证明如下：

$$\dfrac{\dfrac{\Rightarrow A}{B\Rightarrow A}WA}{\Rightarrow[B?]A}?A$$

3）当程序α是并程序、合成程序或迭代程序时，就需要使用归纳假设。这里只给出当程序α是合成程序的证明，并程序和迭代程序的证明与此类似。

假设$\alpha=\beta\otimes\gamma$，有：

$$\dfrac{\dfrac{\dfrac{\Rightarrow A}{\Rightarrow[\gamma]A}i.h}{\Rightarrow[\beta][\gamma]}i.h}{\Rightarrow[\beta\otimes\gamma]A}\otimes K$$

证毕。

14.5 切割-消去定理

本节将证明切割规则在CSPDL演算中是可容许的，正如如下定理所述。

定理5.1：令$G[\Gamma,A]$和$G[A,\Gamma]$是两个树-超矢列。如果：

$$\frac{\begin{array}{c}\vdots d_1\\ G[\Gamma,A]\end{array}\quad\begin{array}{c}\vdots d_2\\ G[A,\Gamma]\end{array}}{G[\Gamma]}cut_A$$

并且d_1和d_2不包括任何其他切割规则的应用，那么可以构造“没有该切割规则的任何应用”的$G[\Gamma]$的一个证明。

证明：施归纳于切割公式的复杂性（参见本章定义3.1），并施子归纳于切割规则前提的推导高度的自然总和（sum，即Hessenberg总和），即可得证。（序数的自然和的定义可参见Troeistra等（1996））。根据应用到切割规则左侧前提的最后一个规则来区分相关情况。

情况1：当$G[\Gamma,A]$是初始树-超矢列时，那么结论或者是一个初始树-超矢列，或者可以通过对右侧前提下应用缩并规则得到。

情况2：当$G[\Gamma,A]$是由“A不是主要公式的”规则R推导出来时，就可以得到如下推导[①]：

$$\frac{\dfrac{G[\Gamma',A]}{G[\Gamma,A]}R\quad\begin{array}{c}\vdots\\ G[A,\Gamma]\end{array}}{G[\Gamma]}cut_A$$

通过对$G[A,\Gamma]$应用规则R的逆规则，可以得到$G[A,\Gamma']$。因为CSPDL演算的规则是高度保持可逆的，所以其推导高度是不变的。因此其证明如下：

$$\frac{\dfrac{G[\Gamma',A]\quad G[A,\Gamma']}{G[\Gamma']}cut_A}{G[\Gamma]}R$$

其中，施归纳于切割规则前提的推导高度的总和，那么该切割规则就可以消去。

①规则R也可以到“不同于矢列G的”一些矢列S中，而且矢列S属于zoom树-超矢列$G[^*]$。其证明过程与这里给出的证明过程类似。

情况3：$G[\Gamma,A]$是由"A不是主要公式的"规则R推导出来时，这里可分为如下三种子情况：(3.1)规则R是逻辑规则；(3.2)规则R是模态规则；(3.3)规则R是程序规则。对这些情况的分析如下。

子情况3.1：当规则R是逻辑规则时，例如，在$G[\Gamma,A]$之前的规则是$\neg K$，那么可得：

$$\dfrac{\dfrac{G[B,\Gamma]}{G[\Gamma,\neg B]}\neg K \quad \begin{matrix}\vdots\\ G[\neg B,\Gamma]\end{matrix}}{G[\Gamma]}cut\neg_B$$

通过对$G[\neg B,\Gamma]$使用$\neg A$的逆规则，可以得到$G[\Gamma,B]$。用如下切割规则代替之前的切割规则；施归纳于这一新的切割公式的复杂性，就可以消去如下切割规则：

$$\dfrac{G[\Gamma,B] \quad G[B,\Gamma]}{G[\Gamma]}cut_B$$

子情况3.2：当规则R是模态规则时。当规则R是$\Box K$且$A=[b]B$时，可得如下推导：

$$\dfrac{\dfrac{G[\Gamma/b:\Rightarrow B]}{G[\Gamma,[b]B]}\Box K \quad \begin{matrix}\vdots\\ G[[b]B,\Gamma]\end{matrix}}{G[\Gamma]}cut[b]_B$$

现在需要考虑d_2的最后规则R'。如果不存在引入$G[[b]B,\Gamma]$的规则R'，因为$G[[b]B,\Gamma]$是初始树-超矢列，那么可以像情况1那样进行证明。如果规则R'的主要公式不是$[b]B$，那么可以像情况2那样进行证明。现在需要证明的唯一情况是：当规则R'是"把$[b]B$作为主要公式"的规则$\Box A$时，其证明如下：[①]

$$\dfrac{\dfrac{G'[\Gamma/b:\Rightarrow B;(b:\Delta/\underline{X})]}{G'[\Gamma,[b]B/(b:\Delta/\underline{X})]}\Box K \quad \dfrac{G'[[b]B,\Gamma/(b:B,\Delta/\underline{X})]}{G'[[b]B,\Gamma/(b:\Delta/\underline{X})]}\Box A}{G'[\Gamma/(b:\Delta/\underline{X})]}cut[b]_B$$

这可以化归为：

$$\dfrac{\dfrac{G'[\Gamma,[b]B/(b:\Delta/\underline{X})]}{G'[\Gamma,[b]B/(b:B,\Delta/\underline{X})]}WA \quad G'[[b]B,\Gamma/(b:B,\Delta/\underline{X})]}{G'[\Gamma/(b:B,\Delta/\underline{X})]}cut[b]_B$$

①说明：$G'[G,[b]B/(b:D/X)]$（$G'[G,[b]B/(b:D/X)]$）仅仅是$G[G,[b]B]$（$G[G,[b]B]$）的另一种写法。

$$\dfrac{\dfrac{G'[\Gamma/b:\Rightarrow B;(b:\Delta/\underline{X})]}{G'[\Gamma/(b:\Delta,B/\underline{X})]}\text{merge} \quad G'[\Gamma/(b:B,\Delta/\underline{X})]}{G'[\Gamma/(b:\Delta/\underline{X})]}cut_B$$

其中,施归纳于切割规则前提的推导高度的总和,就可以消去切割规则的第一次应用。施归纳于切割公式的复杂性,就可以消去切割规则的第二次应用。

子情况 3.3:当规则 R 是程序规则时,需要根据 box 中出现的程序来区分相关子情况。通过假设规则 R 的右侧前提也由"把 A 作为主要公式"的一个规则引入,来分析每种子情况。其他情况的推导类似于子情况。

1)当规则 R 在 box 中出现的程序是 $\cup$ 时:

$$\dfrac{\dfrac{G[\Gamma,[\beta]B] \quad G[\Gamma,[\gamma]B]}{G[\Gamma,[\beta\cup\gamma]B]}\cup K \quad \dfrac{G[[\beta]B,[\gamma]B,\Gamma]}{G[[\beta\cup\gamma]B,\Gamma]}\cup A}{G[\Gamma]}cut_{[\beta\cup\gamma]B}$$

这可以化归为:

$$\dfrac{G[\Gamma,[\beta]B] \quad \dfrac{\dfrac{G[\Gamma,[\gamma]B]}{G[[\beta]B,\Gamma,[\gamma]B]}WA \quad G[[\beta]]B,[\gamma]B,\Gamma}{G[[\beta]B,\Gamma]}cut_{[\gamma]B}}{G[\Gamma]}cut_{[\beta]B}$$

施归纳于切割公式的复杂性,就可以消去切割规则的两次应用。

2)当规则 R 在 box 中出现的程序是 $\otimes$ 时:

$$\dfrac{\dfrac{G[\Gamma,[\beta][\gamma]B]}{G[\Gamma,[\beta\otimes\gamma]B]}\otimes K \quad \dfrac{G[\beta][\gamma]B,\Gamma]}{G[[\beta\otimes\gamma]B,\Gamma]}\otimes A}{G[\Gamma]}cut_{[\beta\otimes\gamma]B}$$

这可以化归为:

$$\dfrac{G[\Gamma],[\beta][\gamma]B] \quad G[[\beta][\gamma]B,\Gamma}{G[\Gamma]}cut_{[\beta][\gamma]B}$$

施归纳于切割公式的复杂性,就可以消去切割规则的这次应用。

3）当规则R在box中出现的程序是?时：

$$\dfrac{\dfrac{G[C,\Gamma,B]}{G[\Gamma,[C?]B]}?A \quad \dfrac{G[\Gamma,C] \quad G[B,\Gamma]}{G[[C?]B,\Gamma]}?K}{G[\Gamma]}cut_{[C?]B}$$

这可以化归为：

$$\dfrac{G[\Gamma,C] \quad \dfrac{G[C,\Gamma,B] \quad \dfrac{G[B,\Gamma]}{G[C,B,\Gamma]}WA}{G[C,\Gamma]}cut_B}{G[\Gamma]}cut_C$$

施归纳于切割公式的复杂性，就可以消去切割规则的两次应用。

4）当规则R在box中出现的程序是*时：

$$\dfrac{\dfrac{\vdots \quad G[\Gamma,[\beta]^n B] \quad \vdots}{G[\Gamma,[\beta^*]B]}{}^*K \quad \dfrac{G[[\beta^*]B,[\beta]^n B,\Gamma]}{G[[\beta^*]B,\Gamma]}{}^*A}{G[\Gamma]}cut_{[\beta^*]B}$$

这可以化归为：

$$\dfrac{G[\Gamma,[\beta]^n B] \quad \dfrac{\dfrac{G[\Gamma,[\beta^*]B]}{G[[\beta]^n B,\Gamma,[\beta^*]B]}WA \quad G[[\beta^*]B,[\beta]^n B,\Gamma}{G[[\beta]^n B,\Gamma]}cut_{[\beta]^n B}}{G[\Gamma]}cut_{[\beta]^n B}$$

其中，施归纳于切割公式前提的推导高度的总和，就可以消去切割规则的第一次应用；施归纳于切割公式的复杂性，就可以消去切割规则的第二次应用。证毕。

14.6　结论与未来的工作

本章阐述了命题动态逻辑的矢列演算，该演算具有许多吸引人的性质：所有的结构规则（包括缩并规则和切割规则）都是（高度保持）可容许的；逻辑规则、模态规则和程序规则都是高度保持可逆的；而切割-消去证明规则是标准的句法推导过程。另一方面，这种演算是无穷的：在矢列的右侧引入程序算子*的规则有无穷多个前提。

未来研究的首要任务是找到具有如下性质的矢列演算：它既

具有命题动态逻辑的无切割规则的矢列演算CSPDL的性质，又具备有穷性质。根据现有文献对这一问题及其类似问题的研究，可以发现，该问题值得研究。一方面，Nishimura（1979）尝试为命题动态逻辑PDL提出一种带有切割规则的有穷演算。另一方面，关于矢列演算的常识性内容的文献越来越多，很有价值的是：这种常见算子的语义和公理与命题动态逻辑的迭代算子很相似。Jager等（2007）的研究表明：模仿有穷的希尔伯特公理化系统（等价于HPDL）的有穷规则，而得到的最佳演算具有一个部分切割-消去定理，该定理只能使用语义的方法证明，而不能完全使用句法的方法证明切割-消去定理。Alberucci等（2005）的研究表明：唯一带有切割-消去规则的有穷演算是本章无穷规则$^*K$的变种，$^*K$规则的前提集小于某个有穷界的前提的个数n，这取决于规则的结论。切割-消去的证明基础是语义完全性，因此，相同类型的限制对动态逻辑的程序算子*也成立。以上这些观点只是为了强调研究的可能深度和重要方向。

第15章 命题动态逻辑的多类型显示演算

本章主要研究了命题动态逻辑的多类型显示演算（Multi-type display calculus for Propostional Dynamic Logic，mdc-PDL）。该逻辑具有Belnap式切割消去（cut-elimination）规则和子公式性质。本章对相关内容的阐释主要基于Frittella等（2016c）[①]的研究。

15.1 引 言

本章研究了命题动态逻辑的无切割的多类型显示演算mdc-PDL。从方法论的角度看，本章的研究采用了Frittella等（2016b）引入的多类型方法。该方法受到了Frittella等（2016a）证明论语义学的启发，其目的是为动态逻辑建立起统一的模块化证明论。在Frittella等（2016b）阐释的Baltag-Moss-Solecki的动态认知逻辑（dynamic epistemic logic，DEL）中，把原始的动态认知逻辑语言嵌入到一个表达力更强的语言中，该语言的公式不仅可以（像符号$\langle\alpha\rangle A$一样）由公式和行动（action）来生成，而且还可以（像符号$\langle a\rangle A$一样）由公式和智能体（agent）生成；行动可以由智能体和行动之间的相互作用来生成。

该方法的核心思想是：多类型显示演算语言是多类型的，即行动、智能体和公式是该语言的全部第一类成员，它们中的每个都至少属于一个类型，上面提及的每个生成步骤都可以由特定的作用于不同类型的论元联结词，通过显性的方式加以解释。具体地说，Frittella等（2016b）中的多类型动态认知逻辑包括如下类型：表示智能体的Ag、表示函数行动的Fnc、表示一般行动（general action）的Act和表示公式的Fm。本章多类型显示演算

---

①Frittella S，Greco G，Kurz A，et al. Multi-type display calculus for Propostional Dynamic Logic[J]. Journal of Logic and Computation，Special issue on Substructural logic and information dynamics，2016c，26(6)：2067-2104.

将用到Frittella等(2016b)中的多类型动态认知逻辑的一个重要技巧,即(认知)行动被指派两种不同的类型:Fnc是认知行动的基本类型,其本质是表征了初始的动态认知逻辑语言中的动态模态联结词的行动参数,而Act是出现在给定智能体中的行动类型。这两种类型在原始的动态认知逻辑中并没有相应的类型与之对应。

多类型显示演算的引入为克服一些困难奠定了基础,这些困难是指不能够直接使用动态逻辑的典型证明论方法处理的困难,而且这些困难导致了不能够把一个动态逻辑的结果顺利应用到另一个动态逻辑中。就命题动态逻辑PDL而言,主要困难在于如何把归纳公理编码到结构规则中。由于一个给定的参数公式同时出现在前件和后件的位置的归纳"循环"(inductive 'loop'),并假定结构的意义取决于它们在一个矢列式(sequent)(的前件或后件)中的位置,那么就不能直接在结构层面上表达归纳公理(induction axiom)。然而,Harel等(2000)的研究表明,在公式语境(context)下,归纳公理揭示了这样的事实:正迭代$^+$在语义上是行动(action)上的传递闭包算子;迭代(也称为Kleene星*)在语义上是行动上的自返传递闭包算子。在不包含具有中介作用的公式的纯粹行动语境(context)中,该事实可以(而且应该)通过有穷(结构)规则来表达。正如Frittella等(2016b)中动态认知逻辑DEL的例子一样,多类型环境(environment)可用于提供额外的表达力,用于表征语境中的各种动态公理的信息内容。

综上所述,多类型方法论旨在生成具有如下特征的演算,Frittella等(2016b)就定义了这类演算:①在操作规则和结构规则之间,按照证明论语义学的要求进行简洁划分;②在描述每一类型的性质的结构规则与描述不同类型交互的结构规则之间,进行简洁划分;③对于在每种类型之内的任意结构而言,所有规则在参数运算项(parametric operational terms)的统一替换下都具有闭包性。

特征③对于适当显示演算的多类型版本的定义而言是至关重要的(详情可参见Wansing(1998)中的定义,或本章15.2.3节)。

根据Frittella等(2016b)中相应的Belnap式元定理,可直接得到任意此类演算的切割消去规则的结论。

本章阐释的命题动态逻辑PDL的多类型显示演算,类似于Frittella等(2016b)中具有上述特征①和②的子结构逻辑和信息动态逻辑。已经证明该演算是可适当显示的(参见本章定义2.5),因此它的切割消去规则和子公式性质,可以根据Frittella等(2016b)的定理3.3的Belnap式元定理得到。在该演算中,行动和公式都是第一类成员(first-class citizen),而且它们都至少属于一种类型;类似于Frittella等(2016b)中引入的联结词用于解释具有不同类型的论元是如何生成复合项的。具体地说,多类型命题动态逻辑有如下类型:表示转换行动的TAct、表示一般行动的Act、表示公式的Fm。正如Frittella等(2016b)所指出的那样,在当前情境中(in present setting),存在两种不同类型的行动:基本行动类型Act和转换行动类型TAct。其中,基本行动类型Act编码了初始命题动态逻辑PDL语言中的动态模态联结词的通用行动参数(generic action-parameter);初始命题动态逻辑PDL语言中的α^{+}行动项则是在转换行动的类型TAct中取值。在纯粹的行动语境中,利用这两种行动类型在运算层面上的交互,就可以表示传递闭包。

但是,目前的系统不具有上述特征②。事实上,当前情境还不足以在结构层面上表示传递闭包。因此,利用公式的中介作用(mediating role),就可以通过无穷规则来表示归纳公理。可以推测,在结构层面表示传递闭包的关键是删除无穷规则,下面对此加以详细阐释。在本章中,if and only if常常简写为iff,意思是“当且仅当”。

本章结构如下:15.2节为论述命题动态逻辑做了相关准备工作,并介绍了如何把适当的显示演算的概念推广到多类型情境中,以及Belnap的切割消去元定理的相应扩展;15.3节阐述了命题动态逻辑PDL的多类型显示演算,此演算被称为PDL的动态演算;15.4节讨论了相对于标准语义学的一些规则的可靠性;15.5节证明了该演算相对于命题动态逻辑PDL的完全性;15.6节证明了该演算具有Belnap式的切割消去规则；15.7节讨论了为证明该演算的保守性的各种可用技巧；15.8节给出了全章的结论和研究展望。

15.2 相关知识准备

本部分给出了一些基本事实，分别对Hilbert式的命题动态逻辑PDL公理化进行了回顾，给出了多类型演算的修正定义，介绍了适当的多类型显示演算的定义，并阐述了切割消去元定理。该定义和定理在Frittella等（2016b）中有更紧致的版本，因此这里不会对其详述，但是在本章的命题动态逻辑PDL的动态演算中的Belnap式的切割消去规则，是建立在这一更紧致定义的基础上的。

15.2.1 命题动态逻辑的相关基础

本部分关于命题动态逻辑PDL的相关内容主要来源于Harel等（2000）。但陈述在某些方面与Harel等（2000）的有所不同，下面将对此加以说明。

令AtProp和AtAct分别是原子命题和原子行动的可数但不相交的集合。命题动态逻辑PDL的公式A组成的集合L，以及在L上的行动α组成的集合Act(L)可以同时定义如下：

$A::=p\in \mathrm{AtProp}|\neg A|A\vee A|\langle\alpha\rangle A(\alpha\in \mathrm{Act}(L))$

$\alpha::=a\in \mathrm{AtAct}|\alpha;\alpha|\alpha\cup\alpha|A?|\alpha^{+}(A\in L)$

令符号$\wedge$和$\perp$像往常一样定义，即对于某些公式$A\in L$而言，$A\wedge B:=\neg(\neg A\vee\neg B)$，并且$\perp:=A\wedge\neg A$。在本章中，符号“:=”表示其左边的内容可以被其右边的内容加以定义。

该语言模型是三元组$M=(W,\{R_a|a\in \mathrm{AtAct}\},V)$，使得：对于每个$a\in \mathrm{AtAct}$而言，有$R_a\subseteq W\times W$；对于每个$p\in \mathrm{AtProp}$而言，有$V(p)\subseteq W$。对于每个非原子行动$\alpha\in \mathrm{Act}(L)$而言，关系$R_\alpha\subseteq W\times W$可以进行如下归纳定义：

$R_{\alpha;\beta}:=R_\alpha\circ R_\beta=\{(u,v)|\exists w\in W((u,w)R_\alpha\text{且}(w,v)\in R_\beta)\}$

$R_{\alpha\cup\beta}:=R_\alpha\cup R_\beta=\{(u,v)|(u,v)\in R_\alpha\text{或}(u,v)\in R_\beta\}$

$R_{\alpha+}:=(R_\alpha)^{+}=\bigcup_{n\geqslant 1}R_\alpha^{n}$

$R_{A?}:=\{(w,w)|w\in V(A)\}$

其中 R^n_α 的定义如下：对于每个 $n\geq 1$ 而言，$R^1_\alpha:=R$ 且 $R^{n+1}_\alpha:=R^n_\alpha\circ R\alpha$。在上述规定下，命题的可满足性和有效性的定义与模态逻辑中常见定义一样；尤其是对形如 $\langle\alpha\rangle A$ 或形如 $[\alpha]A$ 的公式赋值时，可以充分利用相应关系 R_α：

$M,w\Vdash\langle\alpha\rangle A$ 当且仅当 $\exists v\in W$（$wR_\alpha v$ 且 $M,w\Vdash A$）

$M,w\Vdash[\alpha]A$ 当且仅当 $\forall v\in W$（如果 $wR_\alpha v$ 那么 $M,w\Vdash A$）

如下公理和规则列表构成了一个可靠且完全的命题动态逻辑 PDL 的 Hilbert 式演绎系统，其中的 box 是初始模态词，模态词 diamond 如常定义为：$\langle\alpha\rangle A:=\neg[\alpha]\neg A$。下表列出了带有*版本的不动点公理((也称为 Mix 公理，可参见 Fisher 与 Ladner(1979)、Harel 等(2000)和 Segerberg(1982))和带有+版本的归纳公理(也称为 Segerberg 公理，可参见 Hartonas(2013a；2013b))。为了命题动态逻辑 PDL 的完全性证明，可以参考 Kozen 与 Parikh(1981)。为了后续部分研究的需要，本章使用正迭代+而不是 Kleene 星*对 PDL 进行公理化。

Box 公理：

K 公理：$\vdash[\alpha](A\to B)\to([\alpha]A\to[\alpha]B)$

选择公理：$\vdash[\alpha\cup\beta]A\leftrightarrow[\alpha]A\wedge[\beta]A$

合成公理：$\vdash[\alpha;\beta]A\leftrightarrow[\alpha][\beta]A$

测试公理：$\vdash[A?]B\leftrightarrow(A\to B)$

分配公理：$\vdash[\alpha](A\wedge B)\leftrightarrow[\alpha]A\wedge[\alpha]B$

不动点*公理：$\vdash[\alpha^*]A\leftrightarrow A\wedge[\alpha][\alpha^*]A$

归纳*公理：$\vdash A\wedge[\alpha^*](A\to[\alpha]A)\to[\alpha^*]A$

不动点+公理：$\vdash[\alpha^+]A\leftrightarrow[\alpha]A\wedge[\alpha][\alpha^+]A$

归纳+公理：$\vdash([\alpha]A\wedge[\alpha^+](A\to[\alpha]A))\to[\alpha^+]A$

推理规则：

分离规则	如果 $\vdash A\to B$ 并且 $\vdash A$，那么 $\vdash B$
$[\alpha]$-引入规则	如果 $\vdash A$，那么 $\vdash[\alpha]A$

由于 15.3 节的演算是模块化的，并且很容易对严格弱于 Boolean 演算的命题演算进行重组，因此本章与 Frittella 等

(2016b)一样:把box算子和diamond算子都看作是初始模态词(可参见Goldblatt(1992)中带有独立模态词的PDL的公理化)。

Diamond公理:

选择公理:$\vdash\langle\alpha\cup\beta\rangle A\leftrightarrow\langle\alpha\rangle A\vee\langle\beta\rangle A$

合成公理:$\vdash\langle\alpha;\beta\rangle A\leftrightarrow\langle\alpha\rangle\langle\beta\rangle A$

测试公理:$\vdash\langle A?\rangle B\leftrightarrow A\wedge B$

分配公理:$\vdash\langle\alpha\rangle(A\vee B)\leftrightarrow\langle\alpha\rangle A\vee\langle\alpha\rangle B$

不动点*公理:$\vdash\langle\alpha^*\rangle A\leftrightarrow A\vee\langle\alpha\rangle\langle\alpha^*\rangle A$

归纳*公理:$\vdash\langle\alpha^*\rangle A\leftrightarrow A\vee\langle\alpha^*\rangle(\neg A\wedge\langle\alpha\rangle A)$

不动点$^+$公理:$\vdash\langle\alpha^+\rangle A\leftrightarrow\langle\alpha\rangle A\vee\langle\alpha\rangle\langle\alpha^+\rangle A$

归纳$^+$公理:$\vdash\langle\alpha^+\rangle A\rightarrow\langle\alpha\rangle A\vee\langle\alpha^+\rangle(\neg A\wedge\langle\alpha\rangle A)$

推理规则:

分离规则	如果$\vdash A\rightarrow B$并且$\vdash A$,那么$\vdash B$
$\langle\alpha\rangle$-引入规则	如果$\vdash A\rightarrow\bot$,那么$\vdash\langle\alpha\rangle A\rightarrow\bot$

对于每个行动α而言,可以用分别与$\langle\alpha\rangle$和$[\alpha]$毗连的$\underline{\overline{\alpha}}$和$\underline{\underline{\overline{\overline{\alpha}}}}$对命题动态逻辑PDL语言进行扩张,这些模态词对应的逆算子$(\cdot)^{-1}$具有以下语义:对于任意行动α而言,$R_{\alpha^{-1}}:=R_{\alpha}^{-1}$,其中对于每个关系$R$而言,有$R^{-1}:=\{(u,v)\mid(v,u)\in R\}$。正如在Harel等(2000)中提到的那样,逆算子在涉及"向后运行程序"或逆转行动时是很有用,尽管在实践中并不总是这样。使用关系R_{α}^{-1},可用标准的方式对模态算子$\underline{\overline{\alpha}}$和$\underline{\underline{\overline{\overline{\alpha}}}}$的语义进行解释。相关附加规则如下(类似的扩展可参见Hartonas(2013a,2013b))。

推理规则:

$(\langle\alpha\rangle\dashv\underline{\overline{\alpha}})$-Adj.	$\vdash\langle\alpha\rangle A\rightarrow B$当且仅当$\vdash A\rightarrow\underline{\overline{\alpha}}B$
$(\underline{\underline{\overline{\overline{\alpha}}}}\dashv[\alpha])$-Adj.	$\vdash A\rightarrow[\alpha]B$当且仅当$\vdash\underline{\underline{\overline{\overline{\alpha}}}}A\rightarrow B$

15.2.2 多类型演算

Frittella等(2016a)给出了多类型显示演算的环境。首先给出一种命题语言,它的项构成了n个两两不相交的(pairwise disjoint)类型$T_1\cdots T_n$,每种类型都有自己的签名(signature)。使用

a,b,c 和 x,y,z 分别表示未指定(可能不同)类型的运算联结词和结构联结词。此外,假定运算联结词和结构联结词是在每种类型内部以及不同类型之间给出的,因此显示性质成立(至少对于可推导的矢列式如此,参见 Frittella 等(2016b)的定义 2,也可参见下文)。

在实际应用中,需要根据包含关系在语义上对类型进行排序。例如,在 15.3 节中,需要分别引入(除了 Fm 类型公式之外的)传递行动(transitive action)类型 TAct 和一般行动类型 Act。在 15.3 节中,当出现吸收规则(absorption rule,参见 15.3 节表中的迭代结构规则)时,就需要对传递行动和一般行动加以区分,因为吸收规则对传递行动而言是可靠的,但对一般行动而言则是不可靠的。从这一语义的角度来看,应该把 TAct 看作 Act 的一个真子集(proper set);虽然 TAct 相对于事件的状态而言是可靠的,但是由于其句法规定需要调整为适用于更一般的情景(situation),因此 TAct 集和 Act 集是不相交的。这可以轻易做到,因为每个项都可以毫不含糊地指派唯一的类型。"TAct 集和 Act 集是不相交的"是下面 Belnap 式的切割消去定理的一个重要要求,在下一小节的条件 C'2 中会明确说明。

定义 2.1:如果 x 和 y 属于同一类型,那么矢列式 $x \vdash y$ 是类型一致(type-uniform)的。

在一个显示演算中,切割规则的典型形式如下:

$$\frac{X \vdash A \quad A \vdash Y}{X \vdash Y} Cut$$

其中 X, Y 是结构,A 是公式。这可以直接转化为多类型的环境中,根据这一规则,对于给定多类型系统的每个类型而言,允许切割规则具有如下形式:

$$\frac{x \vdash a \quad a \vdash y}{x \vdash y} Cut$$

定义 2.2:"一个切割规则是严格类型一致的(strongly type-uniform)",意思是:该切割规则的前提和结论是同一类型的。

完全显示性是证明切割消去元定理的关键。

定义 2.3(可参见 Belnap(1982)的 3.2 节):

证明系统具有完全显示性质(full display property),当且仅当,对于每个矢列式 $X \vdash Y$,以及 X 或 Y 的子结构 Z 而言,使用系统规则,可以把矢列式 $X \vdash Y$ 转换成:对某些结构 W 而言,是形式为 $Z \vdash W$ 或 $W \vdash Z$ 的逻辑等价矢列式。在 $Z \vdash W$ 这种情况下,Z 处于居前位置(precedent position);而在 $W \vdash Z$ 这种情况下,Z 则处于后继位置(succedent position)。支持这种等价重写的规则称为显示假设(display postulates)。

例如,显示假设可以使得一个系统能够满足切割消去元定理的 Belnap 条件 C_8。但是,事实证明,类似的良好行动可以保证任意矢列式演算具有如下较弱的性质。

定义 2.4:证明系统具有相对显示性质(relativized display property),当且仅当,对于每个可推导的矢列式 $X \vdash Y$,以及 X 或 Y 的子结构 Z 而言,使用系统规则,矢列式 $X \vdash Y$ 可以转换成:对某些结构 W 而言,要么是形式为 $Z \vdash W$,要么是形式为 $W \vdash Z$ 的逻辑上等价的矢列式。

15.3 节中定义的演算不具有完全显示性质,但具有本章定义 2.4 的相对显示性质。这使得该演算能够证明 15.2.3 节的条件 C' 8。关于相对显示性质更详细的讨论可参见 Frittella 等(2016b)第 2.3 节。

15.2.3 适当的多类型显示演算及切割消去元定理

定义 2.5:如果多类型显示演算满足如下 10 个条件,则该演算是适当的(proper)。

C_1(运算项保持(perservation)规则):每个出现在一个推理规则 inf 前提中的运算项(operational term),是该推理规则 inf 结论中某个运算项的一个子项。

C_2(参数形状相似规则):同余参数(congruent parameters)是同一结构的再现①。

①可参见 Frittella 等(2016)第 2.2 节的条件 C_2。

C'_2(参数类型相似规则):同余参数与原参数具有完全相同的类型,此条件使得参数不能够沿着其历史改变类型。

C_3(参数的不扩散(non-prolifernation)规则):推理规则inf中的每个参数最多与inf结论中的一个成分同余。

C_4(参数位置相似规则):同余参数要么是它们各自矢列式的前件,要么是它们各自矢列式的后件。

C_5(主成分显示规则):如果一个运算项a是推导π的结论矢列式s的主要部分,那么将会显示a。

C'_6(每个类型后件替换后的闭包规则):在每个类型中,对于出现在后件中的同余运算项而言,每个规则在任意结构的同时替换下都是封闭的。

C'_7(每个类型前件替换后的闭包规则):在每个类型中,对于出现在前件中的同余运算项而言,每个规则在任意结构的同时替换下都是封闭的。

C'_8(匹配主要成分的可消去规则):该规则需要一个标准的Gentzen式检验,该检验仅适用于切割公式是主要成分的情况,即,每个相应的子演绎(subdeduction)的最后一个规则应用中,都引入了每个切割公式。在这种情况下,与Gentzen式的证明类似,条件C'_8要求能够将给定的演绎转化为具有相同结论的如下演绎:该演绎要么将该切割公式完全消去,要么把该切割公式转换到切割规则的一次或多次应用中,这里涉及初始运算切割项的真子项。除此之外,在具体的多类型情境中,要求切割规则的新应用也是类型严格一致的(参见下面的条件C_{10})。

C_9(可推导矢列式的类型一致性规则):每个可推导矢列式都是类型一致的。

C_{10}(切割规则的类型严格一致性规则):所有切割规则都是类型严格一致的。(参见本章定义2.2)

定理2.6:任意满足C_2,C'_2,C_3,C_3,C_4,C_5,C'_6,C'_7,C'_8,C_9和C_{10}的多类型显示演算都可以接受切割规则。如果该演算还满足C_1,则该演算具有子公式性质。

定理2.6的证明类似于Frittella等(2016b)中定理3.3的证明。

15.3 语言和规则

正如在引言中提到的那样，关键思路就是引入一种具有如下特征的语言：行动不可以解释成表征动态联结词的参数，而被解释成逻辑项。本节定义了一种具有如下特征的一种多类型语言：命题动态逻辑PDL语言可以翻译到该语言中，而且该语言中的不同类型通过具体的一元或二元联结词进行交互。当前情境(setting)包括以下类型：表示行动的Act，表示转换行动的TAct和表示公式的Fm，并规定Act、TAct和Fm是两两不相交的。

15.3.1 相关代数导引

与Frittella等(2016a)中引入的二元联结词类似，下面的二元联结词(称为异质(heterogeneous)联结词)使得两类动作与公式可以交互：

$$\triangle_0, \blacktriangle_0 : TAct \times Fm \to Fm \tag{3.1}$$

$$\triangle_1, \blacktriangle_1 : \mathrm{Act} \times Fm \to Fm \tag{3.2}$$

上面的联结词在语义上可以被解释为能够保持如下三个代数之间现有关系的映射：适用于解释一般行动的代数、适用于解释传递行动的代数、适用于解释公式的代数。例如，公式的合适解释域(domains of interpretation)可以是完全的原子Boolean代数或精美的Heyting代数；(命题动态逻辑PDL不同版本中的)行动的合适解释域可以是量子框架(quantal frame，可参见Resende(2006)第3.2节)或带有测试的Kleene代数(简记为KATs，可参见Harel等(2000，p.421)，传递行动的合适解释域是适当的子代数(可能会对签名(signature)做出某些限制)。

根据15.2.1节中概述的命题动态逻辑的标准关系的语义情境(setting)可知：对于任意基于集合W的关系模型M而言，基于PW的复杂代数被视为Fm类型项的解释域，Act类型项被解释为W上的关系，而TAct类型项被解释为W上的传递关系。特别地说，对于任意模型M而言，TAct的解释域都是基于“在W上的传递关系的完全格(complete lattice)$T(W \times W)$”上的关系代数。实际上，$T(W\times W)$是$P(W\times W)$的一个子-∩-半格（sub-∩-semilattice）。

根据Kripke模型的标准语义情境产生的代数，可以发现上述代数环境（environment）的自然要求是：这些异质联结词（heterogeneous connectives）的解释是行动，即：Act和TAct的解释域可以产生在Fm的解释域上的模块结构（module structure，可参见Resende（2006）第2.2节）。也就是说，所有$\alpha,\beta\in$Act，γ，$\delta\in T$Act和$A\in$Fm都满足如下条件：

$$\gamma\vartriangle_0(\delta\vartriangle_0 A)=(\gamma;\delta)\vartriangle_0 A\quad\alpha\vartriangle_1(\beta\vartriangle_1 A)=(\alpha;\beta)\vartriangle_1 A \tag{3.3}$$

$$\gamma\blacktriangle_0(\delta\blacktriangle_0 A)=(\delta;\gamma)\blacktriangle_0 A\quad\alpha\blacktriangle_1(\beta\blacktriangle_1 A)=(\beta;\alpha)\blacktriangle_1 A \tag{3.4}$$

在上面提到的代数语义语境（context）中，联结词Δ_i和$\blacktriangle_i$（其中i=0，1）的解释在两个坐标（coordinates）中都是完全保并的（join-preserving），这意味着每个联结词的每个坐标中都有右伴随（right adjoint）。特别地说，如下附加联结词在第二个坐标中，都有一个“作为联结词$\vartriangle_i$和$\blacktriangle_i$（其中i=0，1）右伴随”的自然解释：

$$\blacktriangleright\!\!\!\!\!-_0,\ \vartriangleright\!\!\!\!\!-_0: T\text{Act}\times Fm\to Fm \tag{3.5}$$

$$\blacktriangleright\!\!\!\!\!-_1,\ \vartriangleright\!\!\!\!\!-_1: \text{Act}\times Fm\to Fm \tag{3.6}$$

正如联结词Δ_1和$\blacktriangle_1$在第一个坐标中的右伴随一样，如下联结词在上面提到的Kripke模型的标准语义情境（setting）中进行自然解释：

$$\blacktriangleleft_1,\ \vartriangleleft_1: Fm\times Fm\to\text{Act} \tag{3.7}$$

直观地讲，对于所有公式A、B而言，项$B\blacktriangleleft_1 A$表示满足如下条件的最弱行动α：如果在执行α之前A为真，那么B在成功执行α后为真。当把联结词$\vartriangle_i$和$\blacktriangle_i$（其中i=0，1）限制在对角子集（diagonal subset）$Fm\times Fm$上时，这些联结词被Pratt（1991）称为最弱保持联结词。

15.3.2 虚拟伴随(1)

但是，不能假定联结词$\vartriangle_0$和$\blacktriangle_0$在它们的第一个坐标中有右伴随（原因将在后面第二部分中给出）。因此，不能够给出如下联结词的自然解释：

$$\blacktriangleleft\!\!\sim_0,\ \vartriangleleft\!\!\sim_0: Fm\times Fm\to T\text{Act} \tag{3.8}$$

迄今为止，对引入的三种不同形状的箭头进行符号约定。带直尾的箭头（—▷和—▶）表示“包含在PDL的动态演算语言中并具有对应语义的”联结词（可参见本章15.3.12节的运算项的语法部分）。没有尾部的箭头（例如◀和◁）表示：确实有一个语义解释，但是没有包含在PDL的动态演算（dynamic calculus）语言的运算层面中。有弯曲尾部的箭头（◀~和◁~）表示“虚拟伴随（virtual adjoints）”的语法对象，虽然它不具有语义解释，但在“保证动态演算具有相对化的显示性质”方面，发挥着重要作用（参见本章定义2.4）。

下面将对“仅作为结构联结词”的虚拟伴随进行阐释。也就是说，虚拟伴随并不对应于任意运算联结词，而且：除了在显示公设（display postulates）以外，虚拟伴随不会出现在任意规则模式中（参见本章定义2.3）。

上面规定的附加关系（adjunction relation）$\triangle\dashv$—▶、◀和$\blacktriangle\dashv$—▷、◁，可以翻译为如下条款，对于每个行动α而言、每个传递行动δ，以及所有公式A和B而言：

$\delta\triangle_0 A\leq B$ 当且仅当 $A\leq\delta\mathbin{-\!\!\blacktriangleright}_0 B$；　$\delta\blacktriangle_0 A\leq B$ 当且仅当 $A\leq\delta\mathbin{-\!\!\triangleright}_0 B$　(3.9)

$\alpha\triangle_1 A\leq B$ 当且仅当 $A\leq\alpha\mathbin{-\!\!\blacktriangleright}_1 B$；　$\alpha\blacktriangle_1 A\leq B$ 当且仅当 $A\leq\alpha\mathbin{-\!\!\triangleright}_1 B$　(3.10)

$\alpha\triangle_1 A\leq B$ 当且仅当 $\alpha\leq B\blacktriangleleft_1 A$；　$\alpha\blacktriangle_1 A\leq B$ 当且仅当 $A\leq B\triangleleft_1 A$　(3.11)

15.3.3 命题动态逻辑PDL到多类型语言的翻译(1)

图15.1说明了：命题动态逻辑PDL的动态联结词与上面非形式概述的多类型语言之间的期望联系。此外，图15.1还可以用于解释“仅行动联结词的歧义消除”（请参阅后面的内容）。至此就可以给出：（可能使用伴随进行扩展的）PDL语言和动态演算之间的形式翻译的定义。这里省略了该直接归纳定义的细节。15.4节将对这一翻译进行详细阐述，并对动态演算语言的解释进行定义，使得上述翻译保持矢列式（squent）有效性。根据该翻译，第(3.9)和

(3.10)条中的附加条件(adjunction condition)对应于以下附加条件：

$$\langle\alpha^{+}\rangle \dashv \underline{\overline{\alpha^{+}}} \qquad \underline{\underline{\overline{\overline{\alpha}}}}^{1} \dashv [\alpha^{+}] \qquad \langle\alpha\rangle \dashv \underline{\overline{\alpha}} \qquad \underline{\underline{\overline{\overline{\alpha}}}} \dashv [\alpha]$$

$\langle\alpha\rangle$A 翻译为 $\alpha \triangle_{1} A$；　　$\underline{\underline{\overline{\overline{\alpha}}}}$A 翻译为 $\alpha \blacktriangle_{1} A$；

$[\alpha]$A 翻译为 $\alpha \mathord{-}\!\!\triangleright_{1} A$；　　$\underline{\overline{\alpha}}$A 翻译为 $\alpha \mathord{-}\!\!\blacktriangleright_{1} A$；

$\langle\alpha^{+}\rangle$A 翻译为 $\alpha^{+} \triangle_{0} A$；　　$\underline{\underline{\overline{\overline{\alpha}}}}^{1}$A 翻译为 $\alpha^{+} \blacktriangle_{0} A$；

$[\alpha^{+}]$A 翻译为 $\alpha^{+} \mathord{-}\!\!\triangleright_{0} A$；　　$\underline{\overline{\alpha^{+}}}$A 翻译为 $\alpha^{+} \mathord{-}\!\!\blacktriangleright_{0} A$；

图 15.1　将 PDL 的 box-公式和 diamond-公式翻译为多类型项

15.3.4　作为左伴随的传递闭包

动态演算设计的另一个关键理念是：把命题动态逻辑 PDL 中的迭代联结词的证明论行为(behavior)，描述为“在传递闭包的序理论(order-theoretic)中的行为”。换句话说，根据 Davey 和 Priestley(2002)第 7.28 节，可以把“给定集合 W 上的每个二元关系与其传递闭包关联起来”的映射(map)，以序理论的方式表征为：包含如下映射的左伴随 $\iota: \mathcal{T}(W\times W) \hookrightarrow \mathcal{P}(W\times W)$。事实上，对于每个 $R\in\mathcal{P}(W\times W)$ 并且 $T\in\mathcal{T}(W\times W)$ 而言：$R^{+}\subseteq T$ 当且仅当 $R\subseteq\iota(T)$。

这就需要引入两种不同类型的行动(action)，而且需要这些行动能够恰当地表示该附加(adjunction)。因此，需要研究如下的伴随映射(adjoint maps)：

$$(\bullet)^{+}: \mathrm{Act}\rightarrow T\mathrm{Act} \tag{3.12}$$

$$(\bullet)^{-}: T\mathrm{Act}\rightarrow \mathrm{Act} \tag{3.13}$$

上面规定的伴随关系$(\bullet)^{+}\dashv(\bullet)^{-}$就可以翻译为：对于每个行动 α 和每个传递行动 δ 而言的如下条款：

$$\alpha^{+}\leqslant\delta \text{ 当且仅当 } \alpha\leqslant\delta^{-} \tag{3.14}$$

图 15.1 还给出了将命题动态逻辑公式翻译为多类型项的具体方法。

15.3.5　行动参数类型歧义的消除

这里的目的在于：设计一种能够验证“类似参数类型的条件 C'_{2}”的多类型演算。为此，需要给定：TAct 和 Act 是不相交的；但仅凭这一点是不够的，还需要引入如下几个矢列式合成和非确定性选择：

$$\cup_1, ;_1 : \text{Act} \times \text{Act} \to \text{Act} \tag{3.15}$$

$$\cup_2, ;_2 : \text{TAct} \times \text{Act} \to \text{Act} \tag{3.16}$$

$$\cup_3, ;_3 : \text{Act} \times \text{TAct} \to \text{Act} \tag{3.17}$$

$$\cup_4, ;_4 : \text{TAct} \times \text{TAct} \to \text{Act} \tag{3.18}$$

15.3.6 动作联结词的伴随

当行动相对于某个集合进行解释时（例如在 $P(W \times W)$ 中进行解释时），"$;_1$"的自然解释是：在每个坐标中是完全保并的（join-preserving）；"$\cup_1$"的自然解释是：在每个坐标中是完全保交的（meet-preserving）。这意味着："$;_1$"在每个坐标上都存在右伴随，而且"$\cup_1$"在每个坐标上都存在左伴随，因此如下联结词的自然解释是：

$$\supset\!\!-_1, -\!\!\subset_1 : \text{Act} \times \text{Act} \to \text{Act} \tag{3.19}$$

$$\to_1, \leftarrow_1 : \text{Act} \times \text{Act} \to \text{Act} \tag{3.20}$$

对于 $\alpha, \beta, \gamma \in \text{Act}$ 而言，与这些附加（adjunction）条款相关的条件如下：

$$\alpha \leq \beta \cup_1 \gamma，\text{当且仅当 } \beta \supset\!\!-_1 \alpha \leqslant \gamma，\text{当且仅当 } \alpha -\!\!\subset_1 \gamma \leq \beta \tag{3.21}$$

$$\alpha ;_1 \beta \leq \gamma，\text{当且仅当 } \beta \leq \alpha \to_1 \gamma，\text{当且仅当 } \alpha \leq \gamma \leftarrow_1 \beta \tag{3.22}$$

对于带有 j（其中 $j \in \{2,3\}$）标记的算子"$;$"变体而言，存在Act-坐标中的剩余运算（residuated operations）；对于带有 j（其中 $j \in \{2,3\}$）标记的算子"$\cup$"变体而言，也存在"在Act-坐标和 TAct-坐标中"的剩余运算。这些运算为如下联结词提供了一种自然解释：

$$\supset\!\!-_2, \to_2 : \text{TAct} \times \text{Act} \to \text{Act} \tag{3.23}$$

$$-\!\!\subset_3, \leftarrow_3 : \text{Act} \times \text{TAct} \to \text{Act} \tag{3.24}$$

$$-\!\!\subset_2, \supset\!\!-_3 : \text{Act} \times \text{Act} \to \text{TAct} \tag{3.25}$$

$$\supset\!\!-_4 : \text{TAct} \times \text{Act} \to \text{TAct} \tag{3.26}$$

$$-\!\!\subset_4 : \text{Act} \times \text{TAct} \to \text{TAct} \tag{3.27}$$

与以上联结词相关的附加条款类似于：式（3.21）和（3.22）中

具有相同符号的联结词的附加条款。

15.3.7 虚拟伴随(2)

因为带有{2,3,4}-标记的“;”变体，可以看作：带有1-标记对应变体的限制；而带有0-标记的“;”变体可以看作：带有△和▲-标记对应变体的限制，因此不能假定它们在TAct坐标中是完全保并的。这点较为重要，值得进一步讨论。在标准语义情境(setting)中，Act-项的解释域是“表示给定集合 W 上的所有二元关系”的代数 $P(W\times W)$；*T*Act-项的解释域是“表示给定集合 W 上的所有转换关系”的代数 $T(W\times W)$。前面已经说明，$T(W\times W)$ 是 $P(W\times W)$ 的一个子-∩-半格(sub-∩-semilattice)，因此它本身就是一个完全格。然而，对于每个 $X\subseteq T(W\times W)$ 而言，有 $T(W\times W)$ 中的 $\bigvee X$ 与传递闭包 $\bigcup X$ 的 $(\bigcup X)^+$ 一致。特别地，当 $T(W\times W)$ 中的交(meet)与 $P(W\times W)$ 中的交一致时，$T(W\times W)$ 中的并(join)与 $P(W\times W)$ 中的并通常不同；换句话说，$T(W\times W)$ 不是 $P(W\times W)$ 的子-∪-半格(sub-∪-semilattice)。这意味着带有 j-标记的算子“;”变体可以看作：带有1-标记对应变体的限制；而带有0-标记的算子“;”变体可以看作：带有△和▲-标记对应变体的限制，因此它们是 $P(W\times W)$ 保并的(join-perserving)，但不必是 $T(W\times W)$ 保并的。这解释了：为什么不能假定“带有 j-标记(其中 $j\neq1$)的“;”变体与带有△和▲-标记的变体，在 *T*Act 坐标中是完全保并的。

这意味着在它们的 *T*Act 坐标中①没有右伴随。因此，如下“被称为虚拟伴随(virtual adjoin)”的联结词，不能从语义上加以证明：

$$\leftarrow_2, \rightarrow_3 : \mathrm{Act}\times\mathrm{Act}\rightarrow\mathrm{TAct} \tag{3.28}$$

$$\rightarrow_4 : \mathrm{TAct}\times\mathrm{Act}\rightarrow\mathrm{TAct} \tag{3.29}$$

$$\leftarrow_4 : \mathrm{Act}\times\mathrm{TAct}\rightarrow\mathrm{TAct} \tag{3.30}$$

---

①这是因为 $T(W\times W)$ 中的交与 $P(W\times W)$ 中的交是一致，而带有 j-标记(其中 $2\leqslant j\leqslant 4$)的∪变体，在每个坐标中都是完全保交的，因此它们在每个坐标中都有伴随。其特例是联结词¿1时的情况，该联结词表示测试算子？0的右伴随，可以看作是到传递行动中的一个映射。需要注意的是：当 X 是对角线关系 $1_W=\{(z,z)|z\in W\}$ 的子集的聚合时，$T(W\times W)$ 中的 X 的并确实与 $\bigcup X$ 一致。因此，？0的解释是完全保并的，这意味着¿0在语义上是正确的。

$$\lhd_0, \blacktriangleleft_0 : \mathrm{Fm} \times \mathrm{Fm} \to \mathrm{TAct} \quad (3.31)$$

正如在Frittella等（2016a）第4节中所讨论的那样，虚拟伴随具有如下三个重要作用：①可以保证命题动态逻辑PDL的动态演算具有相对显示性质（relativized display property）；②保证了PDL动态演算验证条件C'_8；③虚拟伴随对于Belnap式切割消去元定理而言至关重要。然而，为了确保虚拟伴随不会给PDL动态演算增加不想要的证明力（proof power），虚拟伴随将仅仅添加到结构层面的语言中，并且虚拟伴随不是明显作用于任意规则中的任意其他联结词，而是明显作用于"与虚拟伴随相关"的显示规则。

15.3.8 命题动态逻辑到多类型语言的翻译(2)

把图15.1转换成图15.2，就可以更好地说明"如何将命题动态逻辑公式转换为多类型语言的公式"。

$$\alpha;\beta \rightsquigarrow \alpha;_1\beta \qquad \alpha\cup\beta \rightsquigarrow \alpha\cup_1\beta$$
$$\alpha^+;\beta \rightsquigarrow \alpha^+;_2\beta \qquad \alpha^+\cup\beta \rightsquigarrow \alpha^+\cup_2\beta$$
$$\alpha;\beta^+ \rightsquigarrow \alpha;_3\beta^+ \qquad \alpha\cup\beta^+ \rightsquigarrow \alpha\cup_3\beta^+$$
$$\alpha^+;\beta^+ \rightsquigarrow \alpha^+;_4\beta^+ \qquad \alpha^+\cup\beta^+ \rightsquigarrow \alpha^+\cup_4\beta^+$$

图15.2 在命题动态逻辑中行动参数的类型消歧

为了研究"满足参数相似类型的条件C'_2"，需要引入上述联结词的不同副本。但是，在具体的推导中，只要类型原子成分是清楚可识别的，就可以省略下标。消歧（disambiguation）将涉及"仅作为结构联结词而不是运算联结词的"行动类型常元。具体地说，出现在前件位置的结构常元Φ_0和Φ_1都对应于行动skip，Φ_0和Φ_1分别被视为传递行动或一般行动。同样地，出现在前件位置的结构常元I_0对应于行动top，被视为传递行动；出现在后件位置的结构常元I_1对应于行动crash，被视为一般行动。

15.3.9 在多类型语言中的PDL公理化

根据图15.1和图15.2给出的翻译结果，PDL的初始公理可以翻译如下。其中，变元a,b表示Act或$TAct$类型项，变元A,B表示

Fm的类型项，α是Act的类型项；对于每个$1\leqslant j\leqslant 4$且$i=0,1$而言：

Box公理：

K公理：$\alpha \multimap\!\!\triangleright (A\to B)\vdash(\alpha \multimap\!\!\triangleright A)\to(\alpha\to B)$

选择公理：$(a\cup_j b)\multimap\!\!\triangleright A\dashv\vdash(a\multimap\!\!\triangleright A)\wedge(b\multimap\!\!\triangleright A)$

合成公理：$(a;_j b)\multimap\!\!\triangleright A\dashv\vdash a\multimap\!\!\triangleright(b\multimap\!\!\triangleright A)$

测试公理：$A?_i\multimap\!\!\triangleright B\dashv\vdash A\to B$

分配公理：$a\multimap\!\!\triangleright(A\wedge B)\dashv\vdash(a\multimap\!\!\triangleright A)\wedge(a\multimap\!\!\triangleright B)$

不动点$^+$公理：$\alpha^+\multimap\!\!\triangleright A\dashv\vdash(\alpha\multimap\!\!\triangleright A)\wedge(\alpha\multimap\!\!\triangleright(\alpha^+\multimap\!\!\triangleright A))$

归纳$^+$公理：$\alpha^+\multimap\!\!\triangleright A\dashv(\alpha\multimap\!\!\triangleright A)\wedge(\alpha^+\multimap\!\!\triangleright(A\to(\alpha\multimap\!\!\triangleright A)))$

Diamond公理：

选择公理：$(a\cup_j b)\vartriangle A\dashv\vdash(a\vartriangle A)\vee(b\vartriangle A)$

合成公理：$(a;_j b)\vartriangle A\dashv\vdash a\vartriangle(b\vartriangle A)$

测试公理：$A?_i\vartriangle B\dashv\vdash A\wedge B$

分配公理：$a\vartriangle(A\vee B)\dashv\vdash(a\vartriangle A)\vee(a\vartriangle B)$

不动点$^+$公理：$\alpha^+\vartriangle A\dashv\vdash(\alpha\vartriangle A)\vee(\alpha\vartriangle\alpha^+\vartriangle A)$

归纳$^+$公理：$\alpha^+\vartriangle A\vdash(\alpha\vartriangle A)\vee(\alpha^+\vartriangle(\neg A\wedge(\alpha\vartriangle A)))$

需要注意的是：箭头状的联结词和三角状的联结词的下标完全由它们在第一个坐标中的参数类型决定，因此它们被省略了。

15.3.10 附加条件

与Frittella等（2016b）的处理方式一样，为了表达多类型语言（例如，把$\langle\alpha\rangle$和$[\alpha]$在相同关系上进行解释），Conradie等（2012，2014）给出的Sahlqvist对应理论提供了两种选择，第一种选择是在$i=0,1$的情况下，要求"Act类型或TAct类型的a以及$A,B\in Fm$"满足Servi（1984）中Fischer-Servi类型的条件：

$$(a\vartriangle_i A)\to(a\multimap\!\!\triangleright_i B)\leqslant\delta\multimap\!\!\triangleright_i(A\to B)\quad(a\blacktriangle_i A)\to(a\multimap\!\!\blacktriangleright_i B)\leqslant a\multimap\!\!\blacktriangleright_i(A\to B)$$

$$a\vartriangle_i(A\succ\!\!-B)\leqslant(a\multimap\!\!\triangleright_i A)\succ\!\!-(a\Delta_i B)\quad a\blacktriangle_i(A\succ\!\!-B)\leqslant(a\multimap\!\!\blacktriangleright_i A)\succ\!\!-(a\blacktriangle_i B)$$

上面这一条件对应于标准模态语言中通常的Fischer Servi公理，因为上面这一条件的第一行在上面的翻译下，是Frittella等（2016b）6.1节中的像（image）。

第二种选择是：在每个$0\leqslant i\leqslant 2$的情况下，联结词$\vartriangle_i$和$\blacktriangle_i$都能

生成共轭(conjugated)diamonds①;也就是说,对于Act类型或TAct类型的a以及A,B∈Fm而言,如下不等式成立:

$$(a\vartriangle_i A)\wedge B\leqslant a\vartriangle_i(A\wedge(a\blacktriangle_i B))\quad(a\blacktriangle_i A)\wedge B\leqslant a\blacktriangle_i(A\wedge(a\vartriangle_i B))$$

$$a\mathrel{-\!\!\rhd}_i(A\vee(a\mathrel{-\!\!\blacktriangleright}_i B))\leqslant(a\mathrel{-\!\!\rhd}_i A)\vee B$$

$$a\mathrel{-\!\!\blacktriangleright}_i(A\vee(a\mathrel{-\!\!\rhd}_i B))\leqslant(a\mathrel{-\!\!\blacktriangleright}_i A)\vee B$$

15.3.11 形式运算语言

通过如下同时归纳的方式,可以引入"基于原子命题的AtProp集和基于原子行动的AtAct集"的多类型语言的运算项。

$$Fm\ni A::=p\in \mathrm{AtProp}|\bot|\top|A\wedge A|A\vee A|A\to A|A\succ\!\!-A|$$

$$\delta\vartriangle_0 A|\delta\mathrel{-\!\!\rhd}_0 A|\alpha\vartriangle_1 A|\alpha\mathrel{-\!\!\rhd}_1 A|$$

$$\delta\blacktriangle_0 A|\delta\mathrel{-\!\!\blacktriangleright}_0 A|\alpha\blacktriangle_1 A|\alpha\mathrel{-\!\!\blacktriangleright}_1 A$$

$$\mathrm{Act}\ni\alpha::=\pi\in\mathrm{AtAct}|\delta|A?_1|$$

$$\alpha;_1\alpha|\delta;_2\alpha|\alpha;_3\delta|\delta;_4\delta|$$

$$\alpha\cup_1\alpha|\delta\cup_2\alpha|\alpha\cup_3\delta|\delta\cup_4\delta$$

$$\mathrm{TAct}\ni\delta::=\alpha^+|A?_0$$

15.3.12 形式结构语言

显示演算可用于"运算语言和结构语言"这两种密切相关的语言。这里将引入"通常与运算语言相匹配"的动态演算结构语言。公式类型结构、传递行动类型结构和动作类型结构,可以同时归纳定义如下。

$$FM\ni X::=A|I|X,X|X>X|X<X|\Pi\text{¿}_1|\Delta\text{¿}_0|$$

$$\Delta\vartriangle_0 X|\Delta\rhd_0 X|\Pi\vartriangle_1 X|\Pi\rhd_1 X|$$

$$\Delta\blacktriangle_0 X|\Delta\blacktriangleright_0 X|\Pi\blacktriangle_1 X|\Pi\blacktriangleright_1 X$$

$$\mathrm{Act}\ni\Pi::=\alpha|\mathbb{I}_1|\Phi_1|\Delta^{\ominus}|X?_1|$$

$$\Pi;_1\Pi|\Pi>_1\Pi|\Pi<_1\Pi|\Delta;_2\Pi|\Delta>_2\Pi|\Pi;_3\Delta|\Pi<_3\Delta|\Delta;_4\Delta|$$

$$\Pi\lozenge_1\Pi|\Pi\supset_1\Pi|\Pi\subset_1\Pi|\Delta\lozenge_2\Pi|\Delta\supset_2\Pi|\Pi\lozenge_3\Delta|\Pi\subset_3\Delta|\Delta\lozenge_4\Delta|$$

$$X\lhd_1 X|X\blacktriangleleft_1 X$$

①请参见Frittella等(2016a)6.1节的相关讨论。

$$\mathrm{TACT} \ni \Delta ::= \mathtt{I}_0 \mid \Phi_0 \mid \Pi^{\oplus} \mid X?_0 \mid$$
$$\Pi \prec\!\!\sim_2 \Pi \mid \Pi \sim\!\!\succ_3 \Pi \mid \Delta \sim\!\!\succ_4 \Pi \mid \Pi \prec\!\!\sim_4 \Delta \mid$$
$$\Pi \subset_2 \Pi \mid \Pi \supset_3 \Pi \mid \Delta \supset_4 \Pi \mid \Pi \subset_4 \Delta$$
$$X \lhd\!\!\sim_0 X \mid X \blacktriangleleft\!\!\sim_0 X$$

15.3.13 命题基础

与典型显示演算一样，每个运算联结词对应于一个结构联结词。尤其是，命题基本联结词与Frittella等(2016a，2016b)中命题基本联结词的完全相同见表15.1。

表15.1 基本联结词

结构符号	I		,		<		>	
运算符号	⊤	^	∧	∨	(—<)	(¬)	(>—)	→

这些命题基本联结词对应的规则如下①。

命题结构规则：

$$I_L^1\ \frac{X \vdash Y}{\mathrm{I} \vdash Y < X} \qquad \frac{X \vdash Y}{X < Y \vdash \mathrm{I}}\ I_R^1 \qquad I_L^2\ \frac{X \vdash Y}{\mathrm{I} \vdash Y > X} \qquad \frac{X \vdash Y}{Y > X \vdash \mathrm{I}}\ I_R^2$$

$$W_L^1\ \frac{X \vdash Z}{Y \vdash Z < X} \qquad \frac{X \vdash Z}{X < Z \vdash Y}\ W_R^1 \qquad W_L^2\ \frac{X \vdash Z}{Y \vdash X > Z} \qquad \frac{X \vdash Z}{Z > X \vdash Y}\ W_R^2$$

$$C_L\ \frac{X, X \vdash Y}{X \vdash Y} \qquad \frac{Y \vdash X, X}{Y \vdash X}\ C_R \qquad A_L\ \frac{X, (Y, Z) \vdash W}{(X, Y)\ Z \vdash W} \qquad \frac{W \vdash (Z, Y), X}{W \vdash Z, (Y, X)}\ A_R$$

$$E_L\ \frac{Y, X \vdash Z}{X, Y \vdash Z} \qquad \frac{Z \vdash X, Y}{Z \vdash Y, X}\ E_R \qquad \mathrm{Gri}_L\ \frac{X > (Y; Z) \vdash W}{(X > Y); Z \vdash W} \qquad \frac{W \vdash X > (Y; Z)}{W \vdash (X > Y); Z}\ \mathrm{Gri}_R$$

表15.1中的最后一条规则Gri_L和Gri_R被称为Grishin规则：在这里，它们有助于更好地表达命题基础的经典特征，如果删除Gri规则，将获得一个较弱的逻辑，请参见Goré(1998)。

命题显示公设：

$$\frac{X, Y \vdash Z}{Y \vdash X > Z} \qquad \frac{Z \vdash X, Y}{X > Z \vdash Y}$$

①在经典命题逻辑最常见的公理化语言中有运算联结词⊤，⊥，∧和∨。为了表达穷举性，括号里包括了运算联结词—<，←和>—。需要特别说明的是，←与→之间以及—<与>—之间，在使用交换规则的情况下是可以相互推导的。—<联结词称为减除(subtraction)联结词，>—称为逆蕴涵(disimplication)联结词。公式A>—B等值于经典的¬A∧B，A—<B等值于经典的A∧¬B。

$$\frac{X, Y \vdash Z}{X \vdash Z < Y} \qquad \frac{Z \vdash X, Y}{Z < Y \vdash X}$$

运算联结词规则如下，需要注意的是：带有括号的最后三个规则，不是这里选择的公理语言中的规则。

命题运算规则：

$$\bot_L \ \frac{}{\bot \vdash I} \qquad \frac{X \vdash I}{X \vdash \bot} \ \bot_R$$

$$\top_L \ \frac{I \vdash X}{\vdash X} \qquad \frac{}{I \vdash \top} \ \top_R$$

$$\wedge L \ \frac{A, B \vdash X}{A \wedge B \vdash X} \qquad \frac{X \vdash A \quad Y \vdash B}{X, Y \vdash A \wedge B} \ \wedge \mathrm{R}$$

$$\wedge L \ \frac{A \vdash X \quad B \vdash Y}{A \vee B \vdash X, Y} \qquad \frac{X \vdash A, B}{X \vdash A \vee B} \ \vee \mathrm{R}$$

$$\to L \ \frac{X \vdash A \quad B \vdash Y}{A \to B \vdash X > Y} \qquad \frac{X \vdash A > B}{X \vdash A \to B} \ \to \mathrm{R}$$

$$(\leftarrow L) \ \frac{B \vdash Y \quad X \vdash A}{B \leftarrow A \vdash Y > X} \qquad \frac{Z \vdash B > A}{Z \vdash B \leftarrow A} \ (\leftarrow \mathrm{R})$$

$$(\succ\!\!-\mathrm{L}) \ \frac{A > B \vdash Z}{AB \vdash Z} \qquad \frac{A \vdash X \quad Y \vdash B}{X > Y \vdash AB} (\succ\!\!-\mathrm{R})$$

$$(-\!\!\prec \mathrm{L}) \ \frac{B < A \vdash X}{BA \vdash X} \qquad \frac{Y \vdash B \quad A \vdash X}{Y > X \vdash BA} (-\!\!\prec \mathrm{R})$$

15.3.13.1 行动联结词

表15.2和15.3分别给出的0-元和二元行动类型联结词，表明了："在$1 \leqslant j \leqslant 4$以及$h=1,2$和$k=1,3$时"的结构联结词和运算联结词之间的联系。表中省略了结构联结词的标记。①

表15.2 0-元行动类型联结词

结构符号	I		$\Diamond$		$\supset$		$\subset$	
运算符号	(τ)	$(\bot)$		$\cup$	$(\supset\!\!-_j)$		$(-\!\!\subset_j)$	

①括号中的运算联结词是为了证明完全性而给出的，但它们不属于这里考虑的最普通的命题动态逻辑公理化的语言。该语言的一些扩展及其解释详情请参见Hartonas(2013a, 2013b)和Pratt(1991)。

表15.3　二元行动类型联结词

结构符号	Φ		;		>		<	
运算符号	(1)		;			$(\rightarrow_h)$		$(\leftarrow_k)$

15.3.13.2　异质联结词

与Frittella等(2016b)[①]类似，异质(heterogeneous)结构联结词与运算联结词是一一对应的(见表15.4)，对于i=0，1而言：

表15.4　异质结构联结词与运算联结词的对应

结构符号	$\triangle_i$		$\blacktriangleright_i$		$\blacktriangleleft_1$	
运算符号	$\triangle_i$			$-\blacktriangleright_i$		$(\blacktriangleleft_1)$
结构符号	$\blacktriangle_i$		w_i		v_1	
运算符号	$\blacktriangle_i$			$\rightarrow\!\!\triangleright_i$		(v_1)

也就是说，结构联结词要用上下文敏感的方式来解释，但是命题动态逻辑的动态演算语言中缺乏"与一个或两个结构联结词相对应的"运算联结词。这当然是因为命题动态逻辑的动态演算语言中不需要运算联结词。然而，在需要它们的情况下，引入缺失的运算联结词并不困难[②]。Frittella等(2016b)第4节中所给出的运算规则与如下的异质联结词的运算规则在本质上是一样的，其中，x,y表示"要么是TAct类型要么是Act类型"的结构项，a表示"要么是TAct类型要么是Act类型"的运算项；Y,Z表示Fm类型的结构项，B表示Fm类型的运算项；对于i=0，1而言：

行动命题运算规则：

$$\triangle_{iL}\ \frac{a\,\triangle_i\,B\vdash Z}{a\,\triangle_i\,B\vdash Z}\qquad\qquad \frac{x\vdash a\quad Y\vdash B}{x\,\triangle_i\,Y\vdash a\,\triangle_i\,B}\ \triangle_{iR}$$

$$\blacktriangle_{iL}\ \frac{a\,\blacktriangle_i\,B\vdash Z}{a\,\blacktriangle_i\,B\vdash Z}\qquad\qquad \frac{x\vdash a\quad Y\vdash B}{x\,\blacktriangle_i\,Y\vdash a\,\blacktriangle_i\,B}\ \blacktriangle_{iR}$$

---

①Fttelela S, Greco G, Palmigiano A, et al., A multi-type display calculus for dynamic epistemic logic. Journal of Logic and Computation, Special issue on Substructural logic and information dynamics, 2016b, 26(6): 2017-2065.

②了解该语言的一些扩展及其解释可以参见C.Hartonas(2013a,2013b)与V. Pratt(1991)。

$$-\rhd_{iL}\ \frac{x\vdash a \quad B\vdash Y}{a \multimap_i B\vdash x\ _iY} \qquad \frac{Z\vdash a\rhd_i B}{Z\vdash a \multimap_i B}\ -\rhd_{iR}$$

$$-\blacktriangleright_{iL}\ \frac{x\vdash a \quad B\vdash Y}{a -\!\blacktriangleright_i B\vdash x\blacktriangleright_i Y} \qquad \frac{Z\vdash a\blacktriangleright_i B}{Z\vdash a -\!\blacktriangleright_i B}\ -\blacktriangleright_{iR}$$

显然，根据上面的规则可以得到前面给出的翻译下的动态模态算子的运算规则。需要注意的是：每个矢列式总是在一个定义域中解释；然而，由于联结词连接不同类型的论元（从这个意义上说，"把这些联结词称为异质联结词"是合理的）。因此，二元规则的前提可以在不同定义域中加以解释。

15.3.13.3 同一规则和切割规则

下面给出了每个类型的公理（其中 $\pi\in At$Act，$p\in At$Prop）：

同一规则：

$$\pi\ Id\ \frac{}{\pi\vdash\pi} \qquad p\ Id\ \frac{}{p\vdash p}$$

其中的 πId 公理是Act型公理，pId 公理是 Fm 型公理。此外，允许在运算项上采用以下类型严格一致（strongly type-uniform）的切割规则。

切割规则：

$$\frac{\Gamma\vdash\delta \quad \delta\vdash\Delta}{\Gamma\vdash\Delta}\ \delta\ Cut$$

$$\frac{\Pi\vdash\alpha \quad \alpha\vdash\Sigma}{\Pi\vdash\Sigma}\ \alpha\ Cut$$

$$\frac{X\vdash A \quad A\vdash Y}{X\vdash Y}\ A\ Cut$$

15.3.13.4 异质联结词的显示公设

前面已经指出，x 是 TAct类型或Act类型的结构变元，而 Y 和 Z 是 Fm 类型的结构变元，对于 i=0，1而言，

行动命题的显示公设：

$$\triangle_i\blacktriangleright_i\ \frac{x\triangle_i Y\vdash Z}{\overline{\overline{Y\vdash x\blacktriangle_i Z}}} \qquad \frac{x\blacktriangle_i Y\vdash Z}{\overline{\overline{Y\vdash x\rhd_i Z}}}\ \blacktriangle_i\rhd_i$$

$$\vartriangle_1\blacktriangleleft_1\frac{\pi\vartriangle_i Y\vdash Z}{\pi\vdash Z\blacktriangleleft Y}\qquad\frac{\pi\blacktriangle_1 Y\vdash Z}{\pi\vdash Z\vartriangleleft_1 Y}\blacktriangle_1\vartriangleleft_1$$

$$\vartriangle_0\blacktriangleleft_0\frac{\delta\vartriangle_0 Y\vdash Z}{\delta\vdash Z\blacktriangleleft\!\sim_0 Y}\qquad\frac{\delta\blacktriangle_0 Y\vdash Z}{\delta\vdash Z\vartriangleleft\!\sim_0 Y}\blacktriangle_0\vartriangleleft_0$$

需要注意的是：上面每个显示公设中出现的矢列式类型不同。然而，根据定义2.1可知：显示公设保持了类型的一致性，即，如果显示公设的任意实例的前提是一个类型严格一致的矢列式，那么其结论也是一个类型一致的矢列式。

15.3.13.5 必然性、共轭、Fischer-Servi规则和单调性规则

对于i=0，1而言，

必然性规则：

$$nec_i\vartriangle\frac{I\vdash W}{x\vartriangle_i I\vdash W}\qquad\frac{I\vdash W}{x\blacktriangle_i I\vdash W}nec_i\blacktriangle$$

下面的规则可以由“上面使用显示公设”的必然性规则推导出来：

$$nec_i\rhd\frac{W\vdash I}{W\vdash x\rhd iI}\qquad\frac{W\vdash I}{W\vdash x\blacktriangleright iI}nec_i\blacktriangleright$$

共轭规则（conjugation rules）：

$$(\mathrm{conj}_i\vartriangle)\frac{x\vartriangle_i((\blacktriangle_i Y),Z)\vdash W}{Y,(x\vartriangle_i Z)\vdash W}\qquad\frac{W\vdash x\rhd_i((x\blacktriangleright_i Y),Z)}{W\vdash Y,(x\rhd_i Z)}(\mathrm{conj}_i\!\rhd)$$

$$(\mathrm{conj}_i\blacktriangle)\frac{x\blacktriangle_i((x\vartriangle_i Y),Z)\vdash W}{Y,(x\blacktriangle_i Z)\vdash W}\qquad\frac{W\vdash x\blacktriangleright_i((x\rhd_i Y),Z)}{W\vdash Y,(x\blacktriangleright_i Z)}(\mathrm{conj}_i\!\blacktriangleright)$$

使用适当的显示公设，这里共轭规则与下面的Fischer-Servi规则是可以相互推导的。

Fischer-Servi规则：

$$\mathrm{FS}_i\vartriangle\frac{(x\rhd_i Y)>(x\vartriangle_i Z)\vdash W}{x\vartriangle_i(Y>Z)\vdash W}\qquad\frac{W\vdash(x\vartriangle_i Y)>(x\rhd_i Z)}{W\vdash x\rhd_i(Y>Z)}\mathrm{FS}_i\rhd$$

$$\mathrm{FS}_i\blacktriangle\frac{(x\blacktriangleright_i Y)>(x\blacktriangle_i Z)\vdash W}{x\blacktriangle_i(Y>Z)\vdash W}\qquad\frac{W\vdash(x\blacktriangle_i Y)>(x\blacktriangleright_i Z)}{W\vdash x\blacktriangleright_i(Y>Z)}\mathrm{FS}_i\blacktriangleright$$

如下单调性规则表征了箭头状异质联结词和三角形异质联结词，这些联结词在它们的第二坐标上是保序的（order preserving）。

单调性规则：

$$\text{mon}_i\triangle\ \frac{(x\triangle_i Y),(x\triangle_i Z)\vdash W}{x\triangle_i(Y,Z)\vdash W}\qquad \frac{W\vdash(x\triangleright_i Y),(x\triangleright_i Z)}{W\vdash x\triangleright_i(Y,Z)}\ \text{mon}_i\triangleright$$

$$\text{mon}_i\blacktriangle\ \frac{(x\blacktriangle_i Y),(x\blacktriangle_i Z)\vdash W}{x\blacktriangle_i(Y,Z)\vdash W}\qquad \frac{W\vdash(x\blacktriangleright_i Y),(x\blacktriangleright_i Z)}{W\vdash x\blacktriangleright_i(Y,Z)}\ \text{mon}_i\blacktriangleright$$

15.3.13.6 行动规则

以下规则表征了条件(3.3)和(3.4)。△，▲，▷和▶是由j唯一决定的（其中$1\leqslant j\leqslant 4$），因此可以省略，并且x,y是适当的行动类型或传递行动类型上的结构变元。

行动规则：

$$\text{act}_j\triangle\ \frac{x\triangle;(y\triangle Z)\vdash W}{(X;_j y)\triangle Z\vdash W}\qquad \text{act}_i\blacktriangle\ \frac{x\blacktriangle;(y\blacktriangle Z)\vdash W}{(y;_j x)\blacktriangle Z\vdash W}$$

下面的规则可以由上面使用显示公设的行动规则推导出来：

$$\frac{W\vdash x\triangleright(y\triangleright Z)}{W\vdash(x;_j y)\triangleright Z}\ act_j\triangle\qquad \frac{W\vdash x\blacktriangleright(y\blacktriangleright Z)}{W\vdash(x;_j y)\blacktriangleright Z}\ act_j\blacktriangleright$$

15.3.13.7 测试规则和迭代规则

一元异质结构联结词与运算联结词一一对应，如表15.5所示（省略了标记）。

表15.5 结构联结词与运算联结词的对应

结构符号	?		$(\cdot)^{\oplus}$		$(\cdot)^{\ominus}$	
运算符号	?		$(\cdot)^{+}$			$(\cdot)^{-}$

表15.5给出的这些联结词的运算规则如下，其中x是适当的行动类型或传递行动类型上的结构变元，而且为了满足类型规律，x是唯一确定的，对于i=0,1而言，有如下规则。

测试规则和迭代运算规则：

$$?^i_L\ \frac{A?_i \vdash x}{A?_i \vdash x} \qquad \frac{X \vdash A}{X?_i \vdash A?_i}\ ?^i_R \qquad +_L\ \frac{\alpha^{\oplus} \vdash \Delta}{\alpha^{+} \vdash \Delta}$$

$$\frac{\Psi \vdash \alpha}{\Psi^{\oplus} \vdash \alpha^{+}}\ +_R \qquad -_L\ \frac{\delta \vdash \Delta}{\delta^{-} \vdash \Delta^{\ominus}} \qquad \frac{\Psi \vdash \delta^{\ominus}}{\Psi \vdash \delta^{-}}\ -_R$$

测试公设和迭代显示公设：

$$?¿_i\ \frac{X?_i \vdash x}{X \vdash x¿_i} \qquad \oplus\ominus\ \frac{\Pi^{\oplus} \vdash \Delta}{\Pi \vdash \Delta^{\ominus}}$$

测试结构规则：

$$?\triangle i\ \frac{X, Y \vdash Z}{X?_i \triangle_i Y \vdash Z} \qquad \frac{X, Y \vdash Z}{X?_i \blacktriangle_i Y \vdash Z}\ ?\blacktriangle i$$

下列规则是等值于上面的测试结构规则的显示规则：

$$?\triangleright i\ \frac{Y \vdash X > Z}{Y \vdash X?_i \triangleright_i Z} \qquad \frac{Y \vdash X > Z}{Y \vdash X?_i \blacktriangleright_i Z}\ ?\triangleright i$$

15.3.13.8　吸收规则、提升规则和下降规则

吸收规则(absorption rule)：

$$abs\ 1\ \frac{\Pi \vdash \Delta^{\ominus} \quad \Sigma \vdash \Delta^{\ominus}}{\Pi\ ;_1 \Sigma \vdash \Delta^{\ominus}} \qquad \frac{\Gamma \vdash \Delta \quad \Xi \vdash \Delta}{\Gamma\ ;_4 \Xi \vdash \Delta^{\ominus}}\ abs\ 4$$

$$abs\ 2\ \frac{\Gamma \vdash \Delta \quad \Sigma \vdash \Delta^{\ominus}}{\Gamma\ ;_2 \Sigma \vdash \Delta^{\ominus}} \qquad \frac{\Sigma \vdash \Delta^{\ominus} \quad \Gamma \vdash \Delta}{\Sigma\ ;_3 \Gamma \vdash \Delta^{\ominus}}\ abs\ 3$$

提升规则和下降规则：

$$\text{pro/dem } 2;1\ \frac{\Gamma\ ;_2 \Sigma \vdash \Pi}{\Gamma^{\ominus}\ ;_1 \Sigma \vdash \Pi} \qquad \frac{\Pi \vdash \Gamma \between_2 \Sigma}{\Pi \vdash \Gamma^{\ominus} \between_1 \Sigma}\ \text{pro/dem } 2\between 1$$

$$\text{pro/dem } 3;1\ \frac{\Sigma\ ;_3 \Gamma \vdash \Pi}{\Sigma\ ;_1 \Gamma^{\ominus} \vdash \Pi} \qquad \frac{\Pi \vdash \Gamma \between_3 \Sigma}{\Pi \vdash \Sigma \between_1 \Gamma^{\ominus}}\ \text{pro/dem } 3\between 1$$

$$\text{pro/dem } 4;2\ \frac{\Delta\ ;_4 \Gamma \vdash \Pi}{\Delta\ ;_2 \Gamma^{\ominus} \vdash \Pi} \qquad \frac{\Pi \vdash \Delta \between_4 \Gamma}{\Pi \vdash \Delta \between_2 \Gamma^{\ominus}}\ \text{pro/dem } 4\between 2$$

$$\text{pro/dem } 4;3\ \frac{\Delta\ ;_4 \Gamma \vdash \Pi}{\Delta^{\ominus}\ ;_3 \Gamma \vdash \Pi} \qquad \frac{\Pi \vdash \Delta \between_4 \Gamma}{\Pi \vdash \Delta^{\ominus} \between_3 \Gamma}\ \text{pro/dem } 4\between 3$$

$$\text{pro/dem ?}\ \frac{X?_0 \vdash \triangle}{X?_1 \vdash \triangle^{\ominus}}$$

$$dem \triangleright \ \frac{\Pi^{\oplus} \triangle_0 X \vdash Y}{\Pi \triangle_1 X \vdash Y} \qquad dem\ \blacktriangle \ \frac{\Pi^{\oplus} \blacktriangle_0 X \vdash Y}{\Pi \blacktriangle_1 X \vdash Y}$$

根据提升规则、下降规则和显示公设，可以推导出如下规则：

$$dem \triangleright \ \frac{X \vdash \Pi^{\oplus} \triangleright_0 Y}{X \vdash \Pi \triangleright_1 Y} \qquad \frac{X \vdash \Pi^{\oplus} \blacktriangleright_0 Y}{X \vdash \Pi \blacktriangleright_1 Y}\ dem \blacktriangleright$$

$$dem \triangleright \ \frac{\Pi^{\oplus} \vdash X \qquad {}_0 Y}{\Pi \vdash X \triangleleft_1 Y} \qquad \frac{\Pi^{\oplus} \vdash X \qquad {}_0 Y}{\Pi \vdash X \blacktriangleleft_1 Y}\ dem \blacktriangleleft$$

15.3.13.9　不动点结构规则

如下的规则对应于不动点公理。

不动点结构规则：

$$FP \triangle \ \frac{\Pi \triangle_1 X \vdash Y \quad (\Pi ;_3 \Pi^{\oplus}) \triangle_1 X \vdash Y}{\Pi^{\oplus} \triangle_0 X \vdash Y}$$

$$\frac{\Pi \blacktriangle_1 X \vdash Y \quad (\Pi ;_3 \Pi^{\oplus}) \blacktriangle_1 X \vdash Y}{\Pi^{\oplus} \blacktriangle_0 X \vdash Y}\ FP \blacktriangle$$

根据不动点结构规则和显示公设，可以推导出如下规则：

$$FP \triangleright \ \frac{X \vdash \Pi \triangleright_1 Y \quad X \vdash (\Pi ;_3 \Pi^{\oplus}) \triangleright_1 Y}{X \vdash \Pi^{\oplus} \triangleright_0 Y}$$

$$\frac{X \vdash \Pi \blacktriangleright_1 Y \quad X \vdash (\Pi ;_3 \Pi^{\oplus}) \blacktriangleright_1 Y}{X \vdash \Pi^{\oplus} \blacktriangleright_0 Y}\ FP \blacktriangleright$$

$$FP \triangleleft \ \frac{\Pi \vdash Y \triangleleft_1 X \quad (\Pi ;_3 \Pi^{\oplus}) \vdash Y \triangleleft_1 X}{\Pi^{\oplus} \vdash Y \triangleleft\!\sim_0 X}$$

$$\frac{\Pi \vdash Y \blacktriangleleft_1 X \quad (\Pi ;_3 \Pi^{\oplus}) \vdash Y \blacktriangleleft_1 X}{\Pi^{\oplus} \vdash Y \blacktriangleleft\!\sim_0 X}\ FP \blacktriangleleft$$

无限迭代规则如下：

Omega-迭代结构规则

$$\omega \triangle \ \frac{(\Pi^{(n)} \triangle_1 X \vdash Y \mid n \geqslant 1)}{\Pi^{\oplus} \triangle_0 X \vdash Y} \qquad \frac{(\Pi^{(n)} \blacktriangle_1 X \vdash Y \mid n \geqslant 1)}{\Pi^{\oplus} \blacktriangle_0 X \vdash Y}\ \omega \blacktriangle$$

根据Omega-迭代规则和显示公设,可以推导出如下规则:

$$\omega\rhd\ \frac{(X\vdash\Pi^{(n)}\rhd_{1}Y\mid n\geqslant 1)}{X\vdash\Pi^{\oplus}\rhd_{0}Y}\qquad\frac{(X\vdash\Pi^{(n)}\blacktriangleright_{1}Y\mid n\geqslant 1)}{X\vdash\Pi^{\oplus}\blacktriangleright_{0}Y}\ \omega\blacktriangleright$$

$$\omega\lhd\ \frac{(\Pi^{(n)}\vdash Y\lhd_{1}X\mid n\geqslant 1)}{\Pi^{\oplus}\vdash Y\lhd_{0}X}\qquad\frac{(\Pi^{(n)}\vdash Y\blacktriangleleft_{1}X\mid n\geqslant 1)}{\Pi^{\oplus}\vdash Y\blacktriangleleft_{0}X}\ \omega\blacktriangleleft$$

15.3.13.10 行动常元规则

在如下规则中,j=1,2并且k=1,3,由于$\mathtt{I}$上的标记是由j和k唯一决定的,因此省略了这些标记;x、y和z是适当的行动类型或传递行动类型的结构变元。

$\mathtt{I}$规则:

$$\frac{x\vdash y}{x\vdash\mathtt{I}\between_{j}y}\,\mathrm{T}^{j}_{iR}\qquad\frac{\Delta\vdash\Gamma}{\Delta^{\ominus}\vdash\mathtt{I}\between_{3}\Gamma}\,\mathrm{T}^{3}_{1R}\qquad\frac{\Delta\vdash\Gamma}{\Delta^{\ominus}\vdash\mathtt{I}\between_{4}\Gamma}\,\mathrm{T}^{4}_{1R}$$

$$\frac{x\vdash y}{x\vdash y\between_{k}\mathtt{I}}\,\mathrm{T}^{k}_{iR}\qquad\frac{\Delta\vdash\Gamma}{\Delta^{\ominus}\vdash\Gamma\between_{2}\mathtt{I}}\,\mathrm{T}^{2}_{2R}\qquad\frac{\Delta\vdash\Gamma}{\Delta^{\ominus}\vdash\Gamma\between_{4}\mathtt{I}}\,\mathrm{T}^{4}_{2R}$$

在如下规则中,j=1,2并且k=1,3,由于Φ上的标记是由j和k唯一决定的,因此省略了这些标记;x,y和z是适当的行动类型或传递行动类型的结构变元。

Φ规则:

$$\Phi^{j}_{1L}\ \frac{x\vdash y}{\Phi\,;_{j}x\vdash y}\qquad\Phi^{3}_{1L}\ \frac{\Delta\vdash\Gamma}{\Phi\,;_{3}\Delta\vdash\Gamma^{\ominus}}\qquad\Phi^{4}_{1L}\ \frac{\Delta\vdash\Gamma}{\Phi\,;_{4}\Delta\vdash\Gamma^{\ominus}}$$

$$\Phi^{k}_{2L}\ \frac{x\vdash y}{x\,;_{k}\Phi\vdash y}\qquad\Phi^{2}_{2L}\ \frac{\Delta\vdash\Gamma}{\Delta\,;_{2}\Phi\vdash\Gamma^{\ominus}}\qquad\Phi^{4}_{2L}\ \frac{\Delta\vdash\Gamma}{\Delta\,;_{4}\Phi\vdash\Gamma^{\ominus}}$$

15.3.13.11 二元行动联结词的结构规则

如下行动弱化规则就是Hartonas(2013a,2013b)中的相对于矢列式合成的弱化规则,其中,j=1,2并且k=1,3,由于Φ上的标记是由j和k唯一决定的,故省略了标记;且x,y和z是适当的行动类型或传递行动类型的结构变元。

行动弱化规则：

$$\frac{x \vdash y}{x \vdash z \between_j y} W_{1R}^{h} \qquad \frac{\Delta \vdash \Gamma}{\Delta^{\ominus} \vdash \Pi \between_3 \Gamma} W_{1R}^{3} \qquad \frac{\Delta \vdash \Gamma}{\Delta^{\ominus} \vdash \Gamma' \between_4 \Gamma} W_{1R}^{4}$$

$$\frac{x \vdash y}{x \vdash y \between_k z} W_{2R}^{l} \qquad \frac{\Delta \vdash \Gamma}{\Delta^{\ominus} \vdash \Gamma \between_2 \Pi} W_{2R}^{2} \qquad \frac{\Delta \vdash \Gamma}{\Delta^{\ominus} \vdash \Gamma \between_4 \Gamma'} W_{2R}^{4}$$

在如下行动收缩规则中，k=1，4；x，y和z是类型规则性（type-regularity）所要求的适当的行动类型或传递行动类型的结构变元。

行动收缩规则：

$$\frac{y \vdash x \between_k x}{y \vdash x} C_R^{k}$$

其他收缩规则可以根据提升规则和下降规则推导出来。在下面的行动交换规则中，k=1，4；x，y和z是类型规律所要求的适当的行动类型或传递行动类型的结构变元。

行动交换规则：

$$\frac{\Sigma \vdash \Delta \between_2 \Pi}{\Sigma \vdash \Pi \between_3 \Delta} E_R^{2\between 3} \qquad \frac{z \vdash x \between_k y}{z \vdash y \between_k x} E_R^{k \between k}$$

约定：如下省略了标记的行动结合规则，可以作用于“语法、类型规则性和参数的相似类型所允许”的所有组合。在这些规则中，x，y和z是适当的行动类型或传递行动类型的结构变元。

行动结合规则：

$$A_L \frac{x ; (y ; z) \vdash w}{(x ; y) ; z \vdash w} \qquad \frac{w \vdash z \between y \between x}{w \vdash z \between (y \between x)} A_R$$

15.3.13.12 动态规则和非确定性选择规则

在下面的非确定性选择规则中，在$\between$上的标记是唯一确定的，因此进行了省略。这些规则表征了如下事实：$\blacktriangleleft_1$和$\lhd_1$在它们的第一个坐标中是单调的，在它们的第二个坐标中是反序的（antitone）。

非确定性选择的结构规则：

$$\text{choice}\blacktriangleleft_1 \frac{\Psi \vdash (Y \blacktriangleleft_1 X) \between (Z \blacktriangleleft_1 X)}{\Psi \vdash (Y, Z) \blacktriangleleft_1 X}$$

$$\frac{\Psi\vdash(Y\lhd_1 X)\between(Z\lhd_1 X)}{\Psi\vdash(Y,Z)\lhd_1 X}\ \text{choice}\lhd_1$$

$$\text{choice}\blacktriangleleft^1\ \frac{\Psi\vdash(X\blacktriangleleft_1 Y)\between(X\blacktriangleleft_1 Z)}{\Psi\vdash X\blacktriangleleft_1(Y,Z)}$$

$$\frac{\Psi\vdash(X\lhd_1 Y)\between(X\lhd_1 Z)}{\Psi\vdash X\lhd_1(Y,Z)}\ \text{choice}\lhd^1$$

15.3.13.13 另外的非确定性选择规则和矢列式合成规则

在以下非确定性选择和矢列式合成的显示公设中，$1\leqslant k\leqslant 4$；而且x，y和z是适当的行动类型或传递行动类型的结构变元。

非确定性选择和矢列式合成的显示公设：

$$\frac{z\vdash x\between_k y}{x\supset_k z\vdash y}\qquad\frac{z\vdash x\between_k y}{z\subset_k y\vdash x}$$

$$\frac{x\,;_j y\vdash z}{y\vdash x>_j z}\qquad\frac{x\,;_j y\vdash z}{x\vdash z<_j y}$$

下面给出运算联结词“$\cup_j$”和“$;_j$”的规则，其中$1\leqslant j\leqslant 4$，变元x，y表示由j和项的一致性唯一确定的适当类型的结构项；f，g分别表示由j和项的统一性（term-uniformity）唯一确定的适当类型的运算项和结构项。

非确定性选择和矢列式合成的运算规则：

$$\cup_L^j\ \frac{f\vdash x\quad g\vdash y}{f\cup_j g\vdash x\between_j y}\qquad\frac{x\vdash f\between_j g}{x\vdash f\cup_j g}\ \cup_R^j$$

$$;_L^j\ \frac{f\,;_j g\vdash x}{f\,;_j g\vdash x}\qquad\frac{x\vdash f\quad y\vdash g}{x\,;_j y\vdash f\,;_j g}\ ;_R^j$$

15.4 可靠性

本节将讨论动态演算规则的可靠性，并证明那些不涉及虚拟伴随的规则（参见第15.3节）相对于标准关系语义而言是可靠的；下面将给出的多类型语言的解释保持了：“从标准命题动态逻辑PDL语言，到（前面图15.1和图15.2给出的）多类型语言的翻译”。

PDL的多类型语言模型是一个二元组$N=(W,v)$，其中：W是一个非空集，并且v是把“来自于‘映射到每个$p\in\text{AtProp}$上’的

AtProp∪AtAct 中的变元”，指派给子集 $[[p]]v\subseteq W$；并且把每个 $\pi\in$AtAct 指派给一个二元关系 $R_\pi\subseteq W\times W$。显然，这些模型“以如下双射的方式”对应于PDL的标准Kripke模型：对于每个PDL的标准Kripke模型 $M=(W,R,V)$ 而言，满足 $R=\{R_\pi \mid \pi\in \text{AtAct}\}$；令 $N_M:=(W,v_M)$，其中对于每个 $p\in$AtProp而言，有 $v_M(p)=V(p)$，并且对于每个 $\pi\in$AtAct而言，有 $v_M(\pi)=R_\pi$。

相反地，对于上述每个 $N=(W,v)$ 而言，令 $M_N:=(W,R_N,V_N)$ 满足：对于每个 $p\in$AtProp 而言，$R_N:=\{v(\pi)|\pi\in \text{AtAct}\}$ 且 $V_N(p)=v(p)$。因此，可以立即验证：对于上述每个 M 和 N 而言，$N_{M_N}=N$ 和 $M_{N_M}=M$。显然，上述由每个模型 N 都可以得到代数 $P(W)$、$P(W\times W)$ 和 $T(W\times W)$，它们分别为 Fm、Act和TAct的类型项提供了合适的解释域。

结构可以被翻译到适当类型的运算项中，而运算项可以根据运算项的类型来加以解释。把结构翻译成运算项，结构联结词需要翻译成逻辑联结词。为此，非模态的命题结构联结词与成对的逻辑联结词相关联，而且一个结构联结词的任意给定出现都可以根据该结构联结词的（前件或后件）位置，翻译成该结构联结词的这次出现或别的出现。表15.6说明如何把上一行FM类型的命题结构联结词，翻译成下一行中与之对应的一个或另外的逻辑联结词：如果结构联结词出现在前件中，那么就翻译成左边的联结词；如果结构联结词出现在后件中，那么就翻译成右边的联结词。

表15.6 结构联结词与逻辑联结词的翻译

结构符号	<		>		;		I	
运算符号	—<	¬	>—	→	∧	∨	⊤	^

结构符号	I		ǒ		⊃		⊂	
运算符号		ɿ		∪	⊃—		—⊂	

结构符号	F		;		>		<	
运算符号	1		;			®		¬

结构符号	?		¿		$(\cdot)^{\oplus}$		$(\cdot)^{\ominus}$	
运算符号	?			¿	$(\cdot)^{+}$			$(\cdot)^{-}$

前面已经说明，这里的翻译是在布尔环境中加以处理的，联结词$—\!\!<$和$>\!\!—$可以解释为$A—\!\!<B:=A\wedge\neg B$并且$A>\!\!—B:=\neg A\wedge B$。根据Frittella等(2016b)的研究可知：结构规则和运算规则的可靠性，仅仅与FM类型中起作用的成分有关，这里不再对此详细讨论。

表15.6说明了：如何根据刚才的说明，来翻译每个行动类型的结构联结词。需要注意的是，表15.6中的一些运算联结词，并不包含在“命题动态逻辑PDL的动态演算”的运算语言中。但是，正如15.3节所指出的那样，下面的算子符号具有语义合理性，所以尽管省略了标记，但是下面的表并不涉及虚拟伴随。因此，即使并不包含在“命题动态逻辑PDL的动态演算”的运算语言中，本节仍然可以利用它们对出现在矢列式中的结构进行语义解释。需要注意的是：下面的结构联结词仅仅出现在前件或后件位置才有语义解释。因此，并不是每个结构都具有语义上的可解释性。然而，下面将说明：这仍然足以检查规则的可靠性。

上述联结词的解释对应于15.2节和15.3节中给出的标准解释。在下面给出的公式中，a和b是类型Act或类型TAct的运算项，α，δ和A分别是类型Act的运算项、类型TAct的运算项和类型Fm的运算项，并且省略标记。

$[[a\cup b]]_v=\{(z,z')\in W\times W\mid (z,z')\in[[a]]_v\text{或}(z,z')\in[[b]]_v\}$

$[[a;b]]_v=\{(z,z')\in W\times W\mid \exists w.(z,w)\in[[a]]_v\&(w,z')\in[[b]]_v\}$

$[[\mathbf{0}]]_v=\{(z,z')\in W\times W\mid (z,z')\neq(z,z')\}=\varnothing$

$[[1]]_v=\{(z,z)\in W\times W\mid z\in W\}$

$[[A?]]_v=\{(z,z)\in W\times W\mid z\in[[A]]_v\}$

$[[a¿]]_v=\{z\in W\mid (z,z)\in[[a]]_v\}$

$[[\alpha^{+}]]_v=\bigcup_{n\geqslant 1}[[\alpha]]_v^{n}$

$[[\delta^{-}]]_v=[[\delta]]_v$

$[[a\rightarrow b]]_v=\{(z,z')\in W\times W\mid \forall w.((w,z)\in[[a]]_v\Rightarrow(w,z')\in[[b]]_v)\}$

$[[a\leftarrow b]]_v=\{(z,z')\in W\times W\mid \forall w.((z',w)\in[[b]]_v\Rightarrow(z,w)\in[[a]]_v)\}$

$[[a\supset\!\!—b]]_v=\{(z,z')\in W\times W\mid (z,z')\in[[b]]_v\&(z,z')\notin[[a]]_v\}=[[b—\!\!\subset a]]_v$

根据这个标准解释，可以直接验证纯行动规则的可靠性，这里从略。

表15.7给出了把异质联结词翻译为相应的运算联结词的方法，其理解与上表相似，其中的标记i在{0,1}上取值。

表15.7　异质结构联结词与运算联结词的翻译

结构符号	$\triangle_i$	$\blacktriangle_i$	w_i	$\blacktriangleright_i$	v_1	$\blacktriangleleft_1$
运算符号	$\triangle_i$	$\blacktriangle_i$	$-\!\!\triangleright_i$	$-\!\!\blacktriangleright_i$	v_1	$\blacktriangleleft_1$

涉及公式和行动的异质联结词的解释，对应于15.3节讨论的前向和后向模态词的解释（在下面公式的右边是带有伴随模态词的命题动态逻辑PDL标准语言中的记法）：

$$[[\alpha\triangle_1 A]]=\{z\in W \mid \exists z'.zR_\alpha z'\ \&z'\in[[A]]\} \qquad \langle\alpha\rangle A$$

$$[[\alpha\blacktriangle_1 A]]=\{z\in W \mid \exists z.z'R_\alpha z\&z'\in[[A]]\} \qquad \overline{\overline{\underline{\underline{\alpha}}}}A$$

$$[[\alpha-\!\!\triangleright_1 A]]=\{z\in W \mid \forall z'.zR_\alpha z'\Rightarrow z'\in[[A]]\} \qquad [\alpha]A$$

$$[[\alpha-\!\!\blacktriangleright_1 A]]=\{z\in W \mid \forall z.z'R_\alpha z\Rightarrow z'\in[[A]]\} \qquad \overline{\underline{\alpha}}A$$

涉及公式和传递行动的联结词$\triangle_0$，$-\!\!\triangleright_0$，$\blacktriangle_0$，$-\!\!\blacktriangleright_0$，可以用同样的方式进行解释，并用适当的传递关系$R_\delta$代替关系$R_\alpha$。最后，句法伴随词可以解释如下：

$$[[B\triangleleft_1 A]]_v=\{(z,z')\in W\times W \mid z\in[[A]]_v\Rightarrow z'\in[[B]]_v\}$$

$$[[B\blacktriangleleft_1 A]]_v=\{(z,z')\in W\times W \mid z'\in[[A]]_v\Rightarrow z\in[[B]]_v\}$$

现在可以证明，15.3节的翻译保持了这一语义解释，即对于每个Kripke模型M和任意PDL公式A而言，$[[A]]_M=[[A']]_{N_m}$，其中A'表示命题动态逻辑的动态演算语言中A的翻译。因为上面定义的异质联结词的所有运算规则的语义对应规则，在每个坐标中是单调的或反序的，因此，异质联结词的所有运算规则是可靠的。而切割规则的可靠性，可以根据“包含关系在每种类型的解释域中”的传递性得到。（$\triangle_i$，$-\!\!\blacktriangleright_i$）和（$\blacktriangle_i$，$-\!\!\triangleright_i$）（其中$0\leqslant i\leqslant 1$）以及（$\triangle_1$，$\blacktriangleleft_1$）和（$\blacktriangle_1$，$\triangleleft_1$）这四个显示规则的可靠性，可以根据三角状和箭头状的伴随序对的语义得到。

另一方面，在（$\triangle_0$，$\blacktriangleleft\!\!\sim_0$）和（$\blacktriangle_0$，$\triangleleft\!\!\sim_0$）这两个显示规则中，箭

头联结词就是15.3节的虚拟伴随，即它们没有语义解释。下节将证明：这些虚拟伴随在命题动态逻辑的动态演算中是安全的(safe)。

必然性规则、共轭规则、Fischer-Servi规则和单调性规则的可靠性，可以像Frittella等(2016a)6.2节中那样直接证明。本节其余部分将讨论不动点规则和omega规则的可靠性。现在证明FP△规则的可靠性，固定一个模型$N=(W,v)$，假设已经给出结构X，Y和Π的解释，并分别用$[[X]]_v$，$[[Y]]_v \subseteq W$和$R=[[\Pi]]_v \subseteq W\times W$表示，假设FP△规则的前提是满足的，即：

$R^{-1}[[[X]]_v] \subseteq [[Y]]_v$并且$(R\circ R^{+})^{-1}[[[X]]_v] \subseteq [[Y]]_v$

需要证明$(R^{+})^{-1}[[[X]]_v] \subseteq [[Y]]_v$。根据定义$R^{+}=\bigcup_{n\geqslant 1}R^{n}$，其中$R^{1}=R$，并且$R^{n+1}=R\circ R^{n}$。因此，$(R^{+})^{-1}[[[X]]v]=\bigcup_{n\geqslant 1}(R^{n})^{-1}[[[X]]_v]$。因此，现在只需要证明：对于每个$n\geqslant 1$而言，$(R^{n})^{-1}[[[X]]_v] \subseteq [[Y]]_v$。

施归纳于n即可。归纳基础和归纳步骤都可以根据假设来证明。其余FP-规则的可靠性可以类似证明，这里从略。

现在证明规则ω△的可靠性，固定N，像上述那样令$[[X]]_v$，$[[Y]]_v$和$R=[[\Pi]]_v$。"前提ω△都得到满足"的假设可以归结为：对于每个$n\geqslant 1$而言，包含关系$(R^{n})^{-1}[[[X]]_v] \subseteq [[Y]]_v$成立。因此，$(R^{+})^{-1}[[[X]]_v]=\bigcup_{n\geqslant 1}(R^{n})^{-1}[[[X]]_v] \subseteq [[Y]]_v$，这正是需要证明的。余下的$\omega$-规则的可靠性证明与此类似，这里从略。

15.5　完全性

本节将讨论相对于15.4节给出的语义而言的"命题动态逻辑PDL的动态演算"的完全性。15.3.3节已经证明了：每个PDL公理的翻译在动态演算中，都是可以推导的。与Frittella等(2016b)中处理方式不同，这里需要考虑：在消除歧义过程中所产生公理的所有可能性版本。本节完全性证明是采取间接的方法来证明，并且依赖于如下这样的两个事实：①命题动态逻辑相对于标准的Kripke语义而言是完全的；②15.4节讨论过的翻译可以保持标准模型上的语义解释。

本节只关注命题动态逻辑中的box-不动点公理和box-归纳公理。剩下的命题动态逻辑中带有box-归纳公理的推导如下：

K公理的证明：$\alpha\mathrel{-\!\rhd}(A\to B)\vdash(\alpha\mathrel{-\!\rhd}A)\to(\alpha\mathrel{-\!\rhd}B)$

$$\frac{\alpha\vdash\alpha\qquad A\vdash A}{\alpha\mathrel{-\!\rhd}A\vdash\alpha\rhd A}$$

$$\frac{\alpha\mathrel{-\!\rhd}A\vdash\alpha\rhd A}{\alpha\mathrel{-\!\rhd}A,\alpha\mathrel{-\!\rhd}(A\to B)\vdash\alpha\rhd A}\,W$$

$$\frac{\alpha\mathrel{-\!\rhd}A,\alpha\mathrel{-\!\rhd}(A\to B)\vdash\alpha\rhd A}{\alpha\blacktriangle(\alpha\mathrel{-\!\rhd}A,\alpha\mathrel{-\!\rhd}(A\to B))\vdash A}$$

$$\frac{\alpha\blacktriangle(\alpha\mathrel{-\!\rhd}A,\alpha\mathrel{-\!\rhd}(A\to B))\vdash A\qquad B\vdash B}{A\to B\vdash\alpha\blacktriangle(\alpha\mathrel{-\!\rhd}A,\alpha\mathrel{-\!\rhd}(A\to B))>B}$$

$$\frac{\alpha\vdash\alpha\qquad A\to B\vdash\alpha\blacktriangle(\alpha\mathrel{-\!\rhd}A,\alpha\mathrel{-\!\rhd}(A\to B))>B}{\alpha\mathrel{-\!\rhd}(A\to B)\vdash\alpha\rhd(\alpha\blacktriangle(\alpha\mathrel{-\!\rhd}A;\alpha\mathrel{-\!\rhd}(A\to B))>B)}$$

$$\frac{\alpha\mathrel{-\!\rhd}(A\to B)\vdash\alpha\rhd(\alpha\blacktriangle(\alpha\mathrel{-\!\rhd}A;\alpha\mathrel{-\!\rhd}(A\to B))>B)}{\alpha\mathrel{-\!\rhd}A,\alpha\mathrel{-\!\rhd}(A\to B)\vdash\alpha\rhd(\alpha\blacktriangle(\alpha\mathrel{-\!\rhd}A,\alpha\mathrel{-\!\rhd}(A\to B))>B)}$$

$$\frac{\alpha\mathrel{-\!\rhd}A,\alpha\mathrel{-\!\rhd}(A\to B)\vdash\alpha\rhd(\alpha\blacktriangle(\alpha\mathrel{-\!\rhd}A,\alpha\mathrel{-\!\rhd}(A\to B))>B)}{\alpha\blacktriangle(\alpha\mathrel{-\!\rhd}A,\alpha\mathrel{-\!\rhd}(A\to B))\vdash\alpha\blacktriangle(\alpha\mathrel{-\!\rhd}A,\alpha\mathrel{-\!\rhd}(A\to B))>B}$$

$$\frac{\alpha\blacktriangle(\alpha\mathrel{-\!\rhd}A,\alpha\mathrel{-\!\rhd}(A\to B))\vdash\alpha\blacktriangle(\alpha\mathrel{-\!\rhd}A,\alpha\mathrel{-\!\rhd}(A\to B))>B}{\alpha\blacktriangle(\alpha\mathrel{-\!\rhd}A,\alpha\mathrel{-\!\rhd}(A\to B)),\alpha\blacktriangle(\alpha\mathrel{-\!\rhd}A,\alpha\mathrel{-\!\rhd}(A>B))\vdash B}$$

$$C,\ \frac{\alpha\blacktriangle(\alpha\mathrel{-\!\rhd}A,\alpha\mathrel{-\!\rhd}(A\to B)),\alpha\blacktriangle(\alpha\mathrel{-\!\rhd}A,\alpha\mathrel{-\!\rhd}(A>B))\vdash B}{\alpha\blacktriangle((\alpha\mathrel{-\!\rhd}A,\alpha\mathrel{-\!\rhd}(A\to B)),(\alpha\mathrel{-\!\rhd}A,\alpha\mathrel{-\!\rhd}(A\to B)))\vdash B}$$

$$\frac{\alpha\blacktriangle((\alpha\mathrel{-\!\rhd}A,\alpha\mathrel{-\!\rhd}(A\to B)),(\alpha\mathrel{-\!\rhd}A,\alpha\mathrel{-\!\rhd}(A\to B)))\vdash B}{(\alpha\mathrel{-\!\rhd}A,\alpha\mathrel{-\!\rhd}(A\to B)),(\alpha\mathrel{-\!\rhd}A,\alpha\mathrel{-\!\rhd}(A\to B))\vdash\alpha\rhd B}$$

$$\frac{(\alpha\mathrel{-\!\rhd}A,\alpha\mathrel{-\!\rhd}(A\to B)),(\alpha\mathrel{-\!\rhd}A,\alpha\mathrel{-\!\rhd}(A\to B))\vdash\alpha\rhd B}{\alpha\mathrel{-\!\rhd}A,\alpha\mathrel{-\!\rhd}(A\to B)\vdash\alpha\rhd B}$$

$$\frac{\alpha\mathrel{-\!\rhd}A,\alpha\mathrel{-\!\rhd}(A\to B)\vdash\alpha\rhd B}{\alpha\mathrel{-\!\rhd}A,\alpha\mathrel{-\!\rhd}(A\to B)\vdash\alpha\mathrel{-\!\rhd}B}$$

$$\frac{\alpha\mathrel{-\!\rhd}A,\alpha\mathrel{-\!\rhd}(A\to B)\vdash\alpha\mathrel{-\!\rhd}B}{\alpha\mathrel{-\!\rhd}(A\to B)\vdash\alpha\mathrel{-\!\rhd}A>\alpha\mathrel{-\!\rhd}B}$$

$$\frac{\alpha\mathrel{-\!\rhd}(A\to B)\vdash\alpha\mathrel{-\!\rhd}A>\alpha\mathrel{-\!\rhd}B}{\alpha\mathrel{-\!\rhd}(A\to B)\vdash\alpha\mathrel{-\!\rhd}A\to\alpha\mathrel{-\!\rhd}B}$$

box-选择公理的证明：$(\alpha\cup\beta)\mathrel{-\!\rhd}A\dashv\vdash(\alpha\mathrel{-\!\rhd}A)\wedge(\beta\mathrel{-\!\rhd}A)$

$$\frac{\alpha\vdash\alpha}{\alpha\vdash\alpha\between\beta}\,W\between\qquad\frac{\beta\vdash\beta}{\beta\vdash\alpha\between\beta}\,W\between$$

$$\frac{\alpha\vdash\alpha\between\beta}{\alpha\vdash\alpha\cup\beta}\qquad\frac{\beta\vdash\alpha\between\beta}{\beta\vdash\alpha\cup\beta}$$

$$\frac{\alpha\vdash\alpha\cup\beta\qquad A\vdash A}{(\alpha\cup\beta)\mathrel{-\!\rhd}A\vdash\alpha\rhd A}\qquad\frac{\beta\vdash\alpha\cup\beta\qquad A\vdash A}{(\alpha\cup\beta)\mathrel{-\!\rhd}A\vdash\beta\rhd A}$$

$$\frac{(\alpha\cup\beta)\mathrel{-\!\rhd}A\vdash\alpha\rhd A}{(\alpha\cup\beta)\mathrel{-\!\rhd}A\vdash\alpha\mathrel{-\!\rhd}A}\qquad\frac{(\alpha\cup\beta)\mathrel{-\!\rhd}A\vdash\beta\rhd A}{(\alpha\cup\beta)\mathrel{-\!\rhd}A\vdash\beta\mathrel{-\!\rhd}A}$$

$$\frac{(\alpha\cup\beta)\mathrel{-\!\rhd}A\vdash\alpha\mathrel{-\!\rhd}A\qquad(\alpha\cup\beta)\mathrel{-\!\rhd}A\vdash\beta\mathrel{-\!\rhd}A}{(\alpha\cup\beta)\mathrel{-\!\rhd}A,(\alpha\cup\beta)\mathrel{-\!\rhd}A\vdash(\alpha\mathrel{-\!\rhd}A)\wedge(\beta\mathrel{-\!\rhd}A)}$$

$$C,\ \frac{(\alpha\cup\beta)\mathrel{-\!\rhd}A,(\alpha\cup\beta)\mathrel{-\!\rhd}A\vdash(\alpha\mathrel{-\!\rhd}A)\wedge(\beta\mathrel{-\!\rhd}A)}{(\alpha\cup\beta)\mathrel{-\!\rhd}A\vdash(\alpha\mathrel{-\!\rhd}A)\wedge(\beta\mathrel{-\!\rhd}A)}$$

$$\frac{\alpha\vdash\alpha\qquad A\vdash A}{\alpha\mathrel{-\!\rhd}A\vdash\alpha\rhd A}\qquad\frac{\beta\vdash\beta\qquad A\vdash A}{\beta\mathrel{-\!\rhd}A\vdash\beta\rhd A}$$

$$\frac{\alpha\mathrel{-\!\rhd}A\vdash\alpha\rhd A}{\alpha\blacktriangle\alpha\mathrel{-\!\rhd}A\vdash A}\qquad\frac{\beta\mathrel{-\!\rhd}A\vdash\beta\rhd A}{\beta\blacktriangle\beta\mathrel{-\!\rhd}A\vdash A}$$

$$\frac{\alpha\blacktriangle\alpha\mathrel{-\!\rhd}A\vdash A}{\alpha\vdash A\lhd\alpha\mathrel{-\!\rhd}A}\qquad\frac{\beta\blacktriangle\beta\mathrel{-\!\rhd}A\vdash A}{\beta\vdash A\lhd\beta\mathrel{-\!\rhd}A}$$

$$\frac{\alpha\vdash A\lhd\alpha\mathrel{-\!\rhd}A\qquad\beta\vdash A\lhd\beta\mathrel{-\!\rhd}A}{\alpha\cup\beta\vdash(A\lhd\alpha\mathrel{-\!\rhd}A)\between(A\lhd\beta\mathrel{-\!\rhd}A)}$$

$$\frac{\alpha\cup\beta\vdash(A\lhd\alpha\mathrel{-\!\rhd}A)\between(A\lhd\beta\mathrel{-\!\rhd}A)}{\alpha\cup\beta\vdash A\lhd(\alpha\mathrel{-\!\rhd}A,\beta\mathrel{-\!\rhd}A)}\,choice\lhd$$

$$\frac{\alpha\cup\beta\vdash A\lhd(\alpha\mathrel{-\!\rhd}A,\beta\mathrel{-\!\rhd}A)}{\alpha\cup\beta\blacktriangle(\alpha\mathrel{-\!\rhd}A,\beta\mathrel{-\!\rhd}A)\vdash A}$$

$$\frac{\alpha\cup\beta\blacktriangle(\alpha\mathrel{-\!\rhd}A,\beta\mathrel{-\!\rhd}A)\vdash A}{\alpha\mathrel{-\!\rhd}A,\beta\mathrel{-\!\rhd}A\vdash\alpha\cup\beta\rhd A}$$

$$\frac{\alpha\mathrel{-\!\rhd}A,\beta\mathrel{-\!\rhd}A\vdash\alpha\cup\beta\rhd A}{(\alpha\mathrel{-\!\rhd}A)\wedge(\beta\mathrel{-\!\rhd}A)\vdash\alpha\cup\beta\rhd A}$$

$$\frac{(\alpha\mathrel{-\!\rhd}A)\wedge(\beta\mathrel{-\!\rhd}A)\vdash\alpha\cup\beta\rhd A}{(\alpha\mathrel{-\!\rhd}A)\wedge(\beta\mathrel{-\!\rhd}A)\vdash(\alpha\cup\beta)\mathrel{-\!\rhd}A}$$

$$\frac{\alpha\mathrel{-\!\rhd}A,\beta\mathrel{-\!\rhd}A\vdash\alpha\cup\beta\rhd A}{(\alpha\mathrel{-\!\rhd}A)\wedge(\beta\mathrel{-\!\rhd}A)\vdash\alpha\cup\beta\rhd A}$$

$$\frac{(\alpha\mathrel{-\!\rhd}A)\wedge(\beta\mathrel{-\!\rhd}A)\vdash\alpha\cup\beta\rhd A}{(\alpha\mathrel{-\!\rhd}A)\wedge(\beta\mathrel{-\!\rhd}A)\vdash(\alpha\cup\beta)\mathrel{-\!\rhd}A}$$

box-合成公理的证明：$(\alpha;\beta)\mathbin{-\!\!\rhd} A \dashv\vdash \alpha\mathbin{-\!\!\rhd}(\beta\mathbin{-\!\!\rhd} A)$

$$\begin{array}{c}
\alpha\vdash\alpha \quad \beta\vdash\beta \\ \hline
\alpha\boldsymbol{;}\beta\vdash\alpha;\beta \quad A\vdash A \\ \hline
(\alpha;\beta)\mathbin{-\!\!\rhd} A\vdash(\alpha\boldsymbol{;}\beta)\rhd A \\ \hline
(\alpha;\beta)\mathbin{-\!\!\rhd} A\vdash\alpha\rhd(\beta\rhd A) \;\; act\rhd \\ \hline
\alpha\blacktriangle(\alpha;\beta)\mathbin{-\!\!\rhd} A\vdash\beta\rhd A \\ \hline
\alpha\blacktriangle(\alpha;\beta)\mathbin{-\!\!\rhd} A\vdash\beta\mathbin{-\!\!\rhd} A \\ \hline
(\alpha;\beta)\mathbin{-\!\!\rhd} A\vdash\alpha\rhd\beta\mathbin{-\!\!\rhd} A \\ \hline
(\alpha;\beta)\mathbin{-\!\!\rhd} A\vdash\alpha\mathbin{-\!\!\rhd}(\beta\mathbin{-\!\!\rhd} A)
\end{array}$$

$$\begin{array}{c}
\beta\vdash\beta \quad A\vdash A \\ \hline
\alpha\vdash\alpha \quad \beta\mathbin{-\!\!\rhd} A\vdash\beta\rhd A \\ \hline
\alpha\mathbin{-\!\!\rhd}(\beta\mathbin{-\!\!\rhd} A)\vdash\alpha\rhd(\beta\rhd A) \\ \hline
\alpha\mathbin{-\!\!\rhd}(\beta\mathbin{-\!\!\rhd} A)\vdash(\alpha\boldsymbol{;}\beta)\rhd A \;\; act\rhd \\ \hline
(\alpha\boldsymbol{;}\beta)\blacktriangle\alpha\mathbin{-\!\!\rhd}(\beta\mathbin{-\!\!\rhd} A)\vdash A \\ \hline
\alpha\boldsymbol{;}\beta\vdash A\lhd\alpha\mathbin{-\!\!\rhd}(\beta\mathbin{-\!\!\rhd} A) \\ \hline
\alpha;\beta\vdash A\lhd\alpha\mathbin{-\!\!\rhd}(\beta\mathbin{-\!\!\rhd} A) \\ \hline
\alpha;\beta\blacktriangle\alpha\mathbin{-\!\!\rhd}(\beta\mathbin{-\!\!\rhd} A)\vdash A \\ \hline
\alpha\mathbin{-\!\!\rhd}(\beta\mathbin{-\!\!\rhd} A)\vdash\alpha;\beta\rhd A \\ \hline
\alpha\mathbin{-\!\!\rhd}(\beta\mathbin{-\!\!\rhd} A)\vdash(\alpha;\beta)\mathbin{-\!\!\rhd} A
\end{array}$$

box-测试公理的证明：$A?\mathbin{-\!\!\rhd} B\dashv\vdash A\rightarrow B$

$$\begin{array}{c}
A\vdash A \quad B\vdash B \\ \hline
A\rightarrow B\vdash A>B \\ \hline
A\rightarrow B\vdash A?\rhd B \;\; ?\rhd \\ \hline
A?\blacktriangle A\rightarrow B\vdash B \\ \hline
A?\vdash B\lhd A\rightarrow B \\ \hline
A?\vdash B\lhd A\rightarrow B \\ \hline
A?\blacktriangle A\rightarrow B\vdash B \\ \hline
A\rightarrow B\vdash A?\rhd B \\ \hline
A\rightarrow B\vdash A?\mathbin{-\!\!\rhd} B
\end{array}$$

$$\begin{array}{c}
A\vdash A \\ \hline
A?\vdash A? \quad B\vdash B \\ \hline
A?\mathbin{-\!\!\rhd} B\vdash A?\rhd B \\ \hline
A?\mathbin{-\!\!\rhd} B\vdash A>B \;\; ?\rhd \\ \hline
A?\mathbin{-\!\!\rhd} B\vdash A\rightarrow B
\end{array}$$

box-分配公理的证明：$\alpha\mathbin{-\!\!\rhd}(A\wedge B)\dashv\vdash\alpha\mathbin{-\!\!\rhd} A\wedge\alpha\mathbin{-\!\!\rhd} B$

$$\begin{array}{c}
A\vdash A \\ \hline
W, \quad A,B\vdash A \\ \hline
\alpha\vdash\alpha \quad A\wedge B\vdash A \\ \hline
\alpha\mathbin{-\!\!\rhd}(A\wedge B)\vdash\alpha\rhd A \\ \hline
\alpha\mathbin{-\!\!\rhd}(A\wedge B)\vdash\alpha\mathbin{-\!\!\rhd} A
\end{array}
\qquad
\begin{array}{c}
B\vdash B \\ \hline
W, \quad A,B\vdash B \\ \hline
\alpha\vdash\alpha \quad A\wedge B\vdash B \\ \hline
\alpha\mathbin{-\!\!\rhd}(A\wedge B)\vdash\alpha\rhd B \\ \hline
\alpha\mathbin{-\!\!\rhd}(A\wedge B)\vdash\alpha\mathbin{-\!\!\rhd} B
\end{array}$$

$$\begin{array}{c}
\alpha\mathbin{-\!\!\rhd}(A\wedge B)\vdash\alpha\mathbin{-\!\!\rhd} A \quad \alpha\mathbin{-\!\!\rhd}(A\wedge B)\vdash\alpha\mathbin{-\!\!\rhd} B \\ \hline
\alpha\mathbin{-\!\!\rhd}(A\wedge B),\alpha\mathbin{-\!\!\rhd}(A\wedge B)\vdash(\alpha\mathbin{-\!\!\rhd} A)\wedge(\alpha\mathbin{-\!\!\rhd} B) \\ \hline
C, \quad \alpha\mathbin{-\!\!\rhd}(A\wedge B)\vdash(\alpha\mathbin{-\!\!\rhd} A)\wedge(\alpha\mathbin{-\!\!\rhd} B)
\end{array}$$

$$\begin{array}{c}
\alpha\vdash\alpha \quad A\vdash A \\ \hline
\alpha\mathbin{-\!\!\rhd} A\vdash\alpha\rhd A \\ \hline
\alpha\blacktriangle\alpha\mathbin{-\!\!\rhd} A\vdash A
\end{array}
\qquad
\begin{array}{c}
\alpha\vdash\alpha \quad B\vdash B \\ \hline
\alpha\mathbin{-\!\!\rhd} B\vdash\alpha\rhd B \\ \hline
\alpha\blacktriangle\alpha\mathbin{-\!\!\rhd} B\vdash B
\end{array}$$

$$\begin{array}{c}
\alpha\blacktriangle\alpha\mathbin{-\!\!\rhd} A\vdash A \quad \alpha\blacktriangle\alpha\mathbin{-\!\!\rhd} B\vdash B \\ \hline
(\alpha\blacktriangle\alpha\mathbin{-\!\!\rhd} A),(\alpha\blacktriangle\alpha\mathbin{-\!\!\rhd} B)\vdash A\wedge B \\ \hline
mon\blacktriangle \quad \alpha\blacktriangle(\alpha\mathbin{-\!\!\rhd} A,\alpha\mathbin{-\!\!\rhd} B)\vdash A\wedge B \\ \hline
\alpha\mathbin{-\!\!\rhd} A,\alpha\mathbin{-\!\!\rhd} B\vdash\alpha\rhd A\wedge B \\ \hline
\alpha\mathbin{-\!\!\rhd} A\wedge\alpha\mathbin{-\!\!\rhd} B\vdash\alpha\rhd A\wedge B \\ \hline
\alpha\mathbin{-\!\!\rhd} A\wedge\alpha\mathbin{-\!\!\rhd} B\vdash\alpha\mathbin{-\!\!\rhd}(A\wedge B)
\end{array}$$

不必求助于经典的box/diamond的相互定义性，就可以推导出diamond公理。这些推导与后面命题动态逻辑的完全性证明中给出的推导相似，其推导细节从略。

box-不动点公理：$+.(\alpha-\!\rhd A)\wedge(\alpha-\!\rhd(\alpha^{+}-\!\rhd A))\dashv\vdash\alpha^{+}-\!\rhd A$

$$\alpha\vdash\alpha \qquad A\vdash A$$
$$\alpha-\!\rhd A\vdash\alpha\rhd A$$
$$\alpha\blacktriangle\alpha-\!\rhd A\vdash A$$

$$\alpha\vdash\alpha$$
$$\alpha^{\oplus}\vdash\alpha^{+} \qquad A\vdash A$$
$$\alpha\vdash\alpha \qquad \alpha^{+}-\!\rhd A\vdash\alpha^{\oplus}\rhd A$$
$$\alpha-\!\rhd(\alpha^{+}-\!\rhd A)\vdash\alpha\rhd(\alpha^{\oplus}\rhd A)$$
$$\alpha\blacktriangle\alpha-\!\rhd(\alpha^{+}-\!\rhd A)\vdash\alpha^{\oplus}\rhd A$$
$$\alpha^{\oplus}\blacktriangle(\alpha\blacktriangle\alpha-\!\rhd(\alpha^{+}-\!\rhd A))\vdash A$$
$$(\alpha;\alpha^{\oplus})\blacktriangle\alpha-\!\rhd(\alpha^{+}-\!\rhd A)\vdash A$$

$$FP\blacktriangle\ \frac{\alpha\blacktriangle\alpha-\!\rhd A\vdash A \qquad (\alpha;\alpha^{\oplus})\blacktriangle\alpha-\!\rhd(\alpha^{+}-\!\rhd A)\vdash A}{\alpha^{\oplus}\blacktriangle(\alpha-\!\rhd A,\alpha-\!\rhd(\alpha^{+}-\!\rhd A))\vdash A}$$
$$\alpha^{\oplus}\vdash A\lhd(\alpha-\!\rhd A,\alpha-\!\rhd(\alpha^{+}-\!\rhd A))$$
$$\alpha^{+}\vdash A\lhd(\alpha-\!\rhd A,\alpha-\!\rhd(\alpha^{+}-\!\rhd A))$$
$$\alpha^{+}\blacktriangle(\alpha-\!\rhd A,\alpha-\!\rhd(\alpha^{+}-\!\rhd A))\vdash A$$
$$\alpha-\!\rhd A,\alpha-\!\rhd(\alpha^{+}-\!\rhd A)\vdash\alpha^{+}\rhd A$$
$$\alpha-\!\rhd A,\alpha-\!\rhd(\alpha^{+}-\!\rhd A)\vdash\alpha^{+}-\!\rhd A$$
$$\alpha-\!\rhd A\wedge\alpha-\!\rhd(\alpha^{+}-\!\rhd A)\vdash\alpha^{+}-\!\rhd A$$

$$\alpha\vdash\alpha$$
$$\alpha\vdash\alpha \qquad \alpha^{\oplus}\vdash\alpha^{+}$$
$$abs_4\ \frac{\alpha^{\oplus}\vdash\alpha^{+} \qquad \alpha^{+}\vdash\alpha^{+}}{\alpha^{\oplus};\alpha^{+}\vdash\alpha^{+\ominus}}$$
$$(\alpha^{\oplus};\alpha^{+})^{\oplus}\vdash\alpha^{+} \qquad |A\vdash A$$
$$\alpha^{+}-\!\rhd A\vdash(\alpha^{\oplus};\alpha^{+})^{\oplus}\rhd_0 A$$
$$\alpha^{+}-\!\rhd A\vdash(\alpha^{\oplus};\alpha^{+})\rhd_1 A$$
$$\alpha^{+}-\!\rhd A\vdash\alpha^{\oplus}\rhd(\alpha^{+}\rhd_0 A)$$
$$\alpha^{\oplus}\blacktriangle_0\alpha^{+}-\!\rhd A\vdash\alpha^{+}\rhd_0 A$$
$$\alpha^{\oplus}\blacktriangle_0\alpha^{+}-\!\rhd A\vdash\alpha^{+}-\!\rhd A$$
$$\alpha^{+}-\!\rhd A\vdash\alpha^{\oplus}\rhd(\alpha^{+}-\!\rhd A)$$
$$\alpha^{+}-\!\rhd A\vdash\alpha\rhd_1(\alpha^{+}-\!\rhd A)$$
$$\alpha^{+}-\!\rhd A\vdash\alpha-\!\rhd(\alpha^{+}-\!\rhd A)$$

$$\alpha\vdash\alpha$$
$$\alpha^{\oplus}\vdash\alpha^{+} \qquad A\vdash A$$
$$\alpha^{+}-\!\rhd A\vdash\alpha^{\oplus}\rhd A$$
$$\alpha^{+}-\!\rhd A\vdash\alpha\rhd A$$
$$\alpha^{+}-\!\rhd A\vdash\alpha-\!\rhd A$$

$$\frac{\alpha^{+}-\!\rhd A\vdash\alpha-\!\rhd A \qquad \alpha^{+}-\!\rhd A\vdash\alpha-\!\rhd(\alpha^{+}-\!\rhd A)}{\alpha^{+}-\!\rhd A,\alpha^{+}-\!\rhd A\vdash(\alpha-\!\rhd A)\wedge(\alpha-\!\rhd(\alpha^{+}-\!\rhd A))}$$
$$C_L\ \frac{\alpha^{+}-\!\rhd A,\alpha^{+}-\!\rhd A\vdash(\alpha-\!\rhd A)\wedge(\alpha-\!\rhd(\alpha^{+}-\!\rhd A))}{\alpha^{+}-\!\rhd A\vdash(\alpha-\!\rhd A)\wedge(\alpha-\!\rhd(\alpha^{+}-\!\rhd A))}$$

box-归纳公理：$+.(\alpha-\!\rhd A)\wedge(\alpha^{+}-\!\rhd(A\rightarrow(\alpha-\!\rhd A)))\vdash\alpha^{+}-\!\rhd A$

下面的推导应用了无穷规则$\omega\lhd$：

$$
\begin{array}{c}
\left(\begin{array}{c|c}
\pi_n & \\
\vdots & n\geq 1 \\
\alpha^{(n)}\blacktriangle(\alpha -\!\!\rhd A, \alpha^{+} -\!\!\rhd (A\to(\alpha -\!\!\rhd A)))\vdash A &
\end{array}\right) \\
\hline
\alpha^{\oplus}\blacktriangle(\alpha -\!\!\rhd A, \alpha^{+} -\!\!\rhd (A\to(\alpha -\!\!\rhd A)))\vdash A \\
\hline
\alpha^{\oplus}\vdash A \;\lhd\!\!\sim(\alpha -\!\!\rhd A, \alpha^{+} -\!\!\rhd (A\to(\alpha -\!\!\rhd A))) \\
\hline
\alpha^{+}\vdash A \;\lhd\!\!\sim(\alpha -\!\!\rhd A, \alpha^{+} -\!\!\rhd (A\to(\alpha -\!\!\rhd A))) \\
\hline
\alpha^{+}\blacktriangle(\alpha -\!\!\rhd A, \alpha^{+} -\!\!\rhd (A\to(\alpha -\!\!\rhd A)))\vdash A \\
\hline
\alpha -\!\!\rhd A, \alpha^{+} -\!\!\rhd (A\to(\alpha -\!\!\rhd A))\vdash \alpha^{+}\rhd A \\
\hline
(\alpha -\!\!\rhd A)\wedge(\alpha^{+} -\!\!\rhd (A\to(\alpha -\!\!\rhd A)))\vdash \alpha^{+}\rhd A \\
\hline
(\alpha -\!\!\rhd A)\wedge(\alpha^{+} -\!\!\rhd (A\to(\alpha -\!\!\rhd A)))\vdash \alpha^{+} -\!\!\rhd A \\
\hline
[\alpha]A\wedge[\alpha^{+}](A\to[\alpha]A)\vdash[\alpha^{+}]A
\end{array}
\quad \omega\blacktriangle
$$

现在只需证明：$\omega\blacktriangle$规则应用的前提都是可推导的。

命题5.1：对于任意$n\geq 1$而言，如下矢列式是可推导的：

$\alpha^{(n)}\blacktriangle(\alpha -\!\!\rhd A, \alpha^{+} -\!\!\rhd (A\to(\alpha -\!\!\rhd A)))\vdash A$

下面的缩写将在后文中用到：对于$\odot\in\{\triangle,\blacktriangle,\rhd,\blacktriangleright\}$，$\alpha^{(\odot n)}(-)$是：$\underbrace{\alpha\odot(\alpha\odot\cdots(\alpha\odot(-))\cdots)}_{n}$的缩写；

对于$\cdot\in\{\triangle,\blacktriangle,-\!\!\rhd,-\!\!\blacktriangleright\}$，$\alpha^{(\cdot n)}(-)$是$\underbrace{\alpha\cdot(\alpha\cdot\cdots(\alpha\cdot(-))\cdots)}_{n}$的缩写；

$\alpha^{(n)}$是$\underbrace{\alpha;(\alpha;\cdots(\alpha;\alpha)}_{n}\cdots)$的缩写；

α^{n}是$\underbrace{\alpha;(\alpha;\cdots(\alpha;\alpha)}_{n}\cdots)$的缩写。

引理5.2：令$B=A\to(\alpha -\!\!\rhd A)$。对于每个$n\geq 1$而言，下列矢列式是可推导的：$\alpha^{(-\rhd n)}(A), \alpha^{(-\rhd n)}(B)\vdash\alpha^{(\rhd n+1)}(A)$

证明：通过如下推导图可以证明这一结论：

$$
\dfrac{\alpha\vdash\alpha \qquad \dfrac{\alpha\vdash\alpha \quad A\vdash A}{\alpha -\!\!\rhd A\vdash\alpha\rhd A}}{\alpha^{(-\rhd n)}(A)\vdash\alpha^{(\rhd n)}A}\ n-1\text{ appl's of } -\!\!\rhd_L
$$

$$
\dfrac{\alpha^{(-\rhd n)}(A)\vdash\alpha^{(\rhd n)}A}{\alpha^{(\blacktriangle n)}(\alpha^{(-\rhd n)}(A))\vdash A}\ n\text{ appl's of } \rhd\blacktriangle
$$

$$
\dfrac{\alpha^{(\blacktriangle n)}(\alpha^{(-\rhd n)}(A))\vdash A \qquad \dfrac{\alpha\vdash\alpha \quad A\vdash A}{\alpha -\!\!\rhd A\vdash\alpha\rhd A}}{\dfrac{A\to(\alpha -\!\!\rhd A)\vdash\alpha^{(\blacktriangle n)}(\alpha^{(-\rhd n)}(A))>(\alpha\rhd A)}{B\vdash\alpha^{(\blacktriangle n)}(\alpha^{(-\rhd n)}(A))>(\alpha\rhd A)}\ \text{notation}}
$$

$$
\dfrac{\alpha\vdash\alpha \qquad B\vdash\alpha^{(\blacktriangle n)}(\alpha^{(-\rhd n)}(A))>(\alpha\rhd A)}{\alpha^{(-\rhd n)}(B)\vdash\alpha^{(\rhd n)}(\alpha^{(\blacktriangle n)}(\alpha^{(-\rhd n)}(A))>(\alpha\rhd A))}\ n\text{ appl's of } -\!\!\rhd_L
$$

$$
\dfrac{\alpha^{(-\rhd n)}(B)\vdash\alpha^{(\rhd n)}(\alpha^{(\blacktriangle n)}(\alpha^{(-\rhd n)}(A))>(\alpha\rhd A))}{\alpha^{(\blacktriangle n)}\alpha^{(-\rhd n)}(B)\vdash\alpha^{(\blacktriangle n)}(\alpha^{(-\rhd n)}(A))>(\alpha\rhd A)}\ n\text{ appl's of } \rhd\blacktriangle
$$

$$
\dfrac{\alpha^{(\blacktriangle n)}\alpha^{(-\rhd n)}(B)\vdash\alpha^{(\blacktriangle n)}(\alpha^{(-\rhd n)}(A))>(\alpha\rhd A)}{(\alpha^{(\blacktriangle n)}(\alpha^{(-\rhd n)}(A))),(\alpha^{(\blacktriangle n)}\alpha^{(-\rhd n)}(B))\vdash\alpha\rhd A}
$$

$$
\dfrac{(\alpha^{(\blacktriangle n)}(\alpha^{(-\rhd n)}(A))),(\alpha^{(\blacktriangle n)}\alpha^{(-\rhd n)}(B))\vdash\alpha\rhd A}{\dfrac{\alpha^{(\blacktriangle n)}(\alpha^{(-\rhd n)}(A),\alpha^{(-\rhd n)}(B))\vdash\alpha\rhd A}{\alpha^{(-\rhd n)}(A),\alpha^{(-\rhd n)}(B)\vdash\alpha^{(\rhd n+1)}(A)}\ n\text{ appl's of } \blacktriangle\rhd}\ n\text{ appl's of } \blacktriangle\text{ dis}
$$

∎

证毕。

推论 5.3： 令 $B=A\rightarrow(\alpha{-\triangleright}A)$。对于每个 $n\geq1$，下列矢列式是可推导的：

$$\alpha^{({-\triangleright}n)}(A),\alpha^{({-\triangleright}n)}(B)\vdash\alpha^{({-\triangleright}n+1)}(A)$$

证明：在引理 5.2 中的推导图说明，存在以下矢列式：

$$\alpha^{(\blacktriangle n)}(\alpha^{({-\triangleright}n)}(A),\alpha^{({-\triangleright}n)}(B))\vdash\alpha\triangleright A$$

因此，通过 ${-\triangleright}_R$ 与 $\blacktriangle\triangleright$ 之间的 n 次替换，可以得到所期望的推导如下：

$$\begin{array}{c}
\alpha^{(\blacktriangle n)}(\alpha^{({-\triangleright}n)}(A),\alpha^{({-\triangleright}n)}(B))\vdash\alpha\triangleright A\\ \hline
\alpha^{(\blacktriangle n)}(\alpha^{({-\triangleright}n)}(A),\alpha^{({-\triangleright}n)}(B))\vdash\alpha{-\triangleright}A\\ \hline
\alpha^{(\blacktriangle n-1)}(\alpha^{({-\triangleright}n)}(A),\alpha^{({-\triangleright}n)}(B))\vdash\alpha\triangleright(\alpha{-\triangleright}A)\\ \hline
\alpha^{(\blacktriangle n-1)}(\alpha^{({-\triangleright}n)}(A),\alpha^{({-\triangleright}n)}(B))\vdash\alpha{-\triangleright}(\alpha{-\triangleright}A)\\ \hline
\alpha^{({-\triangleright}n)}(A),\alpha^{({-\triangleright}n)}(B)\vdash\alpha^{({-\triangleright}n+1)}(A)
\end{array}$$

证毕。

引理 5.4： 令 $B=A\rightarrow(\alpha{-\triangleright}A)$。对于每个 $n\geq1$ 而言，下列矢列式是可推导的：$\alpha^{({-\triangleright}1)}(A),\alpha^{({-\triangleright}1)}(B),\ldots,\alpha^{({-\triangleright}n-1)}(B),\alpha^{({-\triangleright}n)}(B)\vdash\alpha^{(\triangleright n+1)}(A)$

证明：固定 $n\geq1$，令 X_{n+1} 是 $\alpha^{(\triangleright n+1)}(A)$ 的缩写，并且对于每个 $1\leq i\leq n$ 而言，令 C_i 和 D_i 分别是 $\alpha^{({-\triangleright}i)}(A)$ 和 $\alpha^{(\triangleright n+1)}(B)$ 的缩写。根据本章推论 5.3 和 C_i 的 π_i 推导可知：对于每个 $1\leq i<n$ 而言，可以得到 $D_i\vdash C_{i+1}$。根据本章推论 5.2 和 C_n 的 π_n 推导可知：$D_n\vdash X_{n+1}$。

下面的推导本质上包含了 $n-1$ 次切割的应用：

$$\dfrac{\dfrac{\dfrac{\dfrac{\dfrac{\begin{array}{c}\pi_1\\ \vdots\\ C_1,D_1\vdash C_2\end{array}\quad\dfrac{\begin{array}{c}\pi_2\\ \vdots\\ C_2,D_2\vdash C_3\end{array}}{C_2\vdash C_3<D_2}}{C_1,D_1\vdash C_3<D_2}Cut_1}{C_1,D_1,D_2\vdash C_3}\quad\dfrac{\begin{array}{c}\pi_3\\ \vdots\\ C_3,D_3\vdash C_4\end{array}}{C_3\vdash C_4<D_3}}{C_1,D_1,D_2\vdash C_4<D_3}Cut_2}{C_1,D_1,D_2,D_3\vdash C_4}\quad\begin{array}{c}\pi_i\\ \vdots\\ \cdots\end{array}\quad\dfrac{\begin{array}{c}\pi_n\\ \vdots\\ C_n,D_n\vdash X_{n+1}\end{array}}{C_n\vdash X_{n+1}<D_n}$$

$$\dfrac{\dfrac{C_1,D_1,\ldots,D_{n-1}\vdash X_{n+1}<D_n}{C_1,D_1,\ldots,D_{n-1},D_n\vdash X_{n+1}}}{\alpha^{({-\triangleright}1)}(A),\alpha^{({-\triangleright}1)}(B),\ldots,\alpha^{({-\triangleright}n-1)}(B),\alpha^{({-\triangleright}n)}(B)\vdash\alpha^{(\triangleright n+1)}(A)}\;(\text{上接 }Cut_{n-1})$$

证毕。

引理5.5：对于每个$n\geq 1$和每个公式C而言，下列矢列式是可推导的：

$$\alpha^{+}\text{-}\!\rhd C\vdash\alpha^{(\text{-}\rhd n)}(C)$$

证明：首先证明n=1时的情况，其推导图如下：

$$\begin{array}{c} \alpha\vdash\alpha \\ \hline \alpha^{\oplus}\vdash\alpha^{+} \qquad C\vdash C \\ \hline \alpha^{+} \quad C\vdash\alpha^{\oplus}\rhd C \\ \hline \alpha^{+} \quad C\vdash\alpha\rhd C \\ \hline \alpha^{+} \quad C\vdash\alpha \quad C \end{array}$$

现在证明$n\geq 2$时的情况，其推导图如下：

$$\begin{array}{c} \dfrac{\dfrac{\alpha\vdash\alpha}{\alpha^{\oplus}\vdash\alpha^{+}}}{\alpha\vdash\alpha^{+\ominus}} \quad \dfrac{\dfrac{\alpha\vdash\alpha}{\alpha^{\oplus}\vdash\alpha^{+}}}{\alpha\vdash\alpha^{+\ominus}} \quad \cdots \quad \dfrac{\dfrac{\dfrac{\alpha\vdash\alpha}{\alpha^{\oplus}\vdash\alpha^{+}}}{\alpha\vdash\alpha^{+\ominus}} \quad \dfrac{\dfrac{\alpha\vdash\alpha}{\alpha^{\oplus}\vdash\alpha^{+}}}{\alpha\vdash\alpha^{+\ominus}}}{\alpha;\alpha\vdash\alpha^{+\ominus}}\ abs \\ \hdashline \alpha \vdash \alpha^{+\ominus} \qquad \alpha^{(n\text{-}1)}\vdash\alpha^{+\ominus} \quad n-2 \text{ appl's of } abs \\ \hline \alpha;\alpha^{(n\text{-}1)}\vdash\alpha^{+\ominus} \\ \hline (\alpha;\alpha^{(n\text{-}1)})^{\oplus}\vdash\alpha^{+} \qquad\qquad C\vdash C \\ \hline \alpha^{+}\text{-}\!\rhd C\vdash(\alpha;\alpha^{(n\text{-}1)})^{\oplus}\rhd C \\ \hline \alpha^{+}\text{-}\!\rhd C\vdash(\alpha;\alpha^{(n\text{-}1)})\rhd C \quad act\rhd \\ \hline \alpha^{+}\text{-}\!\rhd C\vdash\alpha\rhd(\alpha^{(n\text{-}1)}\rhd C) \quad \rhd\blacktriangle \\ \hline \alpha\blacktriangle\alpha^{+}\text{-}\!\rhd C\vdash\alpha^{(n\text{-}1)}\rhd C \\ \hline \alpha\blacktriangle\alpha^{+}\text{-}\!\rhd C\vdash(\alpha;\alpha^{(n\text{-}2)})\rhd C \\ \hdashline \alpha\blacktriangle(\alpha^{(\blacktriangle n\text{-}2)}(\alpha^{+}\text{-}\!\rhd C))\vdash\alpha\rhd C \quad (*) \\ \hline \alpha\blacktriangle(\alpha^{(\blacktriangle n\text{-}2)}(\alpha^{+}\text{-}\!\rhd C))\vdash\alpha\text{-}\!\rhd C \quad \text{-}\!\rhd \\ \hline \alpha^{(\blacktriangle n\text{-}2)}(\alpha^{+}\text{-}\!\rhd C)\vdash\alpha\rhd\alpha\text{-}\!\rhd C \quad \blacktriangle\rhd \\ \hdashline \alpha^{+}\text{-}\!\rhd C\vdash\alpha^{(\text{-}\rhd n)}(C) \quad (**) \end{array}$$

其中的(*)表示：联结词▷与▲的"结构规则act▷和显示公设"的n-2次替换应用；(**)表示：联结词▲和▷的"运算规则-▷和R显示公设"的n-1次替换应用。证毕。

引理5.6：令$B=A\rightarrow(\alpha\text{-}\!\rhd A)$，对于每个$n\geq 1$而言，下列矢列式是可推导的：$\alpha^{(\text{-}\rhd 1)}(A)$，$\alpha^{+}\text{-}\!\rhd B\vdash\alpha^{(\rhd n)}(A)$

证明：固定$n\geq 1$，令X_{n+1}是$\alpha^{(\rhd n+1)}(A)$的缩写，令D^{+}是$\alpha^{+}\text{-}\!\rhd B$缩写，并且对于每个$1\leq i\leq n$而言，令$C_i$和$D_i$分别是$\alpha^{(\text{-}\rhd i)}(A)$和$\alpha^{(\text{-}\rhd i)}(B)$的缩写。根据引理5.4可知，对于每个$n\geq 1$和对于$B=A\rightarrow(\alpha\text{-}\!\rhd$

A)而言,可以得到矢列式 $C_1, D_1, \ldots, D_n \vdash X_{n+1}$ 的 π_n 推导。

根据引理5.5可知,对于每个 $1 \le i \le n$ 和任意 C 而言,都可以得到矢列式 $\alpha^{+} \mathbin{-\!\rhd} C \vdash \alpha^{(-\rhd^{i})}(C)$ 的推导 π'_i,特别地说,当 $C=B$ 时,可以得到 $D^{+} \vdash D_i$ 的推导。

应用切割规则 $n-1$ 次,就可以得到如下推导图:

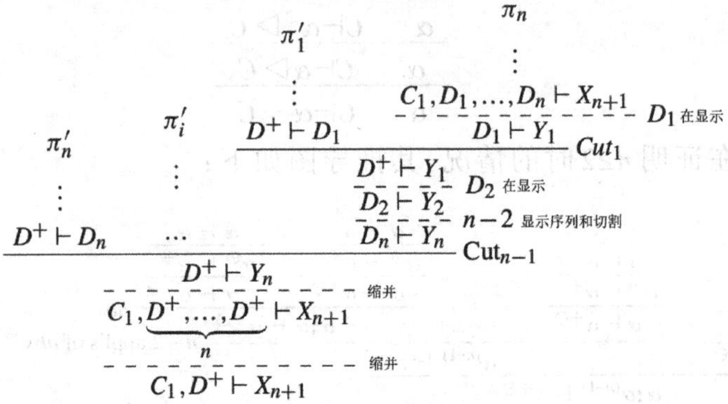

π_n
π'_1
$C_1, D_1, \ldots, D_n \vdash X_{n+1}$
D_1 在显示
π'_i
$D^{+} \vdash D_1$
$D_1 \vdash Y_1$
π'_n
Cut_1
$D^{+} \vdash Y_1$
D_2 在显示
$D_2 \vdash Y_2$
$n-2$ 显示序列和切割
$D^{+} \vdash D_n$
$D_n \vdash Y_n$
Cut_{n-1}
$D^{+} \vdash Y_n$
缩并
$C_1, \underbrace{D^{+}, \ldots, D^{+}}_{n} \vdash X_{n+1}$
缩并
$C_1, D^{+} \vdash X_{n+1}$

证毕。

至此可以完成如下命题5.1的证明:

证明:根据引理5.6可知,存在矢列式 $\alpha^{(-\rhd^{1})}(A)$、$\alpha^{+} \mathbin{-\!\rhd} B \vdash \alpha^{(\rhd^{n})}(A)$ 的推导,对这一推导进行如下延长,就可以得到所需的推导。

$$
\begin{array}{ll}
\alpha^{(-\rhd 1)}(A), \alpha^{+} \mathbin{-\!\rhd} B \vdash \alpha^{(\rhd n)}(A) & \\
\hdashline
\alpha^{(\blacktriangle n)}(\alpha^{(-\rhd 1)}(A), \alpha^{+} \mathbin{-\!\rhd} B) \vdash A & n \text{ appl's of } \rhd\blacktriangle \\
\hdashline
\alpha^{(n)} \blacktriangle (\alpha^{(-\rhd 1)}(A), \alpha^{+} \mathbin{-\!\rhd} B) \vdash A & n \text{ appl's of } act\blacktriangle
\end{array}
$$

证毕。

15.6 切割-消去规则

本节将证明:命题动态逻辑PDL的多类型显示演算,是一种真(proper)显示演算(参见本章定义2.5)。根据本章定理2.6可知,这一演算具有切割消去规则和子公式性质。仔细观察这些规则,就可直接验证条件 C_1,C_2,C_3,C_4,C_5,C''_5,C'_6,C'_7 和 C_{10}。例如,仔细观察这些规则就会发现:这些规则的伴随定义域(domain)和共域(codomain)是严格确定的,因此条件 C'_2 可以得到直接验证。

命题6.1表明条件 C_9 是满足的:

命题 6.1：在命题动态逻辑 PDL 的多类型显示演算中，任意可推导的矢列式都是类型一致的。

证明：施归纳于推导的高度即可证明该命题。归纳基础通过仔细观察即可得证；实际上，根据如下公理的构成定义可知，这些公理是类型一致的：

$$\pi \vdash \pi \qquad p \vdash p \qquad \bot \vdash \mathrm{I} \qquad \mathrm{I} \vdash \top$$

至于归纳步骤的证明，经过仔细观察就可以证明：该演算的所有规则保持了类型一致性，而且切割规则具有很强的类型一致性。证毕。

最后，C'_8 的验证步骤如下：

现在对本章 15.2.3 节中的准真(quasi-proper)多类型显示演算定义的条件 C'_8，进行验证。

前面已经指出：条件 C'_8 仅仅涉及“给定切割项的出现都是非参数出现的”切割规则的应用。需要注意的是，类型 Fm 原子项的非参数出现涉及的公理，至少有一个前提，因此可以只考虑如下情况(常数⊥相对于⊤而言是对称的，故从略)：

$$\frac{p \vdash p \quad p \vdash p}{p \vdash p} \quad \rightsquigarrow \quad p \vdash p$$

$$\frac{\mathrm{I} \vdash \top \quad \dfrac{\overset{\vdots\,\pi}{\mathrm{I} \vdash X}}{\top \vdash X}}{\mathrm{I} \vdash X} \quad \rightsquigarrow \overset{\vdots\,\pi}{\mathrm{I} \vdash X}$$

需要注意的是，任意给定的 Act 类型的(原子)运算项 π 的非参数出现，仅仅限于公理 $\pi \vdash \pi$ 中，因此其证明类似于前面类型 Fm 的运算项 p 的情况的证明。根据假设在每种情况下，初始推导中的切割规则具有强一致性(strongly uniform)；而且可以通过转换消去切割规则。对于非原子项上的切割规则而言，可以把注意力限制在“主要联结词是 $\triangle_i$，$\blacktriangle_i$，$\mathrel{-\!\!\triangleright}_i$，$\mathrel{-\!\!\blacktriangleright}_i$(其中 $0 \leqslant i \leqslant 1$)的”切割项上。这里只给出白色异质联结词的进一步证明，对于黑色异质联结词的证明，可以同时在运算层面和结构层面，“用相同的黑色联结词统一替换掉每个白色的联结词”所得到的结果的证明是一样的。

$$\dfrac{\dfrac{\overset{\vdots\,\pi_0}{x\vdash a}\quad \overset{\vdots\,\pi_1}{y\vdash b}}{x\triangle_i y\vdash a\triangle_i b}\quad \dfrac{\overset{\vdots\,\pi_2}{a\triangle_i b\vdash z}}{a\triangle_i b\vdash z}}{x\triangle_i y\vdash z}\quad\rightsquigarrow\quad \dfrac{\dfrac{\overset{\vdots\,\pi_1}{y\vdash b}\quad \dfrac{\dfrac{\dfrac{\overset{\vdots\,\pi_0}{x\vdash a}\quad \dfrac{\overset{\vdots\,\pi_2}{a\triangle_i b\vdash z}}{a\vdash z\blacktriangleleft\!\sim_i b}}{x\vdash z\blacktriangleleft\!\sim_i b}}{x\triangle_i b\vdash z}}{b\vdash x\blacktriangleright_i z}}{y\vdash x\blacktriangleright_i z}}{x\triangle_i y\vdash z}$$

$$\dfrac{\dfrac{\overset{\vdots\,\pi_1}{y\vdash a\triangleright_i b}}{y\vdash a-\!\triangleright_i b}\quad \dfrac{\overset{\vdots\,\pi_0}{x\vdash a}\quad\overset{\vdots\,\pi_2}{b\vdash z}}{a-\!\triangleright_i b\vdash x\triangleright_i z}}{y\vdash x\triangleright_i z}\quad\rightsquigarrow\quad \dfrac{\dfrac{\dfrac{\dfrac{\overset{\vdots\,\pi_0}{x\vdash a}\quad \dfrac{\dfrac{\overset{\vdots\,\pi_1}{y\vdash a\triangleright_i b}}{a\blacktriangle_i y\vdash b}}{a\vdash b\triangleleft\!\sim_i y}}{x\vdash b\triangleleft\!\sim_i y}}{x\blacktriangle_i y\vdash b}\quad \overset{\vdots\,\pi_2}{b\vdash z}}{x\blacktriangle_i y\vdash z}}{y\vdash x\triangleright_i z}$$

根据假设可知：在每种情况下，初始推导中的切割规则具有强一致性；在转换之后，就可以引入“对于每个0≤i≤1而言，具有强一致性而且复杂度较低”的切割规则。

现在验证“对于0≤i≤1而言的”一元测试模态词“$?_i$”、正迭代“+”及其左伴随“−”时的情况。在如下每种情况下，根据假设可知：初始推导中的切割规则具有强一致性；通过转换，就可以引入复杂度较低的切割规则，从而使得：在第一个证明中，“对于每个0≤i≤1而言的”切割规则的强一致性容易得到验证。可以直接验证其余运算联结词的强一致性，其证明从略。

$$\dfrac{\dfrac{\overset{\vdots\,\pi_1}{X\vdash A}}{X?_i\vdash A?_i}\quad\dfrac{\overset{\vdots\,\pi_2}{A?_i\vdash Y}}{A?_i\vdash Y}}{X?_i\vdash Y}\quad\rightsquigarrow\quad \dfrac{\dfrac{\overset{\vdots\,\pi_1}{X\vdash A}\quad\dfrac{\overset{\vdots\,\pi_2}{A?_i\vdash Y}}{A\vdash Y\text{¿}_i}}{X\vdash Y\text{¿}_i}}{X?_i\vdash Y}$$

$$\dfrac{\dfrac{\overset{\vdots\,\pi_1}{\Pi\vdash\alpha}}{\Pi^{\oplus}\vdash\alpha^{+}}\quad\dfrac{\overset{\vdots\,\pi_2}{\alpha^{\oplus}\vdash\Delta}}{\alpha^{+}\vdash\Delta}}{\Pi^{\oplus}\vdash\Delta}\quad\rightsquigarrow\quad \dfrac{\dfrac{\overset{\vdots\,\pi_1}{\Pi\vdash\alpha}\quad\dfrac{\overset{\vdots\,\pi_2}{\alpha^{\oplus}\vdash\Delta}}{\alpha\vdash\Delta^{\ominus}}}{\Pi\vdash\Delta^{\ominus}}}{\Pi^{\oplus}\vdash\Delta}$$

$$
\dfrac{\dfrac{\dfrac{\vdots \pi_1}{\Pi \vdash \delta^{\ominus}}}{\Pi \vdash \delta^{-}} \quad \dfrac{\dfrac{\vdots \pi_2}{\delta \vdash \Delta}}{\delta^{-} \vdash \Delta^{\ominus}}}{\Pi \vdash \Delta^{\ominus}} \quad \rightsquigarrow \quad \dfrac{\dfrac{\dfrac{\dfrac{\vdots \pi_1}{\Pi \vdash \delta^{\ominus}}}{\Pi^{\oplus} \vdash \delta} \quad \dfrac{\vdots \pi_2}{\delta \vdash \Delta}}{\Pi^{\oplus} \vdash \Delta}}{\Pi \vdash \Delta^{\ominus}}
$$

15.7 关于保守性的开问题

本节阐释了“在命题动态逻辑PDL的动态演算的保守性(conservativity)证明中”遇到的如下困难。

(1)语义论证困难

对于一个显示演算要表达的初始逻辑(original logic)而言，证明该显示演算的保守性的主要方法是语义方法。也就是说，如果初始逻辑相对于一个给定的语义是完全的，那么只需要证明每条规则相对于该语义是可靠的。但是这一方法对于命题动态逻辑PDL的动态演算而言是行不通的，因为：虚拟伴随的存在导致了一些显示规则在该语义中是不可解释的(参见15.3节)。这种情况类似于EAK的动态演算时的情况。

(2)虚拟伴随的句法消除困难

Frittella等(2016b)第7节的EAK动态演算环境中，该动态演算的保守性的证明是句法证明，其关键证明步骤表明：任意“带有运算根(operational root)和Fm类型根”的有效证明树，都可以重写(rewrite)为一个“不包含虚拟伴随的”有效证明树。这一虚拟伴随的消去过程是可以实际发生的，因为EAK的行动语法非常弱。而在命题动态逻辑PDL的环境中，因为在行动语法中存在迭代，这一虚拟伴随的删除过程是不可能实际发生的。然而，根据“虚拟伴随在本质上会出现在Fm类型的运算矢列式$A \vdash B$的推演树中”这一事实，并不能够得出：该演算相对于初始语言是不可靠的。

(3)关于显示类型演算的困难

另一个可选的证明方法就是修改命题动态逻辑PDL的动态演算，使其成为显示类型的演算，而不是显示演算。这种修改需要删除所有涉及的虚拟伴随，并用合适的精准切割规则代替切割规则。但是，为了得到一个完整的演算，还需要添加如下“能够在初始动态演算中可以推导出来的”规则：

$$\frac{\alpha^{\oplus}\blacktriangle X\vdash Y}{\alpha^{-}\blacktriangle X\vdash Y}$$

不幸的是，上述规则违反了“要求主要成分具有显示性的”条件 C_5，因此，根据Frittella等（2014）的定理4.1可知，对于这种修改后得到的演算而言，切割消去规则是不能被证明的。

（4）通过翻译证明保守性的困难

Dawson等（2014）和Clouston等（2013）解决了完全直觉主义线性逻辑（full intuitionsitic linear logic，FILL）的显示演算的保守性问题，Frittella等（2014）把其处理技巧应用到了命题动态逻辑PDL中。现在简要介绍Dawson等（2014）中所采用的证明策略，并讨论该证明策略可能的使用范围。这一策略的主要步骤如下。

（1）为“使用附加（adjunction）条件对完全直觉主义线性逻辑进行扩展而得到的逻辑”，定义一个可靠且完全的显示演算。这一扩展逻辑就是Dawson等（2014）中的双直觉主义线性逻辑（bi-intuitionsitic linear logic，BiILL）。

（2）把该显示演算翻译到“能够嵌入矢列式演算”的浅层推理（shallow inference）中。

（3）把这种“能够嵌入矢列式演算”的浅层推理翻译到“能够嵌入矢列式演算”的深层推理（deep inference）中。

（4）证明这种“能够嵌入矢列式演算”的深层推理，相对于初始逻辑而言是可靠的。Conradie（2015）则证明了：这种“能够嵌入矢列式演算”的深层推理，相对于完全直觉主义线性逻辑而言是可靠的。

Dawson等（2014）给出的这一“关于完全直觉主义线性逻辑的显示演算的保守性问题”的证明策略，并不能够直接应用到命题动态逻辑PDL的情境（setting）中。例如，把逻辑联结词翻译成元语言数据结构（如不带有 ⊢的数据结构）时，不会丢失信息。将这一证明策略直接应用于命题动态逻辑PDL的情境中，会丢失信息。以上这些问题值得深入研究。

15.8　结论与未来的工作

本章在Frittella等(2016c)的基础上,阐释了命题动态逻辑的多类型显示演算是将显示演算方法扩展到有关命题动态逻辑的成熟环境中的一种尝试。以前在这个方向上的尝试(例如Wansing(1998))不包括Kleene星和正(positive)迭代。对这一尝试进行解释会遇到证明论方面的困难,而且现有文献的相关方法并不是显示演算方法,其典型特征是:需要在"句法上的完全切割消除规则"与"系统的无穷规则"之间进行权衡(参见Poggiolesi(2010)),或者需要在"系统的无穷规则"与"切割消去的模分析切割(modulo analytic cuts)规则"之间进行权衡。

Frittella等(2014)的建议旨在为"避免这种权衡选择"铺平道路,所采用的方法就是:可以利用公式,"作为PDL证明论处理的主要障碍的"归纳公理和归纳规则对"与行动有关的信息"进行巧妙编码,即,这些归纳公理和归纳规则可以表征:一个行动与其(自返闭包和)传递闭包之间的关系。这种表征要么通过依靠无穷公理和无穷规则来完成的,要么通过引入某些"循环"(loops)形式来完成,这里的"循环"是指"同时出现在一个蕴涵的前件和后件中"的公式。但是利用这两种方法都无法对"命题动态逻辑PDL进行证明论方面"的顺利处理。简言之,这两种方法的初衷就是"避免这种权衡选择"。Frittella等(2014)提出了有待完善的解决办法,涉及为该语言引入足够的表达力,使得公式不必依赖更多条件,就可以对"严格与行动相关的信息,以及'既不与公式相关,也不与公式和行动之间的交互'相关的信息"进行编码。

需要特别指出的是,Frittella等(2014)的目的在于:利用传递闭包的序理论行为(order-theoretic behaviour),来描述正迭代运算+的证明论行为。即,可以充分利用如下事实:采取序理论的方式,将"给定集合W上的每个二元关系与其传递闭包相关联"的映射,描述为"W上的转换关系与$P(W \times W)$之间的包含映射(inclusion map)"的左伴随(left adjoint)。为了恰当地表达这一附加(adjunction)条件,需要引入两种不同类型的行动(action)。因此,需要使用以下一对伴随映射,在结构层面和运算层面上同时扩展该语言:

$$(\bullet)^{+}: \mathrm{Act} \rightarrow \mathrm{TAct} \qquad (\bullet)^{-}: \mathrm{TAct} \rightarrow \mathrm{Act}$$

附加关系$(\bullet)^{+} \dashv (\bullet)^{-}$还不足以表征传递闭包的信息内容,丢失的信息包括:①映射$(\bullet)^{-}$是一个序嵌入(order-embedding);②TAct-类型元素具有传递性,即对于每个$\delta \in \mathrm{TAct}$而言,$\delta;\delta \vdash \delta$。这两种信息都不能在运算层面表征。事实上,只能证明:

$$\cfrac{\cfrac{\cfrac{\delta \vdash \delta}{\delta^{-} \vdash \delta^{\ominus}}}{\delta^{-\oplus} \vdash \delta}}{\delta^{-+} \vdash \delta}$$

因此,不得不求助于omega-归纳规则,来编码传递闭包并推导出归纳公理;omega-归纳规则除了具有无穷性,还具有"公式项和行动类型项之间的交互规则"的形式。可以推测:为了能够在结构层面上表达传递闭包,关键是需要提供无穷规则,这是这一领域未来需要研讨的问题。

最后,值得强调的是:上面提到的这些问题,只有在"行动和公式享有同等重要性的多类型环境中",才是有意义的。因此,多类型方法也可以作为一种概念工具,可以利用表达力问题来解释技术上的困难,从而可以更加深入研究不同程度的表达力性质及其相关问题。

第16章　带有有穷多个变元的命题动态逻辑的复杂性和表达力

本章研究了命题动态逻辑（propostional dynamic logics，PDL）的有穷变元片段的可满足性的复杂性，并考察了属于三个不同复杂性类别的三种形式系统。大致说来，正则（regular）命题动态逻辑的复杂性是EXPTIME-完全的；带有交运算的命题动态逻辑的复杂性是2倍EXPTIME-完全的；带有并行合成运算的命题动态逻辑是不可判定的。本章的研究表明：①即使允许输入公式仅仅由命题常元（即没有命题变元）构成，这三种逻辑的复杂性仍然保持不变；②这三种逻辑的无变元片段的语义表达力，与其对应的整个逻辑的语义表达力是一样的；③这三种逻辑的这些特征很可能是具有命题动态逻辑风格及其相关的逻辑系统的典型特征。本章主要阐释了Rybakov和Shkatov（2018）①的研究成果。

16.1　引　言

自从Fischer和Ladner（1979）引入命题动态逻辑以来，命题动态逻辑就被用来对结束程序（terminating program）的输入-输出的行为进行推理。为了处理更多种类的结束程序，Goldblatt（1992）、Harel和Sherman（1982）、Streett（1982）、Vardi（1985）和Peleg（1987）等学者使用各种方式对命题动态逻辑进行了扩张。此外，学者们还发展出了各种各样与命题动态逻辑密切相关的形式系统，应用于程序推理之外的领域。例如，应用于知识表示（如Giacomo和Lenzerini（1994）、Donini等（1997）和Massacci（2001））、查询半结构化数据（如Alechina等（2003））、数据分析（如Cerro与Orlowska（1985））和语言学（如Lange和Lutz（2005））。

---

①Rybakov M and Shkatov D. Complexity and Expressivity of Propostional Dynamic Logics with Finitely Many Variables[J]. Logic Journal of IGPL，2018，26(5)：539-547.

很显然,命题动态逻辑各种变种的可满足性的复杂性问题(即有效性问题),对于它们在上述领域中的应用而言是至关重要的。通常情况下,对于包含任意数目的命题变元的公式而言,命题动态逻辑变种的可满足性具有相当高的复杂性:其复杂性范围从 EXPTIME - 完全(Fischer 和 Ladner(1979))到不可判定(Balbiani 与 Tinchev(2014))。

然而,根据相关研究实践可以发现:很少会使用含有大量数目的命题变元的公式,通常情况下,公式中的命题变元数目是很小的。于是就产生了这样的问题:通过将逻辑语言中命题变元的数目限制成有穷多个,是否就可以降低各类变种命题动态逻辑的可满足性的复杂性呢?其结果不得而知。对于许多逻辑而言,一旦对构造公式的命题变元的数量进行限制,可满足性的复杂性就会从"难以处理"下降到"易处理"。对于经典命题逻辑以及模态逻辑 K5(Nagle 和 Thomason(1975))的典范扩张系统如逻辑系统 K45,KD45 和 S5(Halpern(1995))而言,一旦将命题变元的数目限制为任何有穷数,可满足性的复杂性就从 NP-完全下降到多项式时间可计算。类似地,根据 Nishimura(1960)可知,如果只考虑包含一个变元的公式,直觉主义命题逻辑的可满足性的复杂性就从 PSPACE-完全下降到多项式时间可计算。

Rybakov 和 Shkatov(2018)的研究表明,对于各类变种命题动态逻辑而言,通过这种途径降低可满足性的复杂性似乎是行不通的,因为即使是由命题常元构成的公式(即不包含命题变元的公式),对其可满足性的检测的难度,不亚于对"包含任意数目的命题变元的公式"的可满足性的检测的难度。

这一特征很可能是具有命题动态逻辑风格的逻辑的典型特征。由于这类形式系统数量很多,很难对每个系统的复杂性加以详尽地研究,因此 Rybakov 和 Shkatov(2018)选择了三个具有代表性的可满足性问题实例加以研究,这三个实例代表了三种不同类别的复杂性(从广义的角度理解,可将"不可判定性"视为一个复杂性类别)。也就是说,正则命题动态逻辑具有 EXPTIME-完全的可满足性问题(Fischer 和 Ladner(1979));带有交运算的命题动态逻辑具有2EXPTIME-完全的可满足性问题(Lange和Lutz(2005));带有并行合成运算的命题动态逻辑的可满足性问题是不可判定的(Balbiani和Tinchev(2014))。Rybakov和Shkatov(2018)的研究表明:判断这三种逻辑中的每个无变元片段的可满足性问题的难度,与判断其对应的整个逻辑的可满足性问题的难度是一样的;这是由于这些无变元的逻辑片段具有丰富的表达力造成的结果:对于这三种逻辑而言,无变元片段与其对应的整个逻辑具有同样的语义表达力。

对于其他命题模态逻辑而言,也有类似结论,详情可参见Blackbrun和Spaan(1993)、Halpern(1995)、Hemaspaandra(2001)、Demri和Schnoebelen(2002)、Švejdar(2003)和Chagrov和Rybakov(2003)。虽然没有直接把这些文献中的技巧应用于Rybakov和Shkatov(2018)的研究中,但该研究还是借鉴了Blackbrun和Spaan(1993)、Halpern(1995)中的观点。

本章结构如下:16.2节回顾了即将研究的逻辑的句法和语义,16.3节论述了三种无变元逻辑片段的复杂性和表达力,16.4节是结论部分和未来的工作。

16.2　句法和语义

本节回顾了带有交运算的命题动态逻辑(PDL with intersection,IPDL)、正则命题动态逻辑(PDL)和带有并行合成运算的命题动态逻辑(PDL with parallel composition,PCPDL)的句法和语义。

带有交运算的命题动态逻辑IPDL的语言包含:命题变元的可数集Var=$\{p_1, p_2, \cdots\}$、命题常元⊥(恒假)、布尔联结词→、形式为$[\alpha]$的模态词,其中α是在程序可数集AP=$\{a_1, a_2, \cdots\}$上取值的程序项(program term),程序项是由原子程序和公式,通过测试运算(?)、合成运算(;)、选择运算(∪)、交运算(∩)和迭代运算(*)构成的。公式$[\alpha]\varphi$的含义是:当前状态下每次执行程序α,都会存在一个使得φ成立的状态。公式φ和程序项α由以下Backus-Naur形式的表达式同时定义:

$$\varphi ::= p \mid \bot \mid \varphi \to \varphi \mid [\alpha]\varphi$$

$$\alpha ::= a \mid \varphi ? \mid (a;b) \mid (a \cup b) \mid (a \cap b) \mid a^*$$

其中，p在命题变元的可数集Var上取值，a和b在程序可数集AP上取值。其他联结词的定义如常。公式在克里普克(Kripke)模型中取值，其克里普克模型是三元组$M=(S,\{R_a\}_{a\in AP},V)$，其中$S$是由状态组成的非空集，$R_a$是$S$上的二元可及关系，$V$是赋值函数$V$: Var→$2^S$。非原子程序项的可及关系以及模型、状态和公式之间的满足关系可以同时归纳定义如下：

(1)$(s,t)\in R_{\varphi?} \Leftrightarrow s=t$且$M,s\vDash\varphi$；

(2)$(s,t)\in R_{\alpha;\beta} \Leftrightarrow (s,u)\in R_\alpha$且$(u,t)\in R_\beta$，对于某个$u\in S$而言；

(3)$(s,t)\in R_{\alpha\cup\beta} \Leftrightarrow (s,t)\in R_\alpha$或$(s,t)\in R_\beta$；

(4)$(s,t)\in R_{\alpha\cap\beta} \Leftrightarrow (s,t)\in R_\alpha$且$(s,t)\in R_\beta$；

(5)$(s,t)\in R_{\alpha*} \Leftrightarrow (s,t)\in R_\alpha^*$，其中$R_\alpha^*$是$R_\alpha$的自返、传递闭包；

(6)$M,s\vDash p_i \Leftrightarrow s\in V(p_i)$；

(7)$M,s\vDash\bot$根本不成立；

(8)$M,s\vDash\varphi\to\psi \Leftrightarrow M,s\vDash\varphi$蕴涵$M,s\vDash\psi$；

(9)$M,s\vDash[\alpha]\varphi \Leftrightarrow M,t\vDash\varphi$，当$(s,t)\in R_\alpha$时。

如果一个公式在某个模型的某个状态下可以被满足，则说该公式是可满足的。如果一个公式在每个模型的每种状态下可以被满足，则说该公式是有效的。从形式上讲，带有交运算的命题动态逻辑IPDL的意思是指该语言中的所有有效公式组成的集合。

正则命题动态逻辑PDL语言与IPDL语言的不同之处在于：前者不包含程序交运算∩，其语义可以做相应的修改。

带有并行合成运算的命题动态逻辑PCPDL的语言在具有内部结构的状态组成的模型上解释：如果一个状态s可以分为成分x和y，那么就说状态s是状态x和y的合成$x\star y$。通常情况下，给定状态x和y，并不要求$x\star y$是唯一的状态。程序项由原子程序项和四个特殊程序项r_1,r_2,s_1和s_2，通过测试运算?、迭代运算*和并行合成运算||构成，其中：r_1和r_2分别是一个状态的第一-*成分和第二-*成分的恢复(recovery)；s_1和s_2分别是一个合成状态的第

一-*成分和第二-*成分的存储(storing)。

需要注意的是:PCPDL的语言不包含程序项的并(union)的运算,其克里普克模型是四元组$M=(S,\{R_a\}_{a\in AP},\star,V)$,其中$S$,$R_a$和$V$与带有交运算的命题动态逻辑IPDL的$S$,$R_a$和$V$的含义一样,并且★是函数$S\times S\to 2^S$。$\|$,$r_1$,$r_2$,$s_1$和$s_2$的含义由以下语句给出:

(1)$(s,t)\in R_{\alpha\|\beta}\Leftrightarrow$存在$x_1,y_1,x_2,y_2\in S$使得$s\in x_1\star x_2$,$t\in y_1\star y_2$,$(x_1,y_1)\in R_\alpha$且$(x_2,y_2)\in R_\beta$;

(2)$(s,t)\in R_{r_1}\Leftrightarrow$存在$u\in S$使得$s\in t\star u$;

(3)$(s,t)\in R_{r_2}\Leftrightarrow$存在$u\in S$使得$s\in u\star t$;

(4)$(s,t)\in R_{s_1}\Leftrightarrow$存在$u\in S$使得$t\in s\star u$;

(5)$(s,t)\in R_{s_2}\Leftrightarrow$存在$u\in S$使得$t\in u\star s$。

如此定义的模型在Balbiani和Tinchev(2014)中被称为"★-分离的"。Balbiani和Tinchev研究了该语言下的多个逻辑,这些逻辑的不同之处在于:其语义中置于函数★上的条件是不一样的。Rybakov和Shkatov(2018)则只研究了Balbiani和Tinchev(2014)中的一个逻辑,其余逻辑可以用类似的方式处理。

并行合成运算的命题动态逻辑PCPDL的可满足性和有效性的定义与IPDL和PDL中相应概念的定义一样。Rybakov和Shkatov(2018)研究的每个无变元片段是指:仅包含无变元公式的相应逻辑的子集,即公式不包含任何命题变元。给定公式φ,ψ和命题变元p,用$\varphi(p/\psi)$表示用ψ统一替换φ中的p而得到的结果。

16.3　带有有穷多个变元的命题动态逻辑的片段

Rybakov和Shkatov(2018)的研究表明,通过把每个逻辑嵌入到无变元片段中,可以证明:带有交运算的命题动态逻辑IPDL、正则命题动态逻辑PDL和并行合成运算的命题动态逻辑PCPDL的无变元片段,与其对应的整个逻辑的表达力和计算复杂性是相同的;在IPDL和PDL的情况下,嵌入是多项式时间可计算的。

Rybakov和Shkatov首先研究了IPDL中的情况，然后说明了如何把其研究方法移植到对PDL和PCPDL的研究中。

令φ是任意的IPDL公式。假设φ仅包含命题变元$p_1,\cdots,p_n$和原子程序项$a_1,\cdots,a_l$。令$\gamma=a_1\cup\cdots\cup a_l$。首先，归纳定义“$\cdot'$”翻译如下：

$a_j'=a_j$，其中$j\in\{1,\cdots,l\}$

$(\alpha;\beta)'=\alpha';\beta'$

$(\alpha\cup\beta)'=\alpha'\cup\beta'$

$(\alpha\cap\beta)'=\alpha'\cap\beta'$

$(\alpha^*)'=(\alpha')^*$

$(\phi?)'=(\phi')?$

$p_j'=p_i$，其中$i\in\{1,\cdots,n\}$

$(\bot)'=\bot$

$(\phi\to\psi)'=\phi'\to\psi'$

$([\alpha]\varphi)'=[\alpha'](p_{n+1}\to\phi')$

紧接着，定义$\Theta=p_{n+1}\wedge[\gamma^*](<\gamma>p_{n+1}\to p_{n+1})$，最后，令$\widehat{\varphi}=\Theta\wedge\varphi'$。

引理3.1：公式φ是可满足的，当且仅当，公式$\widehat{\varphi}$是可满足的。

证明：假设$\widehat{\varphi}$不可满足，那么$\neg\widehat{\varphi}\in$IPDL。由于IPDL在替换运算下是封闭的，因此$\neg\widehat{\varphi}(p_{n+1}/\top)\in$IPDL。又因为$\widehat{\varphi}(p_{n+1}/\top)\leftrightarrow\varphi\in$IPDL，因此$\neg\widehat{\varphi}\in$IPDL，这样$\varphi$就是不可满足的。

假设$\widehat{\varphi}$是可以满足的。特别地，对于某个模型M和M中的s_0而言，令$M,s_0\vDash\widehat{\varphi}$。将$M'$定义为$M$最小子模型，使得：(1)$s_0$在$M'$中；(2)如果$x$在$M'$中，$xR_\gamma y$且$M,y\vDash p_{n+1}$，那么$y$也在$M'$中。

需要注意的是：p_{n+1}在M'中是普遍适用的。可以直接证明：对于φ的每个子公式ψ和M'中的每个s而言，$M,s\vDash\widehat{\varphi}$，当且仅当，$M',s\vDash\psi$。又因为$M,s_0\vDash\varphi'$，因此$M',s_0\vDash\varphi$；所以$\varphi$是可以满足的。证毕。

注记3.2：根据引理3.1的证明可知：如果$\widehat{\varphi}$是可满足的，那么在p_{n+1}普遍适用的模型中，$\widehat{\varphi}$也是可满足的。实际上，如果$\widehat{\varphi}$是可满足的，那么在p_{n+1}普遍适用的模型中，φ也是可满足的，这是因为φ等值于$\widehat{\varphi}(p_{n+1}/\top)$。

现在考虑以下有穷模型类$\overline{M}$。令b是φ中按字典顺序排列的第一个原子程序项（如果φ包含这样的项的话）；否则，令b为a_1。对于每个$m\in\{1,\cdots n+1\}$，其中$p_1,\ldots,p_n$是φ中的变元，有穷模型类$\overline{M}$包含的唯一成员M_m定义如下：

$M_m=(S_m,\{R_a\}_{a\in\mathrm{AP}},V_m)$，其中：

(1) $S_m=\{r_m,t^m,S_1^m,S_2^m,\cdots,S_m^m\}$；

(2) R_b是关系$\{<r_m,t^m>,<t^m,t^m>,<r_m,S_1^m>\}\cup\{<S_i^m,S_{i+1}^m>:1\leq i\leq m-1\}$的传递闭包；

(3) $R_a=\varnothing$，当$a\neq b$时；

(4) $V_m(p)=\varnothing$，对于每个$p\in\mathrm{Var}$而言。

模型M_m如图16.1所示，其中：箭头表示R_b；为了避免混乱，当R_b可以由其传递性推导出来时，就省略箭头；圆圈表示R_b与其自身相关的状态，而实心点表示不存在这种循环的状态。

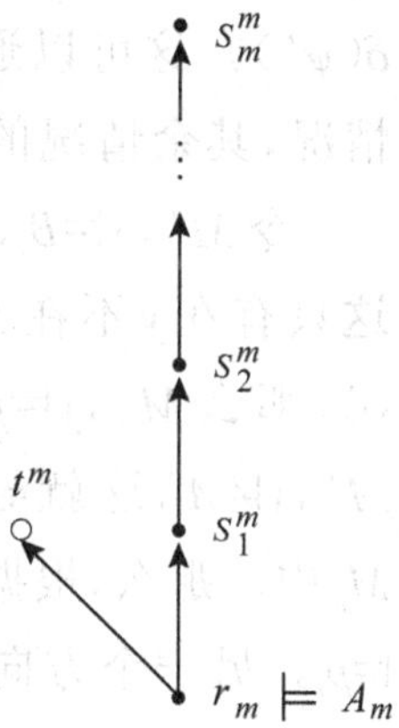

图16.1　模型M_m

现在定义在有穷模型类$\overline{M}$中的模型的根部为真的公式。对于$j\geq 0$，归纳定义公式$<b>^j\psi$如下：$<b>^0\psi=\psi$；$<b>^{k+1}\psi=<b><b>^k\psi$。接下来，对于每个$m\in\{1,\cdots,n+1\}$，定义：

$A_m=<b>^m[b]\bot\wedge\neg<b>^{m+1}[b]\bot\wedge<b>(<b>\top\wedge[b]<b>\top)$。

引理3.3：令$M_k\in\overline{M}$，并令x是M_k中的一个状态，那么$M_k,x\models A_m$，当且仅当，$k=m$且$x=r_m$时。

证明：其证明很显然。证毕。

现在定义：$B_m=<b>A_m$。给定一个IPDL公式ψ，令δ是一个（替换）函数，用B_i替换在ψ中p_i（其中$1\leq i\leq n+1$）的所有出现。最后定义$\varphi^*=\delta(\widehat{\varphi})$可以产生一个无变元公式$\varphi^*$。

引理3.4：公式φ是可满足的，当且仅当，公式φ^*是可满足的。

证明：假设φ是不可满足的，根据引理3.1可知：$\widehat{\varphi}$也是不可满足的，因此，$\neg\widehat{\varphi}\in\mathrm{IPDL}$。由于IPDL在替换运算下是封闭的，所以$\neg\varphi^*\in\mathrm{IPDL}$，因此，$\varphi^*$是不可满足的。

假设φ是可满足的，根据引理3.1和注记3.2可知：对于某个

"使得在其中每个状态p_{n+1}下都为真的"模型M和M中的某个s_0而言，$M,s_0\vDash\widehat{\varphi}$。定义模型$M'$如下：把来自于$\overline{M}$的所有模型附加到$M$中；然后，对于$M$中的每个$x$而言，仅当$M,x\vDash P_m$时，将$xR_br_m$（其中$r_m$是$M_m\in\overline{M}$的根）放入。需要注意的，$M$中的每个$x$都与$M'$中的$r_{n+1}$可及。

为了得到结论，只需要证明$M',s_0\vDash\varphi^*$。很容易验证$M',s_0\vDash\delta(\Theta)$。现在只需证明$M',s_0\vDash\delta(\varphi')$。为此，只需要证明：对于$\varphi$的每个子公式$\psi$和$M$中的每个$x$而言，$M',x\vDash\psi'$，当且仅当，$M',x\vDash\delta(\psi')$。这可以通过对$\psi$进行归纳来完成证明。这里只证明基本情况，其余情况的证明从略。

令$M',x\vDash B_i$，那么，对于M'中的某个y，有：$xR_b'y$且$M',y\vDash A_i$。这只有在y不在M的情况下才有可能。事实上，假设不是这种情况，那么$M',y\vDash p_{n+1}$，因此，$yR_b'R_{n+1}$。所以，$M',y\vDash\langle b\rangle i+1[b]\bot$，且$M',y\nvDash A_i$，这就导致了矛盾。因此，对于某个$m\in\{1,\cdots,n+1\}$，$y$在$M_m$中。那么，根据引理3.3可知：$y=r_i$，再根据$M'$的定义可知：$M',x\vDash p_i$。另一个方向的证明很简单。证毕。

定理3.5：在多项式时间内，存在一个将带有交运算的命题动态逻辑IPDL嵌入到其对应的无变元片段中的映射。

现在讨论定理3.5的复杂性理论的含义。Lange和Lutz（2005）的研究表明：带有单个原子程序项的IPDL片段的复杂性是2EXPTIME-完全的，因此有如下定理。

定理3.6：包含单个原子程序项的无变元公式的IPDL片段的可满足性问题是2EXPTIME-完全的。

现在说明如何把迄今为止为带有交运算的命题动态逻辑IPDL所做的工作，移植到正则命题动态逻辑PDL和带有并行合成运算的命题动态逻辑PCPDL中。很显然，如果忽略IPDL特有的细节，上面提到的结构也适用于PDL，因此有如下定理。

定理3.7：在多项式时间内，存在一个将正则命题动态逻辑PDL嵌入其对应的无变元片段中的映射。

Fischer与Ladner（1979）的研究表明：带有单个原子程序项的

PDL的可满足性问题是EXPTIME-完全的,因此有如下定理。

定理3.8:包含单个原子程序项的无变元公式的PDL片段的可满足性问题是EXPTIME-完全的。

接下来说明如何调整以上的工作,以适用于带有并行合成运算的命题动态逻辑PCPDL的情况。此时,需要将注意力集中在★-分离模型上。Balbiani和Tinchev(2014)已经用相同的方式研究了PCPDL的其他变种。首先构造与公式$\widehat{\varphi}$类似的公式。可以直接定义翻译"•′"如下:

$a_i' = a_i$,其中$i \in \{1, \cdots, l\}$

$r_i' = r_i$,其中$i \in \{1, 2\}$

$s_i' = s_i$,其中$i \in \{1, 2\}$

$(\alpha;\beta)' = \alpha';\beta'$

$(\alpha \| \beta)' = \alpha' \| \beta'$

$(\alpha^*)' = (\alpha')^*$

$(\phi?)' = (\phi')?$

$p_i' = p_i$,其中$i \in \{1, \cdots, n\}$

$(\bot)' = \bot'$

$(\phi \to \psi)' = \phi' \to \psi'$

$([\alpha]\phi)' = [\alpha'](p_{n+1} \to \phi')$

接下来定义与公式Θ的相似公式。由于PCPDL不存在程序项的选择运算,因此需要按照如下方式进行定义,令

$$\alpha_1^1 \ldots \alpha_{n_1}^1$$

$$\cdots$$

$$\alpha_1^k \ldots \alpha_{n_k}^k$$

是φ中所有嵌套程序项组成的序列,那么,

$$\Theta = p_{n+1} \wedge \bigwedge_{i=1}^{k} \bigwedge_{j=1}^{n_k - 1} [\alpha_1^i] \cdots [\alpha_j^i](\langle \alpha_{j+1}^i \rangle p_{n+1} \to p_{n+1})$$

最后,令$\widehat{\varphi} = \Theta \wedge \varphi'$。

至此,可以像在IPDL的情况下那样得到:

定理3.9:存在一种可以把"在★-分离模型上的带有并行合成

运算的命题动态逻辑PCPDL”嵌入其对应的无变元片段的映射。

定理3.10：在★-分离模型上的带有并行合成运算的命题动态逻辑的无变元片段是不可判定的。

注记3.11：正则命题动态逻辑PDL的后承关系(consequence relation)是不紧致的，因为公式$[a^*]\varphi$可以从公式组成的无穷集$\{[a]^n\varphi : n \geqslant 0\}$中推导出来，却不能够从该无穷集的任何有穷子集推导出来，因此后承关系相对于公式的可满足性而言是不可化归的。使用上面介绍的技术，就可以把相对于PDL，IPDL和PCPDL而言的后承关系，化归成其对应的无变元片段的后承关系。为了证明这一点，除非前提中出现的命题变元的数目是有穷的，否则就需要利用一个与如下可及关系(accessibility relation)相对应的额外原子程序项，这一可及关系把本章引理3.4的证明中所附加的模型的根与初始模型联系起来。这是有必要的，因为在本章引理3.4的证明中依赖了“作为初始模型世界标记的”变元p_{n+1}，这一变元具有公式φ的所有变元的最大标号。

16.4　结论与未来的工作

本章证明了代表(从广义角度理解的)三种复杂性类别的命题动态逻辑的三种变种IPDL，PDL和PCPDL具有如下性质：如果将这三种逻辑语言限制为“由命题常元(即没有命题变元)构成的公式”，那么其对应的可满足性的复杂性仍然保持不变；之所以如此，是因为：这些无变元片段与其对应的带有无穷命题变元的相应命题动态逻辑变种具有同样的表达力。

这些性质很可能具有命题动态逻辑风格的逻辑系统的典型特征。如果确实如此，那么未来研究的重要问题是：找出是否有方法降低这些逻辑的可满足性的复杂性，并把这些方法全部应用于具有命题动态逻辑风格的其他逻辑中，从而使得这些形式系统在实践中得到应用。

第17章 带有存储、恢复和并行合成算子的命题动态逻辑

本章用并行合成算子和四个原子程序对命题动态逻辑(PDL)进行了扩展,从而用于对数据结构(data structure)中元素的存储(storing)和恢复(recovering)的形式化。大致研究思路是:①对Kripke语义进行推广,以代替可能状态集,这种被推广的语义可以对数据结构进行表述;②使用5个新的算子对数据结构的行动进行推理;③通过一些实例的研究,给出能够描述数据结构中元素的存储、恢复和并行合成的语言PRSPDL;④给出"带有存储、恢复和并行合成的命题动态逻辑"可靠且完全的公理模式和推理规则,用于证明"相对于命题动态逻辑的受限片段$RSPDL^0$而言的"所有有效公式。本章主要阐释了Benevides等(2011)[①]的研究成果。

17.1 引言和研究动机

命题动态逻辑(PDL)在序列程序和系统的形式化表述和推理方面有着重要的作用(具体内容参见Fischer和Ladner(1979)、Harel(2000))。命题动态逻辑已经用来描述和验证程序的正确性、结束性、公平性、活性(liveness)和等价性等性质。

对于程序π而言,PDL是带有一个模态词$\langle\pi\rangle$的多模态逻辑。该逻辑由一个基本程序集和一个算子集(如序列合成算子、非确定型选择算子、测试算子和迭代算子)组成,基本程序集和一个算子集用来归纳构建非基本程序集。克里普克语义由框架$F=(W, R_\pi)$来提供,其中W是非空的可能程序状态集;并且对于每个程序π而言,R_π是W上使得$(s,t)\in R_\pi$的二元关系,当且仅当,存在一个

①Benevides M R F, Freitas R D and Viana P. Propositional dynamic logic with storing, recovering and parallel composition. Electronic Notes in Theoretical Computer Science, 2011(269): 95-107.

在s处开始且在t处结束的计算π。

一般而言，在模态逻辑和命题动态逻辑(PDL)中，状态不具有内部结构，就这一意义而言，这两种可能组成成分在确定一个公式在该状态下的值的过程中没有发挥作用。为了处理易变的(mutable)数据结构和更新，21世纪初学者们提出了许多形式逻辑体系。例如：Hearn等(2001)和Reynolds(2002)提出了分离逻辑(separation logic)，用来对带有共享易变数据结构的命令程序进行推理，这种结构具有能够在它的执行的不同节点处更新和引用的字段。Hoare和Hearn(2008)对分离逻辑进行了扩展，用于处理并发(concurrency)。此外，在认知逻辑领域也提出了诸多形式系统，用来处理各种情境下的动态知识，比如，对基于系统的Agent、博弈和社交网络进行推理。例如：Gerbrand和Groeneveld(1997)提出的动态认知逻辑(dynamic epistemic logic，DEL)以及Plaza(1989)提出的公开宣告逻辑(public announcement logic)就是处理动态知识的认知逻辑。这些逻辑需要处理"通过Agent或环境中执行行动(actions)的过程中"知识的更新和改变。

命题动态逻辑(PDL)的另外一个弱点是缺少能够处理程序的并行性和并发性的算子。许多学者提出了带有这些算子的扩展的命题动态逻辑，例如Peleg(1987)、Peleg(1987)、Benevides和Schechter(2008)、Benevides和Schechter(2010)、Goldblatt(1992)、Mayer和Stockmeyer(1996)、Abrahamson(1980)等提出的逻辑系统的目标就是对并行程序或并发程序进行推理。

虽然Benevides等(2011)的主要目标不是对程序的并行执行进行推理，但是还是遵循了对正则命题动态逻辑PDL进行扩展的传统做法，即，使用一个并行算子、两个数据存储算子和两个数据恢复算子对正则命题动态逻辑PDL进行扩展，并把被扩展后的语言称为PRSPDL语言，该语言具有基于结构集的语义。在这一语义中，并行算子和投射(projection)可以对数据结构进行表示和处理。这一语义是克里普克语义学的推广，它不使用可能状态集，而是使用状态的结构集。Benevides等(2011)使用状态的结构集的灵感来源于Haeberer等(1997)以及Frias(2002)等的分叉代数(fork algebras)。状态的结构集已经应用于Freitas等(2003)、Veloso等(2007)和Frias等(2004)等形式系统中。

Benevides等(2011)首先研究了带有存储、恢复和并行合成的命题动态逻辑PRSPDL语言，并举例说明该语言的表达力，然后证明该逻辑的一个片段的完全性结果。

本章结构如下：17.2节给出了PRSPDL语言的基本句法和语义；17.3节阐述了用PRSPDL语言编写的一些程序以及研究动机；17.4节给出了受限系统$RSPDL^0$的公理、推理规则和可靠性，受限系统$RSPDL^0$是通过排除PRSPDL中的迭代算子、并行合成算子和测试算子而得到的；17.5节讨论了受限系统$RSPDL^0$的完全性结果。17.6节是结论和研究展望。

17.2　句法和语义

正则命题动态逻辑PDL语言具有合成算子、选择算子、迭代算子和测试算子。Benevides等(2011)给出的带有并行合成、存储和恢复的动态模态语言PRSPDL语言是在正则PDL语言的基础上，增加了四个原子程序s_1, s_2, r_1, r_2以及一个并行合成的二元关系算子得到的。值得注意的是：PRSPDL语言中的状态(states)是指有序对(order pairs)。“存储第一”(store first)的原子程序s_1是非确定性程序，其含义是：把当前状态存储为结果状态的第一个成分，也即：在状态s下运行程序s_1，完成其运行时就会产生一个新的状态(s,t)，该状态的第一个坐标(coordinate)是s。类似地，“存储第二”(store second)的程序s_2在状态s下运行程序s_2，完成其运行时就会产生一个新的状态(t,s)，该状态的第二个坐标是s。

“恢复第一”(recover first)的确定性程序r_1的含义是：恢复存储在当前状态的第一个坐标中的数据(状态)，当程序r_1在状态(s,t)运行时，它在恢复状态s时结束其运行。类似地，“恢复第二”(recover second)的程序r_2恢复当前状态(s,t)的第二个坐标并且在状态t时结束运行。最后，当程序$\pi_1\|\pi_2$在状态(s_1,t_1)运行时，其效果相当于在状态s_1和t_1时分别并行运行π_1和π_2，从而得到

一个新状态(s_2, t_2)。

现在给出其形式定义：

定义 2.1：令 Act=$\{a, b, c, \cdots\}$是基本程序集，通常表示为α。通常表示为π的PRSPDL程序定义如下：

$$\pi ::= \alpha|\pi_1;\pi_2|\pi_1 \cup \pi_2|\pi^*|\pi_1\|\pi_2|?\phi|s_1|s_2|r_1|r_2.$$

定义 2.2：带有并行合成、存储和恢复的动态模态语言(PRSPDL)是多模态语言，该语言包括：可数多个命题符号的集合Φ，通常记为$p, q, r, \cdots$；布尔联结词$\neg$和$\wedge$；一组模态算子$\{\langle\pi\rangle$：π是一个PRSPDL程序$\}$。通常记为ϕ的PRSPDL公式定义为：$\phi ::= \bot|p|\neg\phi|\phi_1 \wedge \phi_2|\langle\pi\rangle\phi$。

定义 2.3：序对(pair)$F=(W, \{R_\pi: \pi$是一个程序$\})$是一个框架，其中：W是一个非空集合；而且对于每个程序π而言，$R_\pi \subseteq W \times W$。

定义 2.4：序对$M=(F, V)$是一个模型，其中F是一个框架，并且$V: \Phi \to 2^W$是将命题符号映射到W的子集当中去的赋值函数。

定义 2.5："一个模型是标准的"，意思是，该模型满足如下条件：

(1)$R_{\pi_1;\pi_2}=R_{\pi_1};R_{\pi_2}$；

(2)$R_{\pi_1\cup\pi_2}=R_{\pi_1}\cup R_{\pi_2}$；

(3)$R_{\pi^*}=(R_\pi)^*$；

(4)$R_{?\phi}=\{(w, w)\in W^2: M, w\vDash\phi\}$。

Frias(2002)认为 PDL 和 PRSPDL 的主要语义区别是：在PRSPDL当中，公式是在结构状态的集合上进行解释的。

定义 2.6：一个结构状态的集合是一个三元组$(S, E, \star)$，其中S是一个非空集合，E是S上的等值关系，$\star: S^2 \to S$是单射的，也即，一个二元运算满足：对于每个(s_1, s_2)和$(t_1, t_2)\in E$而言，$s_1 \star s_2 = t_1 \star t_2$，当且仅当，$s_1=t_1$并且$s_2=t_2$。

定义 2.7：一个结构框架是序对$F=((S, E, \star), \{R_\pi: \pi$是一个程序$\})$，其中：

(1)$(S, E, \star)$是一个非空的结构状态集合；

(2)对于每一程序π而言，有$R_\pi \subseteq E$；

(3)(S,{R_π:π是一个程序})是一个框架。

一个结构模型(structured model)是一个基于结构框架的模型。

定义 2.8:一个结构框架是真(proper)结构框架,其意思是,它满足如下条件:

(1)$R_{s_1}=\{(s,s\star t):s,t\in S\}$;

(2)$R_{s_2}=\{(t,s\star t):s,t\in S\}$;

(3)$R_{r_1}=\{(s\star t,s):s,t\in S\}$;

(4)$R_{r_2}=\{(s\star t,t):s,t\in S\}$;

(5)$R_{\pi_1\parallel\pi_2}=\{(s_1\star t_1,s_2\star t_2):s_1,t_1,s_2,t_2\in S$ 且 $(s_1,s_2)\in R_{\pi_1}$ 且 $(t_1,t_2)\in R_{\pi_2}\}$。

当一个结构模型基于一个真结构框架时,它就是真结构模型。

定义 2.9:一个PRSPDL模型是一个真标准模型。

值得注意的是:在真标准框架中,R_{s_1}与R_{r_1}是互逆的,R_{s_2}与R_{r_2}也是互逆的。此外,在真标准框架下,下列性质成立:

(1)$R_{s_1};R_{r_1}=I_s$;

(2)$R_{s_2};R_{r_2}=I_s$;

(3)$R_{s_1};R_{r_2}=E$;

(4)$(R_{r_1};R_{s_1})\cap(R_{r_2};R_{s_2})\subseteq I_s$;

(5)$R_{r_1};E=R_{r_2};E$。

其中$I_s=\{(s,s):s\in S\}$是S上的恒等关系。虽然还有其他性质也在真标准框架当中成立,但是在后文的证明中只会用到以上性质(1)~(5)。

定义 2.10:令M是一个模型,在状态s时,"公式ϕ满足模型M"记为:$M,s\models\phi$,其直观地定义如下:

(1)$M,s\not\models\bot$;

(2)$M,s\models p$,当且仅当,$s\in V(p)$;

(3)$M,s\models\neg\phi$,当且仅当,$M,s\not\models\phi$;

(4)$M,s\vDash\phi\wedge\psi$，当且仅当，$M,s\vDash\phi$ 且 $M,s\vDash\psi$；

(5)$M,s\vDash\langle\pi\rangle\phi$，当且仅当，存在 $t\in S$，$sR_\pi t$ 并且 $M,t\vDash\phi$。

在真标准模型中，固定不变的原子程序 s_1，s_2，r_1 和 r_2 以及并行合成的解释如期望的那样：

(1)$M,s\vDash\langle s_1\rangle\varphi$，当且仅当，存在 $t\in S$ 使得 $sR_{s_1}t$；$M,t\vDash\varphi$，当且仅当，存在 $t,s_2\in S$ 使得 $t=s\star s_2$；$M,t\vDash\varphi$，当且仅当，存在 $s_2\in S$ 使得 $M,s\star s_2\vDash\varphi$。换句话说，$M,s\vDash\langle s_1\rangle\varphi$，当且仅当，$s$ 是表示有序对的元素的第一个坐标，其中 φ 为真。

(2)$M,s\vDash\langle s_2\rangle\varphi$，当且仅当，存在 $t\in S$ 使得 $sR_{s_2}t$；$M,t\vDash\varphi$，当且仅当，存在 $t,s_1\in S$ 使得 $t=s_1\star s$；$M,t\vDash\varphi$，当且仅当，存在 $s_1\in S$ 使得 $M,s_1\star s\vDash\varphi$。换句话说，$M,s\vDash\langle s_2\rangle\varphi$，当且仅当，$s$ 是表示有序对的元素的第二个坐标，其中 φ 为真。

(3)$M,s\vDash\langle r_1\rangle\varphi$，当且仅当，存在 $t\in S$ 使得 $sR_{r_1}t$；$M,t\vDash\varphi$，当且仅当，存在 $t,s_1,s_2\in S$ 使得 $s=s_1\star s_2$ 并且 $t=s_1$；$M,s_1\vDash\varphi$，当且仅当，存在 $s_1,s_2\in S$ 使得 $s=s_1\star s_2$ 并且 $M,s_1\vDash\varphi$。换句话说，$M,s\vDash\langle r_1\rangle\varphi$，当且仅当，$s$ 是表示一个有序对，该有序对的第一个坐标 φ 为真。

(4)$M,s\vDash\langle r_2\rangle\varphi$，当且仅当，存在 $t\in S$ 使得 $sR_{r_2}t$；$M,t\vDash\varphi$，当且仅当，存在 $t,s_1,s_2\in S$ 使得 $s=s_1\star s_2$ 并且 $t=s_2$；$M,s_2\vDash\varphi$，当且仅当，存在 $s_1,s_2\in S$ 使得 $s=s_1\star s_2$ 并且 $M,s_1\vDash\varphi$。换句话说，$M,s\vDash\langle r_2\rangle\varphi$，当且仅当，$s$ 表示一个有序对，该有序对的第二个坐标 φ 为真。

(5)$M,s\vDash\langle\pi_1\|\pi_2\rangle\varphi$，当且仅当，存在 $t\in S$ 使得 $sR_{\pi_1\|\pi_2}t$；$M,t\vDash\varphi$，当且仅当，存在 $s_1,s_2,t_1,t_2\in S$ 使得 $s=(s=s_1\star s_2)$ 并且 $t=(t_1\star t_2)$ 并且 $s_1R_{\pi_1}s_2$ 并且 $t_1R_{\pi_2}t_2$ 并且 $M,t\vDash\varphi$。换句话说，$M,s\vDash\langle\pi_1\|\pi_2\rangle\varphi$，当且仅当，在状态 s 下并行执行程序 π_1 和 π_2，并达到 φ 成立的状态 t。

通过把带有并行合成、存储和恢复的动态模态语言 PRSPDL 算子应用到这些基本程序当中，就可以定义一些新的有用的算子。例如，通过这一方法可以定义 Brown 和 Hutton(1994)以及 Brown 和 Jeffrey(1994)中用来解决基于寓言(allegories)的图解推理。

对每一状态 w 而言，如果 $M,w\Vdash\varphi$，则称 φ 在模型 M 中是全域满足(globally satisfied)的，记为 $M\Vdash\varphi$。如果 φ 在一个框架 F 的所

有模型M中是全域满足的，则称φ在F中是有效的，记为$F \Vdash \varphi$。如果φ在所有框架中有效，则称φ是有效的，记为$\Vdash \varphi$。如果$\Vdash \varphi \leftrightarrow \psi$，那么$\varphi$和$\psi$是语义等值的。

17.3　实例解读

下面通过对四个实例的解读，来说明如何使用带有并行合成、存储和恢复的动态模态语言PRSDPL。这四个实例都会利用存储运算和恢复运算的优点：计算存储某个数据，然后再恢复该数据。其运行机制是：将存储/恢复运算与测试(test)相结合，这一结合允许对在计算的之前状态(previous state)下成立的性质进行推理，并且在当前状态下还可以使用这一信息。下文将把?¬⊥缩写为**1**。

17.3.1　实例1

实例1将介绍程序π_1。当程序π_1在输入u开始运行时，它把初始状态u存储在一个有序对的第二个坐标上，然后在该有序对的第一个坐标上相继执行行动(action)α和β，然后通过存储第二个坐标返回到初始状态。这一系列行动可以用下图表示：

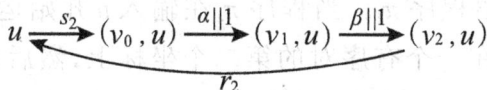

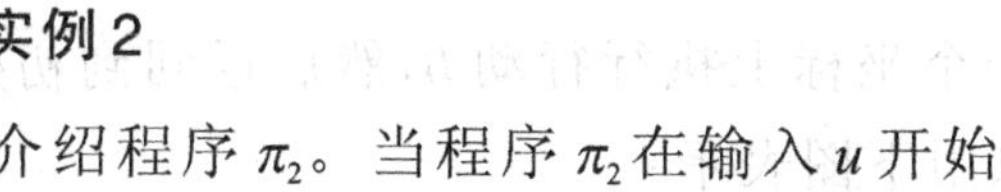

当把这个过程写为PRSPDL程序时，π_1可以表示为：

$$\pi_1 \equiv s_2;(\alpha \| \mathbf{1});(\beta \| \mathbf{1});r_2。$$

17.3.2　实例2

实例2将介绍程序π_2。当程序π_2在输入u开始运行时，它把初始状态u存储在一个有序对的第二个坐标上，然后在当前有序对的第一个坐标上执行行动α，直到性质ϕ为真之后，然后通过存储当前状态的第二个坐标，返回到初始状态。这一系列行动可以用下图表示：

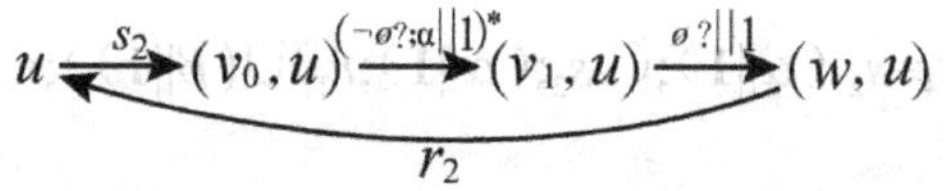

当把这个过程写为PRSPDL程序时，π_2可以表示为：

$$\pi_2 \equiv s_2;(\neg\phi?;\alpha\|\mathbf{1})^{\star};(\phi?\|\mathbf{1});r_2。$$

17.3.3 实例3

实例3将介绍程序π_3。当程序π_3在输入u开始运行时，它把初始状态u存储在一个有序对的第二个坐标上，然后在该有序对的第一个坐标上执行行动α，在这一行动之后，如果性质ϕ在初始状态处为真，就在当前有序对的第一个坐标上执行行动β；如果性质ϕ在初始状态处为假，就在当前有序对的第一个坐标上执行行动γ。值得注意的是：公式ϕ的真假是在初始状态上进行测试，而不是在当前状态上进行测试。这一系列行动可以用下图表示：

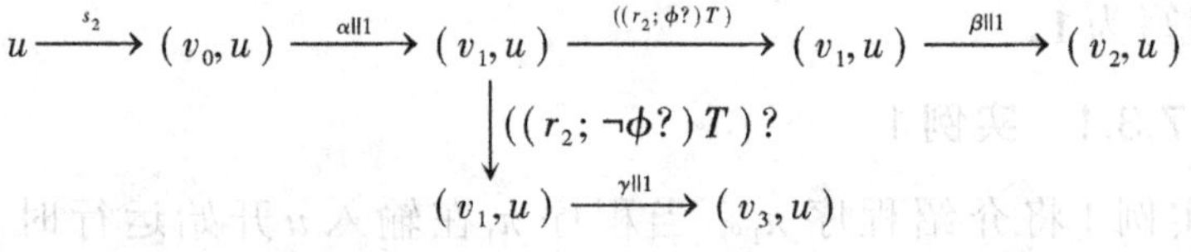

当把这个过程写为PRSPDL程序时，π_3可以表示为：

$$\pi_3 \equiv s_2;(\alpha\|\mathbf{1});((\langle r_2;\phi?\rangle\top)?;\beta\|\mathbf{1})\cup(\langle r_2;\neg\phi?\rangle\top)?;(\gamma\|\mathbf{1})。$$

17.3.4 实例4

实例4介绍程序π_4。当程序π_4在输入u开始运行时，它把初始状态u存储在一个有序对的第二个坐标上，然后在该有序对的第一个坐标上执行行动α，在这一行动之后，程序π_4要么把当前状态存储为一个有序对的第二个坐标，在新的第一个坐标上执行行动α，并且返回到在该计算中获得的第二个有序对；要么在该有序对的第一个坐标上执行行动β，然后返回到初始状态。这一系列行动可以用下图表示：

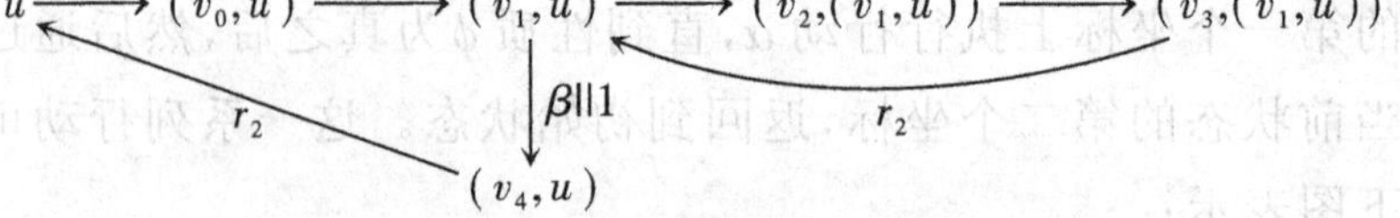

当把这个过程写为PRSPDL程序时，π_4可以表示为：

$$\pi_4 \equiv s_2;(\alpha\|\mathbf{1});((s_2;(\alpha\|\mathbf{1});r_2)\cup(\beta\|\mathbf{1}));r_2。$$

17.4 受限片段 RSPDL^0 的公理系统

本节将对 17.2 节给出的语言进行限制，得到受限片段语言 RSPDL^0。这一受限片段不允许使用测试算子(?)、迭代算子(*)和并行合成算子(‖)，其目的是把该片段中得出的成果作为 17.2 节给出的整个语言的研究基础。

本节的目标是给出受限片段 RSPDL^0 的一组公理（见表 17.1），并且证明它对于结构集合的语义而言的可靠性和完全性。这里使用标准的布尔(Boolean)缩写⊤、∨、→和↔；对于每个程序 π 而言，有模态缩写 $[\pi]\phi := \neg\langle\pi\rangle\neg\phi$。

表 17.1　RSPDL^0 公理系统

公理模式	
1	所有重言式
2	$[\pi](\varphi\to\psi)\to([\pi]\varphi\to[\pi]\psi)$
3	$[\pi_1;\pi_2]\varphi\leftrightarrow[\pi_1][\pi_2]\varphi$
4	$[\pi_1\cup\pi_2]\varphi\leftrightarrow[\pi_1]\varphi\wedge[\pi_2]\varphi$
5	$\langle r_1\rangle\varphi\to[r_1]\varphi$ $\langle r_2\rangle\varphi\to[r_2]\varphi$
6	$\varphi\to[s_1]\langle r_1\rangle\varphi$ $\varphi\to[r_1]\langle s_1\rangle\varphi$ $\varphi\to[s_2]\langle r_2\rangle\varphi$ $\varphi\to[r_2]\langle s_2\rangle\varphi$
7	$\langle r_1\rangle\top\leftrightarrow\langle r_2\rangle\top$ $\langle s_1\rangle\top\leftrightarrow\langle s_2\rangle\top$
8	$\langle s_1;r_1\rangle\varphi\to[s_1;r_1]\varphi$ $\langle s_2;r_2\rangle\varphi\to[s_2;r_2]\varphi$
9	$[s_1;r_2]\varphi\to\varphi$
10	$\varphi\to[s_1;r_2]\langle s_1;r_2\rangle\varphi$
11	$[s_1;r_2]\varphi\to[s_1;r_2][s_1;r_2]\varphi$
推理规则	
分离规则	$\dfrac{\phi\quad\phi\to\psi}{\psi}$
Nec 规则	$\dfrac{\phi}{[\pi]\phi}$

令受限片段$RSPDL^0$是由表17.1中的公理模式和规则定义的模态逻辑。公理2是标准的分配公理K，公理3和公理4分别是对应于正则命题动态逻辑的合成公理和不确定性选择公理。公理5是分别解释r_1和r_2的函数关系R_{r_1}与R_{r_2}。公理6是标准的时态公理，分别解释s_1和r_1的关系R_{s_1}与R_{r_1}以及分别解释s_2和r_2的关系R_{s_2}与R_{r_2}；R_{s_1}与R_{r_1}是互逆的，R_{s_2}与R_{r_2}也是互逆的。公理8用于保证有序对的唯一性。公理9~11一起表示解释合成程序s_1; r_2关系$R_{s_1;s_2}$在其论域中的等值关系。

定理4.1(可靠性)：如果$\vdash\varphi$，那么φ在所有的$RSPDL^0$框架中有效。

证明：前四个公理的可靠性证明如常。

公理5：现在只处理相对于r_1的实例，相对于r_2的实例类似处理。

假设$M,s\vDash\langle r_1\rangle\varphi$，所以存在$s_1$和$s_2$使得$s=s_1\star s_2$。并且$F,V,s_1\vDash\varphi$。对于$sR_{r_1}u$而言，令$u\in s$是任意状态。根据定义，存在$s_1'$和$s_2'$使得 $s=s_1'\star s_2'$，并且 $u=s_1'$。根据 $s=s_1\star s_2=s_1'\star s_2'$ 和 $\star$ 的单射性(injectivity)，可得$s_1=s_1'$。因为$M,s_1\vDash\varphi$，并且$u=s_1'=s$，可得$M,u\vDash\varphi$。所以对于每个使得$sR_{r_1}u$的状态$u\in S$而言，有$M,u\vDash\varphi$，也即$M,s\vDash[s_1]\varphi$。

公理6：现在只处理相对于s_1和r_1的实例，相对于s_2和r_2的实例类似处理。

假设M，$s\vDash j$，并且令t使得$sR_{s_1}t$。因此存在$s_2\in S$使得$t=s\star s_2$。所以存在s_1'，$s_2'\in S$使得$t=s_1'\star s_2'$并且$M,s_1'\vDash\varphi$，这与$M,t\vDash<r_1>\varphi$一样。所以对于每个使得$sR_{s_1}t$的状态$t\in S$而言，有$M,t\vDash<r_1>\varphi$，也即$M,s\vDash[s_1]<r_1>\varphi$。

现在再次假设$M,s\vDash\varphi$，并且令t使得$sR_{s_1}t$。因此，存在s_1，$s_2\in S$使得$s=s_1\star s_2$并且$t=s_1$。根据定义，$s_1R_{s_1}s_1\star s_2$。根据$M,s\vDash\varphi$和$s=s_1\star s_2$，有$M,s_1\star s_2\vDash\varphi$。所以，存在一个$u\in S$使得$tR_{s_1}u$并且$M,u\vDash$

φ，这与 $M,t\vDash\langle s_1\rangle\varphi$ 一样。所以对于每个使得 $sR_{r_1}t$ 的状态 $t\in S$ 而言，有 $M,t\vDash\langle s_1\rangle\varphi$，也即 $M,s\vDash[r_1]\langle s_1\rangle\varphi$。

公理 7：现在只处理相对于 r_1 和 r_2 的实例，相对于 s_1 和 s_2 的实例类似处理。

$M,s\vDash\langle r_1\rangle\top$，当且仅当，存在某个 $t\in S$ 使得 $sR_{r_1}t$；并且如果有 $M,t\vDash\top$，当且仅当，存在某个 $t\in S$ 使得 $sR_{r_1}t$；当且仅当，存在 $t,t'\in S$ 使得 $s=t\star t'$，当且仅当，存在某个 $t'\in S$ 使得 $sR_{r_2}t'$；当且仅当，存在某个 $t'\in S$ 使得 $sR_{r_2}t'$ 并且 $M,t'\vDash\top$，当且仅当 $M,s\vDash\langle r_2\rangle\top$。

公理 8：现在只处理相对于 s_1 和 r_1 的实例，相对于 s_2 和 r_2 的实例类似处理。

假设 $M,s\vDash\langle s_1;r_1\rangle\varphi$，因此存在 $u,v\in S$ 使得 $sR_{s_1}uR_{r_1}v$ 并且 $M,v\vDash\varphi$。因此，存在 $u,v,v',s'\in S$ 使得 $u=s\star s'$，$u=v\star v'$ 并且 $M,v\vDash\varphi$。根据 $\star$ 的单射性，可得 $s=v$，所以 $M,s\vDash\varphi$。现在令 $t\in S$ 使得 $sR_{s_1;r_1}t$。因此，存在 $u,t',s'\in S$ 使得 $u=s\star s'$ 并且 $u=t\star t'$，根据 $\star$ 的单射性，可得 $s=t$，所以 $M,t\vDash\varphi$。

公理 9：假设 $M,s\vDash[s_1;r_2]\varphi$，因此，对于每个 $t\in S$，如果 $sR_{s_1;r_2}t$，那么 $M,t\vDash\varphi$。现在根据 $sR_{s_1}s\star s$ 和 $s\star sR_{r_2}s$，可得 $sR_{s_1;r_2}s$，因此能够得出 $M,s\vDash\varphi$。

公理 10：假设：$M,s\vDash\varphi$，令 $t\in S$ 使得 $sR_{s_1;r_2}s$，现在根据 $tR_{s_1}t\star s$ 和 $sR_{r_1}s$，可得 $tR_{s_1;r_2}s$，根据该结果和 $M,s\vDash\varphi$ 可得 $M,t\vDash\langle s_1;r_2\rangle\varphi$，那么对于每个使得 $=sR_{s_1;r_2}t$ 的 $t\in S$ 而言，有 $M,t\vDash\langle s_1;r_2\rangle\varphi$，也即，$M,s\vDash[s_1;r_2]\langle s_1;r_2\rangle\varphi$。

公理 11：假设 $M,s\vDash[s_1;r_2]\varphi$。那么对于每个 $t\in S$，如果有 $sR_{s_1;r_2}t$，那么 $M,t\vDash\varphi$。令 $u,v\in S$ 使得 $sR_{s_1;r_2}u$ 并且 $uR_{s_1;r_2}v$。因为有 $sR_{s_1}s\star v$ 和 $s\star vR_{r_2}v$，则有 $sR_{s_1;r_2}v$，因此 $M,v\vDash\varphi$。那么对于每个使得 $uR_{s_1;r_2}v$ 的 $v\in sR_{s_1;r_2}uS$ 而言，有 $M,v\vDash\varphi$，也即 $M,u\vDash[s_1;r_2]\varphi$。此外，按照要求还有：对于每个使得的 $u\in S$ 而言，有 $M,u\vDash[s_1;r_2]\varphi$，也即 $M,s\vDash[s_1;r_2][s_1;r_2]\varphi$。证毕。

17.5 受限片段RSPDL^{0}的完全性

RSPDL^{0}系统是通过排除迭代算子*、测试算子和并行合成算子之后，得到的PRSPDL系统的受限版本。17.4节给出了RSPDL^{0}的证明系统。本节将给出RSPDL^{0}证明系统的完全性证明。

定理5.1：如果$\nvdash_{RSPDL^0}\varphi$，那么存在一个使得φ无效的模型。

证明：其典范模型结构$M^c=(W^c, \{R^c_\pi: \pi是程序\}, V^c)$的定义如常：

(1)W^c是公式的所有极大一致集组成的集合；

(2)$sR^c_\pi t$，当且仅当，对于每个在s中的公式$[\pi]\varphi$而言，公式φ在t中；

(3)$V^c p$是包含p的公式的所有极大一致集组成的集合。

其典范框架的结构是$F^c=(W^c, \{R^c_\pi: \pi是程序\})$。

值得注意的是：不论其典范框架还是其典范模型都不是真(proper)框架或者真模型。因为W^c不是结构集合。无论如何，根据标准的模态逻辑推理，可得：

引理5.2：如果公式φ使得$\nvdash\varphi$，那么在典范模型M^c中存在使得$M^c, w\nvDash\varphi$的某个状态w。

本章公理3和公理4保证了其典范模型是标准典范模型。

引理5.3：M^c是标准典范模型。

证明：首先，需要证明$R^c_{\pi_1;\pi_2}=R^c_{\pi_1};R^c_{\pi_2}$。

为了证明从左至右方向上的包含关系，假设Σ和Σ'是满足$\Sigma R^c_{\pi_1;\pi_2}\Sigma'$的MCS。首先，证明公式集$\Gamma=\{\varphi: [\pi_1]\varphi\in\Sigma\}\cup\{\neg[\pi_2]\psi: \psi\notin\Sigma'\}$是一致的。事实上，如果$\Gamma\vdash\bot$，那么存在$\varphi_1, \cdots, \varphi_n$使得$[\pi_1]\varphi_1, \cdots, [\pi_1]\varphi_n\in\Sigma$；并且存在$\psi_1, \cdots, \psi_m\notin\Sigma'$使得$\vdash\varphi_1\wedge\cdots\varphi_n\wedge\neg[\pi_2]\psi_1\wedge\cdots\wedge\neg[\pi_2]\psi_m\to\bot$。一般而言，有$\vdash\varphi_1\wedge\cdots\wedge\varphi_n\to([\pi_2]\psi_1\vee\cdots\vee[\pi_2]\psi_m)$。因此，$\vdash[\pi_1]\varphi_1\wedge\cdots\wedge[\pi_1]\varphi_n\to[\pi_1]([\pi_2]\psi_1\vee\cdots\vee[\pi_2]\psi_m)$。因此，$\Sigma\vdash[\pi_1][\pi_2]\psi_1\vee\cdots\vee[\pi_1][\pi_2]\psi_m$。现在根据公理3可得：$\Sigma\vdash[\pi_1;\pi_2]\psi_1\vee\cdots\vee[\pi_1;\pi_2]\psi_m$。因为$\Sigma R^c_{\pi_1;\pi_2}\Sigma'$，这蕴含$\psi_1\in\Sigma'$或，……，或$\psi_m\in\Sigma'$，导致矛盾。

现在令Σ''是使得$\Gamma\subseteq\Sigma''$的极大一致集。对于每个使得$[\pi_1]\varphi\in\Sigma$

的 φ，有 $\varphi\in\Gamma\subseteq\Sigma''$，因此 $\Sigma R^c_{\pi_1}\Sigma''$。此外，令 $\psi\in\Sigma'$，也即 $\neg\psi\notin\Sigma'$，可得 $\neg[\pi_2]\neg\psi\in\Gamma\subseteq\Sigma''$，这与 $\langle\pi_2\rangle\psi\in\Sigma''$ 相同，因此，$\Sigma'' R^c_{\pi_2}\Sigma'$。根据以上内容，可得 $\Sigma R^c_{\pi_1};R^c_{\pi_2}\Sigma'$。

为了证明从右至左方向上的包含关系，令 Σ 和 Σ' 是满足 $\Sigma R^c_{\pi_1};R^c_{\pi_2}\Sigma'$ 的 MCS。令 Σ'' 是满足 $\Sigma R^c_{\pi_1}\Sigma''$ 和 $\Sigma'' R^c_{\pi_2}\Sigma'$ 的 MCS。令 $\varphi\in\Sigma'$，因此，$\langle\pi_2\rangle\varphi\in\Sigma''$ 且 $\langle\pi_1\rangle\langle\pi_2\rangle\varphi\in\Sigma$，根据公理3可得：$\langle\pi_1;\pi_2\rangle\varphi\in\Sigma$，这就证明了 $\Sigma R^c_{\pi_1;\pi_2}\Sigma'$。

在使用本章公理4的情况下，$R^c_{\pi_1\cup\pi_2}=R^c_{\pi_1}\cup R^c_{\pi_2}$ 的证明是不足道的。证毕。

本章公理5~11确保了关系具有使得 W^c 是一个结构集合所需要的性质。

引理5.4：

（1）关系 $R^c_{r_1}$ 和 $R^c_{r_2}$ 是函数关系；

（2）关系 $(R^c_{r_1})^{-1};R^c_{r_1}$ 和 $(R^c_{r_1})^{-1};R^c_{r_1}$ 是单射（injective）关系；

（3）关系 $R^c_{r_1}$ 和 $R^c_{r_1}$ 有相同的定义域；

（4）关系 $R^{S\varphi}_{S_1}$ 和 $R^{S\varphi}_{r_1}$ 是互逆关系，关系 $R^{S\varphi}_{S_2}$ 和 $R^{S\varphi}_{r_2}$ 也是互逆关系。

证明：为了证明是函数关系，则需按照下列方式进行证明。假设是 Σ,Σ_1 和 Σ_2 是满足 $\Sigma R^c_{r_1}\Sigma_1$ 和 $\Sigma R^c_{r_1}\Sigma_2$ 的 MCS。令 $\phi\in\Sigma_1$。因为 $\Sigma R^c_{r_1}\Sigma_1$，则可得 $\langle r_1\rangle\phi\in\Sigma$。现在应用本章公理5可得 $[r_1]\phi\in\Sigma$；并且因为 $\Sigma R^c_{r_1}\Sigma_2$，则可得 $\phi\in\Sigma_2$。因此，$\Sigma_1\subseteq\Sigma_2$。$\Sigma_2\subseteq\Sigma_1$ 这一包含关系可以类似证明。

"$R^c_{r_2}$ 是函数关系"这一证明和上述证明过程完全一致。

为了证明 $(R^c_{r_1})^{-1};R^c_{r_1}$ 是单射关系，则需按照下列方式进行证明。假设 Σ,Σ_1 和 Σ_2 是满足 $\Sigma_1(R^c_{r_1})^{-1};R^c_{r_1}\Sigma$ 和 $\Sigma_2(R^c_{r_1})^{-1};R^c_{r_1}\Sigma$ 的 MCS。令 $\phi\in\Sigma_1$。因为 $\Sigma_1(R^c_{r_1})^{-1};R^c_{r_1}\Sigma$，则存在是某个 MCS 的 Σ' 使得 $\Sigma' R^c_{r_1}\Sigma_1$ 和 $\Sigma' R^c_{r_1}\Sigma$。因为 $\phi\in\Sigma_1$ 以及 $\Sigma' R^c_{r_1}\Sigma_1$，则可得 $\langle r_1\rangle\phi\in\Sigma'$。现在应用本章

公理5可得$[r_1]\phi\in\Sigma'$；并且因为$\Sigma' R^c_{r_1}\Sigma$，可得$\phi\in\Sigma$。此外，根据$\Sigma_2(R^c_{r_1})^{-1};R^c_{r_1}\Sigma$，存在是某个MCS的$\Sigma''$使得$\Sigma'' R^c_{r_1}\Sigma_1$以及$\Sigma'' R^c_{r_1}\Sigma$。因为$\Sigma'' R^c_{r_1}\Sigma$以及$\phi\in\Sigma$，就有$\langle r_1\rangle\phi\in\Sigma''$。再次应用本章公理5，可得$[r_1]\phi\in\Sigma''$；并且因为$\Sigma'' R^c_{r_1}\Sigma_2$，就有$\phi\in\Sigma_2$。因此，$\Sigma_1\subseteq\Sigma_2$。$\Sigma_2\subseteq\Sigma_1$这一包含关系可以类似证明。

"$(R^c_{r_2})^{-1};R^c_{r_2}$是单射关系"的证明和上述证明过程完全一致。

为了证明$R^c_{r_1}$和$R^c_{r_2}$具有相同的论域，则需按照下列方式进行证明。假设Σ和Σ'是满足$\Sigma R^c_{r_1}\Sigma'$的MCS，因为$\top\in\Sigma'$，则有$\langle r_1\rangle\top\in\Sigma$。现在应用本章公理7可得$[r_2]\top\in\Sigma$；并且存在是某个MCS的$\Sigma''$使得$\Sigma R^c_{r_1}\Sigma''$。因此，$R^c_{r_1}$的论域包含在$R^c_{r_1}$的论域当中。

其他包含关系的证明和上述证明过程完全一致。

在时态逻辑中，应用本章公理6可以如常证明：$R^c_{s_1}$和$R^c_{r_1}$是互逆关系，并且$R^c_{s_2}$和$R^c_{r_2}$也是互逆关系。证毕。

给定$\Sigma\in W^c$，并令M^Σ是由Σ和$(R^c_{r_1})^{-1};R^c_{r_2}$生成的$M^c$的子模型。根据生成子模型引理，可得：

引理5.5：

（1）对于任一$\Sigma\in W^c$，$M^\Sigma\vDash \mathrm{RSPDL}^0$；

（2）如果$\nvdash_{\mathrm{RSPDL}^0}\varphi$，那么存在一个使得$M^\Sigma,\Sigma\nvDash\varphi$的$\Sigma\in W^c$；

（3）关系$(R^\Sigma_{r_1})^{-1};R^\Sigma_{r_2}$是全（total）关系。

现在可以证明，对于给定的$\Sigma\in W^c$，模型M^Σ有足够良好性质成为这里需要的反模型。事实上，通过应用与Frias（2002）中的类似推理，可以证明M^Σ确实是RSPDL^0的一个模型，也即，M^Σ是一个结构集合。具体地说，因为R_{s_1}，R_{r_1}，R_{s_2}和R_{r_2}是RSPDL^0的程序，并且因为它们满足本章引理5.4和引理5.5，因此R_{s_1}，R_{r_1}，R_{s_2}和R_{r_2}是具有相同论域、覆盖$M^\Sigma\times M^\Sigma$并且能够确保有序对的唯一性的函数关系。对于$R_{s_1}=\{(w,w\star v):w,v\in W^\Sigma\}$，$R_{s_2}=\{(v,w\star v):w,v\in W^\Sigma\}$，$R_{r_1}=\{(w\star v,w):w,v\in W^\Sigma\}$，以及$R_{r_2}=\{(w\star v,v):w,v\in W^\Sigma\}$而言，这些

条件足够用来定义单射函数 $\star: W^{\Sigma}\times W^{\Sigma}\to W^{\Sigma}$ 如下：

对于所有的 $w, v, u\in W^{\Sigma}$ 而言，可把 $f\subseteq (W^{\Sigma}\times W^{\Sigma})\times W^{\Sigma}$ 定义为：$((w,v),u)\in f$，当且仅当，$(u,w)\in R_{r_1}$ 并且 $(u,v)\in R_{r_2}$，这样就可以得到 f 是一个单射函数关系。对于任意有序对 $(w,v)\in W^{\Sigma}\times W^{\Sigma}$，所有这些事实允许通过 $w\star v=f(w,v)$ 来定义 $\star: W^{\Sigma}\times W^{\Sigma}\to W^{\Sigma}$。根据这一定义，显然能够得出：对于任意 $(w,v)\in W^{\Sigma}\times W^{\Sigma}$ 以及 $u\in W^{\Sigma}$，$w\star v=u$，当且仅当，$(u,w)\in R_{r_1}$ 并且 $(u,v)\in R_{r_2}$；并且可得 $R_{s_1}=\{(w, w\star v): w, v\in W^{\Sigma}\}$，$R_{s_2}=\{(v, w\star v): w, v\in W^{\Sigma}\}$，$R_{r_1}=\{(w\star v, w): w, v\in W^{\Sigma}\}$，以及 $R_{r_2}=\{(w\star v, v): w, v\in W^{\Sigma}\}$。

为了得到该证明，仅需注意到 f 是函数关系并且是单射关系即可，并且 Domf=$W^{\Sigma}\times W^{\Sigma}$。这就是需要证明的：$M^{\Sigma}$ 是一个真(proper)模型。证毕。

17.6　结论与未来的工作

本章首先研究了带有存储、恢复和并行合成的命题动态逻辑语言 PRSPDL，该语言是对正则命题动态逻辑 PDL 语言的一个扩展，PRSPDL 带有一个并行算子、两个存储数据的算子和两个恢复数据的算子。更为具体地讲，本章举例说明了 PRSPDL 的表达力，并给出了没有并行合成算子、迭代算子和测试算子的受限片段 RSPDL^0，对其进行了公理化，然后证明了该片段的完全性。

PRSPDL 的语义使用可能状态的结构集合(而不是状态集合)的概念，对克里普克语义学进行了推广。正如本章某些具体实例所展示的那样，结构集合允许以一种非常自然的方式表示结构数据。

未来的研究工作存在许多的可能性，此处只列举出最突出的几个方向。首先，确定受限片段 RSPDL^0 的可判定性和复杂性问题；其次，给出带有并行合成算子、迭代算子和测试算子的 PRSPDL 的公理化，并且给出 PRSPDL 的完全性证明，然后研究 PRSPDL 的可判定性问题和复杂性问题；最后，将 PRSPDL 语言应用于带有可变数据结构和更新的程序的性质说明。

第18章 从交流更新逻辑到命题动态逻辑的程序转换器

本章通过给出程序转换器(program transformers)的定义,从而得到了交流更新逻辑(logic of communication and change, LCC)的归约公理。其基本思路是:使用 Brzozowski 等量法(equational method)的一个精巧的矩阵处理,代替了从有穷自动机到正则表达式的 Kleene 翻译。虽然已经证明这一 Brzozowski 等量法与这一 Kleene 翻译是等价的,但是利用 Brzozowski 等量法可以为具有平均连通性(connectivity)的模型生成更小的表达式。本章主要阐释了 Pardo 等(2018)的研究成果。

18.1 引 言

Ditmarsch 等(2014)和 Benthem(2011)中的动态认知逻辑(DEL)的主要目标是:研究不同的单智能体(single-agent)和多智能体(multi-agent)的认知态度,以及"由于不同认知行动"而更新的方式。动态认知逻辑包含的逻辑框架通常由两部分组成:静态部分和动态部分。静态部分使用某个认知模型表示所研究的诸如知识或信念这类概念;动态部分则使用模型运算去表示能够影响这些概念的行动(如:宣告或信念修正)[①]。

交流更新逻辑 LCC 是一种极有价值的动态认知逻辑。LCC 由命题动态逻辑(PDL)组成,从认知的角度解释 PDL 就构成了 LCC 的静态部分,表示行动知识的行动模型机制构成了 LCC 的动态部分。利用 LCC 的框架既能够为不同认知行动(如:公开宣告、私下宣告或秘密宣告)建模,还能为事实更新建模。

①这种表征动态的形式方法与其他方法是不同的,例如与 Fagin 等(1995)以及 Parikh 和 Ramanujam(2003)中的认知时态逻辑(Epistemic Temporal Logic,简称 ETL)表征动态的方法是不一样的。静态模型不仅可以描述相关概念,而且还可以描述"由于所选认知行动而引起的"更新的所有可能方式。动态认知逻辑和认知时态逻辑的比较可参见 Benthem et al.(2009)的"Merging Framework for interaction(交互的合并框架)"一文。

信息更新逻辑LCC的主要优势在于：它能够通过归约公理(reduction axioms)，刻画一个行动模型的执行效果。归约公理的意思是：通过有效公式就可以将具有行动模型(更新)模态词的公式，重写为不具有这些模态词的等值公式，从而将LCC化归为命题动态逻辑PDL，并为更广泛的信息事件提供一个组合性的分析。例如，根据合取归约公理可知：$\varphi\wedge\psi$在执行指定行动(pointed action)模型(U,e_i)之后，$[U,e_i](\varphi\wedge\psi)$是真的，当且仅当，在执行行动模型$[U,e_i]\varphi\wedge[U,e_i]\psi$后，$\varphi$和$\psi$都是真的。另一个例子就是：原子公式$p$的归约公理，能够有效地将一个LCC公式$[U,e_i]p$化归为：一个"关于行动$e_i$及其作用于$p$的条件"的公式(参见表1)。

起关键性作用的归约公理是一个"可以表征行动模型对认知模态词π(即PDL程序)的影响"的公理：$[U,e_i][\pi]\varphi\leftrightarrow\bigwedge_{j=0}^{n-1}[T_{ij}^{U}(\pi)][U,e_j]\varphi$。

该公理可以通过如下方式来表征行动模型U所带来的认知更新：即在指定行动模型(U,e_i)被执行后，在结果认知模型中的每个π-路径都会导向一个φ-可能世界$[U,e_i][\pi]\varphi$，当且仅当，对行动模型U中的任一行动e_j而言，每个在初始认知模型中的$T_{ij}^{U}(\pi)$-路径，都将终止于"执行行动模型(U,e_j)后，φ将得到满足"的一个可能世界。该公理建基于行动模型与有穷自动机(Ditmarsch et al., 2007)之间的对应；其主要部分就是所谓的程序转换函数T_{ij}^{U}，该函数遵守"从有穷自动机到正则表达式的Kleene翻译"规则(Kleene，1956)。

为了得到一个能够表示给定的有穷自动机所接受的语言的表达式，本章用Brzozowski等量法代替矩阵处理，从而给出程序转换器的另一种定义。

本章结构如下：18.2节阐释了"带有归约公理和程序转换器定义的"交流更新逻辑LCC框架；18.3节解释了如何根据Brzozowski等量法，给出Kleene闭包的对应表达式；18.4节给出了"从LCC到PDL的另一种翻译定义"的建议；18.5节研究了这种翻译的计算复杂度，并使用具有不同测试实例的Prolog语言，对Brzozowski等量法和矩阵处理的计算复杂性进行比较。18.6节对全文进行了总结，并对进一步研究做出讨论。

18.2 交流更新逻辑

本节给出了交流更新逻辑LCC的语义结构、语言、语义解释及其公理系统。在本章中，Var表示一个原子命题集，Ag表示一个有穷的智能体集。

18.2.1 交流更新逻辑的语言和语义

现在通过引入相关结构给出LCC的定义。首先解释LCC公式的结构。

定义1(认知模型)：一个认知模型M是一个三元组：$(W, <R_a>_{a\in Ag}, V)$。其中$W\neq\varnothing$是一个可能世界的集合，对每个$a\in Ag$的智能体而言，$R_a\subseteq(W\times W)$是一个认知关系；$V: Var\to\wp(W)$是一个原子赋值。

需要注意的是：认识关系R_a不需要满足任何特殊性质。通常情况下，每个可能世界都能被解释为“由原子赋值定义的”事件的一个可能状态。每个关系R_a表示智能体a不确定如下情景(situation)：对智能体a而言，在可能世界w中，所有可能世界u使得wR_au是可能认知的，即所有可能世界u可能被智能体a看到。

下面的结构表示了交流更新逻辑LCC中有关行动的知识。

定义2(行动模型)：令L是一个建立在原子命题集Var和有穷智能体集Ag上的语言，Var和Ag可在认知模型上加以解释。L的行动模型U是如下四元组：

在如图18.1所示的认知模型中，灰色部分表示一个现实世界p，白色部分表示一个可能世界$\neg p$。箭头表明可及关系(accessibility relation)R_a，R_b和R_c，因此只有智能体a知道现实世界p，而无论p是什么，b和c都与p无关。其中$E=\{e_0,\cdots,e_{n-1}\}$是一个有穷非空的行动集，对每个$a\in Ag$而言，$R_a\subseteq(E\times E)$是一个关系，E→L是一个前置条件映射(precondition map)，它把一个公式$\mathrm{pre}(e)\in L$指派给每个行动$e\in E$。$(E\times \mathrm{Var})\to L$是一个后置条件映射（postcondition map），它把一个公式sub（e,p）∈L指派给在每个行动e∈E中每个原子命题p∈Var。后置条件映射只能更新原子命题的有穷数量，因此sub（e,p）≠p只对有穷多个p∈Var成立[①]。需要注意的是：在该定义中，语言L仅仅只是一个决定因素。

$$(E, \langle R_a \rangle_{a \in Ag}, \text{pre}, \text{sub})$$

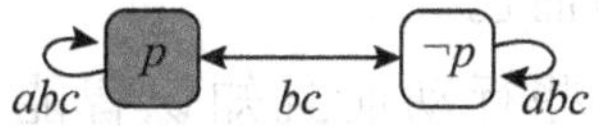

图18.1　认知模型M

正如每个关系R_a都描述了智能体a关于情境的不确定性，每个关系R_a表达了智能体a关于执行行动的不确定性：eR_af表示智能体a不能把e与f区分开来。需要注意的是：关系R_a不必满足任何特殊性质。

例1：宣告（Announcements）

图18.2解释了在三个智能体Ag={a,b,c}形成的集合中宣告的三个行动模型。其中的每个行动（比如f）是一个纯粹的认知行动（即事实保持行动），因此对任意p∈Var而言，都有sub（f,p）=p。加标箭头表示可及关系R_a，R_b或R_c；灰色圆圈表示正在被实际执行的行动，而其他（被一些智能体错误地认为可能发生的）行动用白色圆圈表示。前置条件（precondition）写在对应行动的下面。

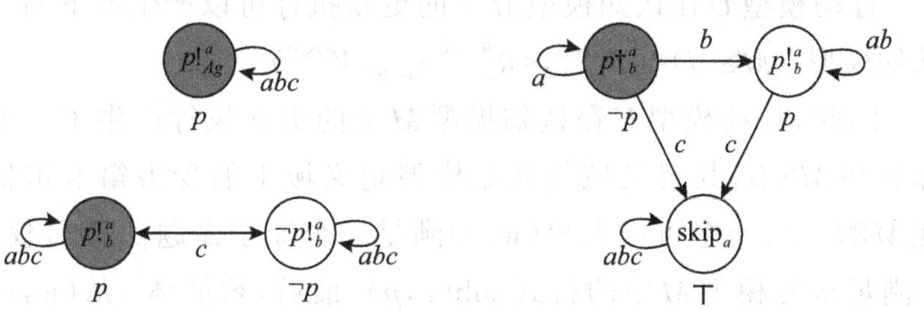

图18.2　公开宣告模型

在图18.2中：左上方的灰色圆圈表示智能体a真实公开宣告

①这些"有穷性"要求是指：定义域是有穷的，而且受到后置条件函数影响的原子命题是有穷的。有了这一要求才可以使得指定行动模型（U,e）与语法对象联系起来，从而可以用于公式。这里的指定行动模型（U,e）是由一个行动模型L与L中可以区别的行动组成的序对。关于行动模型的详情可参见Ditmarsch et al.（2007）的专著*Dynamic Epistemic Logic*（《动态认知逻辑》）。

(public announcement)p，记为$p!^{a}_{Ag}$，左下方的灰色圆圈表示智能体a向智能体b私下(private)宣告p，记为$p!^{a}_{b}$；在这里智能体c只知道信息p的主题。右边灰色圆圈表示p是智能体a和智能体b之间的秘密，记为$p\dagger^{a}_{b}$，而且智能体b认为p是真实的，即，其效果与"智能体a向智能体b私下宣告p"几乎一样，只是智能体c不知道a和b之间的秘密p而已。

行动模型表示这些行动而且知识智能体了解这些行动。行动模型可以用如下方式修正认知模型。

定义3:更新执行(update execution)

令$M=(W,\langle R_a\rangle_{a\in Ag},V)$是一个认知模型，$U=(E,\langle R_a\rangle_{a\in Ag},\text{pre},\text{sub})$是一个语言L上的行动模型，而且这两个模型都是在$Var$和$Ag$上的模型。

由于L是"建立在Var和Ag之上且在认知模型中进行解释"的任意语言，因此，可以假设存在如下函数$[\![\cdot]\!]^M$，该函数能够返回"L中的每个公式都成立"的认知模型M中的可能世界。对于任一$a\in Ag$和$p\in Var$而言，根据：

$W^{M\otimes U}:=\{(w,e)\in W\times E|w\in[\![\text{pre}(e)]\!]^M\}$

$R_a^{M\otimes U}:=\{<(w,e),(v,f)>\in W^{M\otimes U}\times W^{M\otimes U}|wR_av\text{且}eR_af\}$

$V^{M\otimes U}(p):=\{(w,e)\in W^{M\otimes U}|w\in[\![\text{sub}(e,p)]\!]^M\}$

行动模型U在认知模型M上的更新执行可以产生如下的一个认知模型：$(M\otimes U)=(W^{M\otimes U},<R_a^{M\otimes U}>_{a\in Ag},V^{M\otimes U})$

因此，行动模型U在认知模型M上的更新执行产生了一个认知模型$M\otimes U$，其定义域是初始模型定义域上的受限笛卡尔积[①]。在$M\otimes U$中，一个可能世界(w,e)满足一个原子命题p，当且仅当，w满足认知模型M中的公式$\text{sub}(e,p)$；最后，智能体a从(w,e)可能看到一个可能世界(u,f)，当且仅当，智能体a从认知模型M中的w可以看到u，而且从行动模型U中的e可以看到f。在这一过程中，如果选择"认知关系满足特定性质"的一类特殊认知模型，那么所选的行动模型应该使得更新执行保持这些性质。在某些

①对U中的某个行动e而言，如果在认知模型M中不存在满足$\text{pre}(e)$的可能世界，那么所得的结构就不是一个认知模型，因为它的定义域是空集。

情况下，这点不证自明。例如当行动模型中的认知关系分别是自返关系、传递关系和对称关系时，经过更新执行后，仍然可以保持自返性、传递性和对称性。但情况并非总是如此：例如，即使涉及的行动模型中的认知关系是连续的，连续性不会得到保持。

图18.3说明了在一个认知模型中的不同更新执行。在图18.3中：只有智能体a知道原子命题p，左边的行动e表示对$\neg p$的公开更新（pubic change，即可公开观察的更新），后置条件写在行动的顶部。在执行公开更新后，$\neg p$变为公共知识（common knowledge）。右边表示智能体a向b私下宣告p的结果就是得到如下这样的一个新模型：所有智能体都知道"现在b知道p，只有c不知道p"。

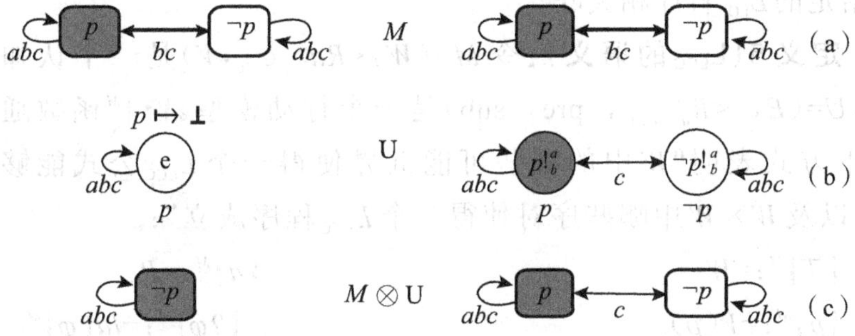

图18.3　对图18.1（也是图18.3（a））中的认识模型M的两个更新的执行解释

至此已经定义了交流更新逻辑的语义结构，现在定义能够描述该逻辑的语言。需要注意的是：语言L_{LCC}的公式和程序的定义都使用了"类似于L_{LCC}行动模型的概念"来定义。即L_{LCC}行动模型使用了"作为该模型的前置条件映射和后置条件映射"的语言L_{LCC}来表示。

定义4（L_{LCC}语言）：L_{LCC}语言的公式φ和程序π分别定义如下：

$\varphi::=\top|p|\neg\varphi|\varphi\wedge\varphi|[\pi]\varphi|[U,e]\varphi$

$\pi::=a|?\varphi|\pi;\pi|\pi\cup\pi|\pi^{*}$

其中，$p\in Var$，$a\in Ag$，而且(U,e)是带有一个L_{LCC}行动模型U和模

型U中的一个行动e的序对①。

定义4表明：交流更新逻辑LCC公式集包括原子命题和⊤，而且LCC公式集在否定、合取、程序模态词$[\pi]$（其中π是一个程序）和$[U,e]$下是封闭的，其中的U是一个L_{LCC}行动模型，e是该模型中的一个行动②。另一方面，LCC程序集包含：对智能体a而言的基本程序、测试$?\varphi$（其中的φ是一个公式），而且LCC程序集在序列合成算子(;)、非确定性选择算子($\cup$)和Kleene闭包算子(*)下是封闭的。

现在定义与L_{LCC}关联的$[\![\cdot]\!]^M$函数。该函数是一个给定的认知模型M中“使得给定的L_{LCC}公式能够成立”的可能世界组成的集合。在交流更新逻辑LCC中，该函数也表示“哪些可能世界的序对与给定的L_{LCC}程序相关联”。

定义5（L_{LCC}的语义）：令$M=(W, \langle Ra\rangle_{a\in Ag}, V)$是一个认知模型，$U=(E, \langle R_a\rangle_{a\in Ag}, \text{pre}, \text{sub})$是一个行动模型。$[\![\cdot]\!]^M$函数通过如下方式表明“$W$中的哪些可能世界使得一个$L_{LCC}$公式能够成立，以及$W\times W$中哪些序对使得一个$L_{LCC}$程序成立”：

$$[\![\top]\!]^M := W \qquad [\![a]\!]^M := R_a$$

$$[\![p]\!]^M := V(p) \qquad [\![?\varphi]\!]^M := Id[\![\varphi]\!]^M$$

$$[\![\neg\varphi]\!]^M := W\setminus[\![\varphi]\!]^M \qquad [\![\pi_1;\pi_2]\!]^M := [\![\pi_1]\!]^M\circ[\![\pi_2]\!]^M$$

$$[\![\varphi_1\wedge\varphi_2]\!]^M := [\![\varphi_1]\!]^M\cap[\![\varphi_2]\!]^M \qquad [\![\pi_1\cup\pi_2]\!]^M := [\![\pi_1]\!]^M\cup[\![\pi_2]\!]^M$$

$$[\![[\pi]\varphi]\!]^M := \{w\in W|\forall v((w,v)\in[\![\pi]\!]^M\Rightarrow v\in[\![\varphi]\!]^M\} \qquad [\![\pi^*]\!]^M := ([\![\pi]\!]^M)^*$$

$$[\![[U,e]\varphi]\!]^M := \{w\in W|w\in[\![\text{pre}(e)]\!]^M\Rightarrow(w,e)\in[\![\varphi]\!]^{M\otimes U}$$

其中$\circ$和$*$分别是合成算子和自返传递闭包算子。Id_U是$U\subseteq W$上的等值关系。需要注意的是：对测试(test)而言，有两个特殊情况：$[\![?\bot]\!]^M=\varnothing$和$[\![?\top]\!]^M=Id_W$。

虽然LCC可以抽象地看作：正则程序的逻辑（即PDL部分）加

①更确切地说，如果通过“始于语言PDL_0=PDL的一个两次归纳(double induction)”来定义L_{LCC}语言，那么就可以将L_{LCC}定义为：在PDL_0的基础上，添加了形如$[U,e]$的模态词而得到的语言，其中U是一个PDL_0行动模型；将PDL_1定义为在L_{LCC}^0的基础上，添加了测试$?\varphi$而得到的语言，其中$\varphi\in L_{LCC}^0$；将L_{LCC}^1定义为：在PDL_1的基础上，添加了形如$[U,e]$的模态词而得到的语言，其中U是一个PDL_1行动模型，以此类推，那么完全L_{LCC}语言是所有L_{LCC}^i语言的并，其中i是有穷的。

②从现在起，假设所有的行动模型都是L_{LCC}行动模型。

上行动模型（形如$[U,e]$的形式），但仍然有必要研究它的认知解释，尤其需要研究命题动态逻辑 PDL 程序的认知解释。基础“智能体”程序 $a \in Ag$ 可以产生形如$[a]\varphi$的公式，在标准认知逻辑中，$[a]\varphi$ 可以简单读作“智能体 a 知道/相信 φ”。更复杂的程序也有相应的认知解读。

π_1 与 π_2 的序列合成是形如$[\pi_1;\pi_2]\varphi$的公式，可读作“π_1 知道/相信 π_2 知道/相信 φ”，因此形如$[\pi_1;\pi_2]\varphi$的公式可以用于表示嵌入的（nested）知识/信念。π_1 和 π_2 关系的并是形如$[\pi_1 \cup \pi_2]\varphi$的公式，可以用于表示普遍（general）知识/信念。π 的自返传递闭包关系是形如$[\pi^*]\varphi$的公式，可读作“π 知道情况 φ 成立、π 知道智能体知道 φ 成立，等等”，因此，形如$[p^*]\varphi$的公式可以用于表示公共知识/信念（或者使用 $\pi^+ := \pi;\pi^*$ 而不是 π^* 表示公共信念）。涉及行动模型的模态词简单表明了行动的效果，形如$[U,e]\varphi$的公式读作：“执行指定行动（U,e）后 φ 成立”。

18.2.2　交流更新逻辑的公理系统

表 18.1 是交流更新逻辑 LCC 的公理系统，该公理系统结合了 PDL 片段中的已知 Harel 等（2000）公理系统（即公理（1）~（9））与 LCC 中的行动模型片段的递归公理（recursion axiom（即公理（10）~（17）））。直观地讲，递归公理是如下这样的有效公式：该公式能够表征“根据一个更新执行之前的情景（situation）来判断该更新执行之后的情景”，并表明：在不使用其他公式的情况下，如何将一个具有行动模型模态词的公式，重写为一个不具有行动模型模态词的可证等价公式。因此根据这些新公理的有效性，可证明 LCC 的公理系统的可靠性，根据基本系统的完全性，可证明 LCC 的公理系统的完全性①。

表 18.1　交流更新逻辑的公理系统

（1）（taut）　命题重言式

（2）（K）　$[\pi](\varphi_1 \to \varphi_2) \to ([\pi]\varphi_1 \to [\pi]\varphi_2)$

①关于该技术的进一步说明，可查阅 H. van Ditmarsch 等（2014）的专著 *Dynamic Epistemic Logic* 的第 7 章或 Y. Wang 和 Q. Cao（2013）的文章“On Axiomatization of Public Announcement Logic”。

(3)(test) $[?\varphi_1]\varphi_2\leftrightarrow(\varphi_1\to\varphi_2)$

(4)(seq) $[\pi_1;\pi_2]\varphi\leftrightarrow[\pi_1][\pi_2]\varphi$

(5)(choice) $[\pi_1\cup\pi_2]\varphi\leftrightarrow[\pi_1]\varphi\wedge[\pi_2]\varphi$

(6)(mix) $[\pi^*]\varphi\leftrightarrow\varphi\wedge[\pi][\pi^*]\varphi$

(7)(ind) $\varphi\wedge[\pi^*](\varphi\to[\pi]\varphi)\to[\pi^*]\varphi$

(8)(MP) 由$\vdash\varphi_1$和$\vdash\varphi_1\to\varphi_2$得到$\vdash\varphi_2$

(9)(N_π) 由$\vdash\varphi$得到$\vdash[\pi]\varphi$

(10)(top) $[U,e]\top\leftrightarrow\top$

(12)(atm) $[U,e]p\leftrightarrow(\mathrm{pre}(e)\to\mathrm{sub}(e,p))$

(13)(neg) $[U,e]\neg\varphi\leftrightarrow(\mathrm{pre}(e)\to\neg[U,e]\varphi)$

(14)(conj) $[U,e](\varphi_1\wedge\varphi_2)\leftrightarrow([U,e]\varphi_1\wedge[U,e]\varphi_2)$

(15)(K_U) $[U,e](\varphi_1\to\varphi_2)\to([U,e]\varphi_1\to[U,e]\varphi_2)$

(16)(prog) $[U,e_i][\pi]\varphi\leftrightarrow\bigwedge_{j=0}^{n-1}[T_{ij}^U(\pi)][U,e_j]\varphi$

(17)(N_U) 由$\vdash\varphi$得到$\vdash[U,e]\varphi$

表18.1中的LCC演算是PDL演算加上归约公理和[U,e]的必然性规则(Benthem et al.,2006)。

在本章的交流更新逻辑中,原子命题的递归公理和布尔常元/算子表示是带有赋值更新的行动模型(Ditmarsch和Kooi,2008):atm公理表示:在带有模型U和行动e的任意更新执行$[U,e]p$之后,原子命题p成立,当且仅当,在更新执行之前,只要$\mathrm{pre}(e)$成立,公式$\mathrm{sub}(e,p)$也成立,即$\mathrm{pre}(e)\to\mathrm{sub}(e,p)$。neg公理表示:$\neg\varphi$等值于前置条件蕴涵$[U,e]\varphi$的否定。conj公理表示更新执行可以对合取进行分配。

最重要的递归公理是prog公理,它表征了一个行动模型对LCC程序的影响。该公理表明:在e_i上执行带有U的行动模型后,在结果模型中的每个π-路径会导向(lead to)一个φ-可能世界,即$[U,e_i][\pi]\varphi$,当且仅当,在该更新执行前,每个$T_{ij}^U(\pi)$-路径都会导向一个满足φ的如下可能世界:在模型U的任意行动e_j上执行带有U的任意更新执行之后,$\bigwedge_{j=0}^{n-1}[T_{ij}^U(\pi)][U,e_j]\varphi$成立。在该公理中,程序转换器$T_{ij}^U$是非常关键的,它把"表示$M\otimes U$上的一条路径"的一个LCC程序$\pi$,返回(returning)到"表示$M$上的一条匹配路径”的一个LCC程序$T_{ij}^{U}(\pi)$。值得注意的是，在行动模型$U$中也能够返回这类路径。程序转换器遵守从有穷自动机到正则表达式的Kleene翻译规则（Kleene，1956），下面将给出程序转换器形式定义。

需要注意的是：Benthem等（2006）中的有效公式K_U并没有罗列在LCC公理系统中。这里提到该公理不仅仅是因为它不能从LCC公理系统的其余公理推导出来，而且还因为它能派生出如下重要规则：

$$\frac{x \leftrightarrow \psi}{[U,e]x \leftrightarrow [U,e]\psi} RE_U$$

嵌入行动模型的模态词由内向外（inside-out）的翻译需要此规则（Benthem和Kooi，2004）。Wang和Cao（2013）的研究表明：有效公式K_U不能从LCC公理系统的其余公理推导出来，该文献还考察了公开宣告$[\varphi!]$的逻辑PAL的公理系统。其完全性证明建基于公开宣告逻辑PAL的一个化归，该完全性证明方法也适用于交流更新逻辑LCC。Wang和Cao（2013）给出了证明公开宣告逻辑PAL的另一种证明方法：在PAL逻辑中可以直接添加RE_U规则，因为有效公式K_U可以从RE_U规则和“在表18.1中删去了有效公式K_U”的初始LCC系统推导出来。使用与Wang和Cao（2013）的推理12的技巧可以证明：表18.1中给出的交流更新逻辑的公理系统，相对于本章18.2.1给出的语义解释而言，是可靠的且（弱）完全的。

定义6（程序转换器（Benthem et al.，2006））：令$U=(E,\langle R_a\rangle_{a\in Ag},\text{pre},\text{sub})$是一个带有$E=\{e_0,\cdots,e_{n-1}\}$的行动模型。LCC程序集上的程序转换器$T_{ij}^{U}(i,j\in\{0,\cdots,n-1\})$定义如下：

$$T_{ij}^{U}(a):=\begin{cases}?\text{pre}(e_i);a & \text{如果}e_iR_ae_j\\ ?\bot & \text{否则}\end{cases}$$

$$T_{ij}^{U}(?\varphi):=\begin{cases}?\text{pre}(e_i)\wedge[U,e_i]\varphi & \text{如果}i\neq j\\ ?\bot & \text{否则}\end{cases}$$

$$T_{ij}^{U}(\pi_1;\pi_2):=\bigcup_{k=0}^{n-1}(T_{ik}^{U}(\pi_1);T_{kj}^{U}(\pi_2))$$

$$T_{ij}^{U}(\pi_1\cup\pi_2):=T_{ij}^{U}(\pi_1)\cup T_{ij}^{U}(\pi_2))$$

$$T_{ij}^{U}(\pi^{*}):=K_{ijn}^{U}(\pi)$$

其中K_{ijn}^{U}可归纳定义如下：

$$K_{ij0}^{U}(\pi):=\begin{cases}?\top\cup T_{ij}^{U}(\pi) & \text{如果}i=j\\ T_{ij}^{U}(\pi) & \text{否则}\end{cases}$$

$$K_{ij(k+1)}^{U}(\pi)=\begin{cases}(K_{kkk}^{U}(\pi))^{*} & \text{如果}i=k=j\\ (K_{kkk}^{U}(\pi))^{*};K_{kjk}^{U}(\pi) & \text{如果}i=k\neq j\\ K_{ikk}^{U}(\pi);(K_{kkk}^{U}(\pi))^{*} & \text{如果}i\neq k=j\\ K_{ijk}^{U}(\pi)\cup(K_{ikk}^{U}(\pi);(K_{kkk}^{U}(\pi))^{*};K_{kjk}^{U}(\pi)) & \text{如果}i\neq k\neq j\end{cases}$$

例2：在图18.3左边的行动模型中，$\neg p$的公开更新（public change）公理可以将认知结果$[U,e][a]\neg p$化归为该公开更新执行前的一个必然为真的断定$[?\mathrm{pre}(e);a][U,e]\neg p$。类似地，在图18.4右边的私下谎言宣告的行动模型中，列举了$p\dagger_b^a=e_0$和$p!_b^a=e_1$以及$\mathrm{skip}_a=e_2$这样的行动。因此，谎言宣告$p\dagger_b^a$的公理将被相信谎言$[U,p\dagger_b^a][b]p$转变为：该谎言（更新）执行前的一个永真断定（参见图18.2右列）。

$[U,e][\alpha]\neg p$	$[U,p\dagger_b^a][b]p$
$\equiv[?\mathrm{pre}(e);a][U,e]\neg p$	$\equiv[T_{01}^{U}(b)][U,p!_b^a]p$
$\equiv[?p;a](\mathrm{pre}(e)\to\neg[U,e]p)$	$\equiv[?\mathrm{pre}(p\dagger_b^a);b][U,p!_b^a]p$
$\equiv p\to[a](p\to\neg(\mathrm{pre}(e)\to\mathrm{sub}(e,p)))$	$\equiv[?\neg p;b](\mathrm{pre}(p!_b^a)\to\mathrm{sub}(p!_b^a,p))$
$\equiv p\to[a](p\to\neg(p\to\neg(p\to\bot))$	$\equiv\neg p\to[b](p\to p)$
$\equiv p\to[a](p\to(p\wedge\top))$	$\equiv\neg p\to[b]\top$
$\equiv p\to[a]\top\ \equiv\ \top$	$\equiv\top$

18.3 经由Brzozowski等式的程序转换

本章给出了程序转换器的另一种定义，记为$\mu^U(\pi)[i,j]$，该定义与$T_{ij}^U(\pi)$的主要区别在于：对Kleene闭包算子的处理。在本章18.4节给出程序转换器的另一种形式定义之前，先从非形式的角度讨论该定义的方法。在图18.4的行动模型中，用标签$\pi|\mu^U(\pi)[i,j]$标记"带有程序π的"从e_i到e_j的每条边，用$\mu^U(\pi)[i,j]$来标记其转换器。

图18.4给出了如下程序的行动模型及其程序转换器的说明：智能体程序（图18.4(a)）、测试程序（图18.4(b)）、选择程序（图18.4(c)）和合成程序（图18.4(d)）。虚线表示初始标记，实线表示应用了选择程序或者图底部的积（product）程序后得到的新标记。

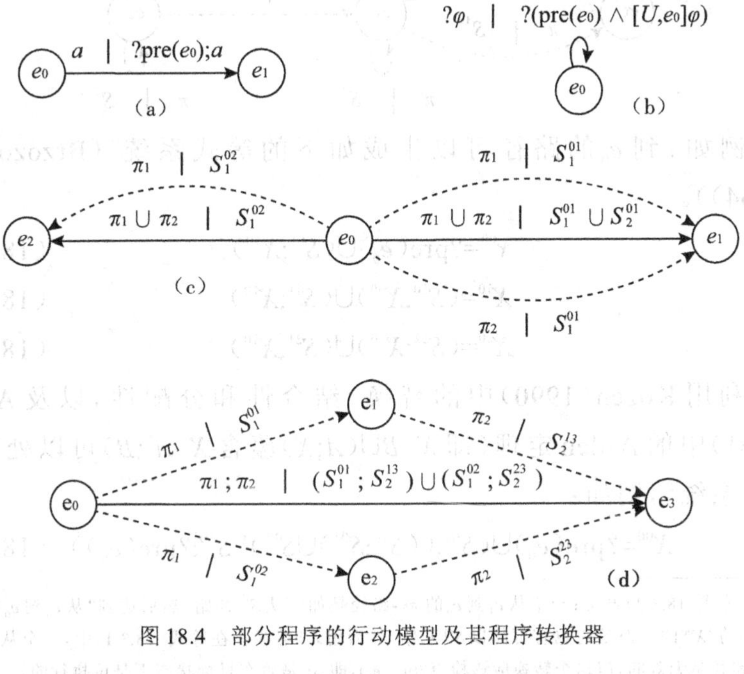

图18.4　部分程序的行动模型及其程序转换器

例如，在如图18.4所示的智能体示意图中，从e_0到e_1的标签"$a|?\text{pre}(e_0);a$"表示"$\mu^U(a)[0,1]=?\text{pre}(e_0);a$"。即，$?\text{pre}(e_0);a$是需要在$(M,w)$中进行测试以确保：在执行$(U,e_0)$后，一条从$(w,e_0)$到某个状态$(w',e_1)$的$a$-路径能在$M\otimes U$中得以保持。如果不存

在从 e_0 到 e_1 的 a-路径，那么 a 的转换器就是?⊥。

图 18.4 中的示意图结构以与本章定义 6 中的结构非常相似，只是图 18.4 通过“把像 $\pi\cup?\bot$ 这样的不足道情况化归为 π”，从而使得问题得到了简化。该转换器的主要新颖之处在于 Kleene 闭包。本章采用的转化方法由 Brzozowski（1964）提出。本章提及的矩阵处理可以参见 Gruber 和 Holzer（2008，2013），矩阵处理方法可以对本章提出的 LCC 语言的改进进行更深入的分析。

18.3.1 Kleene 闭包

下面例子可以用于说明：如何从 π 的转换得到 π^* 的转换。从 e_i 到 e_j 的 π^*-路径用 X^{ij} 表示，从 e_i 到 e_j 的 π-路径记为 S^{ij}。）

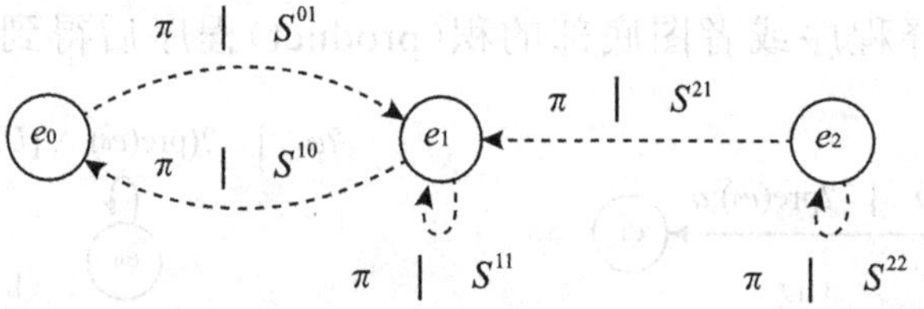

例如：到 e_0 的路径可以生成如下的等式系统①（Brzozowski（1964））。

$$x^{00}=?\mathrm{pre}(e_0)\cup(S^{01};X^{10}) \quad (18.3.1)$$

$$X^{10}=(S^{10};X^{00})\cup(S^{11};X^{10}) \quad (18.3.2)$$

$$X^{20}=(S^{22};X^{20})\cup(S^{21};X^{10}) \quad (18.3.3)$$

利用 Kozen（1990）中的替换、结合性和分配性，以及 Arden（1961）中的 Arden 定理（即 $X=B\cup(A;X)$ 蕴含 $X=A^*;B$）可以处理该等式系统②，例如：

$$X^{00}=?\mathrm{pre}(e_0)\cup(S^{01};((S^{10};S^{01})\cup S^{11})^*;S^{10};?\mathrm{pre}(e_0)) \quad (18.3.4)$$

①等式（18.3.2）表明：一个从 e_1 到 e_0 的 $\pi*$-路径是如何从 S^{10} 开始，然后达到“从 e_0 到 e_0 的一个 $\pi*$ 实例的”X^{00} 的。但是它也有可能以 S^{11} 开始，然后用 X^{10} 继续。在等式（18.3.1）中，一个从 e_0 到 e_0 的 $\pi*$-路径是无效的，但这个转换应该检查?pre(e_0)，即：e_0 是否在目标状态下是可执行的。

②首先解释等式（18.3.2）如何被转换为等式（18.3.5）：

$X10 = (S^{10};\ (?\mathrm{pre}(e_0)\cup(S^{01};\ X^{10})))\cup(S^{11};\ X^{10})$ （用（1）替换 X^{00} 可得）

$= (S^{10};\ ?\mathrm{pre}(e_0))\cup(S^{10};\ S^{01};\ X^{10})\cup(S^{11};\ X^{10})$ （根据分配性）

$= ((S^{10};\ ?\mathrm{pre}(e_0))\cup(((S^{10};\ S^{01})\cup S^{11});\ X^{10})$ （根据结合性）

$= ((S^{10};\ S^{01})\cup S^{11})^*;\ S^{10};\ ?\mathrm{pre}(e_0)$ （根据 Arden 定理）

接下来，使用这个 X^{10} 替换（18.3.1）中的 X^{10}，得到（18.3.4）。最后，替换（18.3.3）中的 X^{10}，并应用 Arden 定理得到等式（18.3.6）。

$$X^{10}=((S^{10};S^{01})\cup S^{11})^{*};S^{10};?\mathrm{pre}(e_0) \quad (18.3.5)$$

$$X^{20}=(S^{22})^{*};S^{21};((S^{10};S^{01})\cup S^{11})^{*};S^{10};?\mathrm{pre}(e_0) \quad (18.3.6)$$

通过类似步骤，可以得到到 e_1 和 e_2 的 π^*-路径的如下形式化标签：

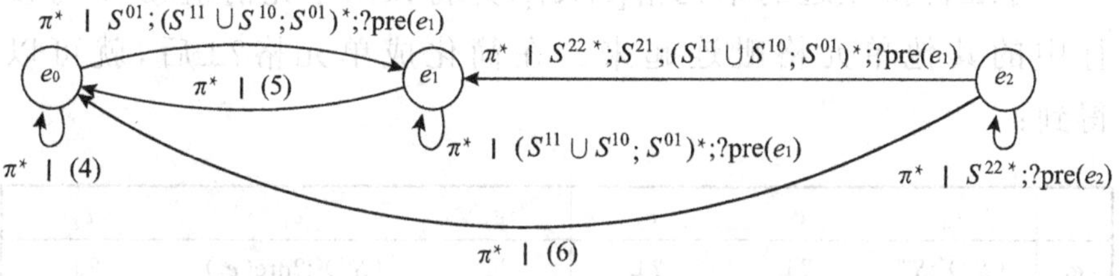

通过使用类似于 Brzozowski(1964)第 3 章的矩阵演算，就可以同步计算所有的 X^{ij}，从而避免在每个目标节点上重复该过程。下一节将给出矩阵演算的形式定义，这里只说明矩阵演算的用法。上述等式(1)~(3)在如下矩阵中表示为：

	e_0	e_1	e_2	e_0	e_1	e_2
e_0	?⊥	S^{01}	?⊥	?pre(e_0)	?⊥	?⊥
e_1	S^{10}	S^{11}	?⊥	?⊥	?pre(e_1)	?⊥
e_2	?⊥	S^{21}	S^{22}	?⊥	?⊥	?pre(e_2)

该矩阵左边部分包含从一个行节点到另一个列节点的 π-路径。对以上 π-图(graph)而言，这是一个可及矩阵。在该矩阵左边部分，与行 e_i 和列 e_j 相对应的单元格，称为 $\mu^U(\pi)[i,j]$；在该矩阵右边部分，与行 e_i 和列 e_j 相对应的单元格称为 $A^U[i,j]$。通过仔细观察可知：如果 $i=j$ 且?⊥，那么 $A^U[i,j]=?\mathrm{pre}(e_i)$，否则，$A^U[i,j]\neq?\mathrm{pre}(e_i)$。检查上面给出的等式 X^{ij}，就会发现 π-图能够通过如下方式给出：

$$X^{ij}=(\mu^U(\pi)[i,0];X^{0j})\cup(\mu^U(\pi)[i,1];X^{1j})\cup(\mu^U(\pi)[i,2];X^{2j})\cup A^U[i,j] \quad (18.3.7)$$

例如，分别等价于(18.3.2)和(18.3.1)的 X^{10} 和 X^{00} 等式可以表示为：

$$X^{10}=(S^{10};X^{00})\cup(S^{11};X^{10})\cup(?\bot;X^{20})\cup(?\bot;X^{20})\cup?\bot \quad (18.3.8)$$

$$X^{00}=(?\bot;X^{00})\cup(S^{01};X^{10})\cup(?\bot;X^{10})\cup(?\bot;X^{20})\cup?\mathrm{pre}(e_0) \quad (18.3.9)$$

使用矩阵的最大优点是：在同一行中，可以同时执行几个运算。将Arden定理应用于前一个矩阵的e_1行，可以得到：

	e_0	e_1	e_2	e_0	e_1	e_2
e_1	$(S^{11})^*;S^{10}$	$?\bot$	$(S^{11})^*;?\bot$	$(S^{11})^*;?\bot$	$(S^{11})^*;?\mathrm{pre}(e_1)$	$(S^{11})^*;?\bot$

用$?\bot$替换左边的单元格$[e_1,e_1]$，并将该图中先前值$(S^{11})^*$与该行中的其他单元格毗连起来。在简化成单元格$?\bot$后，就可以得到：

	e_0	e_1	e_2	e_0	e_1	e_2
e_1	$(S^{11})^*;S^{10}$	$?\bot$	$?\bot$	$?\bot$	$(S^{11})^*;?\mathrm{pre}(e_1)$	$?\bot$

为了检查所应用的Arden定理，使用最后一个矩阵中的(18.3.7)来考察X^{10}：$X^{10}=(S^{11})^*;S^{10};X^{00}$。这是将Arden定理应用于(18.3.8)（或(18.3.2)）的结果。这时，也可同时进行替换，从而得到：

	e_0	e_1	e_2	e_0	e_1	e_2
e_2	$(S^{21};(S^{11})^*;S^{10})\cup?\bot$	$?\bot$	$(S^{21};?\bot)\cup S^{22}$	$(S^{21};?\bot)\cup?\bot$	$(S^{21};(S^{11})^*;?\mathrm{pre}(e_1))\cup?\bot$	$(S^{21};?\bot)\cup?\mathrm{pre}(e_2)$

通过把如下替换应用到初始矩阵中，可以从e_2的前一行得到上面给出的e_2行：首先，用“$?\bot$”替换左边位置的$B=[e_2,e_1]$（在本例中为S^{21}）；第二，左/右每个其他位置$D=[e_2,e_i]$现在包含一个带有形如$(B;C)\cup D$的程序，其中C是“e_1前一行的$[e_1,e_i]$位置中”的程序。在简化成单元格$?\bot$后，可得到：

	e_0	e_1	e_2	e_0	e_1	e_2
e_2	$(S^{21};(S^{11})^*;S^{10})$	$?\bot$	S^{22}	$?\bot$	$(S^{21};(S^{11})^*;?\mathrm{pre}(e_1))$	$?\mathrm{pre}(e_2)$

为了说明已经进行了替换，在替换前，就像在初始矩阵中那样，考察矩阵中X^{21}的值：

$$X^{21}=(S^{21};X^{11})\cup(S^{22};X^{21}) \tag{18.3.10}$$

应用Arden定理后，考察X^{11}的值：

$$X^{11}=((S^{11})^*;S^{10};X^{01})\cup((S^{11})^*;?\mathrm{pre}(e_1)) \tag{18.3.11}$$

使用（18.3.11）替换（18.3.10）中的X^{11}，得到：

$$X^{21}=(S^{21};(((S^{11})^*;S^{10},X^{01})\cup((S^{11})^*;?\mathrm{pre}(e_1))))\cup(S^{22};X^{21})\quad(18.3.12)$$

利用分配性和结合性，（18.3.12）可被改写为：

$$X^{21}=(S^{21};(S^{11})^*;S^{10},X^{01})\cup((S^{22};X^{21})\cup(S^{21};S^{11})^*;?\mathrm{pre}(e_1))\quad(18.3.13)$$

这是前一个矩阵中的X^{21}在替换后得到的等式。

下一节将把矩阵演算的形式定义引入交流更新逻辑LCC的程序转换器中。

18.4　程序转换的矩阵演算

定义7（程序转换矩阵）：令$U=(E,R,\mathrm{pre},\mathrm{sub})$是一个带有$E=\{e_0,\ldots,e_{n-1}\}$的行动模型。函数$\mu^U:\Pi\rightarrow\mathcal{M}_{n\times n}$，其中$\Pi$是LCC程序的集合，$\mathcal{M}_{n\times n}$是$n$-平方矩阵的类，把一个LCC程序$\pi$返回一个$n$-平方矩阵$\mu^U(\pi)$，使得其中每个单元格$\mu^U(\pi)[i,j]$都是一个如下这样的LCC程序：从Benthem等（2006）给出的程序转换器$T_{ij}^U(\pi)$的意义上讲，该LCC程序表示从e_i到e_j的π的转换。$\mu^U(\pi)$的递归定义（recursive definition）如下：

（1）智能体：

$$\mu^U(a)[i,j]:=\begin{cases}?\mathrm{pre}(e_i);a & 如果e_iR_ae_j\\ ?\top & 否则\end{cases}\quad(18.3.14)$$

（2）测试：

$$\mu^U(?\varphi)[i,j]:=\begin{cases}?\mathrm{pre}(e_i)\wedge[U,e_i]\varphi) & 如果i=j\\ ?\top & 否则\end{cases}\quad(18.3.15)$$

（3）不确定性选择：

$$\mu^U(\pi_1\cup\pi_2)[i,j]:=\oplus\{\mu^U(\pi_1)[i,j],\mu^U(\pi_2)[i,j]\}\quad(18.3.16)$$

$\oplus\Gamma$表示：在消去$?\bot$的出现后，对集合Γ中程序的不确定性选择。即：

$$\oplus\Gamma:=\begin{cases}\bigcup(\Gamma\backslash\{?\bot\}) & 如果\varnothing\neq\Gamma\neq\{?\bot\}\\ ?\bot & 否则\end{cases}\quad(18.3.17)$$

$\bigcup$是非空程序集的广义的不确定性选择。

(4)序列合成：

$$\mu^{U}(\pi_1;\pi_2)[i,j]:=\oplus\{\mu^{U}(\pi_1)[i,k]\odot\mu^{U}(\pi_2)[k,j]|0\leqslant k\leqslant n-1\} \quad (18.3.18)$$

其中$\sigma\odot\rho$表示消去?⊥和?⊤的多余出现后，σ和ρ的序列合成。即：

$$\sigma\odot\rho\begin{cases}\sigma;\rho & \text{如果}\sigma\neq ?\bot\neq\rho\text{和}\sigma\neq ?\bot\neq\rho\\ \sigma & \text{如果}\sigma\neq ?\bot=\rho\\ \rho & \text{如果}\sigma=?\bot\\ ?\bot & \text{否则}\end{cases} \quad (18.3.19)$$

(5)Kleene闭包：

$$\mu^{U}(\pi)^{*}:=S_0^{U}(\mu^{U}(\pi)|A^{U}) \quad (18.3.20)$$

其中$\mu^{U}(\pi)|A^{U}$是“把A^{U}添加到的$\mu^{U}(\pi)$得到的”矩阵$n\times 2n$。一个$n\times n$矩阵的定义如下：

$$A^{U}[i,j]:=\begin{cases}?\mathrm{pre}(e_i) & \text{如果}i=j\\ ?\bot & \text{否则}\end{cases} \quad (18.3.21)$$

函数S_k^{U}(其中$0\leqslant k\leqslant n$)定义为：

$$S_k^{U}(M|A):\begin{cases}A & \text{如果}k=n\\ S_{k+1}^{U}(Subs_k(Ard_k(M|A))) & \text{否则}\end{cases} \quad (18.3.22)$$

函数S_k^{U}接收(receive)了一个$M|A$论元，并通过函数$Ard_k:\mathcal{M}_{n\times 2n}\to\mathcal{M}_{n\times 2n}$，将Arden定理应用于第$k$行，从而完成了一个迭代过程；然后通过函数$Subs_k:\mathcal{M}_{n\times 2n}\to\mathcal{M}_{n\times 2n}$，替换了不同于$k$的行，直到$k=n$，然后返回被添加的矩阵的右部分。这两个辅助函数$\mathrm{Ard}_k$和$\mathrm{Subs}_k$可以通过如下方式给出：

$$Ard_k(N)[i,j]:=\begin{cases}N[i,j] & \text{如果}i\neq k\\ ?\bot & \text{如果}i=k=j\\ N[i,j] & \text{如果}i=k\neq j\text{和}N[k,k]=?\bot\\ N[k,k]^{*}\odot N[i,j] & \text{否则}\end{cases} \quad (18.3.23)$$

$$Subs_k(N)[i,j]:=\begin{cases}N[i,j] & \text{如果}i=k\\ ?\bot & \text{如果}i\neq k=j\\ \oplus\{N[i,k]\odot[k,j],N[i,j]\} & \text{否则}\end{cases}\tag{18.3.24}$$

在之前的定义中所使用的算子“⊕”和“⊙”，是在消去了?⊥和?⊤的不必要出现的不确定性选择和序列合成中的版本。因此，返回程序（returning program）（可能）在句法上较短，但在语义上等值于它们在命题动态逻辑PDL中带有算子“∪”和“;”的对应程序。这可以表达为如下命题1。

命题1：令M是一个认知模型，Γ是一个LCC程序集，那么：

$$[\![\oplus\Gamma]\!]^M=[\![\cup\Gamma]\!]^M$$

证明：令M是任意认知模型。等式（18.3.17）表明：$\oplus\Gamma$在Γ中是一个LCC程序的非确定性选择，当Γ与$\varnothing$和$\{?\bot\}$都不相同时，Γ返回$\cup(\Gamma\backslash\{?\bot\})$，否则$\Gamma$返回$?\bot$。在第一种情况中，$[\![\oplus\Gamma]\!]^M=[\![\cup\Gamma]\!]^M$，是因为$[\![\cup\Gamma]\!]^M=[\![\cup(\Gamma\backslash\{?\bot\})]\!]^M$；在第二种情况中，$[\![\oplus\Gamma]\!]^M=[\![\cup\Gamma]\!]^M$，是因为$[\![\cup\varnothing]\!]^M=[\![\cup\{?\bot\}]\!]^M=[\![?\bot]\!]^M=\varnothing$。证毕。

命题2：令M是一个认知模型，且σ和ρ都是LCC程序，那么：

$$[\![\sigma;\rho]\!]^M=[\![\sigma\odot\rho]\!]^M$$

证明：令M是任意认知模型。等式（18.3.19）表示：只有当“要么σ要么ρ是$?\bot$或者$?\top$”时，$\sigma\odot\rho$才不同于$\sigma;\ \rho$。如下例中所示：

$$[\![\sigma;?\bot]\!]^M=[\![?\bot;\sigma]\!]^M=[\![?\bot]\!]^M;\text{因此},[\![\sigma;\rho]\!]^M=[\![\sigma\odot\rho]\!]^M$$

$$[\![\sigma;?\top]\!]^M=[\![?\top;\sigma]\!]^M=[\![\sigma]\!]^M;\text{因此},[\![\sigma;\rho]\!]^M=[\![\sigma\odot\rho]\!]^M$$

本节其余部分致力于证明：函数μ^U可返回如下这样的一个LCC程序：该程序在语义上等值于Benthem等（2006）的程序转换器T^U所返回的那个程序。

引理1：令$U=(E,R,\mathrm{pre},\mathrm{sub})$是一个行动模型，其中，$e_i,e_j\in E$；令$\pi$是一个LCC程序。对任意认知模型$M$而言，

$$[\![T^U_{ij}(\pi)]\!]^M=[\![\mu^U(\pi)[i,j]]\!]^M$$

证明：施归纳于π的复杂性即可得证。令M是一个认知模型。

归纳基础：当程序π是a和$?\varphi$时。很显然，T_{ij}^{U}和$\mu^{U}(\pi)[i,j]$的定义与a和$?\varphi$的定义是相同的。归纳步骤：

(1)当程序π是$p_1 \cup p_2$时，假设引理1对π_1和π_2是成立的(归纳假设)，则：

$$\llbracket T_{ij}^{U}(\pi_1 \cup \pi_2)\rrbracket^{M} = \llbracket T_{ij}^{U}(\pi_1) \cup T_{ij}^{U}(\pi_2)\rrbracket^{M} \quad \text{(定义6)}$$

$$= \llbracket T_{ij}^{U}(\pi_1)\rrbracket^{M} \cup \llbracket T_{ij}^{U}(\pi_2)\rrbracket^{M} \quad (\llbracket\cdot\rrbracket^{M}\text{的定义})$$

$$= \llbracket \mu^{U}(\pi_1)[i,j]\rrbracket^{M} \cup \llbracket \mu^{U}(\pi_2)[i,j]\rrbracket^{M} \quad \text{(归纳假设)}$$

$$= \llbracket \mu^{U}(\pi_1)[i,j] \cup \mu^{U}(\pi_2)[i,j]\rrbracket^{M} \quad (\llbracket\cdot\rrbracket^{M}\text{的定义})$$

$$= \llbracket \oplus\{\mu^{U}(\pi_1)[i,j], \mu^{U}(\pi_2)[i,j]\}\rrbracket^{M} \quad \text{(命题1)}$$

$$= \llbracket \mu^{U}(\pi_1 \cup \pi_2)[i,j]\rrbracket^{M} \quad (\text{在(18.3.16)中}\mu^{U}(\pi_1 \cup \pi_2)\text{的定义})$$

(2)当程序π是$\pi_1;\pi_2$时，假设引理1对π_1和π_2是成立的(归纳假设)，则：

$$\llbracket T_{ij}^{U}(\pi_1;\pi_2)\rrbracket^{M} = \llbracket \bigcup_{k=0}^{n-1} T_{ij}^{U}(\pi_1); T_{ij}^{U}(\pi_2)\rrbracket^{M} \quad \text{(定义6)}$$

$$= \bigcup_{k=0}^{n-1}\left(\llbracket T_{ij}^{U}(\pi_1)\rrbracket^{M} \circ \llbracket T_{ij}^{U}(\pi_2)\rrbracket M\right) \quad (\llbracket\cdot\rrbracket^{M}\text{的定义})$$

$$= \bigcup_{k=0}^{n-1}\left(\llbracket \mu^{U}(\pi_1)[i,k]\rrbracket^{M} \circ \llbracket \mu^{U}(\pi_2)[k,j]\rrbracket^{M}\right) \quad \text{(归纳假设)}$$

$$= \llbracket \bigcup_{k=0}^{n-1}\left(\mu^{U}(\pi_1)[i,k]; \mu^{U}(\pi_2)[i,k]\right)\rrbracket^{M} \quad (\llbracket\cdot\rrbracket^{M}\text{的定义})$$

$$= \llbracket \bigcup_{k=0}^{n-1}\left(\mu^{U}(\pi_1)[i,k] \odot \mu^{U}(\pi_2)[i,k]\right)\rrbracket^{M} \quad \text{(命题2)}$$

$$= \llbracket \oplus\{\mu^{U}(\pi_1)[i,k] \odot \mu^{U}(\pi_2)[k,j] \mid 0 \leqslant k \leqslant n-1\}\rrbracket^{M} \quad \text{(命题1)}$$

$$= \llbracket \mu^{U}(\pi_1;\pi_2)[i,j]\rrbracket^{M} \quad (\text{在(18.3.18)中}\mu^{U}(\pi_1;\pi_2)\text{的定义})$$

(3)当程序π是π^{*}时，假设引理1对π_1和π_2是成立的(归纳假设)，现在考察当$\llbracket \pi^{*}\rrbracket^{M} = \llbracket ?\top \cup (\pi;\pi^{*})\rrbracket^{M}$时的情况：

$$[\![T_{ij}^{U}(\pi^*)]\!]^M = [\![T_{ij}^{U}(?\top \cup (\pi;\pi^*)]\!]^M$$

$$= [\![T_{ij}^{U}(?\top)]\!]^M \cup [\![\bigcup_{k=0}^{n-1} T_{ik}^{U}(\pi); T_{kj}^{U}(\pi^*)]\!]^M \quad \text{（定义 6）}$$

$$= [\![T_{ij}^{U}(?\top)]\!]^M \cup \bigcup_{k=0}^{n-1}\left([\![T_{ik}^{U}(\pi)]\!]^M \circ [\![T_{kj}^{U}(\pi^*)]\!]^M\right) \quad \text{（}[\![\cdot]\!]^M\text{的定义）}$$

$$= [\![T_{ij}^{U}(?\top)]\!]^M \cup \bigcup_{k=0}^{n-1}\left([\![\mu^U(\pi)[i,k]]\!]^M \circ [\![T_{kj}^{U}(\pi^*)]\!]^M\right)$$

（归纳假设）

最后一个等式产生了n^2关系等式。把$[\![T_{ij}^{U}(\pi^*)]\!]^M$简记为$X^{ij}$（其中$0 \leqslant i, j \leqslant n-1$），于是有：

$$X^{ij} = [\![T_{ij}^{U}(?\top)]\!]^M \cup \bigcup_{k=0}^{n-1}([\![\mu^U(\pi)[i,k]]\!]^M \circ X^{kj}) \quad (18.3.25)$$

因此，现在只需要证明$[\![\mu^U(\pi^*)[i,j]]\!]^M$是$X^{ij}$的一个解（solution）。这可以通过关于“由$\mu^U(\pi^*)$构造的函数”的如下三个命题来证明。

命题3：令$\Omega=(\mu^U(\pi)|A^U)$（参见（18.3.20）），那么：

$$X^{ij} = [\![\Omega[i,j+n]]\!]^M \cup \bigcup_{k=0}^{n-1}([\![\Omega[i,k]]\!]^M \circ X^{kj}) \quad (18.3.26)$$

即证明：需要证明（18.3.25）和（18.3.26）右侧是相同的。因为这里的Ω是通过在$\mu^U(\pi)$的第一列的右侧添加额外的一些列构造而成，而且矩阵的编号从0开始，对于$0 \leqslant k \leqslant n-1$而言，$\Omega[i,k]=\mu^U(\pi)[i,k]$，所有（18.3.25）最右侧的部分等价于（18.3.26）最右侧的部分。对于（18.3.25）和（18.3.26）最左边的部分而言，

$$[\![T_{ij}^{U}(?\top)]\!]^M = \begin{cases} [\![?(pre(e_i) \wedge [U,e_i]\top)]\!]^M & \text{如果} i=j \\ [\![?\bot]\!]^M & \text{否则} \end{cases} \quad \text{（定义 6）}$$

$$= \begin{cases} [\![?pre(e_i)]\!]^M & \text{如果} i=j \\ [\![?\bot]\!]^M & \text{否则} \end{cases}$$

（$[U,e_i]\top$显然成立）

$$= [\![A^U[i,j]]\!]^M = [\![\Omega[i,j+n]]\!]^M$$

（18.3.21）与Ω的定义

证毕。

命题4：对于$0 \leqslant k \leqslant n-1$而言，如果$N$是一个尺寸为$n \times 2n$的矩阵，其中，在$0,\cdots,k-1$列中所有单元格都等价于$?\perp$，那么$\mathrm{Subs}_k(\mathrm{Ard}_k(N))$包含了“等价于$?\perp$且在$0,\cdots,k-1$列中”的所有单元格。

证明：从$\mathrm{Ard}_k(N)$开始证明。观察(23)可以发现，只有被修改过的单元格在第k行中。在第k列的单元格$\mathrm{Ard}_k(N)[k,k]$被转化为$?\perp$。相对于从0到$k-1$的单元格而言，如果它们是$?\perp$，那么将仍然是$?\perp$：如果$N[k,k]=?\perp$，那么这些单元格$N[i,j]$不会改变。否则，这些单元格会通过(18.3.23)转化为$N[k,k]^* \odot N[i,j]$；根据(18.3.19)可知：如果$N[i,j]=?\perp$，那么$N[k,k]^* \odot N[i,j]=?\perp$。

现将N'称为$\mathrm{Ard}_k(N)$的输出，通过考察$\mathrm{Subs}_k(N')$的定义(18.3.24)可知：唯一更新的单元格在不同于k的行中。对于任意这样的行i而言，在第k列中的位置都是$?\perp$。对于前几列(其中$j<k$)中的单元格而言，定义中的最后一种情况就是返回$\oplus\{N'[i,k] \odot N'[k,j], N'[i,j]\}$。但由于$N'$是$\mathrm{Ard}_k(N)$的结果，$N'[k,j]$是$?\perp$。因为：如上所述，$\mathrm{Ard}_k(N)$作用于第$k$行并保持了在$k$之前的列中的$?\perp$不变。另外，因为$j<k$的列被$?\perp$填充，所以$N'[i,j]=?\perp$。因此，根据(18.3.17)和(18.3.19)可知：$\oplus\{N'[i,k] \odot N'[k,j], N'[i,j]\}$转变为$\oplus\{N'[i,k] \odot ?\perp, ?\perp\}$，即转变为$?\perp$。证毕。

命题5：给定一个LCC程序的$n \times 2n$矩阵N，那么使用了(18.3.26)构造的带有$\Omega=\mathrm{Subs}_k(\mathrm{Ard}_k(N))$(其中$0 \leqslant k \leqslant n-1$)的等式，是“以相同方式构造的带有$\Omega=N$的等式”的正确转换。

证明：正如命题4证明的那样，$\mathrm{Ard}_k(N)$仅仅作用于第k列。如果$N[k,k]=?\perp$，那么相关单元格不会更新。所以根据(18.3.26)可知：对X^{kj}(其中$0 \leqslant j \leqslant n-1$)而言的等式不会更新。否则$N$的第$k$列会更新：除了$N[k,k]$更新为$?\perp$外，所有带有$j \neq k$的单元格$N[k,j]$更新为$N[k,k]^* \odot N[k,j]$。对于任一$0 \leqslant j \leqslant n-1$而言，通过把编号(index)$t$替换编号$k$，并从这个并(union)中移除$[\![?\perp]\!]^M \circ X^{kj}$，那么$X^{kj}$的等式就将变为：

$$X^{kj}=[\![N[k,k]^* \odot N[k,j+n]]\!]^M \cup \bigcup_{\substack{0 \leqslant t < n-1 \\ t \neq k}} \left([\![N[k,k]^* \odot N[k,t]]\!]^M \circ X^{tj}\right)$$

根据命题2和$[\![\cdot]\!]^M$的定义可知，该等式可改写为：

$$X^{kj}=([\![N[k,k]]\!]^M)^*\circ[\![N[k,j+n]]\!]^M\cup \bigcup^{0\leqslant t<n-1}_{t\neq k}\left(([\![N[k,k]]\!]^M)^*\circ[\![N[k,t]]\!]^M\circ X^{tj}\right) \tag{18.3.27}$$

这是把Arden(1961)中的Arden定理应用到N中原来的行所对应的如下等式的结果：

$$X^{kj}=[\![N[k,j+n]]\!]^M\cup\bigcup_{0\leqslant t\leqslant n-1}\left([\![N[k,t]]\!]^M\circ X^{tj}\right) \tag{18.3.28}$$

Arden定理可以作用于诸如LCC程序的正则代数，它给出了$X=(A\circ X)\cup B$的一个解$X=A^*\circ B$。在(28)中，X是X^{kj}，A是$[\![N[k,k]]\!]^M$，B是在(28)的右侧中"除了$[\![N[k,k]]\!]^M\circ X^{kj}$之外的"所有项的并。另外，根据(28)和(27)所使用的"$\circ$在$\cup$上的"分配和Arden定理可知：$A\circ(B\cup C)=(A\circ B)\cup(A\circ C)$。

现在令N'是$\text{Ard}_k(N)$的输出。观察$\text{Subs}_k(N')$可以发现：根据(26)得到的等式是通过N'构造的等式的正确转换。$\text{Subs}_k(N')$中唯一被修改的单元格在不等于k的行中，因此这种修改只会影响带有$i\neq k$的X^{kj}的等式。用编号t代替编号k并根据(26)可知，如果$\Omega=N'$，那么这些等式是：

$$X^{kj}=[\![N'[i,j+n]]\!]^M\cup\bigcup_{t=0}^{n-1}\left([\![N'[i,t]]\!]^M\circ X^{tj}\right) \tag{18.3.29}$$

对于$\Omega=\text{Subs}_k(N')$而言的相同等式变为如下等式（需要从这个并中移除项$[\![?\perp]\!]^M\circ X^{kj}$，因为这个项等值于$\varnothing$）：

$$X^{kj}=[\![\oplus\{N'[i,k]\odot N'[k,j+n],N[i,j+n]\}]\!]^M\cup \bigcup_{\substack{0\leqslant t\leqslant n-1\\ t\neq k}}\left([\![\oplus\{N'[i,k]\odot N'[k,t],N'[i,t]\}]\!]^M\circ X^{tj}\right) \tag{18.3.30}$$

根据命题1、命题2和$[\![\cdot]\!]^M$的性质可知，等式(30)可以变为：

$$X^{kj}=\left([\![N'[i,k]]\!]^M\circ[\![N'[k,j+n]]\!]^M\right)\cup[\![\{N'[i,j+n]\}]\!]^M\cup \bigcup_{\substack{0\leqslant t\leqslant n-1\\ t\neq k}}\left(\left(\left([\![N'[i,k]]\!]^M\circ[\![N'[k,t]]\!]^M\right)\cup[\![\{N'[i,t]\}]\!]^M\right)\circ X^{tj}\right) \tag{18.3.31}$$

需要注意的是：X^{kj}的等式与“N'和$\mathrm{Subs}_k(N')$时”的等式是一样的，N'的第k行不会由于$\mathrm{Subs}_k(N')$而更新：

$$X^{kj} = [\![N'[k,j+n]]\!]^M \cup \bigcup_{\substack{0\leqslant t\leqslant n-1 \\ t\neq k}} \left([\![N'[k,t]]\!]^M \circ X^{tj}\right) \tag{18.3.32}$$

在(18.3.32)中已经消除了项$[\![N'[k,k]]\!]^M \circ X^{kj}$。因为$N'=\mathrm{Ard}_k(N)$，且根据(18.3.23)可知，$N'[k,k]=?\bot$，由此得到：$[\![N'[k,k]]\!]^M \circ X^{kj}=\varnothing$。

观察可知：在(18.3.32)的右侧部分替换(18.3.29)中的X^{kj}，并把“$\circ$”对$\cup$进行分配，就可以从(18.3.29)中得到(18.3.31)。因此，被修改的等式(18.3.30)等价于原等式(18.3.29)的正确转换。证毕。

现在可以完成引理1中，程序π是π^*时的证明。这里需要利用到(18.3.25)中给出的关系等式集。根据(18.3.20)可知，$\mu^U(\pi^*)$根据S_k^U(其中$0\leqslant k\leqslant n$)的迭代调用(iterating calls)进行运算，其中的S_k^U把$\Omega=(\mu^U(\pi)|A^U)$作为初始论元。令M_{-1}是Ω，并且M_k是$S_k^U(M_{k-1})$的输出。根据命题3可知：(18.3.26)给出的等式等值于(18.3.25)。根据命题5可知，对每个连续的M_k(其中$0\leqslant k\leqslant n-1$)而言，(18.3.23)给出的等式是正确的。因为对$S_k^U(0\leqslant k\leqslant n-1)$的迭代调用可以用$k$(其中$0\leqslant k\leqslant n-1$)的迭代方式完成，根据命题4可知：在$M_{n-1}$中，(从0到$n$-1的)列中所有的单元格都等值于$?\bot$。所以，对$M_{n-1}$而言，等式(18.3.26)是：

$$X^{ij} = [\![M_{n-1}[i,j+n]]\!]^M \tag{18.3.33}$$

在(18.3.26)中最右边的并消失，因为$M[i,k]=?\bot$(其中$0\leqslant k\leqslant n-1$)且$[\![?\bot]\!]^M=\varnothing$。根据$S_k^U$在(18.3.22)中的定义可知，$M_{n-1}[i,j+n]=M_n[i,j]=\mu^U(\pi)^*[i,j]$，因此$X^{ij}=[\![\mu^U(\pi)^*[i,j]]\!]^M$。又因为$X^{ij}$表示$[\![T_{ij}^U(\pi)^*]\!]^M$，所以：

$$[\![T_{ij}^U(\pi)^*]\!]^M = [\![\mu^U(\pi)^*[i,j]]\!]^M$$

证毕。

现在定义新的翻译函数t'和r'如下。需要注意的是：①除了形如$[U,e_i][\pi]\varphi$的公式外，t'、r'被分别定义为Benthem等(2006)中公式φ和程序π的翻译函数t、r[①]；②为了证明该翻译确实是可证等值的(provably eqivalent)，即$\vdash\phi\leftrightarrow t(\phi)$，在研究$t([U,e][U',f]\varphi)=t([U,e]t([U',f]\varphi))$的情况时，所使用的由内向外(inside-out)方法，还需要用到如下规则RE_U(其中，$\chi=[U',f]\varphi$且$\psi=t(\chi)$)：

$$t'(\top)=\top \qquad r'(a)=a$$

$$t'(p)=p \qquad r'(B)=B$$

$$t'(\neg\varphi)=\neg t'(\varphi) \qquad r'(?\varphi)=?t'(\varphi)$$

$$t'(\varphi_1\wedge\varphi_2)=t'(\varphi_1)\wedge t'(\varphi_2) \qquad r'(\pi_1;\pi_2)=r'(\pi_1);r'(\pi_2)$$

$$t'([\pi]\varphi)=[r'(\pi)]t'(\varphi) \qquad r'(\pi_1\cup\pi_2)=r'(\pi_1)\cup r'(\pi_2)$$

$$t'([U,e]\top)=\top \qquad r'(\pi^*)=\left(r'([\pi])\right)^*$$

$$t'([U,e]p)=t'\left(pre(e)\right)\rightarrow t'\left(\mathrm{sub}(e,p)\right)$$

$$t'([U,e]\neg\varphi)=t'\left(\mathrm{pre}(e)\right)\rightarrow t'\left([U,e]\varphi\right)$$

$$t'([U,e]\varphi_1\wedge\varphi_2)=t'([U,e]\varphi)\wedge t'([U,e]\varphi_2)$$

$$t'([U,e_i][\pi]\varphi)=\bigwedge\nolimits_{\mu^U(\pi)[i,j]\neq ?\perp}^{0\leqslant j\leqslant n-1}[r'\left(\mu^U(\pi)[i,j]\right)]([U,e_i]\varphi)$$

$$t'([U,e][U',e']\varphi)=t'([U,e]t'([U',e']\varphi))$$

推论1：翻译函数t'、r'可以将LCC语言化归为PDL语言，而且这种翻译是正确的。

证明：通过仔细观察，就可以直接得到从LCC到PDL的有效化归。该化归的正确性可以由Benthem等(2006)和引理1对$[U,e_i][\pi]\varphi$的证明来得到。证毕。

定义8：使用如下公式替换命题动态逻辑PDL程序的归约公理(reduction axiom)，就可定义一个新的LCC公理系统。

$$[U,e_i][\pi]\varphi\leftrightarrow\bigwedge\nolimits_{\mu^U(\pi)[i,j]\neq ?\perp}^{0\leqslant j\leqslant n-1}[\mu^U(\pi)[i,j]][U,e_i]\varphi) \quad \text{(prog)}$$

推论2：定义8所定义的LCC公理系统是可靠且完全的。

证明：根据引理1可知，这个对命题动态逻辑PDL程序而言的唯一新公理是可靠的。至于完全性，由于PDL的证明系统是完全的，而且根据推论1可知，每个LCC公式都是可证等值于一

①$[U,e]p$和$[U,e_i][\pi]\varphi$的两个小错误，相对于J. van Benthem等(2006)而言，却是正确的；其中第一种情况可以根据$t(\mathrm{pre}(e)\rightarrow \mathrm{sub}(e,p)$得出；第二种情况可以根据$\bigwedge_{j=0}^{n-1}[T_{ij}^U(r(\pi))]t([U,c_j]\varphi)$而得到。

个PDL公式。证毕。

18.5 新转换器的复杂性

由于使用了Kleene的方法，在Benthem等(2006)中的初始程序转换器需要指数时间。同时，根据K_{ijn}^{U}的定义(即定义6)，类型为π^{*}的被转换公式的大小也是指数时间的。

为了研究程序转换器的复杂性，需要在Prolog语言中同时运用初始程序转换器和矩阵演算。图18.5显示了程序转换器在"从1到20"状态下，在完全模型(complete model)和链模型(chain model)中的运行结果。(以对数刻度表示的)图18.5的纵轴表示：在被转换的程序$\mu^{U}(\pi^{*})[n\text{-}1,0]$中的PDL算子的数目，这里的$n$表示对应模型中的状态的数目。

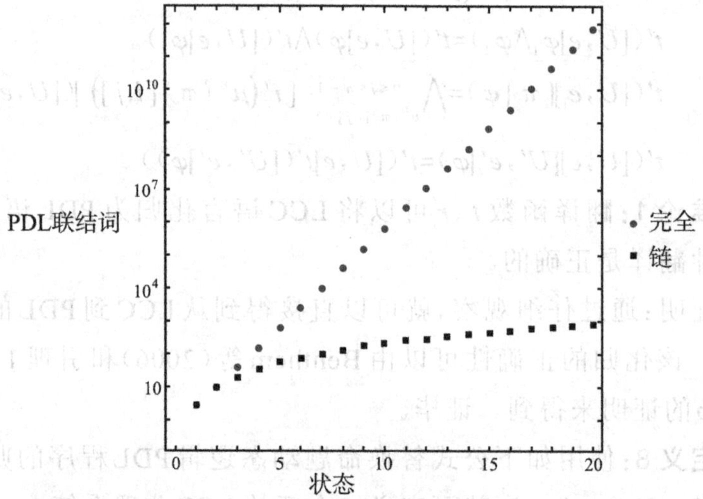

图18.5 PDL联结词在不同行动模型中的$\mu^{U}(\pi^{*})$中的数目

一个模型是完全的(complete)，其意思是：该模型是完全连接的(full connected)，即：每个$\mu^{U}(\pi)[i,j]=s(i,j)$都是一个原子表达式(即在执行过程中不会做进一步分析的表达式)。

为了避免重复并简化模式，假定在$\mu^{U}(\pi)$中的所有值$s(i,j)$都是不同的。在$\mu^{U}(\pi^{*})[n\text{-}1,0]$中的算子数量大约是$2^{2n}$。在最坏的情况下，这一程序转换器产生指数个输出，这意味着所需时间也是指数的。在一个链模型中，每个状态都与其自身、前一个状态

以及下一个状态相连接。因此，当 $i=j$ 或者 $|i-j|=1$ 时，$\mu^U(\pi)[i,j]=s(i,j)$；否则 $\mu^U(\pi)[i,j]=?\bot$。现在，在 $\mu^U(\pi^*)[n-1,0]$ 中的算子数量大约是 $2n^2$，因此在这种情况下，输出长度是多项式的。因此可以选择具有链状结构的模型，因为这样更容易生成具有受限连接性（limited connectivity）且大小增加的模型。对于具有平均连接性的其他类型的类似模型，可以获得类似的结果，这主要是因为在实例 $?\bot$ 时的算子个数是沿着矩阵分散的。

对于完全模型和链模型以及这里考虑的最坏情况而言，图 18.5 不能够表示初始程序转换器的相应结果，因为移除多余的 $?\bot$，对初始程序转换器是无益的。

与始终以相同的指数空间执行的初始转换器相比，本章定义的新的转换器的优点是：①除了最坏的情况以外的其他情况下，它们不需要指数空间；②在程序转换过程中得到信息具有可重用性（reusability）。正如前面指出的那样，矩阵处理可以同时运行几个程序。实际上，矩阵 $\mu^U(\pi)$ 包含"在行动模型 U 中的所有状态下的"程序 π 的转换。因为使用一个给定程序的转换构造矩阵时，会涉及构造其子程序的矩阵以及每个生成矩阵的信息的适当存储，这样一来，在同一行动模型中的相同或后续转换中，这些生成矩阵的信息就可以重复使用。这是减少程序转换所需计算时间的一种实用方法。

18.6　结论与未来工作

本章给出了程序转换器的另一种定义，从而得到了交流更新逻辑 LCC 中的归约公理。为了获得"能被有穷自动机所接受的语言所表示"的正则表达式，本章采用了 Brzozowski 等量法中的矩阵处理方法。Brzozowski 等量法等价于 Benthem 等（2006）中的初始 LCC 中所使用的方法。除了最坏的情况，Brzozowski 等量法在计算上更加有效；此外，这里所使用的矩阵处理方法更系统、简洁高效，而且操作更加简便。

至于未来的工作，可以修改（尤其是 $\odot$ 运算的）程序转换器所使用的一些定义，从而获得更简单的表达式。例如，如果 $\sigma\neq?\top=$

ρ，那么 $\sigma\odot\rho$ 可以定义为 σ；如果 $\sigma=?\top$，那么 $\sigma\odot\rho$ 可以定义为 ρ。此外，通过忽略带有 $j<k$ 或 $j>n+k$ 元素的 $n\times 2n$ 矩阵 $\boldsymbol{N}[i,j]$，可以对 Ard_k 和 Subs_k 函数的算法进行完善，因为这些元素等于 $?\bot$。尽管这些改变不会降低转换器的复杂性等级，但是可以提高转换器的效率。

参考文献

[1]董英东.从人工智能看自然语言的动态逻辑[J].科学经济社会,2018(4):19-24.

[2]杜国平.经典逻辑与非经典逻辑基础[M].北京:高等教育出版社,2006.

[3]耿素云,屈婉玲,张立昂.离散数学(第五版)[M].北京:清华大学出版社,2013.

[4]郝一江,张晓君.动态逻辑:关于程序的模态逻辑[J].哲学动态,2009(11):90-94.

[5]郝一江,刘佶鹏.逻辑教育与我国创新人才培养问题及对策研究[J].贵州工程应用技术学院学报,2018(5):48-52.

[6]唐晓嘉,郭美云.现代认知逻辑理论与应用[M].北京:科学出版社,2010.

[7]王元元.计算机科学中的现代逻辑学[M].北京:科学出版社,2001.

[8]张立昂.可计算性与计算复杂性导引[M].北京:北京大学出版社,1996.

[9]张晓君,郝一江.动态谓词逻辑的动态机制[J].哲学动态,2010(9):83-89。

[10]张晓君.等级BDI逻辑:关于行为表征的柔性逻辑[J].哲学动态,2013(1):102-107.

[11]张晓君,周昌乐.情感等级BDI智能体模型研究[J].模式识别与人工智能,2013(7):615-622.

[12]张晓君,郝一江.基于行动逻辑的智能智能体行为表征研究[J].重庆理工大学学报(社会科学版)》,2013(1):13-18.(此文被人大复印资料《逻辑》2013第2期全文转载)

[13]张晓君.基于BDI(Belief-Desire-Intention)逻辑及其扩展的Agent行为表征研究[D].厦门:厦门大学博士后出站报告,2013.

[14]张晓君,林颖,周昌乐.基于知识情感等级BDI智能体的决策行为模型研究[J].计算机科学,2014(3):232-237.

[15]张晓君,林颖,周昌乐.智能Agent的等级BDI(信念、愿望和意图)模型[J].计算机科学,2016(7):35-40.

[16]张晓君.信念-愿望-意图逻辑及其应用研究[M].北京:中国社会科学出版,2017.

[17]邹崇理.语言、逻辑和信息—逻辑语法研究[M].北京:人民出版社,2002.

[18] Abrahamso K. Decidability and Expressiveness of Logics of Processes[D]. Ph. D. thesis, Univ. of Washington, 1980.

[19]Alberucci L and Jager G. About cut elimination for logics of common knowledge[J]. Annals of Pure and Applied Logic, 2005(133): 1-3, 73-99.

[20]Alechina N, Demri S and Rijke M D. A modal perspective on path constraints[J]. Journal of Logic and Computation, 2003(13): 939-956.

[21] Almeida E S D and Haeusler E H. Proving properties in ordinary Petri Nets using LoRes logical language[J]. Petri Net Newsletter, 1999(57): 23-36.

[22] Apt K R. Ten years of Hoare' s logic: a survey-part I [J]. Trans. Programming Languages and Systems, 1981(3): 431-448.

[23] Arden D N. Delayed-logic and finite-state machines[C]//Symposium on Switching Circuit Theory and Logical Design, IEEE, 1961.

[24]Arnold A. An inital semantics for the m-calculus on trees and Robin's complementation lemma[R]. Technical report, Uni-

versity of Bordeaux, 1997a.

[25]Arnold A. The μ-calculus on trees and Robin's complementation theorem[R]. Technical report, University of Bordeaux, 1997b.

[26]Balbiani P and Tinchev T. Definability and computability for PRSPDL[J]. Advances in Modal Logic, 2014(10): 16-33.

[27] Baltag A, Moss L S and Solecki S. The logic of public announcements and common knowledge and private suspicions[C]//I. Gilboa (ed.), TARK, Morgan Kaufmann, 1998: 43-56.

[28]Baltag A. and Moss L S. Logics for epistemic programs[J]. Synthese, 2004, 139(2): 165-224.

[29]Baltag A. and Smets S. Quantum logic as dynamic logic[J]. Synthese, 2011(179): 285-306.

[30]Barwise J. Admissible Sets and Structures[M]. Berlin: Springer-Verlag, 1975.

[31]Belnap N. Display logic[J]. Journal of Philosophical Logic, 1982(11): 375-417.

[32] Ben-Ari M, Halpern J Y and Pnueli A. Determinstic propositional dynamic logic: finite models, complexity and completeness[J]. J. Comput Syst. Sci., 1982(25): 402-417.

[33] Benevides M R F and Schechter L M. A propositional dynamic logic for CCS programs[C]//Proceedings of the XV Workshop on Logic, Language, Information and Computation, volume 5110 of LNAI, Springer, 2008: 83-97.

[34]Benevides M and Schechter L. A propositional dynamic logic for concurrent programs based on the π - calculus [J]. Electronic Notes in Theoretical Computer Science, 2010 (262): 49-64.

[35] Benevides M, Haeusler E and Lopes B. Propositional

Dynamic Logic for Petri Nets [C]// Annals of the 6th Workshop on Logical and Semantic Frame - works, with Applications, 2011.

[36] Benevides M R F, Freitas R D and Viana P. Propositional Dynamic Logic with Storing, Recovering and Parallel Composition [J]. Electronic Notes in Theoretical Computer Science, 2011(269): 95-107.

[37] Benevides M R F. Bisimilar and logically equivalent programs in PDL [J]. Electronic Notes in Theoretical Computer Science, 2014(305): 5-18.

[38] Benthem J V, Gerbrandy J and Pacuit H E. Merging frameworks for interaction [J]. Journal of Philosophical Logic, 2009, 38(5): 491-526.

[39] Benthem J V. Logical Dynamics of Information and Interaction[M]. Cambridge University Press, 2011.

[40] Benthem J V and Kooi B. Reduction axioms for epistemic actions[C]//Schmidt R, Pratt- Hartmann I, Reynolds M, et al.(eds.), Advances in Modal Logic, 2004: 197-211.

[41] Benthem J V, Van Eijck J and Kooi B. Logics of communication and change, Information and Computation, 2006, 204(11): 1620-1662.

[42] Bergstra J A, Ponse A and Smolka S A. Handbook of process algebra [J]. Computer Physics Communications, 2001, 335(2):197-292.

[43] Berman F. Expressiveness hierarchy for PDL with rich tests [R]. Technical Report 78-11-01, Comput. Sci. Dept., Univ. of Washington, 1978.

[44] Berman F. A completeness technique for D-axiomatizable semantics[C]//11th Symp. Theory of Compu., ACM, 1979: 160-166.

[45] Berman F and Paterson M. Propositional dynamic logic is weaker without tests[J]. Theor. Comput. Sci., 1981 (16): 321-328.

[46] Bernman F. Semantics of looping programs in propositional dynamic logic[J]. Math. Syst. Theory, 1982(15): 285-294.

[47] Blackburn P and Spaan E. A modal perspective on the computational complexity of attribute value grammar [J]. Journal of Logic, Language, and Information, 1993 (2): 129-169.

[48] Blackburn P, Rijke M D and Venema Y. Modal Logic, Theoretical Tracts in Computer Science [M]. Cambridge, UK: Cambridge University Press, 2001.

[49] Brown C and Hutton G. Categories, allegories and circuit design [C]//Proc. Ninth Annual IEEE Symp. on Logic in Computer Science, 1994: 372-381.

[50] Brown C and Jeffrey A. Allegories of circuits [C]//Proc. Logical Foundations of Computer Science, 1994: 56-68.

[51] Brzozowski J A. Derivatives of regular expressions [J]. Journal of the ACM, 1964, 11(4): 481-494.

[52] Burstall R M. Program proving as hand simulation with a little induction[J]. Information Processing, 1974: 308-312.

[53] Chagrov A and Rybakov M. How many variables does one need to prove PSPACE-hardness of modal logics? [J]. Advances in Modal Logic, 2003(4): 71-82.

[54] Chandra A, Kozen D and Stockmeyer L. Alternation[J]. J. Assoc. Comput. Mach, 1981, 28(1): 114-133.

[55] Chellas B F. Modal Logic: An Introduction[M]. Cambridge, UK: Cambridge University Press, 1980.

[56] Clouston R et al. Annotation-free sequent calculi for full intuitionistic lincar logic-extended version [J / OL]. CoRR,

abs/1307.0289, 2013.

[57] Coleman J L, Henderson W and Taylor P G. Product form equilibrium distributions and a convolution algorithm for Stochastic Petri Nets[J]. Performance Evaluation, 1996, 26(3): 159-180.

[58] Conradie W and Palmigiano A. Algorithmic correspondence and canonicity for distributive modal logic[J]. Annals of Pure and Applied Logic, 2012(163): 338-376.

[59] Conradie W, Ghilardi S and Palmigiano A. Unified correspondence[C]//Johan E A K (ed.), van Benthem on Logical and Informational Dynamics, Springer, 2014.

[60] Conradie W, Fomatati Y, Palmigiano A, et al. Algorithmic correspondence for intuitionistic modal μ-calculus[J]. Theoretical Computer Science, 2015(564): 30-62.

[61] Conway J H., Regular Algebra and Finite Machines[M]. London: Chapman and Hall, 1971.

[62] Cook S A. The complexity of theorem proving procedures [C]//Proc. Third Symp. Theory of Computing, New York, Åssoc. Comput. Mach., 1971: 151-158.

[63] Courcoubetis C and Yannakakis M. Verifying temporal properties of finite-state probabilistic programs [C]//Proc. 29th Symp. Foundations of Comput. Sck, IEEE, 1988: 338-345.

[64] Cousot P. Methods and logics for proving programs[C]// Leeuwen J V (ed.), Handbook of Theoretical Computer Science, Volume B, Amsterdam: Elsevier, 1990: 841-993.

[65] Dam M. On the decidability of process equivalences for the pi-calculus[J]. Theoretical Computer Science, 1997, 183 (2): 215-228.

[66] Davey B A and Priestley H A. Lattices and Order[M].

Cambridge, UK: Cambridge Univerity Press, 2002.

[67]Dawson J, Clouston R, Goré R, et al. From display calculi to deep nested sequent calculi: Formalized for full intuitionistic linear logic[C]//Proceedings of IFIP Theoretical Computer Science, vol. 8705 of Lecture Notes in Computer Science, Springer, 2014: 250-264.

[68] Ditmarsch H V, Hoek W V D and Kooi B. Dynamic Epistemic Logic[M]. Netherlands: Springer , 2014.

[69]Ditmarsc H V and Kooi B. Semantic results for ontic and epistemic change[C]//Logic and the Foundations of Game and Decision Theory (LOFT7), Vol. 3 of Texts in Logic and Games, 2008: 87-117.

[70]Cerro F L D and Orlowska E. DAL-a logic for data analysis [J]. Theoretical Computer Science, 1985(36): 251-264.

[71]Demri S and Schnoebelen P. The complexity of propositional linear temporal logics in simple cases[J]. Information and Computation, 2002(174): 84 -103.

[72]Donini F M, Lenzerini M, Nardi D, et al., The complexity of concept languages [J]. Information and Computation, 1997,134(1): 1-58.

[73] Emerson E A and Sistla P A. Deciding full branching-time logic[J]. Infor. And Control, 1984(61): 175-201.

[74]Emerson E A. Automata, tableax, and temporal logics[C]// Proc. Workshop on Logics of Programs, Volume 193 of Lect. Notes in Comput. Sci., Springer-Verlag, 1985: 79-88.

[75]Emerson E A and Jutla C. The complexity of tree automata and logics of programs[C]//Proc. 29th Symp. Foundations of Comput. Sci, IEEE, 1988: 328-337.

[76]Emerson E A and Jutla C. On simultaneously determinizing and complementing ω-automata[C]//Proc. 4th Symp. Logic

in Comput. Sci., IEEE, 1989.

[77] Engeler E. Algorithmic properties of structures[J]. Math. Syst. Theory, 1967(1): 183-195.

[78] Fagin R, Halpern J Y, Moses Y, et al. Reasoning about knowledge[M]. Cambridge: The MIT Press, 1995.

[79] Feldman Y A. A decidable Propositional Probabilistic Dynamic Logic[C]//Proceedings of the fifteenth annual ACM symposium on Theory of computing, STOC'83, ACM, 1983: 298-309.

[80] Feldman Y A and Harel D. A Probabilistic Dynamic Logic [J]. Journal of Computer and System Sciences, 1984, 28 (2): 193-215.

[81] Feldman Y A. A decidable Propositional Dynamic Logic with explicit probabilities[J]. Information and Control, 1984, 63 (1-2): 11-38.

[82] Fischer P C. Turing machines with restricted memory access [J]. Information and Control, 1966, 9(4): 364-379.

[83] Fischer P C, Meyer A R and Rosenberg A L. Counter machines and counter languages[J]. Math. Systems Theory, 1968, 2(3): 265-283.

[84] Fischer M J and Ladner R E. Propositional modal logic of programs[C]//Proc. 9th Symp. Theory of Comput., ACM, 1977: 286-294.

[85] Fischer M Jand Ladner R E. Propositional dynamic logic of regular programs[J]. J. Comput. Syst. Sci., 1979, 18(2): 194-211.

[86] Floyd R W. Assigning meanings to programs[C]//Proc. Symp. Appl. Math., AMS, 1967(19): 19-31.

[87] Fokkink W J. Introduction to process algebra[C]//Texts in Theoretical Computer Science, Heidelberg: Springer, 2000.

[88]Freitas R P D, Viana J P, Benevides M R F, et al. Squares in Fork Arrow Logic[J]. Journal of Philosophical Logic, 2003, 32(4):343-355.

[89]Frias M F. Fork Algebras in Algebra, Logic and Computer Science[J]. Fundamenta Informaticae, 2002, 32(1):1-25.

[90]Frias M F, Veloso P A S and Baum G A. Fork algebras: past, present and future[J]. Journal of Relational Methods in Computer Science, 2004(1): 181-216.

[91] Frittela S, Greco G, Kurz A, et al. Multi-type sequent calculi[C]// Zawidzki M, Indrzejczak A and Kaczmarek J (eds), Trends in Logic XIII, Lodz: Lodz University Press, 2014: 81-93.

[92] Fritetela S, Greco G, Kurz A, et al. A proof-theoretic semantic analysis of dynamic epistemic logic[J]. Journal of Logic and Computation, Special issue on Substructural logic and information dynamics, 2016a, 26(6): 1961-2015.

[93]Fttelela S, Greco G, Kurz A, et al. A multi-type display calculus for dynamic epistemic logic[J]. Journal of Logic and Computation, Special issue on Substructural logic and infor-mation dynamics, 2016b, 26(6): 2017-2065.

[94]Frittella S, Greco G, Kurz A, et al. Multi-type display calculus for Propostional Dynamic Logic [J]. Journal of Logic and Computation, Special issue on Substructural logic and information dynamics, 2016c, 26(6):2067-2104.

[95]Garey M R and Johnson D S. Computers and Intractibility: A Guide to the Theory of NP-Completeness. New York: Freeman and Co., 1979.

[96]Gerbrand J and Groeneveld W. Reasoning about information change[J]. Journal of Logic, Language and Information, 1997(6): 147-169.

[97]Giacomo G D and Lenzerini M. Boosting the correspondence between description logics and propositional dynamic logics [C]//Proceeding of the Twelfth National Conference on Artificial Intelligence（AAI' 94），AAI Press，1994（1）：205-212.

[98]Giacomo G and Massacci F. Combining deduction and model checking into tableaux and algorithms for Converse-PDL[J]. Information and Computation，2000，162(1-2)：117-137.

[99]Glabbleek R J V. The Linear time-branching time spectrum I：The semantics of concrete，sequential processes[C]//Handbook of Process Algebra，Elsevier，2001：3-99.

[100]Goldblatt R. Parallel action：Concurrent dynamic logic with independent modalities[J]. Studia Logica，1992（51）：551-578.

[101]Goldblatt R. Logics of Time and Computation[R]. CSLI Lecture Notes 7，Stanford，1992.

[102]Göller S and Lohrey M. Infinite state model-checking of Propositional Dynamic Logics [C]//Computer Science Logic，volume 4207 of Lecture Notes in Computer Science，Springer，2006：349-364.

[103]Goré R. Substructural logics on display[J]. Logic Journal of IGPL，1998(6)：451-504.

[104]Gries D. The Science of Programming[M]. Springer-Verlag，1981.

[105]Gruber H and Holzer M. Finite automata，digraph connectivity，and regular expression size[C]//Automata，Languages and Programming，Vol. 5126 of Lecture Notes in Computer Science，Springer，2008：39-50.

[106]Gruber H and Holzer M. Provably shorter regular expressions from finite automata[J]. International Journal of

Foundations of Computer Science, 2013, 24(8): 1255-1279.

[107]Halpern J Y and Reif J H. The propositional dynamic logic of deterministic, well-structured programs[C]//Proc. 22nd Symp. Found. Comput. Sci., IEEE, 1981: 322-334.

[108]Halpern J Y and Reif J H. The propositional dynamic logic of deterministic, well-structured programs [J]. Theor. Comput. Sci., 1983(27): 127-165.

[109] Halpern J Y. The effect of bounding the number of primitive propositions and the depth of nesting on the complexity of modal logic[J]. Artificial Intelligence, 1995(75): 361-372.

[110] Harel D and Pratt V R. Nondeterminism in logics of programs[C]//Proc. 5th Symp. Princip. Prog. Lang., 1978: 203-213.

[111] Harel D, Kozen D and Parikh R. Process logic: Expressiveness, decidability, completeness[J]. J. Comput. Syst. Sci., 1982, 25(2): 144-170.

[112]Harel D and Sherman R. Looping vs. repeating in dynamic logic[J]. Infor. and Control, 1982(55): 175-192.

[113] Harel D and Raz D. Deciding properties of nonregular programs[J]. Jour. Comput., 1983(22): 857-874.

[114] Harel D. Pnueli A and Stavi M. Propositional dynamic logics of nonregular programs[J]. J. Comput. Sys. Sci., 1983(25): 222-243.

[115]Harel D, Pnueli A and Stavi J. Propositional dynamic logic of nonregular programs[J]. J. Comput. Syst. Sci., 1983(25): 222-243.

[116]Harel D and Paterson M S. Undecidability of PDL with L = $\{a^{2^i} | i \geqslant 0\}$[J]. J. Comput. Syst. Sci., 1984(29): 359-365.

[117] Harel D and Kozen D. A programming language for the inductive sets, and applications [J]. Information and Control, 1984, 63(1-2): 118-139.

[118] Harel D. Recurring dominoes: Making the highly undecidable highly understandable [J]. Annals of Discrete Mathematics, 1985(24): 51-72.

[119] Harel D and Sherman R. Propositional dynamic logic of owcharts[J]. Infor. and Control, 1985 (64): 119-135.

[120] Harel D and Raz D. Deciding properties of nonregular programs [J]. Journal on Computing, 1993, 22 (4) : 857-874.

[121] Harel D and Raz D. Deciding emptiness for stack automata on infinite trees [J]. Information and Computation, 1994 (113): 278-299.

[122] Harel D and Singerman E. More on nonregular PDL: Finite models and Fibonacci-like programs [J]. Information and Computation, 1996(128): 109-118.

[123] Harel D, Kozen D and Tiuryn J. Dynamic Logic [M]. Cambridge: MIT Press, 2000.

[124] Hartmanis J and Stearns R E. On the complexity of algorithms [J]. Trans. Amer. Math. Soc., 1965 (117) : 285-306.

[125] Hartonas C. Reasoning about types of action and agent capabilities [J]. Logic Journal of the IGPL, 2013 (21) : 703-742.

[126] Hartonas C. On the dynamic logic of agency and action[J]. Studia Logica, 2013(102): 441-478.

[127] Hemaspaandra E. The complexity of poor man's logic[J]. Journal of Logic and Computation, 2001(11): 609-622.

[128] Henderson W, Lucic D and Taylor P G. A net level

performance analysis stochastic petri nets[J]. The Journal of the Australian Mathematical Society, Series B, Applied Mathematics, 2009, 31(2): 1446-1735.

[129] Hennessy M C B and Plotkin G D. Full abstraction for a simple programming language[C]// Proc. Symp. Semantics of Algorithmic Languages, Volume 74 of Lecture Notes in Computer Science, Springer-Verlag, 1979: 108-120.

[130] Hill B and Poggiolesi F. A Contraction-free and cut-free sequent calculus for propositional dynamic logic[J]. Studia Logica, 2010(94): 47-72.

[131] Hitchcock P and Park D. Induction rules and termination proofs[C]//Nivat M. (ed.), Int. Colloq. Automata Lang. Prog., North-Holland, 1972: 225-251.

[132] Hoare C A R. An anxiomatic basis of computer programming [J]. Journal of Communication of the Association for Computing Machinery, 1969(12), 576-580, 583.

[133] Hoare T and O'Hearn P P. Separation logic semantics for communicating processes [J]. Electron. Notes Theor. Comput. Sci., 2008(212): 3-25.

[134] Hopcroft J and Ullman J. Introduction to Automata Theory [C]//Languages, and Computation, Addison-Wesley, 1979.

[135] Hughes G E and Cresswell M J. An Introduction to Modal Logic[M]. London: Methuen and Co. Ltd., 1968.

[136] Jäger G, Kretz M and Studer T. Cut-free common knowledge [J]. Journal of Applied Logic, 2007, 5(4): 681-689.

[137] Karp R M. Reducibility among combinatorial problems[C]// Miller R E and Thatcher J W (eds.), Complexity of Computer Computations, Plenum Press, 1972: 85-103.

[138] Kesten Y and Pnueli A. A complete proof system for QPTL [J]. Journal of Logic and Computation, 2002, 12 (5):

701-745.

[139] Kleene S C. Recursive predicates and quantifers[J]. Trans. Amer. Math. Soc., 1943(53): 41-74.

[140] Kleene S C. Introduction to Metamathematics[M]. New York: D. van Nostrand Co., 1952.

[141] Kleene S C. On the forms of the predicates in the theory of constructive ordinals [J]. Amer. J. Math., 1955 (77) : 405-428.

[142] Kleene S C. Representation of events in nerve nets and finite automata[C]// Shannon C E and McCarthy J (eds.), Automata Studies, Princeton University Press, 1956: 3-41.

[143] Knijnenburg P M W and Leeuwen J V. On models for propositional dynamic logic [J]. Theoretical Computer Science, 1991(91): 181-203.

[144] Kolmogorov A N. Foundations of the Theory of Probability [M]. Chelsea Publishing, 1956.

[145] Koren T and Pnueli A. There exist decidable context-free propositional dynamic logics[C]// Proc. Symp. on Logics of Programs, Volume 164 of Lecture Notes in Computer Science, Springer-Verlag, 1983: 290-312.

[146] Kozen D. On the duality of dynamic algebras and Kripke models[C]//Proc. Workshop on Logic of Programs, Volume 125 of Lecture Notes in Computer Science, New York: Springer -Verlag, 1979: 1-11.

[147] Kozen D. On the representation of dynamic algebras[R]. Technical Report RC7898, IBM Thomas J. Watson Research Center, 1979c.

[148] Kozen D. A representation theorem for models of * - free PDL [C]//Proc. 7th Colloq. Automata, Languages, and Programming, EATCS, 1980b: 351-362.

[149] Kozen D. On the representation of dynamic algebras II[R]. Technical Report RC8290, IBM Thomas J. Watson Research Center, 1980a.

[150] Kozen D. Logics of programs[R]. Lecture notes, Aarhus University, Denmark, 1981.

[151] Kozen D and Parikh R. An elementary proof of the completeness of PDL[J]. Theor. Comput. Sci., 1981a, 14(1): 113-118.

[152] Kozen D. On induction vs. *-continuity[C]//Proc. Workshop on Logic of Programs, Volume 131 of Lecture Notes in Computer Science, New York: Springer-Verlag, 1981b: 167-176.

[153] Kozen D. Results on the propositional m-calculus[C]//Proc. 9th Int. Colloq. Automata, Languages, and Programming, Aarhus, Denmark, EATCS, 1982: 348-359.

[154] Kozen D. A probabilistic PDL[C]//Proc. 15th annual ACM symposium on Theory of computing, STOC '83, ACM, 1983: 291-297.

[155] Kozen D and Parikh R. A decision procedure for the propositional μ-calculus [C]//Proc. Workshop on Logics of Programs, Volume 164 of Lecture Notes in Computer Science, Springer-Verlag, 1983: 313-325.

[156] Kozen D and Parikh R. An elementary proof of the completeness of PDL [J]. Theoretical Computer Science, 1983(14): 113-118.

[157] Kozen D. Results on the propositional μ-calculus[J]. Theor. Comput. Sci., 1983(27): 333-354.

[158] Kozen D. A finite model theorem for the propositional μ-calculus[J]. Studia Logica, 1988, 47 (3): 233-241.

[159] Kozen D. On Kleene algebras and closed semirings[C]// Rovan B. (ed.), MFCS, Vol. 95 Pardo, Sarrión-Morillo,

Soler-Toscano and Velázquez-Quesada 452 of Lecture Notes in Computer Science, Springer, 1990: 26-47.

[160]Kozen D. The Design and Analysis of Algorithms[M]. New York: Springer-Verlag, 1991.

[161]Kozen D. A completeness theorem for Kleene algebras and the algebra of regular events[J]. Infor. and Comput., 1994, 110(2): 366-390.

[162] Kozen D. Automata and Computability [M]. New York: Springer-Verlag, 1997.

[163] Kracht M. Syntactic codes and grammar refinement [J]. Journal of Logic, Language, and Information, 1995(4): 41-60.

[164] Lange M and Lutz C. 2-EXPTIME lower bound for propositional dynamic logic with intersection [J]. The Journal of Symbolic Logic, 2005(70): 1072-1086.

[165]Lange M. Model checking propositional dynamic logic with all extras[J]. Journal of Applied Logic, 2006, 4(1): 39-49.

[166] Leivant D. Propositional Dynamic Logic with Program Quantifiers [J]. Electronic Notes in Theoretical Computer Science, 2008(218): 231-240.

[167] Löding C and Serre O. Propositional dynamic logic with recursive programs[C]// Aceto L and Ingólfsdóttir A(eds.), FOSSACS 2006, LNCS 3921, 2006: 292-306.

[168] Lope B, Benevides M and Haeusler E H. Extending propostional dynamic logic for petri nets [J]. Electronic Notes in Theoretical Computer Science, 2014(305): 67-83.

[169]López-Grao J P, Merseguer J and Campos J. From UML activity diagrams to Stochastic Petri Nets: Application to software performance engineering [J]. SIGSOFT Software Engineering Notes, 2004, 29(1): 25-36.

[170]Lyon D. Using Stochastic Petri Nets for real-time nth-order stochastic composition[J]. Computer Music Journal, 1995, 19(4): 13-22.

[171]Manna Z and Pnueli A. Specification and verification of concurrent programs by ∀ - automata[C]// Proc. 14th Symp. Principles of Programming Languages, ACM, 1987: 1-12.

[172]Marin A, Balsamo S and Harrison P G. Analysis of Stochastic Petri Nets with signals[J]. Performance Evaluation, 2012, 69(11): 551-572.

[173]Marsan M A, Conte G and Balbo G. A class of Generalized Stochastic Petri Nets for the analysis of multiprocessor systems[J]. Transactions On Computer Systems, 1984, 2(2): 93-122.

[174]Marsan M A and Chiola G. On Petri Nets with deterministic and exponentially distributed firing times[C]//Rozenberg G.(ed.), Advances in Petri Nets 1987, volume 266 of Lecture Notes in Computer Science, Springer Berlin Heidelberg, 1987: 132-145.

[175]Marsan M A. Stochastic Petri Nets: An elementary introduction [C]//Rozenberg G(ed.), Advances in Petri Nets 1989, volume 424 of Lecture Notes in Computer Science, Springer Berlin Heidelberg, 1990: 1-29.

[176]Marsan M G A. Modelling with Generalised Stochastic Petri Nets[M]. John Wiley & Sons, Inc., 1995.

[177]Massacci F. Decision procedures for expressive description logics withintersection, composition, converse of roles and role identity [C]//Proceedings of the Seventeenth International Conference on Artificial Intelligence, Morgan Kaufmann, 2001: 193-198.

[178]Mayer A and Stockmeyer L. The complexity of PDL with

interleaving[J]. Theoretical Computer Science，1996：161 (1-2)：109-122.

[179] Mazurkiewicz A.，Trace theory[C]//Petri Nets：Applications and Relationships to Other Models of Concurrency，volume 255 of Lecture Notes in Computer Science，Springer，1987：278-324.

[180] Mazurkiewicz A. Basic notions of trace theory[C]// Linear Time，Branching Time and Partial Order in Logics and Models for Concurrency，volume 354 of Lecture Notes in Computer Science，Springer，1989：285-363.

[181] McCulloch W S and Pitts W. A logical calculus of the ideas immanent in nervous activity[J]. Bull. Math. Biophysics，1943(5)：115-143.

[182] Meyer A R，Streett R S and Mirkowska G. The deducibility problem in propositional dynamic logic[C]//Proc. Workshop Logic of Programs，Volume 125 of Lect. Notes in Comput. Sci.，Springer-Verlag，1981：12-22.

[183] Minsky M L. Recursive unsolvability of Post's problem of 'tag' and other topics in the theory of Turing machines[J]. Ann. Math.，1961，74 (3)：437-455.

[184] Milner R. Communication and Concurrency[M]. Prentice Hall，1989.

[185] Milner R. Communicating and Mobile Systems: the π-Calculus [M]. Cambridge University Press，1999.

[186] Milner R，Parrow J and Walker D. Modal logics for mobile processes[J]. Theoretical Computer Science，1993，114 (1)：149-171.

[187] Moschovakis Y N. Elementary Induction on Abstract Structures [M]. North-Holland，1974.

[188] Moschovakis Y N. Descriptive Set Theory [M]. North-

Holland, 1980.

[189] Muller D E, Saoudi A and Schupp P. Weak alternating automata give a simple explanation of why most temporal and dynamic logics are decidable in exponential time[C]// Proc. 3rd Symp. Logic in Computer Science, IEEE, 1988: 422-427.

[190] Mill T and Mcburney P. Propositional dynamic logic for reasoning about first-class agent interaction protocols[J]. Computational Intelligence, 2011, 27(3): 422-457.

[191] Nagle M C and Thomason S K. The extensions of the modal logic K5[J]. The Journal of Symbolic Logic, 1975 (50): 102-109.

[192] Niwinski D. The propositional μ-calculus is more expressive than the propositional dynamic logic of looping [M]. University of Warsaw, 1984.

[193] Shilov N V. Program schemata vs. automata for decidability of program logics[J]. Theoretical Computer Science, 1997 (175): 15-27.

[194] Nishimura I. On formulas of one variable in intuitionistic propositional calculus[J]. The Journal of Symbolic Logic, 1960(25): 327-331.

[195] Nishimura H. Sequential method in propositional dynamic logic[J]. Acta Informatica, 1979(12): 377-400.

[196] O'Hearn P W, Reynolds J and Yang H. Local reasoning about programs that alter data structures[C]//Lecture Notes in Computer Science, Computer Science Logica, 2001 (2142): 1-19.

[197] Papadimitriou C. Computational Complexity[M]. Addison-Wesley, 1994.

[198] Pardo P, Sarrión-Morillo E, Soler-Toscano F, et al.

Efficient program transformers for translating LCC to PDL [C]//Logics in Artificial Intelligence, Vol. 8761 of LNCS, Springer, 2014: 253-266.

[199]Pardo P, Sarrión-Morillo E, Soler-Toscano F, et al. Tuning the Program Transformers from LCC to PDL[J]. Journal of Applied Logics-IFCoLog Journal of Logics and Their Applications, 2018(5): 71-96.

[200]Park D. Finiteness is μ-ineffable[J]. Theor. Comput. Sci., 1976(3): 173-181.

[201]Parikh R. The completeness of propositional dynamic logic [C]//Proc. 7th Symp. on Math. Found. of Comput. Sci., Volume 64 of Lect, Notes in Comput. Sci., Springer-Verlag, 1978: 403-415.

[202]Parikh R. Propositional dynamic logics of programs: a survey [C]//Proc. Workshop on Logics of Programs, Volume 125 of Lect. Notes in Comput. Sci., Springer-Verlag,1981: 102-144.

[203]Parikh R and Ramanujam R. A knowledge based semantics of messages[J]. Journal of Logic, Language and Information, 2003,12(4): 453-467.

[204]Pecuchet J P. On the complementation of Büchi automata [J]. Theor. Comput. Sci., 1986(47): 95-98.

[205]Peleg D. Concurrent dynamic logic[J].Journal of the ACM, 1987(34): 450-479.

[206]Peleg D. Communication in concurrent dynamic logic[J]. J. Comput. Sys. Sci., 1987a(35): 23-58.

[207]Peleg D. Concurrent dynamic logic[J]. J. Assoc. Comput. Mach., 1987b, 34 (2), 450-479.

[208]Peleg D. Concurrent program schemes and their logics[J]. Theor. Comput. Sci., 1987c(55): 1-45.

[209] Peng W and Iyer S P. A new type of pushdown-tree automata on infinite trees[J]. Int. J. of Found. of Comput. Sci., 1995, 6(2):169-186.

[210] Peterson G L. The power of tests in propositional dynamic logic[R]. Technical Report 47, Comput. Sci. Dept., Univ. of Rochester, 1978.

[211] Platzer A. Differential dynamic logic for hybrid systems[J]. Journal of Autom Reasoning, 2008(41): 143-189.

[212] Poggiolesi F. Sequent Calculi for Modal Logic[D]. Ph.D Thesis, Florence, 2008.

[213] Poggiolesi F. The method of tree-hypersequent for modal propositional logic [C]//Trends in logic: Towards mathematical philosophy, Springer, 2009: 31-51.

[214] Poggiolesi F. Gentzen Calculi for Modal Propositional Logic, Trends in logic[M]. Springer, 2010.

[215] Post E. Formal reductions of the general combinatorial decision problem[J]. Amer. J. Math., 1943(65): 197-215.

[216] Post E. Recursively enumerable sets of positive natural numbers and their decision problems[J]. Bull. Amer. Math. Soc., 1944(50): 284-316.

[217] Pratt V R. Semantical considerations on Floyd -Hoare logic [C]//17th Annual Symposium on Foundations of Computer Science, IEEE, 1976: 109-121.

[218] Pratt V R. A practical decision method for propositional dynamic logic [C]//Proc. 10th Symp. Theory of Comput., ACM, 1978: 326-337.

[219] Pratt V R. Models of program logics[C]//Proc. 20th Symp. Found. Comput. Sci., IEEE, 1979b: 115-122.

[220] Pratt V R. Dynamic algebras: examples, constructions, applications [R]. Technical Report TM-138, MIT / LCS,

1979a.

[221] Pratt V R. Dynamic algebras and the nature of induction [C]//Proc. 12th Symp. Theory of Comput., ACM, 1980a: 22-28.

[222] Pratt V R. A near-optimal method for reasoning about actions[J]. J. Comput. Syst. Sci., 1980b, 20 (2): 231-254.

[223] Pratt V R. A decidable m-calculus [C]//Proceedings of the twenty-second IEEE Symposium on Foundations of Computer Science, Los Angles, Computer Society Press, 1981a: 421-427.

[224] Pratt V R. Using graphs to understand PDL[C]//Proc. Workshop on Logics of Programs, Volume 131 of Lect. Notes in Comput. Sci., Springer-Verlag, 1981b: 387-396.

[225] Pratt V R. Action logic and pure induction[C]//Proceedings JELIA 1990, vol. 478 of Lecture Notes in Computer Science, Springer, 1991: 97-120.

[226] Rabin M O and Scott D S. Finite automata and their decision problems [J]. IBM J. Res. Develop., 1959, 3 (2): 115-125.

[227] Rabin M O. Decidability of second order theories and automata on infinite trees[J]. Trans. Amer. Math. Soc, 1969 (141): 1-35.

[228] Resende P. Lectures on étale groupoids, inverse semigroups and quantales [C]//Lecture Notes for the GAMAP IP Meeting, Antwerp, 2006(115): 4-18.

[229] Reynolds J. Separation Logic: A logic for shared mutable data structures [C]//Proceedings of 7th Annual IEEE Symposiurn on Logic in Computer Science, 2002: 55-74.

[230] Rogers H. Theory of Recursive Functions and Effective Computability[M]. McGraw-Hill, 1967.

[231]Rybakov M and Shkatov D. Complexity and Expressivity of Propostional Dynamic Logics with Finitely Many Variables [J]. Logic Journal of IGPL, 2018, 26(5): 539-547.

[232]Safra S. On the complexity of ω-automata[C]//Proc. 29th Symp. Foundations of Comput. Sci., IEEE, 1988: 319-327.

[233]Scott D S and Bakker J W D. A Theory of Programs[M]. IBM Vienna, 1969.

[234]Segerberg K. A completeness theorem in the modal logic of programs[J]. Not. Amer. Math. Soc., 1977, 24 (6): A-552.

[235]Segerberg K. A completeness theorem in the modal logic of programs[J]. Universal Algebra, 1982(9): 31-46.

[236]Servi G F. Axiomatizations for some intuitionistic modal logics[J]. Rendiconti del Seminario Matematico Università e Politecnico di Torino, 1984(42): 179-194.

[237] Sistla S P, Vardi M Y and Wolper P. The completementation problem for Büchi automata with application to termporal logic [J]. Theoretical Computer Science, 1987(49): 217-237.

[238]Soare R I. Recursively Enumerable Sets and Degrees[M]. New York: Springer-Verlag, 1987.

[239]Streett R S. Propositional dynamic logic of looping and converse[C]//Proc. 13th Symp. Theory of Comput., ACM, 1981: 375-381.

[240]Streett R S. Propositional dynamic logic of looping and converse is elementarily decidable[J]. Infor. and Control, 1982(54): 121-141.

[241]Streett R S. Fixpoints and program looping: reductions from the propositional μ-calculus into propositional dynamic logics of looping [C]//Proc. Workshop on Logics of

Programs, Volume 193 of Lect. Notes in Comput. Sci., Springer-Verlag, 1985b: 359-372.

[242] Streett R S. Propositional dynamic logic of looping and converse is elementarily decidable [J]. Information and Control, 1982(54).

[243] Stirling C. Modal and Temporal Properties of Processes[C]// Texts in Computer Science, Springer, 2001.

[244] Švejdar V. The decision problem of provability logic with only one atom[J]. Archive for Mathematical Logic, 2003 (42): 763-768.

[245] Thomas W. Languages, automata, and logic[R]. Technical Report 9607, Christian-Albrechts -Universit at Kiel, 1997.

[246] Tiomkin M L and Makowsky J A. Propositional Dynamic Logic with local assignment [J]. Theoretical Computer Science, 1985(36): 71-87.

[247] Tiomkin M and Makowsky J A. Decidability of fi nite probabilistic Propositional Dynamic Logics[J]. Information and Computation, 1991, 94(2): 180-203.

[248] Trnkova V and Reiterman J. Dynamic algebras which are not Kripke structures[C]//Proc. 9th Symp. on Math. Found. Comput. Sci., 1980: 528-538.

[249] Troelstra A S and Schwichtenberg H. Basic Proof Theory [M]. Cambridge, UK: Cambridge University Press, 1996.

[250] Turing A M. On computable numbers with an application to the Entscheidungs problem [J]. Proc. London Math. Soc. 1936(42): 230-265.

[251] Valiev M K. Decision complexity of variants of propositional dynamic logic[C]//Proc. 9th Symp. Math. Found. Comput. Sci., Volume 88 of Lect. Notes in Comput. Sci., Springer-Verlag, 1980: 656-664.

[252] Vardi M Y and Stockmeyer L. Improved upper and lower bounds for modal logics of programs: preliminary report [C]//Proc. 17th Symp. Theory of Comput., ACM, 1985: 240- 251.

[253] Vardi M Y. Automatic verification of probabilistic concurrent finite-state programs[C]//Proc. 26th Symp. Found. Comput. Sci., IEEE, 1985a: 327-338.

[254] Vardi M Y. The taming of the converse: reasoning about two - way computations [C]//Proc. Workshop on Logics of Programs, Volume 193 of Lect. Notes in Comput. Sci., Springer-Verlag, 1985b: 413-424.

[255] Vardi M Y and Wolper P. An automata-theoretic approach to automatic program verification [C]//Proc. 1st Symp. Logic in Computer Science, IEEE, 1986b: 332-344.

[256] Vardi M Y and Wolper P. Automata-theoretic techniques for modal logics of programs[J]. J. Comput. Syst. Sci., 1986c (32): 183-221.

[257] Vardi M Y. Verification of concurrent programs: the automata-theoretic framework[C]//Proc. 2nd Symp. Logic in Comput. Sci., IEEE, 1987: 167-176.

[258] Vardi M Y. Reasoning about the past with two-way automata [C]//Proc. 25th Int. Colloq. Automata Lang. Prog., Volume 1443 of Lect. Notes in Comput. Sci., Springer-Verlag, 1998b: 628-641.

[259] Veloso P A S, Freitas R P D, Viana P, et al. On Fork Arrow Logic and Its Expressive Power [J]. Journal of Philosophical Logic, 2007, 36(5):489-509.

[260] Wang Y J and Cao Q X. On axiomatizations of public announcement logic[J]. Synthese, 2013, 190(1): 103-134.

[261] Wansing H. Displaying Modal Logic[M]. Kluwer Academic

Publisher，1998.
[262] Wolte F and Wooldridge M. Temporal and dynamic logic [J]. Journal of Indian Council of Philosophical Research，2011，27(1)：249-276.
[263] Zhang X J，Min J，Changle Z，et al. Graded BDI Models for Agent Architectures Based on Łukasiewicz Logic and Propositional Dynamic Logic[C]// F. L. Wang et al.(eds.)，Web Information System and Mining，Springer，2012，pp.439-450.
[264] Zhang X J. Modeling Emotional Agents Based on Graded BDI Architectures [C]// Network Computing and Information Security，Springer，2012：606-616.
[265] Zhang X J，Li K S and Hao Y J. Two Core Systems of Dynamic Logic[J]. Mind and Computation，2012(2)：95-102.
[266] Zhang X J，Wu B X. Modelling Decision-making Behavior Based on keg-BDI Agents[J]. Studies in Logic，2016(1)：23-36.
[267] Yanov J. On equivalence of operator schemes[J]. Problems of Cybernetic，1959(1)：1-100.

后 记

本书是笔者主持的2019年国家社科基金后期资助项目"面向人工智能的命题动态逻辑及其扩展研究"(批准号:19FZXB102)的最终成果。

国内外学者从不同的维度给出了人工智能的定义。人工智能主要研究智能机器(Agent)能够模仿和执行与人类智能有关的行为,这些智能行为包括:学习、感知、理解、识别、判断、推理、证明、通信、设计、规划、行动和问题求解等活动。人工智能研究内容非常广泛,包括:知识表示方法、确定性推理、非经典推理、计算智能、专家系统、机器学习、自动规划、分布式人工智能、Agent理论与技术、自然语言理解等等,因而与人工智能紧密相关的人工智能逻辑的研究内容也非常广泛。

从广义的角度看,人工智能逻辑包括:缺省逻辑及其变种、模态逻辑、时序逻辑、多值逻辑、模糊逻辑、非单调逻辑、组合逻辑、自认知逻辑、信念-愿望-意图逻辑、动态描述逻辑、动态认知逻辑、动态逻辑及其变种等等。特别说明:以上这些逻辑的分类是非严格意义上的分类,因为有学者可能会反驳说:动态逻辑是模态逻辑的变种,包括信念-愿望-意图逻辑、动态描述逻辑、动态认知逻辑在内,分类时母项与子项不能够并列等。可是笔者可以反驳说:您指的是广义的动态逻辑,还是指狭义的动态逻辑?

动态逻辑(也叫程序逻辑)是能够对程序的输入/输出行为进行推理的多个逻辑系统的总称。动态逻辑的两个核心系统是命题动态逻辑与量化动态逻辑。命题动态逻辑是模态逻辑最为成功的变种之一,在计算机科学和人工智能的众多领域发挥着重要作用。

本书研究的命题动态逻辑是使用程序对命题逻辑的一个扩

张，是动态逻辑的基础系统，它在动态逻辑中的地位类似于经典命题逻辑在经典一阶逻辑中的地位。命题动态逻辑可以表征程序和独立于计算论域的命题之间的相互作用。量化动态逻辑是对命题动态逻辑扩张后的一阶版本，允许一阶量化结构出现，因而也叫一阶动态逻辑。

1974年联合国教科文组织规定的七大基础学科依次为数学、逻辑学、天文学和天体物理学、地球科学和空间科学、物理学、化学、生命科学。由此可见：①逻辑学与数学、物理、化学、生物等理科并列，而不是与文科并列；②作为人文社会科学和自然科学共同的基础学科的逻辑学在人类整个知识结构中占据着基础地位，应该给予高度重视。

纵观本书的参考文献可知：关于命题动态逻辑的研究成果大多来自于数学、计算机科学和人工智能等理工科领域。弗雷格学派认为，“数学是逻辑学的一个分支”；而布尔学派则认为，“逻辑学是数学的一个分支”。不争的事实是：数学与逻辑学“血肉相连”，“生命相依”，二者无法完全剥离。逻辑学（尤其是现代逻辑学）其实是数理科学，而非人文科学。

人类进入信息时代，计算机科学、人工智能、知识工程和系统工程等学科对逻辑学的巨大需求，导致现代逻辑学与这些学科进行了高度的交叉融合。逻辑学（尤其是现代逻辑学）与理工科之间的高度交叉融合性更适合具有理工科基础的学生深入学习，不太适合对符号公式不感兴趣的文科生深入学习。

国外一些国家把逻辑学放在数学学院、信息学院或计算机科学学院。多年来，我国则一直错误地把逻辑学作为哲学的一个二级学科，置于哲学之下，这可能是由于逻辑学的鼻祖亚里士多德是哲学家的缘故。但是现代逻辑学的发展则早已远远超越了传统逻辑的范畴。把逻辑学作为哲学的一个二级学科，极大地限制了逻辑学的发展，也极大地限制了逻辑学与智能科学的交流互动，因此大力呼吁相关部门：请尽早把逻辑学作为一级学科从哲学里独立出来。

纵观本书可知：进行动态逻辑研究需要广博的相关知识和深厚的数学功底。研究者要想在动态逻辑方面具备很深的造诣并取得较大的突破，就必须具备数理逻辑、无穷逻辑、算法逻辑、单值程序逻辑、递归论、形式语言、自动机、可计算性与复杂性、程序检验等方面的知识。截至目前为止，国内关于命题动态逻辑的文献并不多，更没有这方面的专著；虽然笔者具有数学、逻辑和人工智能等方面的学习背景，但是由于智力和学识所限，加之由于教学、科研、家务等事务繁多，即使本人非常努力，也难免挂一漏万。纰漏之处，敬请读者批评雅正。

每天受累于“上有老，下有小，家里还有一只狗宝宝”的生活，常常感叹：活得不如（自家的）狗！甚至憎恨自己：宁愿做个舞动键盘的黄脸婆，也不愿意做个赖床的睡美人。有时甚至想：安得黄金千亿担，大庇天下学士俱欢颜！可倘若世上真有千亿担黄金的女人，恐怕更愿意做个常常“对镜贴花黄”的睡美人了。因为穷所以富，因为富所以穷，上帝原来是如此公平！无怨也！无恨也！

特别说明：本书能够面世得益于国外诸多学者的奇思妙想和辛勤劳动，但是在介绍和阐释相关学者的研究成果时，为了简洁美观、符合逻辑学的行文规范，省略了诸多本应该有的引号；笔者能够给予参考文献的所有作者的最大尊敬就是给出其详细注释，并在此致以最诚挚的敬意和谢意。本书初稿给出了所有参考文献的详细脚注，但由于本书公式太多，脚注会极大地影响公式的编辑和排版，故删除了绝大部分脚注，敬请相关文献的作者们谅解。

本书是张晓君带领四川师范大学逻辑与信息研究所的研究生们一起完成的。张晓君在研究生们完成的初稿的基础上，一字一句地修改、完善，因此所有文责由张晓君一人承担。周正对全书的公式和符号进行了补充、修改、统一等诸多辛苦细致的工作。刘霞、郑航宇、周正、黄梦瑶和彭廷强参与了全书的核对检查、参考文献的录入和排序等诸多具体工作（黄梦瑶现为南京大学博士研究生）。武警警官学院讲师付豪也参与了本书初稿的写作。中国社会科学院郝一江副研究员对全书进行了审订。本书部分内容来源于张晓君参与指导的郑航宇的硕士学位论文。

具体章节初稿完成者如下：

黄梦瑶：第2章、第4章和第18章（大约6万字）；

刘霞：第3章、第14章、第17章（大约5万字）；

彭廷强：第5章、第13章（大约2万字）；

郑航宇：第1章部分内容、第6~12章部分内容（大约5万字）；

周正：第16章（大约1万字）；

付豪：第8~10章部分内容（大约4万字）；

王琪瑶：第11章、第15章（大约5万字）；

其余部分主要由张晓君执笔完成。

本书能够面世，得益于诸多良师益友的多次鼎力相助，在此一并致谢。

特附上《秋日独步》诗一首，以表达此刻心境。

寂寞庭院影千重，
闲虫篱下鸣山空。
娇月羞涩挂苍穹，
恶风无情戏芳丛。
望断高楼觅仙踪，
满目山河皆落红。

张晓君

2021年8月8日

图书在版编目（CIP）数据

面向人工智能的命题动态逻辑及其扩展研究 / 张晓君，周正，王琪瑶著. — 杭州 ：浙江大学出版社，2022.1(2022.6重印)

ISBN 978-7-308-21513-8

Ⅰ. ①面… Ⅱ. ①张… ②周… ③王… Ⅲ. ①动态逻辑—研究 Ⅳ. ①B815.5

中国版本图书馆CIP数据核字(2021)第122584号

面向人工智能的命题动态逻辑及其扩展研究

张晓君　周　正　王琪瑶　著

责任编辑　张凌静
责任校对　殷晓彤
封面设计　周　灵
出版发行　浙江大学出版社
（杭州市天目山路148号　邮政编码310007）
（网址:http://www.zjupress.com）
排　　版　杭州朝曦图文设计有限公司
印　　刷　浙江新华数码印务有限公司
开　　本　710mm×1000mm　1/16
印　　张　26.5
字　　数　450千
版 印 次　2022年1月第1版　2022年6月第2次印刷
书　　号　ISBN 978-7-308-21513-8
定　　价　168.00元

浙江大学出版社市场运营中心联系方式:0571-88925591;http://zjdxcbs.tmall.com